工程經濟

第二版

Basics of Engineering Economy, 2e

Leland Blank
Anthony Tarquin
著

陳正亮 謝振環 蕭承德
譯

國家圖書館出版品預行編目(CIP)資料

工程經濟 / Leland Blank, Anthony Tarquin 著；陳正亮,
謝振環, 蕭承德譯. – 二版. -- 臺北市：麥格羅希爾, 台灣
東華, 2015. 01
　　面；　公分
譯自：Basics of Engineering Economy, 2nd ed.
ISBN　978-986-341-157-4（平裝）.

1. 工程經濟學

440.016　　　　　　　　　　　　　　　　103025987

工程經濟 第二版

繁體中文版© 2015 年，美商麥格羅希爾國際股份有限公司台灣分公司版權所有。本書所有內容，未經本公司事前書面授權，不得以任何方式（包括儲存於資料庫或任何存取系統內）作全部或局部之翻印、仿製或轉載。

Traditional Chinese Translation Copyright ©2015 by McGraw-Hill International Enterprises, LLC., Taiwan Branch
Original title: Basics of Engineering Economy, 2e (ISBN: 978-0-07-337635-6)
Original title copyright © 2013 by McGraw-Hill Education
All rights reserved.

作　　者	Leland Blank, Anthony Tarquin
譯　　者	陳正亮　謝振環　蕭承德
合作出版 暨發行所	美商麥格羅希爾國際股份有限公司台灣分公司 台北市 10044 中正區博愛路 53 號 7 樓 TEL: (02) 2383-6000　　FAX: (02) 2388-8822 臺灣東華書局股份有限公司 10045 台北市重慶南路一段 147 號 3 樓 TEL: (02) 2311-4027　　FAX: (02) 2311-6615 郵撥帳號：00064813 門市 10045 台北市重慶南路一段 147 號 1 樓 TEL: (02) 2382-1762
總 代 理	臺灣東華書局股份有限公司
出版日期	西元 2015 年 7 月 二版二刷

ISBN：978-986-341-157-4

序

所有大學部工程經濟學的基本原則、技巧與工具均涵蓋於第二版中。課文內容、範例,以及習題部皆以符合 2 至 3 學分的工程、工程技術與工程管理課程所需為設計。

特色——新與舊

第二版在新興或進階課題、教授與學習輔助等方面均有顯著改善。

新主題

- 倫理與其跟經濟決策的聯結均於第 1 章介紹,並在第 7 章公共部門計畫進一步討論。
- 風險分析為全新章節,於第 14 章介紹,同時也包括利用試算表函數的隨機抽樣模擬。
- 外部報酬率是修正後 ROR 方法與投資資本報酬 (ROIC) 方法的延伸,附有手算解答與試算表說明範例。

新的教學與學習輔助

- 課文第 2 章介紹財務計算機以及試算表函數的使用。
- 公司與個人使用的稅表與 IRS 的稅表相同。
- 試算表畫面更加簡潔有力與更富色彩,有助於內容與習題的瞭解。
- 解答使用因子、計算機與試算表函數來說明範例與習題。

本書的使用

本書的寫作格式強調簡潔與透明的原則、技巧,並以貨幣時間價值計算的方案選擇為基礎。本書建構的目的是為了要減少呈現、瞭解及運用工程經濟分析所需的時間。大多數章節包含手算、計算機與試算表解答。

以大二或大二以上的學生程度才能夠瞭解工程經濟想要闡述的內容與技巧。微積分的概念在此並不重要;然而,訓練自己上課時熟悉工程經濟的專有名詞有助於學習與應用,並能夠讓學習變得更有意義。

本書在大學部課程可有許多不同教法——花費幾週教授工程經濟基礎，到 2 至 3 個學分的整個學期的學習。對於那些沒有工程經濟背景的高年級學生來說，本書是進階專案設計與建立的專案入門課程。

　　工程經濟是少數幾個能將工程經濟主題運用至個人和公司及公務員的學科之一。個人財務與投資的分析方法與公司專案財務的分析方法相同。學生將會發覺本書適用於進階的專案分析及其它課程，即使在畢業之後面臨工業專案分析也會是一本很好的參考書。

　　由於不同工程經濟課程強調不同層面的工程經濟，本書章節可增減以適合不同教法。舉例來說，成本估計在化學工程特別重要。公共部門經濟在土木工程可分開討論。稅後分析、資本成本與風險決策分析可於工程管理與工業工程管理短期課程中介紹。範例則涉獵了電子工程、石油、機械，以及其它工程學科。

目錄

Chapter 1　工程經濟之基礎　1

1.1　何謂工程經濟？　2
1.2　進行工程經濟研究　2
1.3　利率、報酬率與基準收益率　4
1.4　等值　7
1.5　單利與複利　8
1.6　專有名詞與符號　13
1.7　現金流：估計與繪圖　16
1.8　試算表與計算機函數之介紹　20
1.9　倫理與經濟決策　22

Chapter 2　因子：時間與利息如何影響貨幣　29

2.1　單一支付金額公式 (*F/P* 與 *P/F*)　30
2.2　等額序列公式 (*P/A*、*A/P*、*A/F*、*F/A*)　35
2.3　遞增(減)序列公式　39
2.4　現金流移位的計算　43
2.5　使用試算表與計算機　47

Chapter 3　名目與有效利率　59

3.1　名目利率與有效利率敘述　60
3.2　有效利率的公式　61
3.3　協調複利期間和支付期間　64
3.4　僅涉及單一金額因子的對應公式計算　65
3.5　PP ≥ CP 時現金流序列的對應計算　67
3.6　PP < CP 時對應的計算　69
3.7　利用試算表計算有效利率　71

Chapter 4　現值分析　77

4.1　發展替代方案　78
4.2　相同使用週期方案的現值分析　80
4.3　不同使用年限方案的現值分析　83
4.4　資本化成本分析　86
4.5　獨立計畫的評估　91
4.6　使用試算表做 PW 分析　93

Chapter 5　年值分析　101

5.1　AW 值計算　102
5.2　基於年值以評估方案　104
5.3　長期或無限期投資的 AW　107
5.4　使用試算表做 AW 分析　109

Chapter 6　報酬率分析　117

6.1　ROR 值的闡釋　118
6.2　ROR 的計算　119
6.3　使用 ROR 法需注意處　123
6.4　瞭解增量 ROR 分析　124
6.5　兩個或多個互斥方案的 ROR 評估　128
6.6　多個 ROR 值　132
6.7　淘汰多重 ROR 值的技巧　136
6.8　使用試算表和計算機決定 ROR 值　142

Chapter 7　效益成本分析和公共部門計畫　151

7.1　公共部門計畫：描述和倫理　152
7.2　單一計畫的成本效益分析　158
7.3　兩個或更多方案的增量 B/C 評估　160
7.4　使用試算表執行 B/C 分析　166

Chapter 8　損益兩平、敏感度及還本分析　173
　8.1　單一專案損益兩平分析　174
　8.2　兩方案損益兩平分析　179
　8.3　預估值變動之敏感度分析　183
　8.4　對多個方案的多個參數之敏感度分析　187
　8.5　還本期分析　189
　8.6　使用試算表於敏感度或損益兩平分析　192

Chapter 9　重置與保留　201
　9.1　重置研究的基本概念　202
　9.2　經濟服務年限　203
　9.3　重置研究的執行　205
　9.4　守舊者重置價值　209
　9.5　特定研究期間的重置研究　209
　9.6　在重置研究中使用試算表　213

Chapter 10　通貨膨脹的影響　221
　10.1　瞭解通貨膨脹的衝擊　222
　10.2　通膨調整後的現值計算　225
　10.3　通貨膨脹調整後的終值 FW 計算　230
　10.4　通貨膨脹調整後的年值 AW 計算　234
　10.5　使用試算表來調整通貨膨脹　236

Chapter 11　估計成本　243
　11.1　如何估計成本　244
　11.2　單位法　248
　11.3　成本指數　249
　11.4　成本估計關係式：成本產能公式　253
　11.5　成本估計關係式：因子法　255

11.6 成本估計關係式：學習曲線　257
11.7 間接成本估計與分攤　259

Chapter 12　折舊法　269

12.1 折舊的術語　270
12.2 直線折舊　273
12.3 餘額遞減折舊　274
12.4 修正加速成本回收制　277
12.5 加拿大稅金折舊制度　280
12.6 傳統方法的轉換；與 MACRS 率的關係　281
12.7 折耗法　283
12.8 使用試算表作折耗運算　285

Chapter 13　稅後經濟分析　293

13.1 所得稅名詞與關係式　294
13.2 稅前與稅後方案評估　297
13.3 折舊對稅後研究的影響　301
13.4 稅後重置研究　307
13.5 資本資金與資金成本　308
13.6 使用試算表進行稅後分析　313
13.7 稅後增值分析　315

Chapter 14　考量多重屬性與風險的方案評估　321

14.1 多重屬性分析　322
14.2 考量風險的經濟分析　327
14.3 使用抽樣與模擬進行評估　336

附表　343
索引　369

Chapter 1

工程經濟之基礎

工程經濟係工程師面臨各種規模不同的計畫,執行、分析及整合此計畫所發展之學科。換言之,工程經濟處於決策之核心。這些決策包括貨幣的現金流、時間與利率之基本元素。本章介紹一工程師將此三元素以有組織、數學的正確解決問題方法,以得到較佳解答所需之基本概念及術語。

目的:瞭解與應用工程經濟的基本概念和術語。

學習成果

1. 決定工程經濟在決策過程扮演的角色。　　　　　　定義與角色
2. 確認成功執行工程經濟研究所需元素。　　　　　　研究方法與名詞
3. 執行利率與報酬率之計算。　　　　　　　　　　　利率
4. 瞭解等值之經濟意涵。　　　　　　　　　　　　　等值
5. 計算單期與多期之單利與複利。　　　　　　　　　單利與複利
6. 確認並運用工程經濟之術語與符號。　　　　　　　符號
7. 瞭解現金流,其估計與如何以圖形呈現。　　　　　現金流
8. 說明工程經濟所需之試算表與計算機函數。　　　　試算表／計算機
9. 描述工程師的一般與個人道德,以及職業倫理名詞;　倫理與經濟學
   並瞭解工程師之倫理準則。

1.1 何謂工程經濟？

在我們開始建構工程經濟基本概念前,定義工程經濟名詞是恰當的事。以最簡單的名詞而言,**工程經濟** (engineering economy) 係以經濟為基礎,來簡化各種不同可能之技術集合。可能先定義什麼不是工程經濟更能清楚瞭解何謂工程經濟。工程經濟並非決定替代方案的過程或方法。相反地,工程經濟是在替代方案已確認下才開始進行。若次佳方案並非工程師認定之替代方案,則本章所有的工程經濟分析工具並不具備評選作用。

工程經濟能夠回答專業與個人財務問題。若你想要評估購買新屋或租屋,以及買一部新車,本書包含的工程經濟技巧與雇主是否需重置新設備的技巧相同。

儘管經濟學在本書為挑選次佳選擇的唯一準則,實際生活的決策過程中包含許多其它因素。舉例來說,在決定是否興建核能、天然氣或煤炭發電時,諸如安全、空氣污染、民眾接受度、用水需求、廢棄物處理、全球暖化及其它因素均為確認次佳選擇的考量因素。在決策過程中包含其它因素 (除了經濟因素) 稱為多重屬性決策分析,此為第 14 章的主題。

1.2 進行工程經濟研究

為了要運用經濟分析技巧,有必要瞭解形成工程經濟研究基礎的基本術語與基本概念。部分名詞與概念描述如下。

■ 1.2.1 替代方案

替代方案在既定情況下為一獨立解決方案。似乎所有的事情都有替代方案。從每天上下班所選擇的交通工具,或買屋、租屋的抉擇。同樣地,在工程實務上,總是有許多方法來完成既定工作,且此有必要以理性態度來比較選擇最經濟的替代方案。工程考量的替代方案通常包括購買成本 (第一筆成本)、預期使用年限、維修資產的年度成本 (每年的維修與營運成本)、預期轉售價值 (殘值) 及利率等項目。在蒐集到所有事實及相關估計後,我們可以從經濟角度來決定工程經濟分析的最佳替代方案。

■ 1.2.2 現金流

預估貨幣流入 (收入與儲蓄) 流出 (成本) 稱為現金流。這些估計值正是工程經濟分析的核心。由於這些估計便牽涉到未來的判斷，現金流預估也是分析最弱的部分。畢竟，誰能正確預測下週、下個月、明年或未來 10 年的油價？因此，不管分析技巧多精緻，最後結果是否可靠仍需視資料來源而定。這意味替代方案的決策制訂是有風險的，即處於不確定中。利用敏感性分析、風險分析及多重屬性分析的技巧協助我們瞭解現金流估計變異的後果。

■ 1.2.3 選擇替代方案

每一個狀況至少有兩個替代方案。除了一個或多個已制訂好的替代方案，總是有不做任何行動的替代方案，稱為什麼都不做 (do-nothing, DN) 替代方案。此為現狀條款 (as-is 或 status quo)。在任何情況下，當一人有意識或無意識地不採取任何行動，其實他或她是採取 DN 替代方案。當然，若選擇現狀方案，決策制訂過程應指明不從事任何行動是評估期間當中最有利的經濟結果。本書建立的步驟有助於你清楚地確認哪一個替代方案為最佳方案。

■ 1.2.4 評估準則

不管是否清楚知道，我們每天都利用準則在不同方案中進行抉擇。譬如，當你開車上學時，你挑選最佳路線。此最佳路線最短、最快、最安全、最便宜、風景最漂亮或其它？顯然地，一準則或一些準則可用來確認最佳，每一次都可能選到不同路線。在經濟分析中，金融單位 (美元或其它貨幣) 一般被用來作為評估的有形基準。因此，當我們有許多方法可完成既定目標時，最低總成本或最高總淨利益方案為最佳選擇。

■ 1.2.5 無形因素

在很多情況下，替代方案具難以數量化的非經濟或無形因素。當替代方案很難以經濟方式區分時，無形因素可以將方案導向另一個方向。無形因素的一些例子包括：安全性、消費者接受度、可靠性、便利性與商譽。

■ 1.2.6 貨幣的時間價值

我們常聽到錢滾錢，如果我們選擇在今天投資，這句話是對的。本質上，我們預期將來可賺到更多錢。假如一個人或一家公司今天貸款，明天他們會欠更多的錢，這可由貨幣的時間價值來解釋。

在一段時間內貨幣金額的改變稱為**貨幣的時間價值 (time value of money)**；在工程經濟中，這是最重要的概念。

在經濟研究中，貨幣的時間價值有許多方法可以衡量。這些方法的最終產出是**價值衡量 (measure of worth)**，如報酬率。此衡量指標可用來接受或拒絕替代方案。

1.3 利率、報酬率與基準收益率

利率 (interest) 是貨幣時間價值的表現，本質上，它代表使用貨幣所支付的「租金」。從計算角度觀察，利息是貨幣最終金額與最低金額的差距，若差距為零或負，則利息為零。利息數量有兩種角度──利息支出與利息收入。利息支出是指一人或一機構貸款 (獲得貸款) 並償還更多的金額；利息收入是指一人或機構儲蓄投資或借款並獲得更多的金錢。兩種角度的計算與數值本質上相同，但解釋相異。

利息支出或收入可以下式表示：

$$\text{利息} = \text{最終金額} - \text{最初金額} \quad [1.1]$$

當利息在某一特定期間以最初金額 (本金) 百分比表示，結果稱為**利率 (interest rate)** 或**報酬率 (rate of return, ROR)**

$$\text{利率或報酬率} = \frac{\text{每單位時間的應計利息}}{\text{最初金額}} \times 100\% \quad [1.2]$$

利率的時間單位稱為**利率期間 (interest period)**。截至目前為止，最常用的利率期間是 1 年。較短期間可以是每月 1%。因此，利率期間應該表明清楚。如果只表明利率，如 8.5%，應為 1 年期利率。

投資報酬率 (return on investment, ROI) 相當於在不同產業或設定下之報酬率，特別是應用在工程導向專案之大型資本支出。從貸款者的角度，*利息支出*是較恰當的名詞；而從投資者的角度，*報酬率收入*是較恰當的名詞。

範例 1.1

LaserKinetics.com 的員工在 5 月 1 日貸款 $10,000，且必須在 1 年後的 5 月 1 日償付 $10,700。試算出利息金額與貸款利率。

解答

因為貸款償還金額為 $10,700，此處為從貸款者的角度出發，利用式 [1.1] 來計算支付利息：

利息支付 = $10,700 − 10,000 = $700

式 [1.2] 計算 1 年的貸款利率：

$$貸款利率 = \frac{\$700}{\$10,000} \times 100\% = 每年\ 7\%$$

範例 1.2

a. 計算年利率 5%，1 年前存款，而目前為 $1,000 之存款金額。

b. 計算這段期間所賺取的利息。

解答

a. 應計總額 ($1,000) 是原始存款和利息的加總。若 X 為原始存款，

應計總額 = 原始金額 + 原始金額 × 利率

$$\$1,000 = X + X(0.05) = X(1 + 0.05) = 1.05X$$

原始存款為

$$X = \frac{1,000}{1.05} = \$952.38$$

b. 利用式 [1.1] 來計算利息收入：

利息 = $1,000 − 952.38 = $47.62

在範例 1.1 與 1.2 中，利率期間是 1 年，而利息金額在期末計算。當超過一個以上的利率期間時 (譬如，我們想要計算範例 1.2 中 3 年後的利息收入)，有必要表明利息是**單利**或**複利**計算。第 1.5 節將討論單利與複利。

工程替代方案係於預先假設的合理報酬率來評估。合理報酬率是

接受或否決替代方案的依據。此合理利率又稱為**基準收益率** (minimum attractive rate of return, MARR)，是誘使個人或公司投資其金錢的最低利率。MARR 必須高於用來融通方案的貨幣成本，以及高於銀行或安全 (最低風險) 投資的預期利率。圖 1.1 顯示不同的報酬率。在美國，國庫券報酬率有時視為基準安全利率。

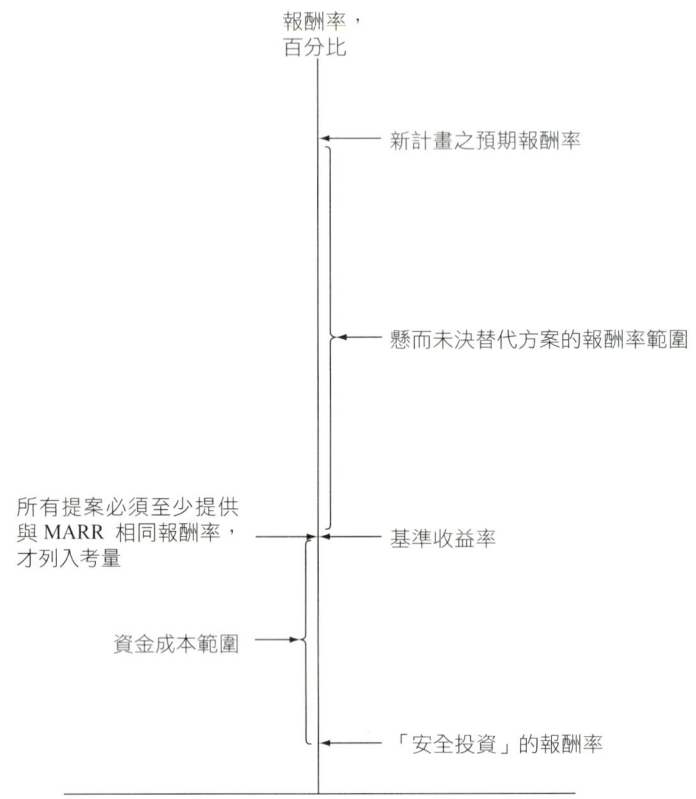

圖 1.1 MARR 相對資金成本與其它報酬率。

就一公司而言，MARR 通常高於**資金成本** (cost of capital)，即公司用來融通計畫所需的資本資金。舉例來說，若一公司每年貸款利率平均為 5% 且預期每年以 6% 清償資本，MARR 至少每年需 11%。

MARR 有時稱為**最低回報率** (hurdle rate)；也就是一財務可行專案預期 ROR 必須符合或超過最低回報率。注意：MARR 的計算與 ROR 不同；MARR 由財務經理決定並用來作為接受／拒絕決策的準則。對任何已接受替代方案而言，下列不等式必須成立：

$$ROR \geq MARR > 資本成本$$

後續章節的描述與問題所使用的已知 MARR 值，係基於相對資金成本與預期報酬率皆正確設定的假設。若想要瞭解更多的資本資金與所需的 MARR，請見第 13.5 節。

任何工程經濟研究的額外經濟考量是**通貨膨脹 (inflation)**。簡單來說，銀行利率反映兩件事情：實質報酬率與預期通貨膨脹率。最具安全性投資 (如政府債券) 通常有 3% 到 4% 的實質報酬率在其名目利率中。因此，政府債券的年利率，如 9% 意味投資者預期每年的通貨膨脹率介於 5% 到 6% 之間。顯然地，通貨膨脹會導致名目利率上升。有關通貨膨脹之詳細討論請見第 10 章。

1.4　等值

等值通常用在質量與單位換算。譬如，1,000 公尺等於 (或相當於) 1 公里、12 英寸等於 1 英尺，而 1 夸脫等於 2 品脫或 0.946 公升。

在工程經濟中，貨幣與利率時間價值一起衡量時，可協助建構**經濟等值 (economic equivalence)** 的概念，即不同時點、不同總和的貨幣，其經濟價值相等。譬如，若年利率是 6%，今天的 \$100 (現值) 相當於明年今天的 \$106。

$$1 \text{ 年的金額} = 100 + 100(0.06) = 100(1 + 0.06) = \$106$$

因此，若有人今天給你 \$100 或明年今天給你 \$106，從經濟角度來看，兩者並無差別。然而，只有當利率是 6% 時，兩者才會相等。若利率較高或較低，今天的 \$100 不會等於明年今天的 \$106。

除了未來等值外，我們可用相同邏輯至過去的時間。在年利率 6% 下，現在的 \$100，去年今天的 \$100/1.06 = \$94.34。從這些說明，我們可做以下的陳述：去年今天的 \$94.34、今天的 \$100，與明年今天的 \$106，在年利率 6% 時，三者都相等。三者等值可以用 1 年利率期間的利率來證明。

$$\frac{\$6}{\$100} \times 100\% = \text{每年 } 6\%$$

與

$$\frac{\$5.66}{\$94.34} \times 100\% = \text{每年 } 6\%$$

🔍 圖 1.2 年利率 6% 下三筆等值的金額。

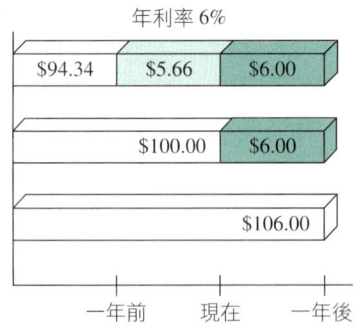

圖 1.2 指出使三筆不同金額都相等的年利率為 6%。

範例 1.3

AC-Delco 透過自有通路為通用車經銷商製作車用電池。一般來說，電池存放 1 年，會增加通路商 5% 的成本。假設你是 City Center Delco 的老闆，有關電池成本，下列何者正確，何者錯誤？

a. 現在的 $98 相當於明年今天的 $105.60。
b. 1 年前卡車電池成本 $200 相當於現在的 $205。
c. 現在成本 $38 相當於 1 年後的 $39.90。
d. 現在成本 $3,000 相當於 1 年前的 $2,887.14。
e. 1 年投資 $2,000 的成本負擔為 $100。

解答

a. 應計金額 = 98(1.05) = $102.90 ≠ $105.60；因此，答案為錯誤。另一種解答如下：原始成本 = 105.60/1.05 = $100.57 ≠ $98。
b. 原成本為 205.00/1.05 = $195.24 ≠ $200；答案為錯誤。
c. 1 年後的成本為 $38(1.05) = $39.90；正確。
d. 1 年前的成本為 3,000/1.05 = $2,857.14 ≠ 2,887.14；錯誤。
e. 每年利率 5% 或 $2,000(0.05) = $100；正確。

1.5 單利與複利

第 1.3 節介紹之利率、利率期間與利息都是計算前一期與後一期的等值金額。然而，若利率期間超過 1 期，單利與複利都變得重要。

單利 (simple interest) 係僅計算本金，而不管前期的應計利息。多期的單利總和為：

$$利息 = 本金 \times 期數 \times 利率 \qquad [1.3]$$

其中利率是以小數點表示。因此，多期累計總額為本金加上幾期利息。

範例 1.4

惠普研發一款適用於沙漠油田的新型耐震電腦快速原型技術而對外貸款。貸款額度為 3 年，$100 萬，每年貸款利率為單利 5%。3 年後惠普要還多少錢？請將結果製成表格，單位為 $1,000。

解答

$1,000 共 3 年，每年的利息為：

$$每年利息 = 1,000 \times (0.05) = \$50$$

從式 [1.3]，3 年利息總和為：

$$利息總額 = 1,000(3)(0.05) = \$150$$

$1,000 在 3 年後總還款金額為：

$$總還款金額 = \$1,000 + 150 = \$1,150$$

第 1 年的利息 $50,000 與第 2 年的利息 $50,000 並未另外再計息，每年應計利息都是以本金 $1,000,000 計算。

從貸款者的觀點來看，貸款償還的細目列於表 1.1。第 0 年代表現在，亦即貸款開始的時候。第 3 年後才開始還款，因為只以本金計算單利，每年都只增加 $50,000。

表 1.1 單利計算 (單位：$1,000)

(1) 期末	(2) 貸款金額	(3) 利息	(4) 積欠金額	(5) 還款金額
0	$1,000			
1	—	$50	$1,050	$ 0
2	—	50	1,100	0
3	—	50	1,150	1,150

就**複利** (compound interest) 而言，每期的應計利息是本金加上以前各期利息加總來計算。因此，複利為利上加利。複利也反映利息時間價值

的影響。現在一期的利率計算如下：

$$利率 = (本金 + 所有應計利息) \times 利率 \quad [1.4]$$

範例 1.5

若惠普向別的銀行貸款 $1,000,000，年利率為複利 5%，請計算 3 年後的總還款金額，並與前一個範例進行比較。

解答

利用式 [1.4] 分開計算每年的利息與還款總額。在單位為 $1,000 時，

第 1 年利息：	$1,000(0.05) = $50.00
1 年後的總積欠金額：	$1,000 + 50.00 = $1,050.00
第 2 年利息：	$1,050(0.05) = $52.50
2 年後的總積欠金額：	$1,050 + 52.50 = $1,102.50
第 3 年利息：	$1,102.50(0.05) = $55.13
3 年後的總積欠金額：	$1,102.50 + 55.13 = $1,157.03

詳細結果列於表 1.2。還款計畫與單利範例相同——直至第 3 年年終才償還本金與應計利息。相較於單利，3 年期間必須多付 $1,157,630 − 1,150,000 = $7,630 的利息。

表 1.2 複利計算 (單位：$1,000)，範例 1.5

(1) 期末	(2) 貸款金額	(3) 利息	(4) 積欠金額	(5) 還款金額
0	$1,000			
1	—	$50.00	$1,050.00	$ 0
2	—	52.50	1,102.50	0
3	—	55.13	1,157.63	1,157.63

評論：單利與複利的差距逐年擴大，若此計算持續下去，如 10 年，差距為 $128,894；20 年後複利會比單利多 $653,298 的利息。

另外一個更簡短計算範例 1.5 在 3 年後總積欠金額的方法是結合而非逐年計算。每年總還款金額如下：

第 1 年：$1,000(1.05)^1 = \$1,050.00$

第 2 年：$1,000(1.05)^2 = \$1,102.50$

第 3 年：$1,000(1.05)^3 = \$1,157.63$

我們直接計算第 3 年總金額，而不需計算第 2 年的總金額，式子可寫成：

若干年後總積欠金額 = 本金$(1 + 利率)^{年數}$

這個基本關係將會常見於後續章節。

我們結合利率、單利、複利與等值概念來說明不同的貸款償還計畫可以相等，這也說明有許多考慮貨幣時間價值的方法。下列範例說明五個不同貸款計畫的等值觀念。

範例 1.6

a. 利用下列不同的貸款償還計畫來說明等值概念，每一項計畫在 5 年後償還 $5,000 貸款，年利率為 8%。

- 計畫 1：單利，期末支付。第 5 年結束後償還本金與利息。每年利息先以本金計算。
- 計畫 2：複利，期末支付。第 5 年結束時償付本金與利息。每年利息以本金與應計利息計算。
- 計畫 3：每年繳單利，期末還本金。每年償還應計利息，期末償還本金。
- 計畫 4：複利與每年償還部分本金。每年還五分之一 (或 $1,000) 本金與應計利息。貸款餘額逐年遞減，每年應繳利息隨之遞減。
- 計畫 5：每年償還固定金額的複利利息與本金。每年支付固定金額的本金與應計利息。由於貸款餘額減少速率低於計畫 4，利息也以較慢速率減少。

b. 請簡單陳述年利率 8% 之單利與複利等值觀念。

解答

a. 表 1.3 列出每期期末的利息、償還金額、總積欠金額，以及 5 年內總還款金額 (第 4 欄總金額)。總利息金額 (第 2 欄) 計算如下：

計畫 1　單利 = (最初本金)(0.08)

計畫 2　複利 = (前一期總積欠金額)(0.08)

表 1.3　5 年 $5,000，年利率為 8% 之不同貸款還款計畫

(1) 期末	(2) 每年 積欠利息	(3) 期末 總積欠金額	(4) 期末 付款金額	(5) 付款及 總積欠金額
計畫 1：單利，期末償還				
0				$5,000.00
1	$400.00	$5,400.00	—	5,400.00
2	400.00	5,800.00	—	5,800.00
3	400.00	6,200.00	—	6,200.00
4	400.00	6,600.00	—	6,600.00
5	400.00	7,000.00	$7,000.00	
總計			$7,000.00	
計畫 2：複利，期末償還				
0				$5,000.00
1	$400.00	$5,400.00	—	5,400.00
2	432.00	5,832.00	—	5,832.00
3	466.56	6,298.56	—	6,298.56
4	503.88	6,802.44	—	6,802.44
5	544.20	7,346.64	$7,346.64	
總計			$7,346.64	
計畫 3：單利，每年償還；期末償還本金				
0				$5,000.00
1	$400.00	$5,400.00	$ 400.00	5,000.00
2	400.00	5,400.00	400.00	5,000.00
3	400.00	5,400.00	400.00	5,000.00
4	400.00	5,400.00	400.00	5,000.00
5	400.00	5,400.00	5,400.00	
總計			$7,000.00	
計畫 4：每年償還複利與部分本金				
0				$5,000.00
1	$400.00	$5,400.00	$1,400.00	4,000.00
2	320.00	4,320.00	1,320.00	3,000.00
3	240.00	3,240.00	1,240.00	2,000.00
4	160.00	2,160.00	1,160.00	1,000.00
5	80.00	1,080.00	1,080.00	
總計			$6,200.00	
計畫 5：每年償還固定金額之本金與複利利息				
0				$5,000.00
1	$400.00	$5,400.00	$1,252.28	4,147.72
2	331.82	4,479.54	1,252.28	3,227.25
3	258.18	3,485.43	1,252.28	2,233.15
4	178.65	2,411.80	1,252.28	1,159.52
5	92.76	1,252.28	1,252.28	
總計			$6,261.41	

計畫 3　單利 = (最初本金)(0.08)

計畫 4　複利 = (前一期總積欠金額)(0.08)

計畫 5　複利 = (前一期總積欠金額)(0.08)

注意：即使每個還款計畫都是 5 年，但對大部分計畫而言，總付款金額不同，各個計畫每年的還款金額也不相同。總還款金額相異的原因為：(1) 貨幣的時間價值；(2) 單利或複利；(3) 期末前，償還部分本金的差異所造成。

b. 表 1.3 顯示第 0 期的 $5,000 與下列各項等值：

計畫 1　單利 8% 的第 5 年年底的 $7,000。

計畫 2　複利 8% 的第 5 年年底的 $7,346.64。

計畫 3　單利 8%，4 年，每年 $400 與第 5 年年底的 $5,400。

計畫 4　複利 8%，第 1 年 ($1,400) 到第 5 年 ($1,080) 的利息與本金逐年遞減。

計畫 5　複利 8%，每年固定繳 $1,252.28，共 5 年。

第 2 章開始，我們將像計畫 5 般做許多計算，即利息為複利，而每期給付固定金額。此金額包含應計利息與部分本金的償還。

1.6　專有名詞與符號

工程經濟的方程式與步驟將會使用下列的專有名詞與符號。各符號的單位說明如下：

P = 第 0 期或現在的貨幣數量或價值。P 也叫做現值 (PW 或 PV)、淨現值 (NPV)、折現現金流 (DCF) 與資本化成本 (CC)；單位：美元。

F = 未來的貨幣時間價值。同時，F 也稱為終值 (FW 或 FV)；單位：美元。

A = 序列連續的期末固定貨幣數量。A 也稱為年值 (AW)、等額年值 (EUAW)、等額年成本 (EAC)；單位：美元／月、美元／年。

n = 利息期數；單位：年、月、日。

$i =$ 一段期間內的利率或報酬率；單位：百分比／月、百分比／年、百分比／日。

$t =$ 時間；單位：年、月、日。

P 與 F 代表一個時點的價值；A 代表一段時間內，各期的固定金額。要注意的是，現值 P 代表終值 F 發生前或一系列等值金額 A 發生前的單一貨幣金額。

A 始終代表單一金額（每期金額相同），且一直延續到未來各期。此系列金額須符合上述兩個條件，才能稱為 A。

除非特別指明，利率 i 假設為複利。利率 i 以每期百分比表示，如每年 12%。除非另外說明，通常假設利率涵蓋整個幾年或期數。在工程經濟計算中，i 以小數表示。

所有工程經濟問題包括時間 n 和利率 i。一般來說，每個問題都會至少碰到 P、F、A、n 與 i 中的四個，而其中三個需為已知。

範例 1.7

一位剛從大學畢業的學生得到波音航空公司的工作。她計算貸款 $10,000 買車，貸款 5 年，年利率為 8%，並在 5 年後還款。請以工程經濟慣用符號表示 5 年後總積欠金額。

解答

在本例中，因為所有款項均為一次付清，我們會用到 P、F、n 與 i。時間單位為年。

$P = \$10,000 \qquad i = $ 每年 8% $\qquad n = 5$ 年 $\qquad F = ?$

終值 F 為未知。

範例 1.8

假如今天你貸款 $2,000，利率 7%，為期 10 年，且每年償還同樣的金額，請以符號表示相關數值。

解答

時間單位為年。

$P = \$2,000$

A = ？／年，共 10 年

i = 每年 7%

n = 10 年

在範例 1.7 與 1.8，P 值是貸款者收到的金額，而 F 或 A 是貸款者償還的金額。這些符號在角色相反的範例同樣適用。

範例 1.9

2008 年 7 月 1 日，你的新雇主福特汽車將員工紅利 $5,000 存入你的貨幣市場帳戶，此帳戶每年付 5% 的利率，你計畫在未來 10 年每年領回相同金額。請以工程經濟慣用符號表示。

解答

時間單位為年。

P = $5,000

A = ？／年

i = 每年 5%

n = 10 年

範例 1.10

你計畫存入一筆 $5,000 的存款至年利率 6% 的投資型帳戶，並預定明年開始，未來 5 年每年年終定額領出 $1,000，第 6 年你會關閉帳戶，並將剩餘金錢領回。請以工程經濟慣用符號表示。

解答

時間單位為年。

P = $5,000

A = $1,000／年，共 5 年

F = ？第 6 年年終

i = 每年 6%

n = A 序列為 5 年，F 值為 6

1.7 現金流：估計與繪圖

現金流為貨幣的流入與流出，這些現金流可以是估計值或觀察值。個人或公司有現金收入——收入與所得 (流入)；與現金支出——費用與成本 (流出)。這些收入與支出為現金流，正號代表現金流入，而負號代表現金流出。現金流在一特定期間，如 1 個月或 1 年發生。

在所有研究工程經濟的元素中，現金流估計是最困難且最不準確的。現金流估計就是——對不確定未來的估計。一旦完成估計，本書的一些方法可用來作為決策分析。但替代方案現金流入與流出估計的準確與否會明顯影響經濟分析與結論的品質。

現金流入 (cash inflow) 或收入，依不同活動與不同企業型態的性質，包含以下幾種。

現金流入估計值之範例

收入 (從銷售與合約)
營運成本減少 (來自其它方案)
殘值
廠房與設備成本的節省
貸款本金收入
所得稅節省
股票與債券銷售所得

現金流出 (cash outflow) 或支出，依不同活動與不同企業型態的性質，包含以下幾種。

現金流出估計值之範例

資產的第一筆成本
工程設計成本
營運成本 (每年與增額)
定期維護與重建成本
貸款利息與本金償還
預期／非預期重大的升級成本
所得稅

估計的背景資訊可從會計、財務、行銷、銷售、工程、設計、製造、生產、現場服務與電腦服務等部門取得。估計的準確性大都取決於估計人員是否面臨相同經驗而定。一般是採用點估計，即對方案的各個經濟元素採單一數值估計。若工程經濟研究採用統計方法，我們將會採區間估計或分配估計。儘管需要更繁複的計算，統計方法在重要估計值變動較大時，可提供更完整的結果。雖然本書大都使用點估計，第 8 章將探討估計值在特定範圍內的敏感度分析。此外，第 14 章利用機率分配、抽樣與試算表資訊的風險分析，來瞭解估計值變動的經濟影響。

一旦現金流入與流出已估計出，就可算出淨現金流。

$$淨現金流 = 收入 - 支出$$
$$= 現金流入 - 現金流出 \qquad [1.5]$$

由於現金流通常在一利率期間內不同時點出現，我們採取簡化的期末假設。

> 期末慣例意味假設所有的現金流都發生在期末。當許多收入與支出都發生在一利息期間內，淨現金流假設發生在利息期間的期末。

儘管 F 和 A 慣例上都發生在期末，期末不一定是 12 月 31 日。在範例 1.9，存款是從 2008 年 7 月 1 日開始，而提款是後續 10 年的 7 月 1 日。因此，期末是指利息期間的期末，而非年度的期末。

現金流量圖形 (cash flow diagram) 在經濟分析，特別是現金流序列異常複雜時，是一個相當重要的工具。這是在　時間線上以圖形顯示現金流。圖形包括已知、條件、估計值及所需情況，一旦完成現金流量圖形，別人也能夠利用此圖形來解決問題。

時間 $t = 0$ 在現金流量圖形中代表現在，而 $t = 1$ 代表第 1 期期末。目前我們假設 1 期為 1 年。圖 1.3 的時間為 5 年，由於期末慣例視現金流發生在期末「1」代表第 1 年年終。

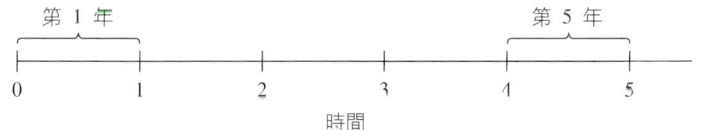

圖 1.3　典型的 5 年現金流。

🔍 **圖 1.4** 正與負現金流範例。

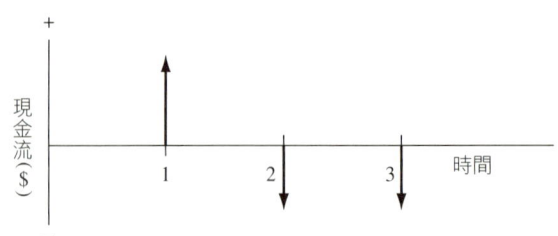

雖然現金流量圖形不一定使用精確度量,但若使用較準確的時間與現金流比較能夠避免犯錯。

現金流量圖形的箭頭方向相當重要,垂直箭頭向上代表正的現金流;相反地,箭頭向下則代表負的現金流。圖 1.4 證明第 1 年年終的收入 (現金流入),與第 2 年和第 3 年年終的等額支出 (現金流出)。

在決定現金流正負號與繪圖之前,我們需先決定究竟站在何種觀點。舉例來說,若你貸款 $2,500 並用其中的 $2,000 現金購買二手哈雷機車,並將剩餘的 $500 用來烤漆,這可能會有很多不同的觀點。可能的觀點、現金流符號以及牽涉的金額如下所示:

觀點	現金流 ($)
合作社	−2,500
你為貸款者	+2,500
你為購買者,	−2,000
和烤漆廠顧客	−500
中古車商	+2,000
烤漆廠老闆	+500

範例 1.11

重讀範例 1.7。其中貸款 $P = \$10,000$,年利率是 8%,$F$ 是 5 年後的終值,請建立現金流量圖形。

解答

圖 1.5 呈現從貸款者觀點的現金流量圖形。現值 P 為第 0 年貸款本金的現金流入,而終值 F 為第 5 年年終還款的現金流出。利率需表明於圖形中。

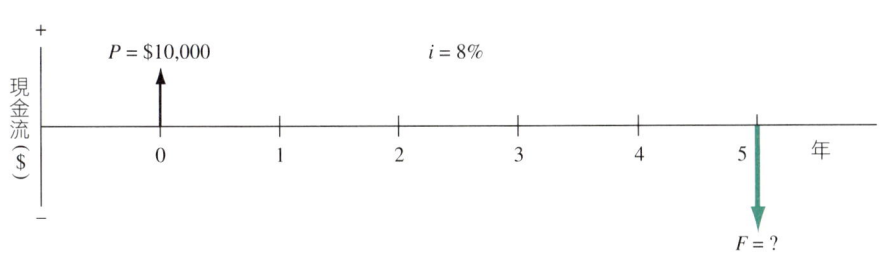

◢ 圖 1.5 現金流量圖形，範例 1.11。

範例 1.12

艾克森美孚石油公司每年均投入大量金額維護其在全球採油機械的安全。負責墨西哥與中美洲作業的總工程師 Carla Ramos 計畫在現在與未來 4 年每年投入 $100 萬於油田減壓的改進。請建構現金流量圖形，並找出這些支出在 4 年後的等值金額，假設資本成本為年利率 12%。

解答

圖 1.6 指出 5 期相同負的現金流序列 (支出)，以及第 5 期支出的未知 F 值 (等值正的現金流)。由於支出是現在發生，第一個 $100 萬出現在第 0 期 (年)，而非第 1 期。因此，最後一個負現金流出現在第 4 期，而終值 F 也是在第 4 期出現。為了要製作與圖 1.5 相同的 5 期，我們加上第 0 年之前的 -1 行，即為 5 年。附加的 -1 年說明第 0 年為期末慣例。

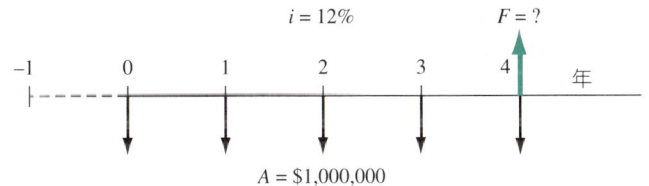

◢ 圖 1.6 現金流量圖形，範例 1.12。

範例 1.13

一位父親要在 2 年後存入一筆錢於投資帳戶，這筆錢能夠在第 3 年開始，未來 5 年每年可提領 $4,000 作為女兒的州立大學學費。倘若報酬率預估每年為 15.5%，請畫出現金流量圖形。

解答

圖 1.7 顯示父親觀點的現金流量圖形。現值 P 是 2 年後的現金流出且

🔍 圖 1.7　現金流量圖形，範例 1.13。

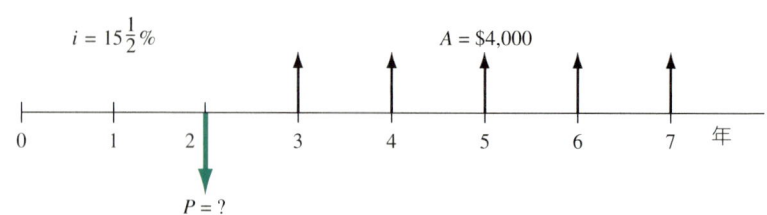

有待試算 ($P = ?$)。注意此現金並非發生於第 0 年，但它比第 1 筆 A 值 $4,000（為父親的現金流入）早 1 年發生。

1.8　試算表與計算機函數之介紹

有四種不同的方法可執行等值計算：方程式、因子、試算表與財務計算機。前兩種方法將於第 2 章探討與說明，本節將簡短說明試算表與計算機函數，並與因子和方程式一起在課本內容中應用。

電腦試算表的函數能夠大幅節省包括複利與 P、F、A、i 和 n 等值計算的手算時間。通常預定函數可在某儲存格中叫出，然後可立即得到最後的答案。任何試算表軟體均可使用；本書將使用 Excel 軟體的理由是它較為方便取得且易於操作。

7 個試算表函數足以執行大部分基礎工程經濟的運算，不過這些函數不能取代貨幣的時間價值與複利的認識，函數僅為輔助工具，無法取代我們對工程經濟關係、假設與分析技術的瞭解。

利用第 1.6 節介紹之 P、F、A、i 和 n，工程經濟分析所使用的試算表函數說明如下：

序列 A 之現值 P：＝ PV(i%,n,A,F)

序列 A 之終值 F：＝ FV(i%,n,A,P)

定期等額 A：＝ PMT(i%,n,P,F)

期數 n：＝ NPER(i%,A,P,F)

複利率 i：＝ RATE(n,A,P,F)

內部報酬率 i：＝ IRR(first_cell : last_cell)

任何序列之淨現值 P：＝ NPV(i%,second_cell : last_cell) + first_cell

若參數無法符合一特定問題，我們可以忽略並設其值為零。若被省略參數為其中一個內部參數時，逗號仍需保留。最後 2 個函數需要在連續儲存格內輸入數值，而前 5 個函數可在無輔助數值下使用。所有的函數前必須要有等號 (=) 才會有答案。

大多數計算機都有包括貨幣時間價值 (TVM) 的財務函數功能。在不太複雜的現金流情況下，考試及課堂使用之試算機都非常好用。許多計算機都有 PV、FV、PMT、i 和 n 的符號。當我們輸入其中 4 個數值時，按下適當按鍵即可計算剩下的參數。輸入 4 個已知數值與獲得第 5 個數值在不同廠牌的計算機，其方法略有不同。為了方便說明，每一個計算機的功能都要能與前 5 個試算表函數相符，且不需等號 (=)。利率在多數計算機都以百分比表示。其符號如下：

序列 A 之現值 P	：PV(i,n,A,F)
序列 A 之終值 F	：FV(i,n,A,P)
P 或 F 值之序列 A	：PMT(i,n,P,F)
期數 n	：$n(i,A,P,F)$
複利率 i	：$i(n,A,P,F)$

許多計算機使用的符號與試算表和本書內容使用的不盡相同。譬如，P 可能代表我們所說的序列 A，其它使用 B 來代表現值。本書使用現值符號為 P，請確認使用手冊，以正確使用 TVM 函數。

許多試算表軟體或財務計算機都有選項可用於括弧內的最後一項參數。其中一個例子是「type」，它可確認現金流是發生在期初或期末。內定值是期末值 (type = 0)；不過，許多財務範例需要期初現金流，因此需要輸入 type = 1。

試算表軟體或財務計算機並沒有內建函數來指明現金流在每一期以定額增加或減少。我們將在第 2 章見到，定額的等值計算最好以試算表計算，因子或等值方程式則為次佳選擇。

本書將介紹最好用的試算表與計算機函數。不過，想要知道它們如何使用，請回到範例 1.7 與 1.8。在範例 1.7 中，終值未知，在解答中以 $F = ?$ 表示。在第 2 章，我們將學習在 P、i 和 n 已知條件下，如何使用貨幣的時間價值來計算 F。想要利用試算表或計算機來找出 F，只要

🔑 圖 1.8 (a) 範例 1.9；與 (b) 範例 1.8 的試算表函數使用。

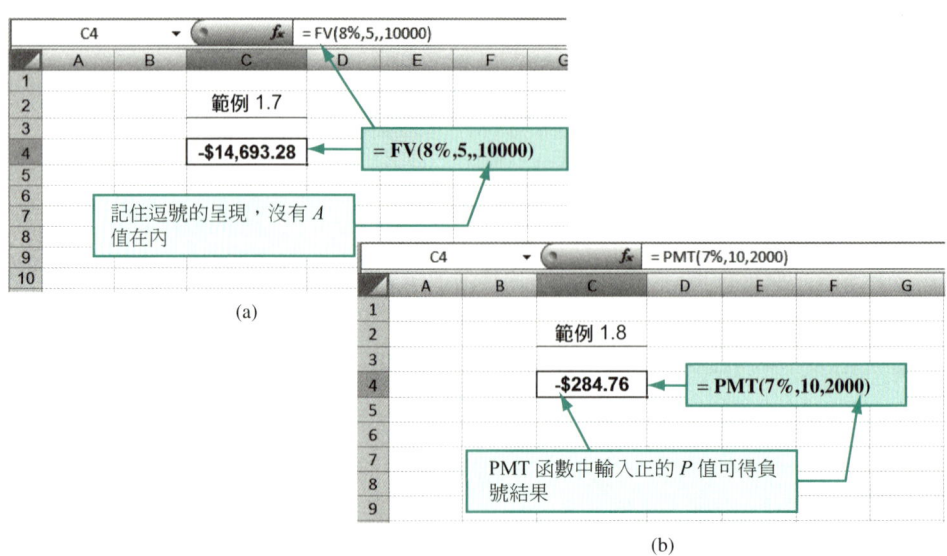

輸入函數 FV。儲存格內格式為 = FV(i%,n,,P) 或 = FV(8%,5,,10000)。因為沒有 A 值，需輸入額外的逗號。圖 1.8(a) 顯示 C4 儲存格內 FV 函數的試算表畫面。答案為 $-14,693.28。從貸款者的觀點來看，此為 5 年後償還金額，故為負值。FV 函數列於工作表上端方程式，並有一標籤儲存格顯示 FV 函數格式。

在範例 1.8 中，在 P、i 和 n 已知條件下，我們計算等額年金 A。利用函數 = PMT(7%,10,2000) 可找到 A。圖 1.8(b) 顯示計算結果。

1.9 倫理與經濟決策

一開始，你可能會覺得工程經濟決策與道德規範無關。然而，對某些在公司上班、自己當老闆，以及在政府機關上班的人而言，好或不好的行為與經濟決策息息相關，犯下錯誤決策的主因是錢，譬如追求利潤、低成本、利益或回扣。

讓我們透過個人判斷對錢的行為與特徵所形成的基本原則來瞭解經濟與倫理之間的關聯性。這些原則稱為**道德規範**，其為個人及一般社會適用的準則。倫理係以倫理準則為準之道德規範來檢視決策與行為。此準則形成特定行業，如工程、醫藥、法律、教育，以及個人決策與行為的標準。

共同道德規範：近乎所有人秉持的基本信念。大多數人認為若有人採取傷害別人的行為在道德規範上是不對的。這些錯誤包括說謊、偷竊、傷害別人和謀殺。

某些行動與想法有可能與共同規範相互衝突。以紐約的世貿中心為例，在 2001 年 911 事件之後，大樓設計明顯地不足以抵擋飛機撞上所引發火災的高溫。大樓設計的結構工程師絕對沒有傷害大樓內民眾的意圖，然而他們的設計並未預測此種慘狀的可能性。他們是否違反傷害別人或謀殺他人的共同道德規範？可能並沒有。

個人道德規範：個別隨著時間經過必須維繫的道德信念。這些與共同道德規範相同，偷竊、說謊、謀殺等都是不道德的行為。

一個人擁有絕佳的個人道德規範也可能堅守共同道德規範，但也有可能在面臨艱困決策時，兩種信念相互衝突。以大學生考試作弊為例，假設他或她在最後一個學期的期末考是帶回家考試，而裡面有許多題都不會寫。不作弊或抄襲同學的決定是違反或堅守個人道德規範的抉擇。同樣地，如果決定抄襲，提供答案的同學也面臨堅守或違反作弊道德規範的抉擇。

職業倫理：在特定行工業工作的人通常在做決策或工作時都需遵守正式標準或準則。這些準則是個人預期在工作上必須呈現誠實與正直的一般標準。它們是醫生、律師、民意代表及工程師必須遵守的倫理準則。

儘管每一種工程師有其不同的倫理準則，由美國工程師學會 (National Society of Professional Engineers) 出版的《工程師倫理守則》 (*Code of Ethics for Engineers*) 是共同標準。此準則包括工程師在其專業上制訂有關設計、行動和決策所導致的直接或間接的經濟與財務衝擊。

以下為某些範例：

- 第 I.5 條：避免欺騙行為。
- 第 III.3.a 條：不要發布包含錯誤或省略事實的聲明。
- 第 III.5.a 條：不要接受供應商產品相關的金錢。

在工程師每天的工作中,有許多與金錢相關事項牽涉到道德層面。以下為某些例子:

- 在產品或服務上做某種程度的讓步,以達成低成本競價得標。
- 為節省成本,延遲設備維修時間,而置人員與產品於危險處境。
- 為降低成本,提高利潤,以較廉價、低品質材料(零件、化學原料等)來取代原有材料,而違反公司顧客及員工的健康準則。
- 以較廉價與類似功能產品取代,但索取原有價格來誤導社會大眾。(範例 1.14 為此種不道德的說明。)

在許多國際性企業、本土與外國子公司對司法、文化、員工誘因及成本相異的情況下,許多道德問題都可能出現。通常這些問題都發生在提供低廉勞力、減低原料成本、寬鬆的政府法令,及其它一些降低成本因素的經濟考量上,當工程師進行工程經濟分析時,他必須考量所有的道德相關議題,以確保成本估計能反映計畫執行後各種可能的情況。

範例 1.14

在 2011 年 10 月,《波士頓環球報》(*Boston Globe*) 一系列以報紙和影片來報導大部分波士頓地區的餐廳活魚料理魚目混珠。("Seafood mislabeled at many local restaurants," LaPierre, Scott; Abelson, Jenn; and Daley, Beth; October 23, 2011; video at www.bostonglobe.com/business/specials/fish) 調查清楚地指出,稀少的昂貴活魚應有的高利潤,導致餐廳老闆與漁貨供應商用看起來和吃起來都雷同的廉價魚冒充昂貴活魚。舉例來說,外國漁船供應的鯰魚成本每磅 $1.50,冒充鱈魚,然後每磅賣 $12。DNA 檢驗發現 48% 的餐廳都魚目混珠,全部都用便宜的魚種冒充菜單上昂貴的活魚料理。

其中一個案例是,餐廳老闆以便宜的海鱸取代昂貴的紅鯛,並在廣告文宣中,告知顧客紅鯛非常罕見,海鱸烹煮後味道與紅鯛相去不遠。他聲稱他提供的是顧客想要的紅鯛。在訪談中,他不認為以海鱸替代紅鯛是為了節省成本,他只是供應顧客想要的。然而,海鱸每磅 $4.25,而紅鯛要價每磅 $8.95。不過,他的菜單並沒有任何有關無法供應紅鯛或以海鱸取代紅鯛的說明。最後,當真相被揭露時,他才說他會在菜單上註明。

請用美國工程師學會的工程師倫理守則作為道德準則，來指出餐廳老闆欺騙顧客並賣高價的問題。請描述在紅鯛無法供應時，餐廳老闆能夠採取的誠實與正直措施。

解答

在應用美國工程師學會的工程師倫理守則於此情況時，將餐廳老闆視為準則中的工程師，而餐廳的顧客為客戶。有關不符合倫理規範的條款，如下所示：

基本法規：違反第 I.5 條與第 I.6 條

章程：違反第 II.3.a 條

專業義務：違反第 III.3.a 條

為了要保證企業運作的誠實與正直，餐廳老闆可以做許多事，可在菜單上註明不是隨時都有紅鯛，且不可以用廉價魚種替代昂貴魚種。由於紅鯛是「熱門餐點」，餐廳老闆可夾一張紙條註明本日不供應紅鯛，並提及海鱸具有相同口感，且以便宜價格銷售。

老闆的最大功課是理解以錯誤行為服務客戶是「不理性」且不符合道德規範的。老闆在未來的餐點提供，要在文宣上及價格上均誠實以對。

總結

工程經濟藉由考量貨幣的時間價值，運用經濟因素來評估不同方案。工程經濟研究牽涉一特定期間現金流量經濟價值的衡量。

等值的概念協助我們瞭解不同貨幣總和如何在不同時點上相等。單利 (只考慮本金) 與複利 (考慮本金和利息) 的差異可經由公式、表格與圖形加以說明。

基準收益率 (MARR) 是替代方案在經濟上可行時合理的門檻報酬率。MARR 始終大於安全投資的報酬與公司資金成本。

本章也介紹現金流的估計、慣例與圖形。

習題

基本概念與定義

1.1 討論替代方案在工程經濟過程確認的重要性。

1.2 在決定發電廠興建的型態上，下列何者為非經濟因素：(a) 設備成本；(b) 道德；(c) 商譽；(d) 殘值；(e) 民眾接受度；

(f) 美觀。

1.3 在經濟分析中，成本與收入是何種範例？

1.4 請舉出無形因素的三個例子。

1.5 貨幣時間價值的意義為何？

1.6 在工程經濟中，利息說明何種概念？

利率與等值

1.7 當利率並未包括時間時，如 3%，時間長度為何？

1.8 基準收益率 (MARR) 的意義為何？

1.9 當美國政府債券的收益率是 3%，投資者預期通貨膨脹率是多少？

1.10 一中型工程顧問公司正考慮是現在或明年重新裝潢。若現在裝潢，成本是 $38,000，年利率是 10%。

   a. 若明年裝修，請問決策相同之成本是多少？

   b. 若明年成本是 $41,600，公司應選擇現在或明年裝潢？

1.11 班尼工業 1 年前投資 $10,000,000。1 年後，班尼獲得利潤 $1,450,000，請問年報酬率是多少？

1.12 若福特汽車第 2 季的利潤從每股 $0.22 增加至 $0.29，該季所增加的利潤率為何？

單利與複利

1.13 Valtro 電機系統公司 4 年前投入一筆資金，目的是為了今年的擴廠計畫。該筆投資每年單利的報酬為 10%，若該筆投資現值 $850,000，請問該公司在 4 年前投入的金額是多少？

1.14 請將下表空格 A 到 D 填滿，假設貸款為 $10,000，複利年利率為 10%。

期末	年利率	期末總積欠金額	期末償還金額	還款後總積欠金額
0	—	—	—	10,000
1	1,000	11,000	2,000	9,000
2	900	9,900	2,000	A
3	B	C	2,000	D

1.15 若你承諾 2 年後的今天償還 $20,000 的貸款，且複利年利率為 20%。請問今天的貸款金額是多少？

1.16 若 Aquatronics 公司想要其投資在 4 年能增值一倍，在 (a) 單利；和 (b) 複利情況下，其報酬率是多少？

名詞與符號

1.17 是否所有工程經濟的問題均涉及下列符號 P、F、A、i、n 中的 2 個？

1.18 在單利年利率為 9% 下，$1,000 相當於 3 年後的 $1,270。請定義等值正確的每年複利符號，即現在 $1,000，而 3 年後為 $1,270。

1.19 康寧公司計畫投資 $400,000 將設備在 2 年後升級，若康寧想要知道此計畫投資的等值金額，請列出相關符號。假設康寧的基準收益率是 20%。

現金流

1.20 「期末慣例」一詞中之「期」意義為何？

1.21 現金流入與現金流出的差異為何？

1.22 請指出下列何者為本田汽車的現金流入與現金流出：所得稅、貸款利息、殘值、經銷商折扣、銷售收入、會計服務及承包商成本的降低。

試算表與財務計算機函數

1.23 寫出對應下列試算表函數的工程經濟符號。
   a. FV
   b. PMT
   c. NPER
   d. IRR
   e. PV

1.24 工程經濟符號 P、F、A、i 和 n 在下列試算表或 TVM 計算機符號的數值為何？利用「?」來決定符號。
   a. FV(8%,10,2000,−10000)
   b. PMT(12%,30,16000)
   c. PV(9%,15,1000,700)
   d. n(8.5,5000,−50000,20000)

倫理與經濟學

1.25 請解釋共同道德規範與個人道德規範間的關係。

1.26 就一特定行業而言，倫理守則的主要目的為何？

額外問題與 FE 複習題

1.27 在複利年利率為 10% 時，1 年前的 $10,000 相當於下列何者？
   a. $8,264
   b. $9,091
   c. $11,000
   d. $12,100

1.28 下列何者非無形因素？
   a. 稅
   b. 商譽
   c. 道德
   d. 便利性

1.29 某公立大學 5 年前的每個學分費為 $200，現在 (5 年後) 則為 $268，請問年利率最接近下列哪一個數字？
   a. 4%
   b. 6%
   c. 8%
   d. 10%

1.30 在單利年利率為 5% 下，一筆金額加倍所需時間最接近下列多少年？
   a. 10 年
   b. 12 年
   c. 15 年
   d. 20 年

Chapter 2

因子：時間與利息如何影響貨幣

在第 1 章，我們學習工程經濟的基本概念與其在決策制訂所扮演的角色，就每一個經濟研究而言，現金流是相當基本的。現金流出現在許多金額與結構當中——單一金額、等額序列、以固定金額或比例增減的序列。本章將發展考慮時間價值現金流的工程經濟常用因子。

因子的應用將以數學型式與標準表示法呈現，並以試算表與計算機函數說明。

目的：利用表列因子或試算表／計算機函數來說明貨幣的時間價值。

學習成果

1. 運用複利金額因子與現值因子來說明單一支付金額。 　　F/P 與 P/F 因子
2. 運用等額序列資金因子。　　P/A、A/P、F/A 與 A/F 因子
3. 運用等差級數因子與等比級數因子公式。　　遞增(減)
4. 利用單一序列與等差因子於移動現金流。　　移動現金流
5. 運用試算表或計算機來計算等值金額。　　試算表／計算機

2.1 單一支付金額公式 (*F/P* 與 *P/F*)

工程經濟中最基本的式子為單一現值 P 在 n 年 (期) 後，每年 (期) 複利計算所決定的金額 F 值。記得複利是指利上加利。因此，若金額 P 在 $t = 0$ 期投資，在年利率 $i\%$ 下，1 年後的金額 F_1 為

$$F_1 = P + Pi$$
$$= P(1 + i)$$

其中利率 i 為小數，在第 2 年年終，F_2 為第 1 年年終金額加上從第 1 年到第 2 年的利息。

$$F_2 = F_1 + F_1 i$$
$$= P(1 + i) + P(1 + i)i$$

金額 F_2 可表示成：

$$F_2 = P(1 + i + i + i^2)$$
$$= P(1 + 2i + i^2)$$
$$= P(1 + i)^2$$

同樣地，第 3 年年終累積的貨幣金額為：

$$F_3 = P(1 + i)^3$$

依此類推，n 年後的終值 F 為：

$$F = P(1 + i)^n \qquad [2.1]$$

$(1 + i)^n$ 稱為因子，又叫**單一支付金額複利因子** (single-payment compound amount factor, SPCAF)，但通常稱為 *F/P* 因子。其為一開始金額 P 在 n 年後，年利率為 i 得到終值 F 之轉換因子，圖 2.1(a) 顯示相關現金流量圖形。

在 F 已知下，可從上式得到 P。從式 [2.1]，P 為：

$$P = F\left[\frac{1}{(1 + i)^n}\right] \qquad [2.2]$$

括弧內的式子為**單一支付金額現值因子** (single-payment present worth factor, SPPWF) 或 *P/F* 因子。在 n 年後年利率 i 和終值 F 已知條件下，此式可決定現值 P。圖 2.1(b) 顯示相關現金流量圖形。

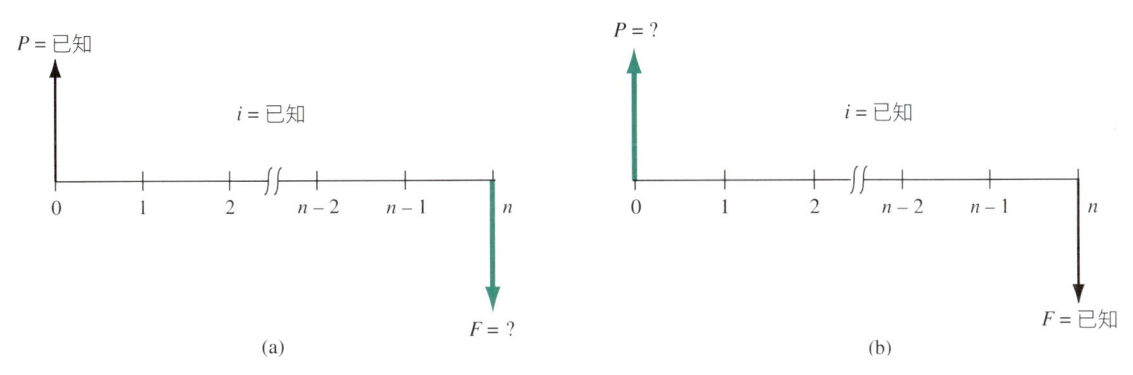

🔍 圖 2.1　單一支付金額因子之現金流量圖形：(a) 求 F；與 (b) 求 P。

注意：此二因子皆為**單一金額支付** (single payments)，也就是它們是用在支出或收入只有一次的現值或終值。

所有的因子都有標準表示型式，可寫成一般式 (X/Y,i,n)。X 代表未知，Y 代表已知。舉例來說，F/P 意味在 P 已知下求 F。i 為以百分比表示的利率，n 為期數。因此，(F/P,6%,20) 代表用來計算年利率 6%，期數為 20 年終值 F 的因子。P 為已知，標準表示比公式與因子名稱容易使用，本書從此將以此種型式表示。表 2.1 總結 F/P 與 P/F 因子的方程式與標準表示型式。

為了要簡化工程經濟運算的流程，依不同 i 值，從第 1 期到第 n 期的因子數值整理成表格，這些表格附於本書最末。

在因子、利率、期數已知條件下，由因子名稱與 i 的交集可得正確的因子數值。舉例來說，(P/F,5%,10) 可於表 10 中第 10 期與 P/F 的交集得到因子數值 0.6139。

若 i 或 n 值不在利率表，而無法找到因子數值，有一些方法可協助我們找到因子數值：(1) 利用第 2.1 節到第 2.3 節的公式；(2) 利用表格線性內插；或 (3) 利用第 2.5 節介紹的試算表或計算機函數。

就許多現金流或為節省時間，試算表函數可用來取代表列因子或方程式。對單一支付金額序列而言，年序列 A 並不存在，F、P、i 和 n 中有三個為已知。當我們用試算表來求終值時，FV 函數可找到 F 值，PV 函數可找到現值 P。表 2.1 列出相關函數。(有關 FV 與 PV 函數的詳細資訊，請參考第 2.5 節。)

表 2.1　F/P 與 P/F 因子：標準表示、方程式與函數

因子 標準表示	因子 名稱	標準表示方程式	因子公式方程式	試算表函數	計算機函數
$(F/P,i,n)$	單一支付金額複利金額	$F = P(F/P,i,n)$	$F = P(1+i)^n$	$= \text{FV}(i\%,n,,P)$	$\text{FV}(i,n,A,P)$
$(P/F,i,n)$	單一支付金額現值	$P = F(P/F,i,n)$	$P = F[1/(1+i)^n]$	$= \text{PV}(i\%,n,,F)$	$\text{PV}(i,n,A,F)$

PV 與 FV 函數的計算機函數詳見於表 2.1，在只有單一支付金額時，年序列 A 值為 0。利用計算機來得到 P、F、A、i 或 n 中其中一個參數的標準表示方法為

$$A(P/A,i\%,n) + F(P/F,i\%,n) + P = 0$$

利用因子方程式、單一序列、終值與現值間關係可表示成：

$$A\left(\frac{1-(1+i/100)^{-n}}{i/100}\right) + F(1+(i/100)^{-n}) + P = 0 \quad [2.3]$$

若是單一支付金額，上式的第 1 項為 0。

範例 2.1

一工程師收到紅利 \$12,000 並計畫現在投資。他想要計算 24 年後的等值金額來作為熱帶島嶼度假的訂金。假設 24 年中每年的年利率均為 8%，利用表列因子、因子公式、試算表函數與計算機函數來找出此金額。

解答

相關符號及其數值為：

$P = \$12,000 \quad F = ? \quad i = $ 每年 8% $\quad n = 24$ 年

現金流量圖形與圖 2.1(a) 相同。

表列：利用 F/P 因子、18% 和 24 年來求 F。表 13 可得因子數值：

$$\begin{aligned} F &= P(F/P,i,n) = 12{,}000(F/P,8\%,24) \\ &= 12{,}000(6.3412) \\ &= \$76{,}094.40 \end{aligned}$$

公式：應用式 [2.1] 來計算終值 F。

$$\begin{aligned} F &= P(1+i)^n = 12{,}000(1+0.08)^{24} \\ &= 12{,}000(6.341181) \\ &= \$76{,}094.17 \end{aligned}$$

試算表：利用函數 = FV(i%,n,A,P)。在儲存格輸入 = FV(8%,24,,12000)，顯示之 F 值為($76,094.17)，以紅字表示；或 $-$76,094.17 的現金流出，以黑字表示。

計算機：利用 TVM 函數 FV(i,n,A,P)，數值為 FV(8,24,0,12000)，其終值為 $ $-$76,094.17 代表其為現金流出。

　　表列、公式和計算機答案略有不同的原因在於，四捨五入與不同方法計算等值，此結果的等值解釋為今天的 $12,000，每年以 8% 複利 24 年後的終值為 $76,094。

範例 2.2

　　惠普的研究指出無線監控技術的改良讓每年產品處理線的維修成本在今年 (第 0 年) 減少 $50,000。

a. 若惠普認為此種改良可增進獲利 20%，請算出 5 年後的等值金額。

b. 若在年利率為 20%，此 $50,000 成本節省在 3 年前的等值金額。

解答

a. 現金流量圖形請見圖 2.1(a)，其符號與數值為：

$P = $50,000 \quad F = ? \quad i = $ 年利率 20% $\quad n = 5$ 年

利用 F/P 因子來決定 5 年後的 F 值：

$$F = P(F/P,i,n) = \$50,000(F/P,20\%,5)$$
$$= 50,000(2.4883)$$
$$= \$124,415.00$$

函數 = FV(20%,5,,50000) 也得到相同答案，請見圖 2.2。

b. 現金流量圖形請見圖 2.1(b)，但將 F 值置於 $t = 0$，而將 P 置於 3 年前，$t = -3$，其符號與數值為：

$P = ? \quad F = $50,000 \quad i = $ 年利率 20% $\quad n = 3$ 年

利用 P/F 因子來找出 3 年前的 P 值。

$$P = F(P/F,i,n) = \$50,000(P/F,20\%,3)$$
$$= 50,000(0.5787) = \$28,935.00$$

利用 PV 函數且省略 A 值。圖 2.2 顯示輸入 = PV(20%,3,,50000) 的結果與利用 P/F 因子結果相同。

	A	B	C	D	E	F	G	H	I	J
1										
2										
3				範例 2.2a				範例 2.2b		
4										
5				F = -$124,416				P = -$28,935		
6										
7										
8			試算表函數：				試算表函數：			
9			A 省略				A 省略			
10			= FV(20%,5,,50000)				=PV(20%,3,,50000)			
11										
12										
13										

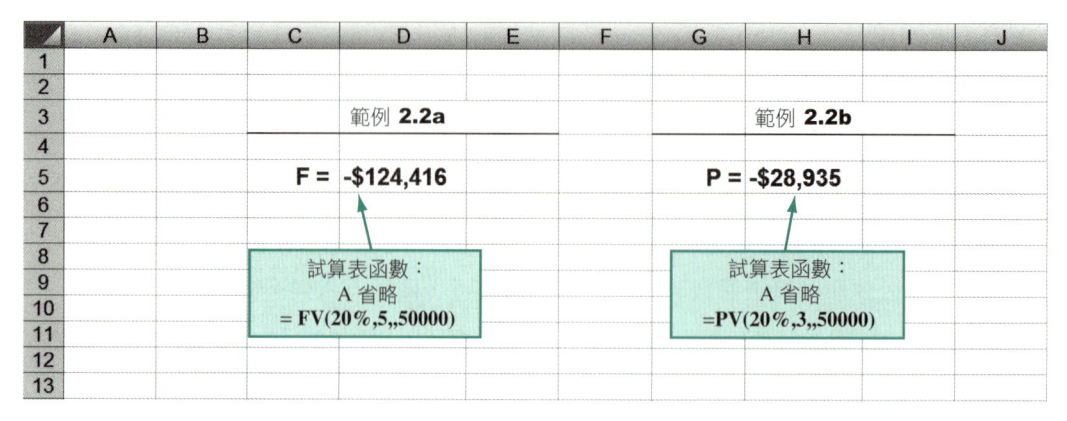

圖 2.2　利用單一儲存格試算表函數來求 F 與 P 值，範例 2.2。

範例 2.3

傑米近來開始注意自己的信用卡帳單，迅速繳款以減少利息支出。他非常驚訝在 2007 年付出 $400 利息。圖 2.3 列出過去幾年的利息支出。如果他在規定期限內繳款就不用付利息，且能夠將這些錢用來賺利息。倘若傑米正常繳款而省掉利息罰款，在年利率 5% 下，5 年後的等值金額是多少？

解答

從傑米的觀點，繪出利息支出為 $600、$300 與 $400 的現金流量圖形（圖 2.4）。利用 F/P 因子來找第 5 年的 F 值，其為第一筆現金流的 10 年後。

$$\begin{aligned} F &= 600(F/P,5\%,10) + 300(F/P,5\%,8) + 400(F/P,5\%,5) \\ &= 600(1.6289) + 300(1.4775) + 400(1.2763) \\ &= \$1,931.11 \end{aligned}$$

圖 2.3　過去 6 年信用卡欠款的利息支出，範例 2.3。

年	2002	2003	2004	2005	2006	2007
利息支出($)	600	0	300	0	0	400

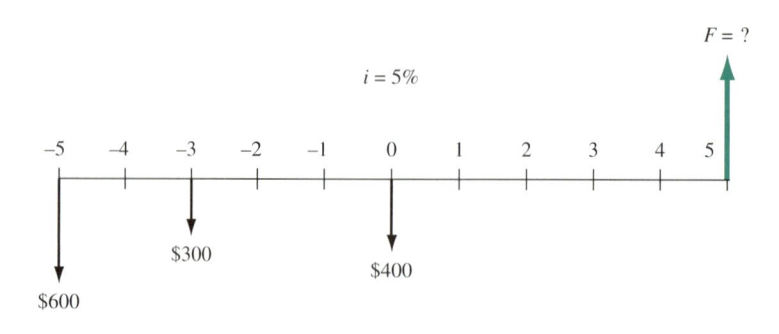

圖 2.4　現金流量圖形，範例 2.3。

此問題也可用 P/F 因子找出成本 $300 與 $400 在第 −5 年的現值。然後找出 10 年後的終值：

$P = 600 + 300(P/F,5\%,2) + 400(P/F,5\%,5)$
$ = 600 + 300(0.9070) + 400(0.7835)$
$ = \$1,185.50$
$F = 1,185.50(F/P,5\%,10) = 1185.50(1.6289)$
$ = \$1,931.06$

評論：因為在得到第 5 年的終值前，任何一年都可用。很顯然本題有許多方法可以求出答案，來找出成本的等值金額。

2.2 等額序列公式 (P/A、A/P、A/F、F/A)

有四種與 A 相關的等額序列 (uniform series) 公式，其中序列 A 意指：

1. 連續利息週期出現現金流，以及
2. 每一期出現相同的現金流。

公式將現值 P 或終值 F 與等額序列資金 A 連結在一起。連結 P 與 A 的兩個公式如下所示。(見圖 2.5 的現金流量圖形。)

$$P = A\left[\frac{(1+i)^n - 1}{i(1+i)^n}\right]$$

$$A = P\left[\frac{i(1+i)^n}{(1+i)^n - 1}\right]$$

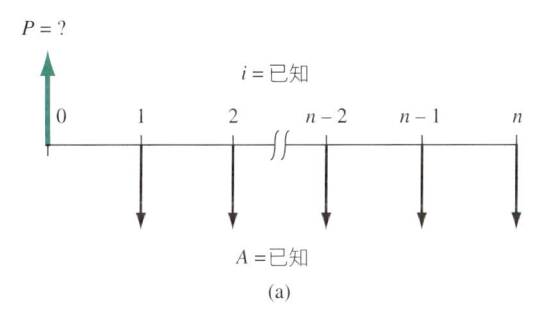

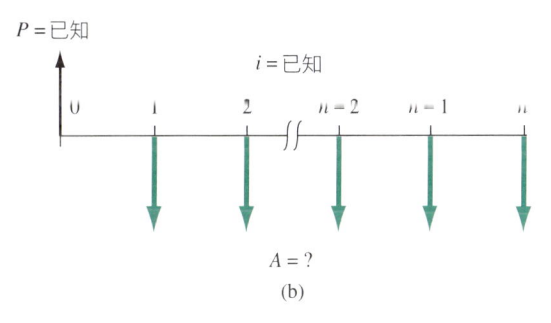

圖 2.5 用來決定 (a) 等額序列資金 P；與 (b) A 序列現值的現金流量圖形。

表 2.2　*P/A* 與 *A/P* 因子：標準表示、方程式與函數

因子 標準表示	名稱	因子公式	標準表示方程式	試算表函數	計算機函數
(*P/A,i,n*)	等額序列資金現值	$\dfrac{(1+i)^n - 1}{i(1+i)^n}$	$P = A(P/A,i,n)$	$= \text{PV}(i\%,n,A,F)$	$\text{PV}(i,n,A,F)$
(*A/P,i,n*)	資本回收	$\dfrac{i(1+i)^n}{(1+i)^n - 1}$	$A = P(A/P,i,n)$	$= \text{PMT}(i\%,n,P,F)$	$\text{PMT}(i,n,P,F)$

在標準表示方法方面，方程式分別為 $P = A(P/A,i,n)$ 與 $A = P(A/P,i,n)$。在這些式子裡，記得 P 與第一個 A 值相差一個利息期間，亦即現值 P 始終比第一個 A 值早一期。同樣地，n 始終與 A 序列的期數相等。

用來求出 P 與 A 的因子及其用途總結於表 2.2。表 2.2 的試算表與計算機函數可用來取代 *P/A* 和 *A/P* 因子來找到 P 與 A 值。在 n 年期間已知 A 以及在第 n 年已知 F 條件下，PV 函數可用來計算 P 值，其型式為：

$$= \text{PV}(i\%,n,A,F)$$

同樣地，在第 0 年已知 P 以及第 n 年已知 F 條件下，PMT 函數可用來得到 A 值，其型式為

$$= \text{PMT}(i\%,n,P,F)$$

除了 i 與 n 之外，表 2.2 的計算機函數包含所有的三個參數——P、F 和 A，在已知五個參數中的四個情況下，我們可利用式 [2.3] 來得到最後一個參數。

範例 2.4

若從明年開始的未來 9 年，每年可領回 \$600，在年報酬率為 16% 下，現在你願意投入多少錢？

解答

現金流量圖形 (圖 2.6) 說明 *P/A* 因子。現值為：

$P = 600(P/A,16\%,9) = 600(4.6065) = \$2,763.90$

試算表 PV 函數 $= -\text{PV}(16\%,9,600)$ 輸入空格後，可得 $P = \$2,763.93$。同樣地，計算機函數 PV(16,9,600,0) 可得 $P = \$-2,763.93$。

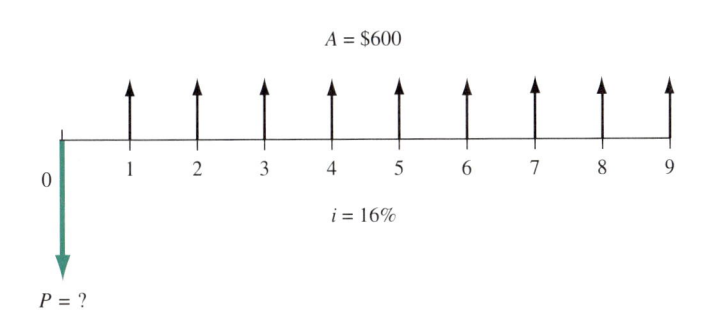

▲ 圖 2.6 利用 P/A 因子得到 P 的圖形，範例 2.4。

連結 A 與 F 的等額序列公式如下。圖 2.7 繪出現金流量圖形。

$$A = F\left[\frac{i}{(1+i)^n - 1}\right]$$

$$F = A\left[\frac{(1+i)^n - 1}{i}\right]$$

記得這些式子中，最後一個 A 值與終值 F 出現在同一個期數，而 n 始終與 A 序列的期數相等。

標準表示法與其它因子的格式相同，其為 (F/A,i,n) 與 (A/F,i,n)。表 2.3 總結標準表示與符號。

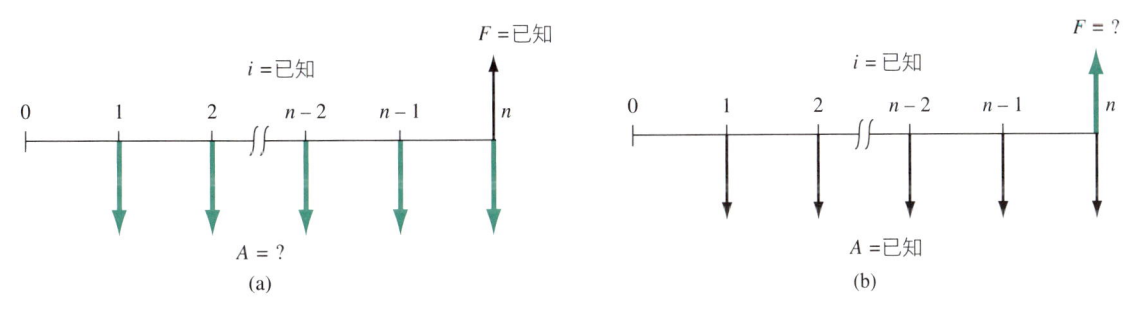

▲ 圖 2.7 (a) 已知 F 求 A；與 (b) 已知 A 求 F 的現金流量圖形。

📋 表 2.3 F/A 與 A/F 因子：標準表示、方程式與函數

因子 標準表示	名稱	因子公式	標準表示 方程式	試算表 函數	計算機 函數
(F/A,i,n)	等額序列複利金額	$\dfrac{(1+i)^n - 1}{i}$	$F = A(F/A,i,n)$	= FV(i%,n,A,P)	FV(i,n,A,P)
(A/F,i,n)	償債基金	$\dfrac{i}{(1+i)^n - 1}$	$A = F(A/F,i,n)$	= PMT(i%,n,P,F)	PMT(i,n,P,F)

若 PMT 函數中未見 P 參數，逗點 (試算表) 或零 (計算機) 就必須輸入，以確保最後一個參數為 F。

範例 2.5

台塑在德州與香港有大型製造廠。董事長想要知道從明年開始，每年資本投資 $100 萬 8 年，未來的等值金額是多少？台塑企業每年的報酬率是 14%。

解答

現金流量圖形 (圖 2.8) 顯示第 1 年年終每年支付金額與期末的終值 F。現金流為 $1,000，8 年後的終值 F 為：

$$F = 1,000(F/A,14\%,8) = 1,000(13.2328) = \$13,232.80$$

真實終值金額為 $13,232.800。

圖 2.8 等額序列資金求終值 F 的圖形，範例 2.5。

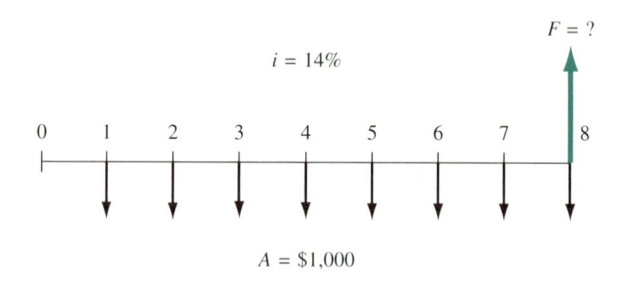

範例 2.6

一電器承包商從明年開始，每年存入多錢可在 n 年後存款金額達到 $6,000？假設年利率 5.5%。

解答

現金流量圖形 (圖 2.9) 說明 A/F 因子。

$$A = \$6,000(A/F,5.5\%,7) = 6,000(0.12096) = \$725.76／年$$

利用因子公式可得，A/F 因子數值為 0.12096。此外，利用試算表函數 =−PMT(5.5%,7,,6000)，可得每年 $725.79。

$F = \$6{,}000$

$i = 5.5\%$

$A = ?$

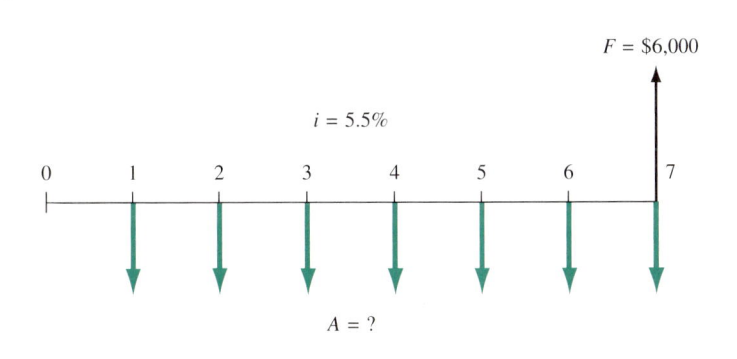

🔎 圖 2.9　現金流量圖形，範例 2.6。

當一問題需要求 i 或 n (而非 P、F 或 A) 時，解答需要不斷地嘗試。在大多數情況下，試算表或計算機功能可用來求 i 或 n。

2.3　遞增 (減) 序列公式

前面四個方程式在每個利息期間都涉及相同的現金流 A。有時，在連續利息期間的現金流並不一定等量 (非 A 值)，而以可預測方式變動。這些現金流稱為**遞增 (減)** (gradients)，一般有兩種型式：等差與等比。

等差序列 (arithmetic gradient) 是指現金流在每期以相同數量變動 (增加或減少)。譬如，若現金流在第 1 期為 $800，而在第 2 期為 $900，且於後續每一期都增加 $100，此為等差序列 G，值為 $100。

等差序列現值方程式可寫成：

$$P = \frac{G}{i}\left[\frac{(1+i)^n - 1}{i(1+i)^n} - \frac{n}{(1+i)^n}\right] \quad [2.4]$$

式 [2.4] 是從圖 2.10 的現金流量圖形推導而得，以藉由 P/F 因子求取第 0 年現金流等額 P 值。等差序列現值的標準表示方法為 $P = G(P/G, i\%, n)$。此方程式只求等差序列在第 0 年 (期初) 的現值 (從第 2 年開始增加為 $100)。它並未包括等差序列一開始的基礎金額 (本例為 $800)。第 1 期的基礎金額必須分開，以等額現金流序列計算。因此，等差現金流序列現值的一般式子為：

$P =$ 基礎金額的現值 $+$ 等差金額現值

$ = A(P/A, i\%, n) + G(P/G, i\%, n) \quad [2.5]$

◆ 圖 2.10 無基礎金額的傳統等差序列資金。

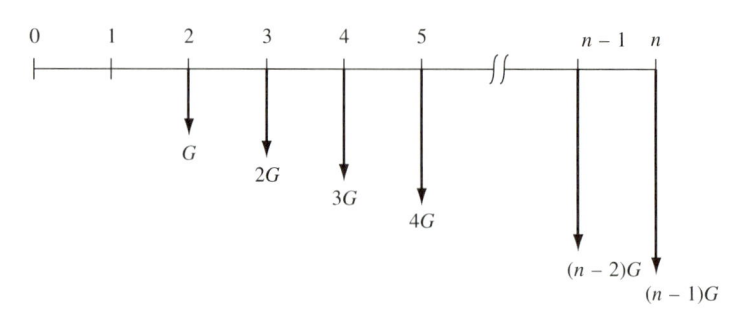

其中 A ＝ 第 1 期金額
G ＝ 第 1 期與第 2 期現金流變動金額
n ＝ 第 1 期到第 n 期等差現金流的期數
i ＝ 每期利率

若等差現金流從一期遞減至下一期，一般式 [2.4] 的改變僅是將正號改成負號。由於等差序列 G 是從第 1 期到第 2 期之間才開始，我們稱此為**傳統等差** (conventional gradient)。

範例 2.7

高工局預期大型營建設備的維修成本第 1 年是 $5,000，第 2 年是 $5,500，然後每年增加 $500 到第 10 年。在年利率 10%，請問 10 年維修成本現值是多少？

解答

現金流包括等差遞增序列 G = $500 和第 1 年的基礎金額 $5,000。利用式 [2.5]：

$P = 5{,}000(P/A,10\%,10) + 500(P/G,10\%,10)$
$ = 5{,}000(6.1446) + 500(22.8913)$
$ = \$42{,}169$

在範例 2.7 中，等差序列利用 P/G 因子可得 P 值。若從第 1 年到第 n 年的 A 值已知，A/G 因子僅能用來換算等差序列。(A/G,i%,n) 因子公式的方程式在以下的括弧內：

$$A = G\left[\frac{1}{i} - \frac{n}{(1+i)^n - 1}\right]$$ [2.6]

至於 P/G 因子、A/G 因子僅能將等差序列換算成 A 值。第 1 年的基礎金額 A_1，必須加到式 [2.6] 中，才能得到現金流的每年總金額 A_T。

$$A_T = A_1 \pm A_G \qquad [2.7]$$

其中 A_1 = 第 1 期現金流 (基礎金額)

A_G = 等差序列每年金額

此外，現金流的每年總金額可先藉由現金流的總現值 P_T，然後利用 $A_T = P_T\,(A/P,i,n)$ 將 P_T 轉換成 A 值。

範例 2.8

露天採礦的現金流第 1 年預計為 \$200,000，第 2 年為 \$180,000，然後每年遞減 \$20,000，直至第 8 年為止。在年利率 12%，請計算每年等值現金流。

解答

利用式 [2.7] 與 A/G 因子：

$$\begin{aligned}
A_T &= A_1 - A_G \\
&= 200{,}000 - 20{,}000(A/G,12\%,8) \\
&= 200{,}000 - 20{,}000(2.9131) \\
&= \$141{,}738
\end{aligned}$$

上述兩個現金流的等差因子，每期的現金流每期以固定金額變動。每期以固定百分比變動的現金流稱為**等比序列** (geometric gradients)。下列方程式是用來計算第 0 年等比序列的 P 值，括弧內的式子稱為 $(P/A,g,i,n)$ 因子。

$$P = A_1 \left[\frac{1 - \left(\dfrac{1+g}{1+i}\right)^n}{i - g} \right] \qquad g \neq i \qquad [2.8]$$

其中 A_1 = 第 1 期總現金流

g = 每期變動率 (小數格式)

i = 每期利率

此式可解釋所有現金流，包括第 1 期的金額。對一遞減等比級數而言，在兩個 g 值前改變其正負號。當 $g = i$ 時，P 值為

$$P = A_1[n/(1+i)] \qquad [2.9]$$

等比級數因子並未製成表格；可以利用方程式求取。

沒有等差或等比序列的試算表或計算機函數可用來直接算出等值的 P 或 A 序列資金。若等差序列的表列因子 (P/G 或 A/G) 不夠詳細，最快速的方式是利用試算表函數在連續空格內輸入現金流序列數值來求算。(請見範例 2.13。)

範例 2.9

一機械承包商有 4 位員工，他們的薪水在今年年終為 $250,000，倘若承包商老闆計畫每年加薪 5%，請計算未來 5 年薪資總額的現值。令年利率為 12%。

解答

第 1 年年底的現金流為 $250,000，每年以 $g = 5\%$ 遞增 (圖 2.11)。利用式 [2.8] 可得現值。

$$P = 250{,}000 \left[\frac{1 - \left(\frac{1.05}{1.12}\right)^5}{0.12 - 0.05} \right]$$
$$= 250{,}000(3.94005)$$
$$= \$985{,}013$$

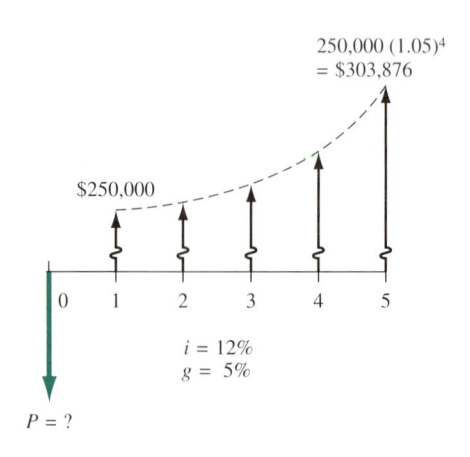

圖 2.11　$g = 5\%$ 的現金流，範例 2.9。

歸納起來，遞增(減)序列資金的基本概念為：

- 等差序列資金包括兩個部分：具 A 值的等額序列，其值等於第 1 期的金額；以及等差序列，其值等於第 1 期與第 2 期現金流的變動。
- 就等差序列而言，遞增序列的等差因子符號為正，遞減序列的等差

因子符號為負。
- 傳統的等差與等比現金流序列都從第 1 期與第 2 期間開始，每個式子的 A 值都等於第 1 期的現金流與第 0 期的 P 值。
- 等比序列可由式 [2.8] 或 [2.9] 計算所有現金流的現值。

2.4　現金流移位的計算

當一等額序列起始時點並非在第 1 期期末，我們稱為**移位序列** (shifted series)。在這種情況下，有許多基於因子方程式或表格化數值的方法可用來找到等額現值 P。譬如，圖 2.12 的等額序列資金的現值 P 可由下列方法求得：
- 利用 P/F 因子找到各筆支出在第 0 年的現值並加總。
- 利用 F/P 因子找到各筆支出在第 13 年的終值，加總，然後再利用 $P = F(P/F,i,13)$ 求加總金額的現值。
- 利用 F/A 因子來找到終值 $F = A(F/A,i,10)$，然後利用 $P = F(P/F,i,13)$ 來計算現值。
- 利用 P/A 因子來計算「現值」(位置在第 3 年，而非第 0 年)，然後利用 $(P/F,i,3)$ 因子來求第 0 年的現值。(現值加上引號代表以 P/A 因子決定的現值，落在第 3 年，而非第 0 年。)

第四種方法最常被使用，就圖 2.12，利用 P/A 因子得到的「現值」是在第 3 年，如圖 2.13 的 P_3 所示。

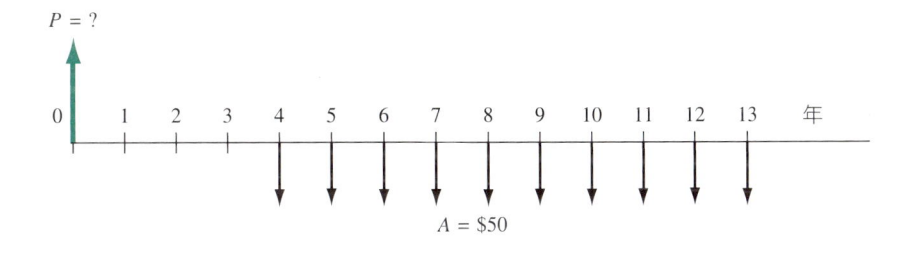

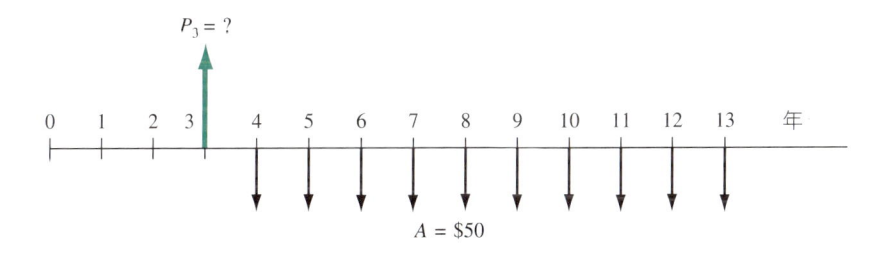

圖 2.12　移位等額序列。

圖 2.13　移位等額序列現金的位置，圖 2.12。

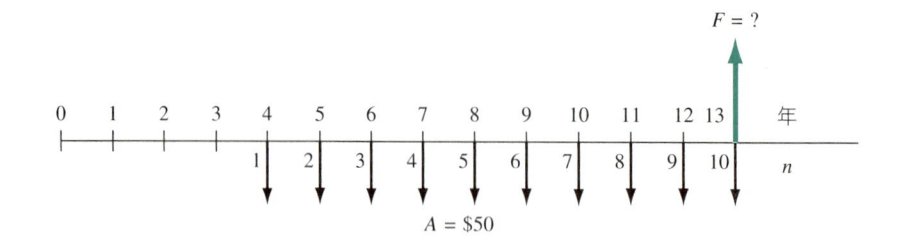

圖 2.14 移位等額序列的終值 F 位置與期數 n 重新計算。

```
0   1   2   3   4   5   6   7   8   9   10  11  12  13      年
                    1   2   3   4   5   6   7   8   9   10   n
                            A = $50                      F = ?
```

記得，在使用 P/A 因子時，現值始終比等額序列第一筆資金早一期。

想要決定終值 F，記得 F/A 因子的 F 與等額序列最後一筆金額同期。圖 2.14 顯示將 F/A 因子用在圖 2.12 現金流時終值的位置。

記得，在使用 F/A 因子時，終值始終與等額序列的最後一筆資金同期。

記得 P/A 或 F/A 因子中的期數 n 等於等額序列的期數。將現金流量圖形重新編製期數將有助於避免計算錯誤。圖 2.14 顯示將圖 2.12 重新編製期數，可得 n = 10。

如上所述，有許多方法來得到移位等額序列資金的答案。不過，使用等額序列因子比單一支付金額因子更為便利。為了避免算錯，有一些特定的步驟可以遵守：

1. 畫出正與負現金流的圖形。
2. 在現金流量圖形上，標出各個序列現值或終值的位置。
3. 重新編製現金流量圖形的期數，以決定各個序列的 n。
4. 開始解方程式。

範例 2.10

一工程技術團隊剛花費 $5,000 買下一套 CAD 軟體，而且從第 3 年開始每年支付 $500，共 6 年進行軟體升級。若年利率為 8%，請問現值是多少？

解答

圖 2.15 顯示現金流量圖形。本章使用 P_A 代表等額年序列資金 A 的現值，而 P'_A 代表時間點非第 0 期之現值。同樣地，P_T 代表第 0 期的總現值 P'_A 的正確位置，以及圖形重新編製來獲得期數 n，如圖 2.15 所示。注意：P'_A 位於第 2 年，而非第 3 年。同樣地，就 P/A 因子而言，n = 6，而非 8。首先，找出移位序列的 P'_A。

$$P'_A = \$500(P/A, 8\%, 6)$$

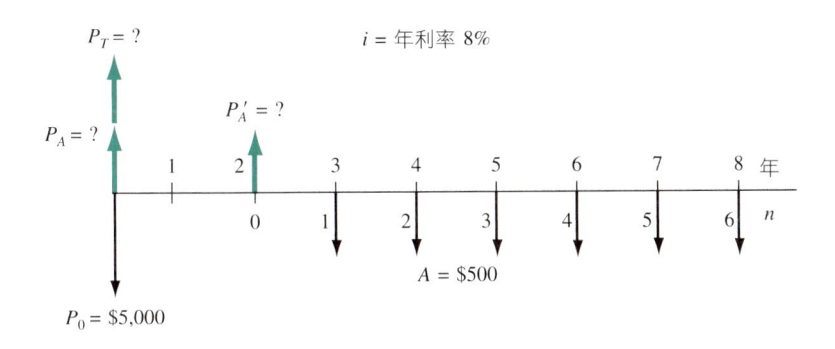

圖 2.15 現值 P 在不同位置的現金流量圖形，範例 2.10。

由於 P'_A 位於第 2 年，現在可求第 0 年之 P_A。

$$P_A = P'_A(P/F,8\%,2)$$

加總 P_A 與第 0 年支付金額 P_0 可得總現值。

$$\begin{aligned}P_T &= P_0 + P_A \\ &= 5{,}000 + 500(P/A,8\%,6)(P/F,8\%,2) \\ &= 5{,}000 + 500(4.6229)(0.8573) \\ &= \$6981.60\end{aligned}$$

為了要得到特定時間單一支付金額與等額序列現金流的現值，單一支付金額可使用 P/F 因子，而等額序列可使用 P/A 因子。想要計算序列 A，首先要將所有現金流轉換成第 0 年的現值 P，或最後 1 年的終值 F。然後利用 A/P 或 A/F 因子來得到序列 A，其中 n 為序列 A 涵蓋的期數。

許多用於等額移位序列的方法也可用在等差序列上。記得傳統遞增 (減) 序列是從現金流的第 1 期與第 2 期間開始。遞增 (減) 序列從其它時點開始，稱為**移位遞增 (減) 序列 (shifted gradient)**。移位遞增 (減) 序列的 P/G 與 A/G 因子的 n 值是透過重新編製時間來決定。遞增 (減) 序列第一次出現的期數是第 2 期。因子中的 n 值是決定於最後一筆遞增 (減) 出現的期數來重新編製期數。圖 2.16 顯示 P/G 因子數值以及移位等差序列現值 P_G 的落點。

值得注意的是，A/G 因子不能用來移位遞增 (減) 現金流從第 1 期到第 n 期的等值 A 值。考慮圖 2.16(b) 的現金流量圖形。想要找到等差

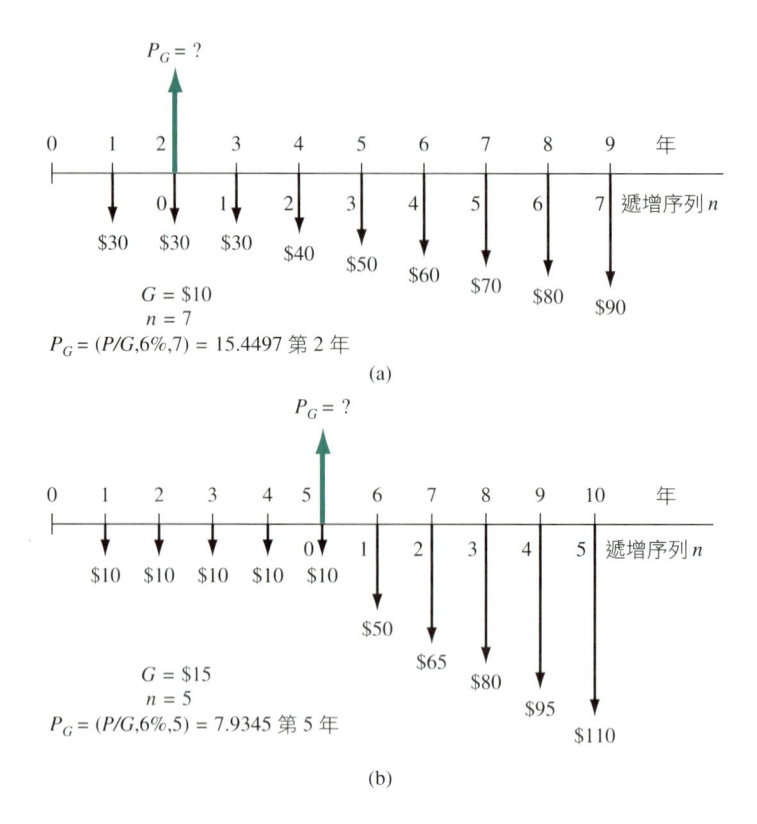

圖 2.16 在移位遞增序列中，因子中 G 與 n 值的決定。

```
          P_G = ?
            ↑
0    1    2    3    4    5    6    7    8    9    年
          0    1    2    3    4    5    6    7   遞增序列 n
     ↓    ↓    ↓    ↓    ↓    ↓    ↓    ↓    ↓
    $30  $30  $30  $40  $50  $60  $70  $80  $90
              G = $10
              n = 7
    P_G = (P/G,6%,7) = 15.4497  第 2 年
                    (a)

                P_G = ?
                  ↑
0    1    2    3    4    5    6    7    8    9   10   年
                         0    1    2    3    4    5   遞增序列 n
     ↓    ↓    ↓    ↓    ↓    ↓    ↓    ↓    ↓    ↓
    $10  $10  $10  $10  $10       $50  $65  $80  $95 $110
              G = $15
              n = 5
    P_G = (P/G,6%,5) = 7.9345  第 5 年
                    (b)
```

序列資金從第 1 年到第 10 年的每年等額資金，先要找到第 5 年遞增序列的現值，並將此現值轉換成第 0 年的現值，最後以 A/P 因子計算 10 年的等額現值。若你直接應用每年遞增因子 $(A/G,i,5)$，遞增序列只轉換第 6 年至第 10 年的等額序列資金。

記得，想要找到所有期數的移位遞增(減)序列等額 A 值，先找出在第 0 期遞增序列的現值，然後再使用 $(A/P,i,n)$ 因子計算。

若現金流牽涉到等比序列或介於第 1 期與第 2 期以外的序列，即為移位遞增(減)序列。P_g 與上述之 P_G 位置類似且式 [2.8] 為因子公式。

範例 2.11

美國中西部 Coleman 工業的化學工程師決定添加少量新發明化學添加物，這會使 Coleman 生產的帳篷防水性提高 20%。工廠負責人計畫從第 1 年開始，每年用 $7,000 購買添加物，時間長達 5 年。他預期添加物售價從第 6 年到第 13 年，每年將增加 12%。此外，現在投資 $35,000 來存放添加物。在年利率 15% 下，請算出所有現金流的總現值。

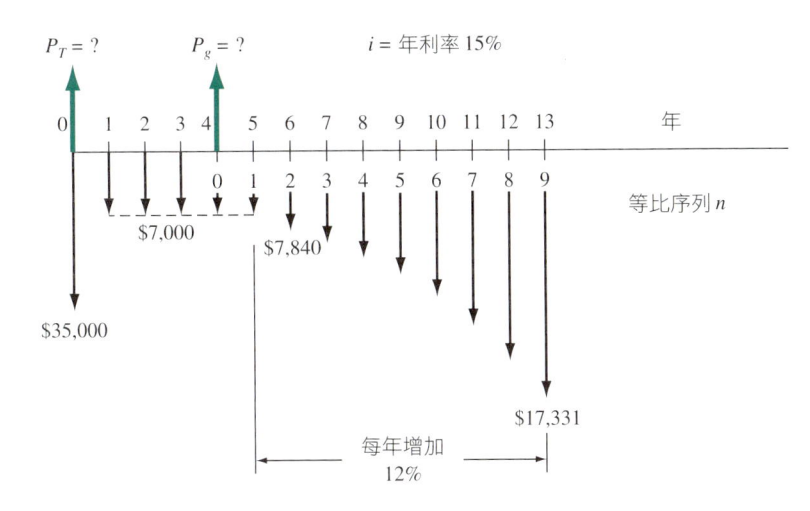

圖 2.17　$g = 12\%$ 之等比序列現金流量圖，範例 2.11。

解答

圖 2.17 畫出現金流。利用 $g = 0.12$ 與 $i = 0.15$ 可決定總現值 P_T。式 [2.8] 可用來找出等比序列資金在第 4 年時的總現值，然後利用 $(P/F,15\%,4)$ 來得到第 0 年的現值 P_g。

$$\begin{aligned}P_T &= 35{,}000 + A(P/A,15\%,4) + A_1(P/A,12\%,15\%,9)(P/F,15\%,4) \\ &= 35{,}000 + 7{,}000(2.8550) + \left[7{,}000\frac{1-(1.12/1.15)^9}{0.15-0.12}\right](0.5718) \\ &= 35{,}000 + 19{,}985 + 28{,}247 \\ &= \$83{,}232\end{aligned}$$

注意：由於式 [2.8] 等比序列的期初金額 A_1 是第 5 年的 \$7,000，所以在 $(P/A,15\%,4)$ 因子中之 n 為 4。

2.5　使用試算表與計算機

可用來計算 P、F 或 A 的最簡單單一儲存格試算表函數需要現金流能夠符合函數格式。函數運用與現金流量圖形相同的符號來得到答案，也就是說，如果現金流是存款 (負號)，答案將會有正號。為了要維持與輸入金額相同的符號，我們要在函數的前面加上負號。以下為年利率 5% 的總結與範例。

現值 P：若 n 年內每年的 A 值相同，使用 PV 函數 $= \mathrm{PV}(i\%,n,A,F)$；F 值可有可無。舉例來說，若每年存入 $A = \$3{,}000$，為期 10 年，函數

= PV(5%,10,−3000) 將顯示 $P = \$23{,}165$。這與使用 P/A 因子來找出 $P = 3{,}000(P/A,5\%,10) = 3{,}000(7.7217) = \$23{,}165$ 相同。

終值 F：若 n 年中，每年的 A 值都一樣可使用 FV 函數 = FV($i\%,n,A,P$) 計算；P 值可有可無。舉例來說，若每年存入 $A = \$3{,}000$，為期 10 年，函數 = FV(5%,10,−3000) 將顯示 $F = \$37{,}734$，這與使用 F/A 因子來找出 $F = 3{,}000(F/A,5\%,10) = 3{,}000(12.5779) = \$37{,}734$ 相同。

每年金額 A：在沒有 A 值或 P 和 F 值兩者之一已知時，我們可使用 PMT 函數 = PMT($i\%,n,P,F$) 來計算。舉例來說，現在存款 $P = \$-3{,}000$ 與 10 年後獲得終值 $F = \$5{,}000$，函數 = −PMT(5%,10,−3000,5000) 可得 $A = \$9$。這與利用 A/P 和 A/F 因子來找出現在存款與 10 年後提回之間每年等值金額 $A = \$9$ 相同。

$$A = 3{,}000(A/P,5\%,10) + 5{,}000(A/F,5\%,10) = -389 + 398 = \$9$$

期數 n：若 n 年間每年 A 的金額相同，可使用 NPER 函數 = NPER($i\%,A,P,F$)；可省略 P 或 F 其中一個數值，但不能同時省去兩個。舉例來說，現在存入 $P = \$-25{,}000$，每年領回 $A = \$3{,}000$，在年利率 5% 下，函數 = NPER(5%,3000,−25000) 可得 $n = 11.05$ 年。這與利用 $0 = -25{,}000 + 3{,}000(P/A,5\%,n)$ 此式中，用試誤法得到期數 n 的作法相同。

當現金流的金額或期數變動時，通常有必要輸入包括金額為 0 的所有數值，並利用其它函數來得到 P、F 或 A 值，所有的試算表函數都允許將其它函數置於參數內。範例 12.12 說明這些函數與嵌入功能。範例 12.13 顯示試算表如何能夠輕易處理等差與百分比序列以及 IRR (內部報酬率) 如何運作。

範例 2.12

卡蘿是大一新鮮人，她的祖父母送給下列兩項禮物中的一項：一為如果她 4 年就畢業，將可得到價值 \$25,000 的新車；另一則為如果她 5 年才畢業，在大二時每年給她 \$5,000，畢業時再多給 \$5,000。首先，請畫出現金流量圖形。然後，在 $i = $ 年利率 8% 下，說明卡蘿如何利用試算表函數與財務計算機 TVM 函數來得到祖父母饋贈禮物的：

Chapter 2　因子：時間與利息如何影響貨幣　49

a. 現值 P。

b. 5 年後終值 F。

c. 5 年內每年等值金額 A。

d. 若卡蘿從明年開始每年存 \$5,000，請問卡蘿購買 \$25,000 的新車所需期數是多少？

解答

試算表：圖 2.18 顯示兩種現金流：禮物 A (一筆金額) 和禮物 B (分為許多筆)。圖 2.19(a) 的試算表列出現金流 (不要忘記輸入 \$0 的現金流，以利 NPV 函數的使用)，以及利用 PV、NPV、FV 或 PMT 函數得到的答案，解釋如下所示。在某些情況下，有許多不同的方法可得到答案。

　　圖 2.19(b) 顯示函數的公式與說明。記得：PV、FV 和 PMT 函數得到的答案，其符號與現金流的符號相反。想要得到相同的符號，可在函數名稱前加上負號。

a. 第 12 與 13 列：有兩種方法可求 P：PV 或 NPV 函數。NPV 需要輸入 \$0。(就禮物 A 而言，省略第 1 年、第 2 年和第 3 年的金額 0，將得到錯誤的 P 值，$P = \$23,148$，理由是 NPV 會假設 \$25,000 發生在第 1 年，且只以 8% 折現 1 年。) 由於現金流從第 2 年才開始，很難使用 PV 來計算禮物 B，使用 NPV 會比較簡易。

b. 第 16 與 17 列：有兩種 FV 函數的使用方法來得到第 5 年年終的 F 值。為了要以單一儲存格，而不用列出所有現金流金額，來正確使用 FV 函數計算禮物 B，以 4 筆 $A = \$5,000$ 代入 FV 函數，並額外加上第 5 年的 \$5,000。除此之外，儲存格 D17 將 NPV 函數找到的 P 值嵌入 FV 函數中，這是非常簡單結合函數的方式。

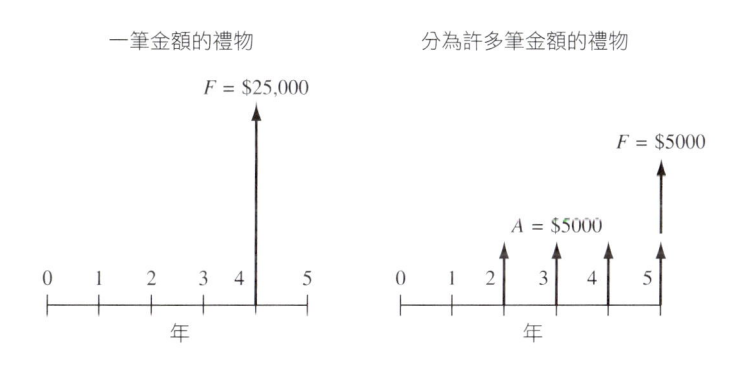

圖 2.18　祖父母饋贈卡蘿禮物的現金流，範例 2.12。

c. 第 20 與 21 列：有兩種使用 PMT 函數得到 5 年 A 值的方法；分別求 P，並使用儲存格參考或將 NPV 函數嵌入 PMT 中，好一次就得到 A 值。

d. 第 24 列：利用 NPER 函數來求每年存款 \$5,000，以累積 \$25,000 的期數，此與禮物 A 或 B 無關。輸入 = NPER(8%,−5000,,25000)，可得 4.7319 年。這可藉由計算 5,000(F/A,8%,4.3719) = 5,000(5.0000) = \$25,000 來驗證。(4.37 年大約是卡蘿完成大學學業所需的時間，當然這是基於在唸書期間，她每年真正能夠存 \$5,000 的假設下所求得。)

🔍 圖 2.19 (a) 使用試算表函來求 P、F、A 和 n 值；以及 (b) 函數型式來得到答案，範例 2.12。

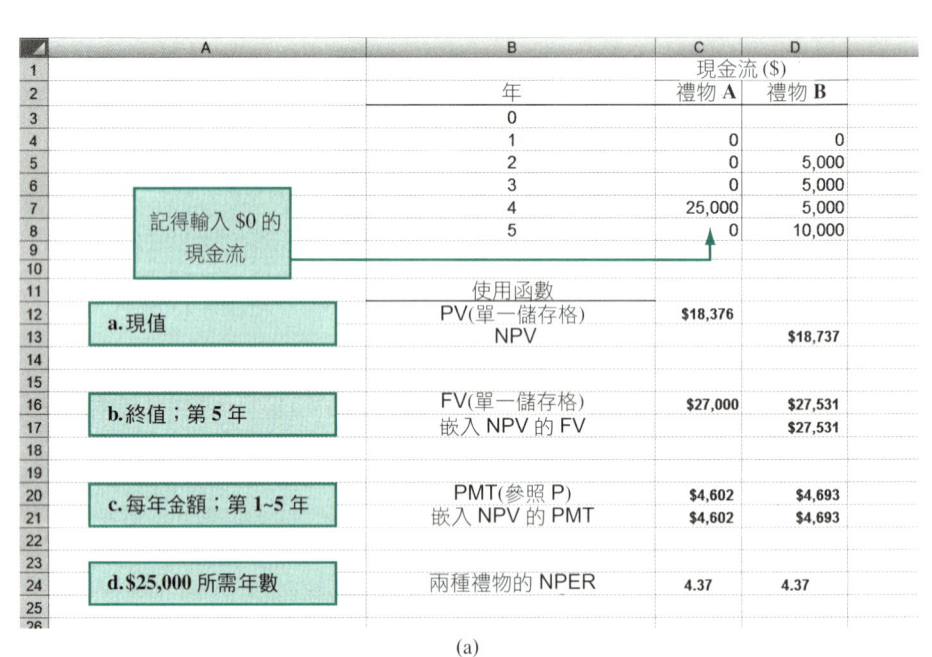

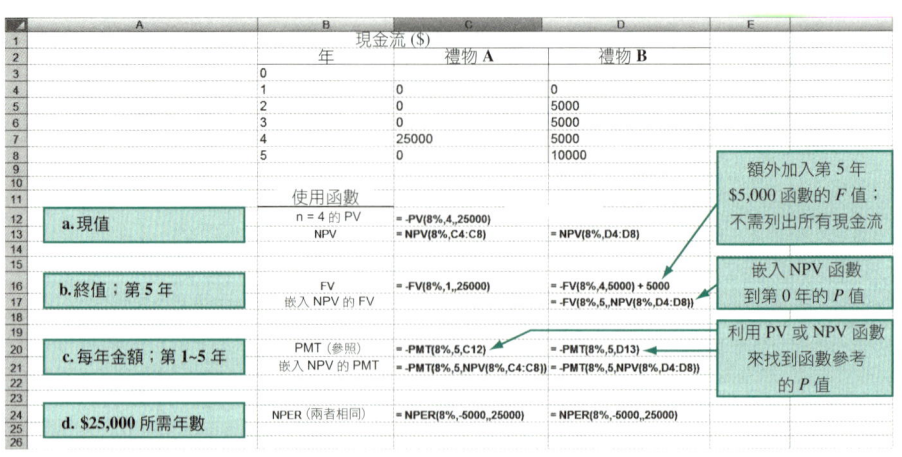

	A	B	C	D
1			現金流 (\$)	
2		年	禮物 A	禮物 B
3		0		
4		1	0	0
5		2	0	5,000
6		3	0	5,000
7		4	25,000	5,000
8		5	0	10,000
9				
10				
11		使用函數		
12	a. 現值	PV(單一儲存格)	\$18,376	
13		NPV		\$18,737
14				
15				
16	b. 終值；第 5 年	FV(單一儲存格)	\$27,000	\$27,531
17		嵌入 NPV 的 FV		\$27,531
18				
19				
20	c. 每年金額；第 1~5 年	PMT(參照 P)	\$4,602	\$4,693
21		嵌入 NPV 的 PMT	\$4,602	\$4,693
22				
23				
24	d. \$25,000 所需年數	兩種禮物的 NPER	4.37	4.37

記得輸入 \$0 的現金流

(a)

	A	B	C	D
1			現金流 (\$)	
2		年	禮物 A	禮物 B
3		0		
4		1	0	0
5		2	0	5000
6		3	0	5000
7		4	25000	5000
8		5	0	10000
9				
10				
11		使用函數		
12	a. 現值	n = 4 的 PV	=-PV(8%,4,,25000)	
13		NPV	=NPV(8%,C4:C8)	=NPV(8%,D4:D8)
14				
15				
16	b. 終值；第 5 年	FV	=-FV(8%,1,,25000)	=-FV(8%,4,5000) + 5000
17		嵌入 NPV 的 FV		=-FV(8%,5,,NPV(8%,D4:D8))
18				
19				
20	c. 每年金額；第 1~5 年	PMT (參照)	=-PMT(8%,5,C12)	=-PMT(8%,5,D13)
21		嵌入 NPV 的 PMT	=-PMT(8%,5,NPV(8%,C4:C8))	=-PMT(8%,5,NPV(8%,D4:D8))
22				
23				
24	d. \$25,000 所需年數	NPER (兩者相同)	=NPER(8%,-5000,,25000)	=NPER(8%,-5000,,25000)

額外加入第 5 年 \$5,000 函數的 F 值；不需列出所有現金流

嵌入 NPV 函數到第 0 年的 P 值

利用 PV 或 NPV 函數來找到函數參考的 P 值

(b)

計算機：表 2.4 列出各個禮物的完整計算機函數與輸入格式，答案列於其後。最後答案的負號改成正號，以符合與試算表的解答相同。在計算禮物 B 時，函數可分開計算，如圖所示或是如圖 2.19 將兩種函數結合。在所有的情況下，試算表與計算機會都得到相同的答案。

表 2.4 利用計算機的 TVM 函數得到答案，範例 2.12

年	現金流 ($) 禮物 A	禮物 B
0		
1	0	0
2	0	5,000
3	0	5,000
4	25,000	5,000
5	0	5,000 + 5,000

	使用函數	
a. 現值	PV(i,n,A,F) PV(8,4,0,25000) **$18,376**	FV(i,n,A,P) + 5,000 FV(8,4,5000,0) + 5,000 **$27,531** PV($i,n,A,F$) PV(8,5,0,27531) **$18,737**
b. 終值，第 5 年	FV(i,n,A,P) FV(8,1,0,25000) **$27,000**	FV(i,n,A,P) + 5,000 FV(8,4,5000,0) + 5,000 **$27,531**
c. 每年金額，第 1~5 年	PMT(i,n,P,F) PMT(8,5,0,27000) **$4,602**	PMT(i,n,P,F) PMT(8,5,0,27531) **$4,693**
d. $25,000 所需年數	$n(i,A,P,F)$ n(8,−5000,0,25000) **4.37**	$n(i,A,P,F)$ n(8,−5000,0,25000) **4.37**

範例 2.13

巴比非常絕望，他向當鋪借 $600，並且從下個月開始每個月要支付 $100，然後每個月多增加 $10，為期 8 個月。實際上，他搞錯了。從下個月的還款 $100 開始，每個月還款需增加 10%，請用試算表計算他認為應該償還的貸款利率，以及實際應該負擔的利率。

🔧 圖 2.20 使用試算表來得到等差序列，以及百分比遞增加 (減) 序列現金流與 IRR 函數的運用，範例 2.13。

	A	B	C	D	E	F	G	H
1		現金流 ($)			現金流 ($)			
2	月	G = $10			g = 10%			
3	0	600.00			600.00			
4	1	-100.00	= B4-10		-100.00	= E4*(1.1)		
5	2	-110.00			-110.00			
6	3	-120.00			-121.00			
7	4	-130.00			-133.10			
8	5	-140.00			-146.41			
9	6	-150.00			-161.05			
10	7	-160.00			-177.16			
11	8	-170.00			-194.87	= SUM(E4:E11)		
12	每月的	-1080.00			-1143.59			
13	總價付金額	13.8%	= IRR(B3:B11)		14.9%	= IRR(E3:E11)		
14								
15								

解答

　　圖 2.20 列出每本每個月認為的等差序列 $G = \$10$，以及實際等比序列 $g = 10\%$。記得：兩種遞增序列都能用一簡單關係式表示。利用 IRR 函數的格式 = IRR(第一格:最後一格) 至兩種序列，巴比每個月 (及年) 負擔相當高的利率，每個月高達 14.9%，這高於原先預期 13.8% 的利率。(第 3 章將詳細討論利率。)

　　如果需要解答一個問題，本書最末的表格列出 6 種一般複利利率因子的數值。不過，期望的 i 或 n 值並未表格化。因子公式可用來計算數值；加上，試算表或計算機函數可在 P、A 或 F 的參數值輸入「1」。其它參數可此省略，並輸入值「0」。舉例來說，P/F 因子是試算表 PV 函數中，A 值設為「0」以及 $F = 1$，也就是 $= -\text{PV}(i,n,,1)$ 或 $= -\text{PV}(i,n,0,1)$ 加上負號可讓答案變成正值。如果使用試算機，函數表示方法為 PV(i,n,0,1)。表 2.5 總結試算表與計算機的標準表示方法。

　　在使用試算表時，一儲存格有未知數可能需要不同的儲存格輸入已知的數值。譬如，一已知現金流序列的現值假設為 $10,000，而只有一個現金流為未知，此未知現金流可推算而得。試算表工具 GOAL SEEK 可輕易地用來找到未知值。

表 2.5　試算因子數值的試算表與計算機函數

若因子為：	想要：	試算表函數為：	計算機函數為：
P/F	求 P，已知 F	= −PV(i,n,,1)	PV(i,n,A,F) 中之 PV(i,n,0,1)
F/P	求 F，已知 P	= −FV(i,n,,1)	FV(i,n,A,P) 中之 FV(i,n,0,1)
A/F	求 A，已知 F	= −PMT(i,n,,1)	PMT(i, n, P, F) 中之 PMT(i,n,0,1)
F/A	求 F，已知 A	= −FV(i,n,1)	FV(i,n,A,P) 中之 FV(i,n,1,0)
P/A	求 P，已知 A	= −PV(i,n,1)	PV(i,n,A,F) 中之 PV(i,n,1,0)
A/P	求 A，已知 P	= −PMT(i,n,1)	PMT(i,n,P,F) 中之 PMT(i,n,1,0)

總結

在本章，我們證明能夠相對輕易說明貨幣時間價值的公式，為了要正確使用公式，有些事必須記住：

1. 在使用 P/A 或 A/P 因子時，P 與第一個 A 值相差一個利息期間。
2. 在使用 F/A 或 A/F 因子時，F 與最後一個 A 值出現在同一個利息期間。
3. 等額序列公式的期數 n 等於 A 值序列的期數。
4. 等差序列在每一個利息期間變動的金額相同，方程式有兩個部分：有 A 值的等額序列等於第 1 期的現金流；以及遞增序列的期數 n 與等額序列的期數相同。
5. 等比序列的現金流每 1 期變動固定的百分比，式 [2.8] 或 [2.9] 可得到整個現金流序列的總現值。
6. 就移位遞增 (減) 序列而言，在重新編製第 1 期與第 2 期的變動等於 G 或 g，這需要在遞增 (減) 方程式中重新確認 n 值。
7. 就遞減等差序列而言，有必要在 P/G 或 A/G 因子前的符號由正改成負號，就遞減等比序列而言，有必要將式 [2.8] 的符號 g 值改變符號。

習題

使用利率表

2.1 從利率表中找出下列因子的正確數值：
   a. (F/P,10%,20)
   b. (A/F,4%,8)
   c. (P/A,8%,20)
   d. (A/P,20%,28)
   e. (F/A,30%,15)

決定 P、F、A、n 與 i

2.2 在年利率 8% 下，第 8 年 $30,000 的現值為何？

2.3 Moller Skycar M400 是一種個人飛行車 (PAV)，其成本為 $995,000，而前 10 輛車的訂金為 $100,000。假設一消費者付訂 $100,000，3 年後以 $885,000 買進車子。在年利率 10% 下，利用 (a) 表列因子；(b) 單一儲存格的試算表函數來計算 PAV 在第 3 年的實際總成本。

2.4 一地產開發商在 2 年後賣出 7 戶景觀住宅，每戶售價為 $120,000，假設年利率是 10%，利用 (a) 本書的表列因子值；(b) 財務計算機的 TVM 函數；以及 (c) 試算表內建函數，來求取銀行貸款金額。

2.5 Meggitt 系統是一家生產極高溫加速器的廠商。目前該公司正評估是否將設備升級或延緩升級。若成本是 $280,000，請問在年利率 12% 下，2 年後的等值金額是多少？

2.6 倘若一工程師現在貸款 $60,000 創立顧問公司，且承諾每年償還固定金額，為期 5 年。假設年利率為 8%。請問從明年開始，工程師每年必須償還的金額。利用 (a) 表列因子數值；(b) 財務計算機；以及 (c) 試算表函數來求解。

2.7 石油產品公司是一家生產輸油管，並將原油輸送給北美洲的原油供應商。公司考量購買插入式渦輪流量計以便更能監看管道的完整性。假設此流量計能夠在 4 年後避免價值 $600,000 的重大爆裂損失 (透過早期監測)，在年利率為 12% 下，公司現在需支付多少金額？

2.8 Sensotech 公司是一家生產矽晶圓的公司，它認為如果購買一價值的 $225,000 偵錯軟體可降低產品召回 10%，假設基準收益率是 15%。
  a. 公司 4 年中每年必須儲蓄多少錢才能支付此項投資？
  b. 若公司在 4 年內能從 10% 的成本降低中收回投資支出，在購買軟體前的每年召回成本是多少？

2.9 Atlas Long-Haul 物流公司考慮在每一輛冷凍貨車上裝置溫度記錄器，若此裝置能夠減少 2 年後保險理賠 $100,000。在年利率 12% 下，公司現在願意支付的金額為何？

2.10 一家顧問公司每年的產險保費支出為 $65,000。若支出每年增加 4%，5 年後的支出為何？

2.11 法國車商雷諾與瑞士蘇黎世 ABB 簽訂一份價值 $9,500 萬自動化底盤裝配生產線、車身組裝生產線，以及配線控制系統的合約。在所有系統裝置完成後，雷諾分 3 年付款給 ABB。請問在年利率 12% 下，此合約的現值為何？

2.12 美國海軍在聖地牙哥諾馬角海軍基地的機器人實驗室正研究機器人如何接收指令並自動執行。若一個機器人每年能夠減少士兵或設備損失 $150 萬。

在年利率 8% 下，海軍需支出多少錢才能在 4 年內回收其投資支出？

2.13 西南物流與倉儲想要在 5 年後用 $290,000 購買新的牽引式掛車，若公司在第 2 年存入 $100,000，第 3 年存入 $75,000，請問公司在第 4 年要花多少錢才足以買車？假設存款利率為 9%，利用 (a) 表列因子；(b) 試算表函數來求解。

2.14 在年利率 10%，需要多少年才能夠讓存款增加為二倍？

等差與等比序列

2.15 運送郵件貨車的汽油成本在第 1 年為 $72,000，其後每年增加 $1,000，共 5 年。在年利率 8% 下，請計算每年的等額成本？

2.16 就下列現金流，請找出第 0 年現值為 $14,000 的 G 值，假設年利率為 10%。

年	0	1	2	3	4
每年現金流 ($)	—	8,000	8,000−G	8,000−2G	8,000−3G

2.17 Allen Bradley 宣布其電子超速偵測繼電器 XM1Z1A 與 XM442 能夠提供渦輪控制與監測系統的成本節省。研究指出，該設備能夠讓渦輪機第 1 年省下 $20,000，第 2 年 $22,000，每年增加 $2,000。在年利率為 10% 下，Mountain Power and Light 公司現在應投資多少，並在 10 年內回收其投資支出？

2.18 西南航空為規避油價風險而購買 5 年固定油價支出的選擇權。若第 1 年的燃油市場價格高於選擇權每加侖價格 $0.50，第 2 年每加侖高 $0.60，每年都增加 $0.10，共 5 年。西南航空每加侖可省下的現值為何？假設年利率為 10%。

2.19 一投資收入為等差序列，其現值為 $475,000，若第 1 年的預期收入是 $25,000，請問在年利率 10% 下，未來 6 年的等差序列資金為何？

2.20 VLJs 是一家生產單駕駛、雙引擎、5 或 6 個座位，重量在 10,000 磅以下的超輕型飛機，由於它比最便宜的噴射客機便宜一半價格，因此 VLJs 被視為明日之星。MidAm Charter 購買 5 架來經營小城市的轉運服務。MidAm 預計第 1 年營收是 $100 萬，第 2 年為 $120 萬，每年都可增加 $200,000，其公司每年的 MARR 是 10%。請問第 5 年年終的終值是多少？請以表格化因子與試算表函數求解。

2.21 固定收益投資在第 10 年的終值保證 $500,000。若第 1 年的現金流是 $20,000，在年利率 10% 下，等差序列是多少？

2.22 就以下的現金流，在年利率 5% 下，第 5 年的終值是多少？

年	1	2	3	4	5
現金流 ($)	300,000	275,000	250,000	225,000	200,000

2.23 Verizon 電信宣稱將投資 $229 億擴充其光纖網路與電視網路，以期能與 Comcast 等有線電視業者競爭。若 Verizon 能在第 1 年吸引 950,000 個客戶，第 2 年後每年以 15% 速率成長，請問 5 年後的訂閱收入是多少？預估每位顧客每年平均支出為 $800，假設 Verizon 使用每年 10% 的 MARR。

2.24 生產人工智慧介面收發器零件的成本在第 1 年是 $23,000，公司預期每年成本增加 2%。計算在年利率 10% 下，此成本在 5 年期間的現值是多少？

2.25 一 4 人座概念車每加侖可跑 100 英里，車身由碳纖維與鋁合成，馬力為 900 cc 三汽缸混合柴油電力渦輪引擎，此項新科技的額外成本估計為 $11,000。(a) 與同型傳統車種比較，第 1 年可省下 $900，以後每年可省 8%，請問在年利率 10% 下，10 年省下總金額的現值為何？(b) 若額外成本可由燃油成本的節省回收，請比較兩種情況的現值。

2.26 在年利率為 10% 時，請求第 1 年投資為 $8,000，以後每年增加 10%，第 1 年到第 10 年每年的等值金額為何？

移位現金流

2.27 美國空軍為改善機身裂痕檢測，結合超音波檢測步驟與雷射加熱來指出金屬疲勞後的裂痕，早期發現可降低修復成本估計每年約 $200,000，若此節省成本技術從今年開始，並持續 5 年。在年利率為 10% 情況下，另外 5 年的等值終值是多少？

2.28 就以下的現金流，計算年利率 10% 時，第 8 年的終值。

年	0	1	2	3	4	5	6
現金流 ($)	100	100	100	200	200	200	200

2.29 計算下列序列從第 1 年至第 9 年償付金額的每年成本。在年利率 10% 下，利用 (a) 因子；(b) 試算表求解。

年	償付金額 ($)	年	償付金額 ($)
0	5,000	5	5,000
1	4,000	6	5,000
2	4,000	7	5,000
3	4,000	8	5,000
4	4,000	9	5,000

2.30 a. 就下列現金流收入而言，請找出在年利率 10% 下，等值每年收入從第 1 年至第 7 年之 CF_3。

年	現金流 ($)	年	現金流 ($)
0	200	4	200
1	200	5	200
2	200	6	200
3	CF_3	7	200

b. 利用試算表求 CF_3。

2.31 一些研究指出，兩人能力相若，高個子比矮個子的薪水較好。Homotrope 成長賀爾蒙可增加小孩的身高，平均每英寸收費 $50,000。克萊德的爸媽希望他能多長高 3 英寸，他們從克萊德 8 歲生日開始的未來 3 年，每年支付 $50,000 購買療程。請問克萊德從 26 歲到 60 歲 (35 年間)，每年需額外

賺多少錢才能回收爸媽當時的付出？假設年利率為 8%。

2.32 若圖示的現金流序列在第 8 年的終值為 $20,000，在年利率 10% 下，第 4 年的現金流 x 是多少？

2.33 藍哥每年會將部分牛仔褲送去美國 Garment 公司石磨水洗。若 Garment 公司的每部機器營運成本從第 1 年到第 2 年是 $22,000，然後從第 2 年到第 10 年，每年成本增加 8%。在年利率 10%，機器營運成本在第 0 年的現值是多少？

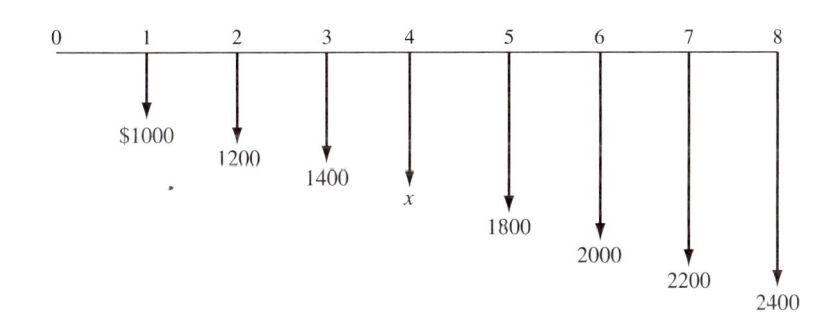

```
0    1      2      3      4    5      6      7      8
     ↓      ↓      ↓      ↓    ↓      ↓      ↓      ↓
   $1000  1200   1400     x  1800   2000   2200   2400
```

額外問題與 FE 測驗複習題

2.34 一機械工程師從事一項無線科技方案經濟分析，他發現 F/G 因子不在利息表內，他決定自行製作 (F/G,i,n) 因子，其算式為
 a. 將 (F/A,i,n) 與 (A/G,i,n) 相乘
 b. 將 (F/A,i,n) 除以 (A/G,i,n)
 c. 將 (F/A,i,n) 與 (P/G,i,n) 相乘
 d. 將 (P/G,i,n) 與 (A/F,i,n) 相乘

2.35 在年利率 8% 下，投資 $1,000 在 10 年後累積金額最接近下列哪一個數字？
 a. $2,160
 b. $2,290
 c. $2,418
 d. $2,643

2.36 一工程師計畫 30 年後退休，退休後 20 年每年可有 $100,000。若他的退休金帳戶年利率 8%，則 29 年間每年存入的金額是多少？
 a. $7,360
 b. $8,125
 c. $8,670
 d. $9,445

2.37 樂透得主有兩個獎金選擇：現在收到 $5,000 萬或從現在開始，收到 21 年的等額獎金。在年利率 4% 下，與 $5,000 萬一次領回等值的 21 個獎金金額最接近：
 a. $3,152,000
 b. $3,426,800
 c. $3,623,600
 d. $3,923,800

Chapter 3

名目與有效利率

迄今為止，在所有工程經濟學的關係中，年利率一直是個常數。在工程實務的計畫評估中，有很高比率的利率複利計算是超過1年一次，譬如，半年一次、1季一次或月複利皆很常見。事實上，週複利、月複利，甚或連續複利亦會用在某些計畫評估中。同時，在我們個人的生活中，許多財務決定——各式各樣的貸款 (房貸、信用卡、汽車貸款、遊艇貸款)、支票儲蓄帳戶、投資股票選擇權規劃等——利率複利期間亦都少於1年，這些都涉及兩個新名詞：名目利率與有效利率。本章將解釋如何瞭解在工程實務與每日生活中如何使用名目利率與有效利率。

目的：計算基礎期間少於1年的利率與現金流。

學習成果

1. 瞭解名目與有效利率。　　　　　　　　　　　　　名目與有效
2. 決定任何期間的有效利率。　　　　　　　　　　　有效利率
3. 針對不同的支付及複利期間決定正確的 i 和 n 值。　比較 PP 和 CP
4. 針對單筆金額計算不同支付期間與複利頻率的等值。　單筆金額：PP ≥ CP
5. 當等額或遞增 (減) 支付期間等於或長於複利期間，計算其等值。　序列：PP ≥ CP
6. 支付時間間隔少於複利期間，計算其等值。　　　　單筆或序列：PP < CP
7. 運用試算表求名目與有效利率的等值。　　　　　　試算表

59

3.1 名目利率與有效利率敘述

在第 1 章裡，我們學到單利與複利主要不同之處是在於複利包含前期所賺利息的利息，在此我們所討論的**名目利率**與**有效利率**亦有相同的基本關係，不同點在於當複利頻率大於 1 年一次時將會用到名目利率與有效利率的觀念。例如，當利率是以每月 1% 的方式表示時，我們就必須考慮到**名目**與**有效**利率。因為所有的公式、因子表、計算機或試算表之前，都是使用有效利率推導而得，故在應用到這些工具前，每一項名目利率都須先轉換成有效利率。

年百分比利率 (Annual Percentage Rate, APR) 常用來說明信用卡、貸款和房貸的年百分比利率，這個利率同等於**名目利率** (nominal rate)，APR 15% 等同於每年 15% 或每月 1.25% 的名目利率。

同時，**年百分比報酬** (Annual Percentage Yield, APY) 常用以說明投資定存儲蓄帳戶的年報酬率，這個利率等同於**有效利率** (effective rate)，我們將會發現名目利率絕不會大於有效利率，亦即 APR < APY。

在討論從名目利率轉到實質利率之前，先要能**辨別**一公告牌告利率敘述是指名目利率或有效利率，如表 3.1 所示。一般來說，有三種方式用以表示利率，表的前三分之一的三個敘述點表示某一期間的利率無須明定複利期間就能加以摘述，這樣的表達方式是假設有效利率的**複利期間** (compounding period, CP) 和公告牌告摘述的利率一致。

在表 3.1 中間三分之一的利率說明，三個共同存在的條件值得注意：(1) 複利期間是一致的明確訂定的；(2) 複利期間較利率的牌告敘述時間為短；(3) 沒有特別指定是為名目利率或有效利率。在這樣的狀況下，利率假設為**名目**且複利期間假設為敘述期間。(我們將會在下一節學到如何從這些資料求得有效利率。)

至於表 3.1 中的第三群利率敘述，**有效**這個字眼常會置於特定利率之前或之後，同時會給予複利期間。

對瞭解本章其餘的內容甚或本書其餘的內容，辨識一給定利率是為名目利率或有效利率，其重要性自不待言。表 3.2 即包含數個利率敘述的表列 (第 1 欄) 和它們的闡述 (第 2 欄和第 3 欄)。

表 3.1　不同利率的敘述和說明

(1) 利率敘述	(2) 說明	(3) 評論
i = 每年 12%	i = 有效年利率 12%，每年複利	當複利期間沒說明時，視為有效利率，且複利期間與敘述期間相同。
i = 每月 1%	i = 有效月利率 1%，月複利	
i = 每季 $3\frac{1}{2}$%	i = 有效季利率 $3\frac{1}{2}$%，季複利	
i = 每年 8%，月複利	i = 名目年利率 8%，月複利	當複利期間已給定，不管利率是名目或有效，一律假設為名目，複利期間則如所述。
i = 每季 4%，月複利	i = 名目季利率 4%，月複利	
i = 每年 14%，半年複利	i = 名目年利率 14%，半年複利	
i = 年百分比利率 10%，月複利	i = 有效年利率 10%，月複利	假如利率已說明為有效利率或年百分比利率，那它就是有效利率，若複利期間未知，則複利期間假設和敘述者一致。
i = 有效季利率 6%	i = 有效季利率 6%，季複利	
i = 有效月利率 1%，日複利	i = 有效月利率 1%，日複利	

表 3.2　利率敘述和說明的特殊範例

(1) 利率敘述	(2) 名目或有效利率	(3) 複利期間
每年 15%，月複利	名目	每月
每年 15%	有效	每年
有效年利率 15%，月複利	有效	每月
20%/年季複利	名目	每季
名目月利率 2%，週複利	名目	每週
每月 2%	有效	每月
每月 2%，月複利	有效	每月
有效季利率 6%	有效	每季
有效月利率 2%，月複利	有效	每日
週利率 1%，連續複利	名目	連續

3.2　有效利率的公式

我們要瞭解有效利率前，首先須定義名目利率 r = 每期利率×期數，以公式表示：

$$r = 每期利率 \times 期數 \qquad [3.1]$$

我們可以求得任何長於複利期間的名目利率，譬如，月利率 1.5% 可以表示為名目季利率 4.5% (1.5%/期×3 期)、名目半年利率 9%、名目年利率 18%，或名目 2 年利率 36%。名目利率顯然沒有考慮到複利的問題。

轉換名目利率為實質利率的公式如下：

$$i/每期 = (1 + r/m)^m - 1 \qquad [3.2]$$

其中 i 是某一期間的有效利率，例如 6 個月，r 是該期間的名目利率 (此為 6 個月)，m 是該期間複利的次數 (6 個月期間)，m 通常稱為**複利頻率** (compounding frequency)，如名目利率般，我們可計算在任何長期複利期間之有效利率，下面的例子將說明式 [3.1] 與式 [3.2] 的應用。

範例 3.1

a. 佛勒斯特銀行發行的信用卡對未繳餘額收取 1%/月的利率，計算半年及 1 年的有效利率。

b. 假如信用卡的利率是 3.5%/季，求有效半年利率及有效年利率。

解答

a. 為每月複利，對於半年有效利率，式 [3.2] 中的 r 必為每 6 個月的名目利率。

$r = 1\%/月 \times 6$ 個月 (半年)

$\quad = 6\%/半年$

在式 [3.2] 的 m 等於 6。因此，複利的頻率是 6 個月 6 次，有效半年利率為

$$i/6\ 個月 = \left(1 + \frac{0.06}{6}\right)^6 - 1$$
$$= 0.0615 \quad (6.15\%)$$

而有效年利率在 $r = 12\%/年$，且 $m = 12$ 下，依式 [3.2]：

$$有效年利率\ i/年 = \left(1 + \frac{0.12}{12}\right)^{12} - 1 = 0.1268 \quad (12.68\%)$$

b. 每季 3.5% 的利率，複利期間是 1 季。在半年期間，$m = 2$ 且 $r = 7\%$。

$$i/6\ 個月 = \left(1 + \frac{0.07}{2}\right)^2 - 1$$
$$= 0.0712 \quad (7.12\%)$$

有效年利率為 $r = 14\%$ 及 $m = 4$ 所決定：

$$i/\text{年} = \left(1 + \frac{0.14}{4}\right)^4 - 1$$
$$= 0.1475 \quad (14.75\%)$$

評論：在式 [3.2] 中的 r/m 項即為每次複利期間的有效利率，在 (a) 小題即為 1%/月，在 (b) 小題則為 3.5%/季。

假如我們複利變得越來越頻繁，複利期間就會變得越來越短，那麼支付期間的複利次數 m 就會增加，這種情況常發生於每日現金流筆數大的企業，所以連續複利是正確的考量，隨著 m 趨近無限大，式 [3.2] 的有效利率簡化為：

$$i = e^r - 1 \qquad [3.3]$$

式 [3.3] 是用以計算有效連續利率，N 和 r 的期間必須相同，就下例而言，若名目利率為 15%/年，有效連續年利率為

$$i\% = e^{0.15} - 1 = 16.183\%$$

對全國性或跨國性的連鎖企業而言——零售、銀行等——還有每天從庫存移入移出上千品項的商品的公司，現金流實際上就是連續的對這些公司的工程師而言，**連續現金流模型是很切合實際的分析方法**，相對等的計算從加總簡化為積分的計算。財務工程分析、連續現金流及連續利率等議題已超出本文的範疇，欲尋求公式及程序可參考更進階的教科書。

範例 3.2

a. 對一個年利率 18% 且連續複利的例子，計算其有效月利率及年利率。

b. 一投資者要求至少 15% 的有效投資報酬率，能為連續複利所接受的最小名目年利率為何？

解答

a. 名目月利率 $r = 18\%/12 = 1.5\%$ 或 0.015／月。據式 [3.3]，有效月利率為：

$$i\%/\text{月} = e^r - 1 = e^{0.015} - 1 = 1.511\%$$

同樣地，$r = 0.18$／年的有效年利率：

表 3.3　相對應名目利率的有效年利率

名目 利率 r%	半年 (m = 2)	季 (m = 4)	月 (m = 12)	週 (m = 52)	日 (m = 365)	連續 ($m = \infty$；$e^r - 1$)
2	2.010	2.015	2.018	2.020	2.020	2.020
4	4.040	4.060	4.074	4.079	4.081	4.081
5	5.063	5.095	5.116	5.124	5.126	5.127
6	6.090	6.136	6.168	6.180	6.180	6.184
8	8.160	8.243	8.300	8.322	8.328	8.329
10	10.250	10.381	10.471	10.506	10.516	10.517
12	12.360	12.551	12.683	12.734	12.745	12.750
15	15.563	15.865	16.076	16.158	16.177	16.183
18	18.810	19.252	19.562	19.684	19.714	19.722

$$i\%\,/\,年 = e^r - 1 = e^{0.18} - 1 = 19.72\%$$

b. 取自然對數以解式 [3.3] 中的 r：

$$e^r - 1 = 0.15$$
$$e^r = 1.15$$
$$\ln e^r = \ln 1.15$$
$$r\% = 13.976\%$$

因此，名目年利率 13.976% 的連續複利會得到 15% 的值。

評論：在有效連續利率為 i 的條件下，求名目利率的一般公式為 $r = \ln(1 + i)$。

表 3.3 彙整了經常引用的名目利率及不同複利頻率下的有效年利率。

3.3　協調複利期間和支付期間

現在除了要考慮複利期間，名目利率和有效利率的觀念亦介紹過，再來就是在現金流期間內的收支頻率。為了簡化起見，收付頻率被視為**支付期間 (payment period, PP)**。在許多情況下，分辨複利期間和支付期間是很重要的，因為兩者往往不一致。譬如，一家公司每月存錢到一個半年複利一次，名目年利率的帳戶中，支付期間為 1 個月，而複利期間為 6 個月，如圖 3.1 所示。同樣地，一個人每年把錢存入一個每

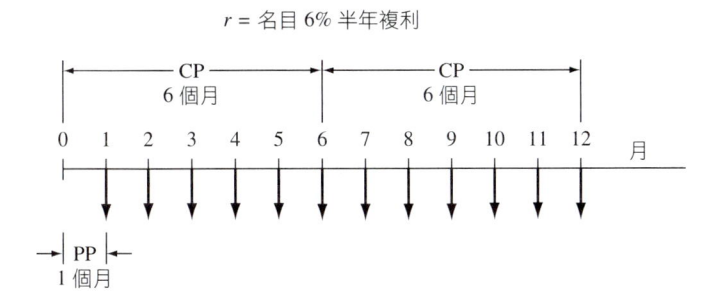

图 3.1　月支付 (PP) 半年複利 (CP) 的現金流量圖形。

季複利的帳戶，支付期間為 1 年，而複利期間為 3 個月。因此，涉及到等額序列或遞增 (減) 現金流，求解問題的第一步就是決定複利期間和支付期間的關係。

下面三節將描述決定公式、因子表及計算機和試算表中正確 i 值與 n 值的步驟。一般來說，有下列三步驟：

1. 計算 PP 和 CP 的長度。
2. 檢視現金流是涉及單一 (P 及 F) 金額或是一序列金額 (A、G 或 g)。
3. 選擇正確的 i 及 n 值。

3.4　僅涉及單一金額因子的對應公式計算

僅有單一金額因子 (F/P 及 P/F) 的時候，有許多正確的 i 及 n 值組合以使用，這是因為僅有兩個要求：(1) i 值必須為有效利率；和 (2) n 的時間單位必須和 i 的時間單位相同，在標準因子符號系統裡，單一支付公式可以被一般化。

$$P = F(P/F, 每期有效\ i\ 值, 期數) \quad [3.4]$$

$$F = P(F/P, 每期有效\ i\ 值, 期數) \quad [3.5]$$

因此，一個名目年利率為 12%，每月複利的計算，表 3.4 中任何 i 和 n 值的組合皆可使用 (及其它未包含在表中的組合) 在因子中。例如，若 i 代入有效季利率，換句話說，$(1.01)^3 - 1 = 3.03\%$，那麼 n 的時間單位即為 1 年 4 季。

表 3.4　使用 $r = 12\%$，每月複利的單一金額公式不同 i 及 n 值

有效利率 (i)	n 的單位
1%/月	月
3.03%/季	季
6.15%/6 個月	半年
12.68%/年	年
26.97%/2 年	2 年期間

換句話說，用式 [3.2] 決定每一支付期間的有效 i 值，再用標準因子公式計算 P、F 或 A 值一定不會錯。

範例 3.3

透過公司贊助的儲蓄計畫，雪莉期望現在存 \$1,000，4 年後存 \$3,000，6 年後存 \$1,500，並賺取半年複利，年利率為 12% 的利息，10 年後她可領取的金額為多少？

解答

如圖 3.2 所示，僅涉及單一的 P 與 F 值，因為只有有效利率能出現在因子裡，使用每半年複利，有效利率 6% 和半年支付期間，未來價值用式 [3.5] 來計算。

$$F = 1,000(F/P,6\%,20) + 3,000(F/P,6\%,12) + 1,500(F/P,6\%,8)$$
$$= \$11,634$$

另一解題策略是使用式 [3.2] 來找出有效年利率，並用問題敘述所決定的年數來表示 n。

有效年利率 $i = \left(1 + \dfrac{0.12}{2}\right)^2 - 1 = 0.1236$　　(12.36%)

圖 3.2　現金流量圖形，範例 3.3。

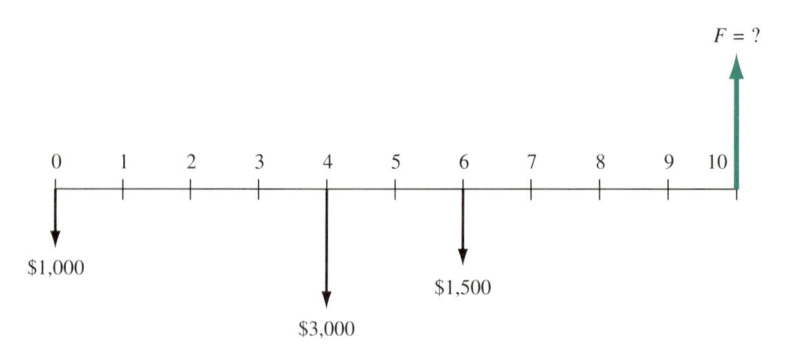

3.5 PP ≥ CP 時現金流序列的對應計算

當現金流量左右一個或多個等額序列或遞增(減)因子的使用時，複利期間 (CP) 和支付期間 (PP) 必須加以釐清，其關係可分為下列三者：

型態 1. 支付期間等於複利期間，PP = CP。
型態 2. 支付期間長於複利期間，PP > CP。
型態 3. 支付期間短於複利期間，PP < CP。

前兩者使用相同的程序，型態 3 將在下一節中討論，當 PP = CP 或 PP > CP 時，下列程序足可適用：

步驟 1. 計算支付的次數並以該數字當作 n。例如，若支付為每季且持續 5 年，n 即為 20。

步驟 2. 求出在步驟 1 中，n 這段期間的有效利率。例如，若 n 是以季來表示，就必須使用每季有效利率。

在因子或方程式中，將這些值代入 n 和 i 中 (只有這些值)。為說明起見，表 3.5 顯示樣本現金流序列和利率的正確標準符號。注意：在第 4 欄中，n 值永遠等於支付期數，而有效利率是以和 n 相同的時間期間表示。

表 3.5 當 PP = CP 或 PP > CP 時，n 和 i 的例子

(1) 現金流序列	(2) 利率	(3) 已知變數；求解變數	(4) 標準表示
$500/半年，5 年	年利率 8% 半年複利	已知 A；求 P	$P = 500(P/A,4\%,10)$
$75/月，3 年	年利率 12% 月複利	已知 A；求 F	$F = 75(F/A,1\%,36)$
$180/季，15 年	5%/每季	已知 A；求 F	$F = 180(F/A,5\%,60)$
$25/月，4 年持續增加	1%/月	已知 G；求 P	$P = 25(P/G,1\%,48)$
$5,000/季，6 年	1%/月	已知 A；求 P	$P = 5,000(P/A,3.03\%,24)$

範例 3.4

過去 7 年，品管經理每 6 個月支付 $500 作為雷射度量設備軟體維護合約的費用，假如這筆錢是從年利率 10%，每季複利的基金中支出，在最後一筆支出後，相對等的基金金額為多少？

解答

現金流量圖形如圖 3.3。支付期間 (6 個月) 長於複利期間 (季)，亦即 PP > CP。依據規則，決定有效半年利率運用式 [3.2] 或表 3.3，每 6 個月利率 $r = 0.05$，每半年有 2 季，$m = 2$。

有效 6 個月利率 $i\% = \left(1 - \dfrac{0.05}{2}\right)^2 - 1 = 5.063\%$

$i = 5.063\%$ 是合理的，因為有效利率是該稍微高於半年的名目利率 5%，總共的半年期數為 $n = 2(7) = 14$，未來價值為：

$$F = A(F/A, 5.063\%, 14)$$
$$= 500(19.6845)$$
$$= \$9842$$

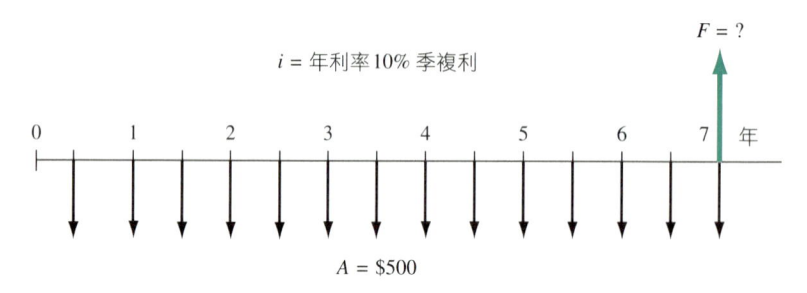

圖 3.3 用來決定 F 的半年支付圖形，範例 3.4。

範例 3.5

艾克森美孚石油公司最近裝設偵測外海鑽油平台是否漏油的遙控系統，假設裝置費用為 $300 萬，每年材料、運作、人事和維護費用約為 $200,000，使用期限為 10 年。工程師想估算足以回收投資、利息和年支出所需半年總營收金額，假如資本基金每年利率為 8%，半年複利一次，求每半年的 A 值。

解答

圖 3.4 顯示詳細現金流量圖形，雖然有數個方法可求解此一問題，但最直接的方法就是兩階段法。首先，將所有的 P 值轉換成時間 0 時的現值，然後求 20 個半年期間的 A 值，在第一階段，先辨別 PP > CP，即 1 年 > 6 個月，根據型態 1 和型態 2 的 $n = 10$ (支付期數) 的現金流，現在先用式 [3.2] 或表 3.3 找出有效年利率 i，再用它求 P。

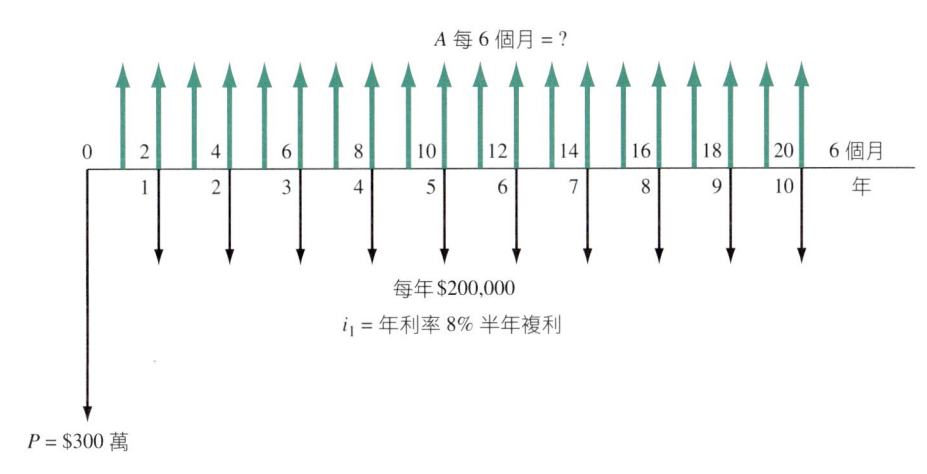

圖 3.4 不同複利和支付期間的現金流量圖形，範例 3.5。

$$i\%/\text{年} = (1 + 0.08/2)^2 - 1 = 8.16\%$$
$$P = 3,000,000 + 200,000(P/A, 8.16\%, 10)$$
$$= 3,000,000 + 200,000(6.6620)$$
$$= 4,332,400$$

在第二階段，P 轉換每半年的 A 值，現在 PP = CP = 6 個月，且 $n = 20$ 個半年期的支付，使用在 A/P 因子中的有效半年 i 值可直接由 r/m 決定：

$$i\%/6 \text{ 個月} = 8\%/2 = 4\%$$
$$A = 4,332,400(A/P, 4\%, 20)$$
$$= \$318,778$$

結論是：假如金額為年利率 8% 且半年複利，需要支付期初和年成本的營收為 $318,778/6 個月。

3.6　PP < CP 時對應的計算

假如一個人每月存錢到一個每季複利一次的儲蓄帳戶，所謂的**跨期間存款 (interperiod deposits)** 會賺到利息嗎？答案是否定的。但是假如一家大公司提早償付一筆 $1,000 萬，每季複利一次的貸款，該公司的財務長會堅持基於提早償付的因素，銀行應降低利息。這兩個皆為 PP < CP 的例子，即型態 3 的現金流。在複利點之間的現金流，導入了跨期間複利處理的問題。基本上，有兩種策略：一是跨期間現金流沒有利息收入；二是有複利利息收入。此處只考慮第一種狀況 (無利息)，因為真實世界的交易大多屬於這一類型。

對於沒有跨期間利息的策略，所有的存款 (負現金流) 都被當作是在複利期間結束時存入，都是在複利期間一開始被提出。舉例而言，當利率是每季複利一次，所有按月存入的款項都當作是季末存入，所有的提款都是在季初被提出 (所以整季都沒有利息)。在有效季利率被用來求 P、F 或 A 值時，這個策略程序會顯著地改變現金流的分布，這樣做使得現金流會變成 PP = CP 的情況，如第 3.5 節所討論的。

範例 3.6

羅伯是 Alcoa 鋁業公司的工地總調度人員，該公司現正僱用承包商在重整的礦場裝設新的礦沙精煉設備。羅伯從計畫的觀點發展出如圖 3.5(a) 以 $1,000 為單位的現金流量圖形，其中包含今年度他授權給該承包商及從來自總公司同意的預付款，他知道這個「工地計畫」中的設備利率為年利率 12%，每季複利一次，且 Alcoa 並不在意跨期間複利的問題。羅伯的融資計畫在年終會出現赤字或黑字？金額為多少？

解答

在不考慮跨期間利息的情況下，圖 3.5(b) 顯示變動過後的現金流，在令 PP = CP = 1 季有效季利率下，求 F 在 4 季之後的未來值，因此有效季利率為 $i = 12\%/4 = 3\%$。圖 3.5(b) 顯示所有負的現金流 (支付給承包商的錢)

圖 3.5 使用無跨期間利率每季複利一次的 (a) 實際和 (b) 移出現金流以 $1000 計，範例 3.6。

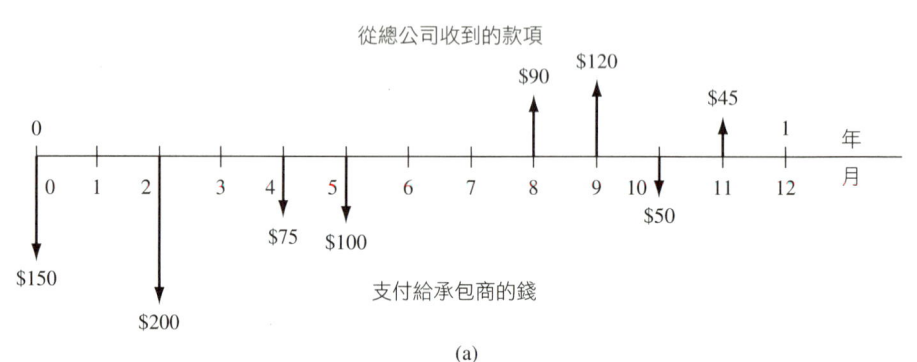

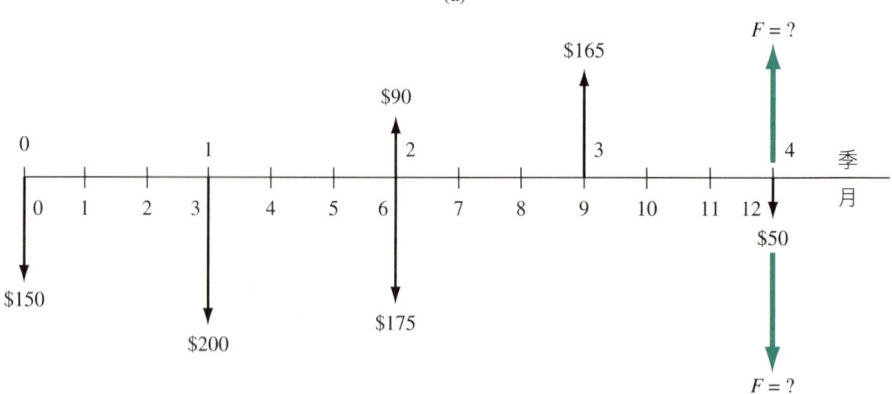

都移到每季季末，而所有正的現金流 (從總公司收到的款項) 都移到每季季初，計算 3% 下的 F 值。

$$F = 1,000[-150(F/P,3\%,4) - 200(F/P,3\%,3)$$
$$+ (-175 + 90)(F/P,3\%,2) + 165(F/P,3\%,1) - 50]$$
$$= \$-357,592$$

羅伯可以下結論說這個工地計畫在年底會導致約 $357,600 的赤字。

3.7 利用試算表計算有效利率

用手算的話，用式 [3.2] 即可在名目與有效利率做轉換；用試算表的話，EFFECT 和 NOMINAL 兩個功能應用如下述。圖 3.6 為每個功能提供兩個例子。

求有效利率：**EFFECT(nominal_rate, compounding frequency)**

如在式 [3.2]，名目利率 r 必須以有效利率所要求的同樣時間期間表示，複利頻率 m 必須等於有效利率期間複利的次數。因此，當要求有效季利率時，在圖 3.6 的第二個例子中，輸入名目季利率 (3.75%) 以求得有效季利率，由於每月複利一次，1 季就是 3 次，輸入 $m = 3$。

求名目利率：**NOMINAL(effective_rate, compounding frequency per year)**

這個函數總是顯示年名目利率，接下來輸入的 m 值必須是 1 年複利的次數，除了年利率之外，若還需要求名目利率，用式 [3.1] 去求，這就是為什麼在圖 3.6 的範例 4 中 NOMINAL 的結果會除以 2。

假如是連續複利，將複利頻率代入一個很大的值，一個 10,000 或

範例	已知和所求	複利頻率m	函數	結果
1	已知名目利率15%，半複利，求有效年利率	1	= EFFECT(15%,1)	16.X%
2	已知名目利率15%，月複利，求有效季利率	3	= EFFECT(3.75%,3)	3.80%
3	已知有效利率15%，月複利，求名目年利率	12	= NOMINAL(15%,12)	14.06%
4	已知有效利率15%，月複利，求名目半年利率	12	= NOMINAL(15%,12)/2	7.03%

必須輸入季名目利率；15/4 = 3.75%

必須將結果除以 2 以得半年的名目利率

🔍 圖 3.6 使用 EFFECT 和 NOMINAL 兩函數做名目利率和有效利率轉換的例子。

更大的值會提供足夠的精確度,譬如,名目利率為 15% 且連續複利,輸入 = EFFECT(15%,10000) 顯示 16.183%,式 [3.3] 的結果是 $e^{0.15} - 1 = 0.16183$,兩者相同,在給予有效年利率下,NOMINAL 函數亦是以類似方式設計出來,以求名目年利率。

一旦和現金流相同時間點的有效利率決定了,任何函數都可以使用,如以下範例所示。

範例 3.7

利用試算表和財務計算機求範例 3.5 所要求的半年現金流。

解答

試算表:因為這個問題涉及年和半年現金流及名目利率和有效利率,所以試算表的使用很重要。先回顧範例 3.5 的解題方法,由於 PP > CP,對名目年利率 8%、半年複利的現金流 P,需要求其有效利率,使用 EFFECT 求得 8.16% 和使用 PV 函數求得 $P = \$-4,332,385$,圖 3.7 試算表的左邊顯示這兩個結果。

現在看看圖 3.7 的右邊依據儲存格 B5 中的 P 來決定半年收益的要求 $A = \$318,784$。在 PMT 函數中,輸入半年利率 8/2 = 4%。(注意:在所有的利率因子及試算表函數中,必須使用有效利率,因為利率是半年複利一次,所以 4% 就是有效半年利率。)最後注意在 PMT 函數中,時間期間數為 20。

計算機:首先使用式 [3.2] 求出 8% 的有效半年利率:

$i/6$ 個月 $= (1 + 0.08/2)^2 - 1 = 8.16\%$

針對每 6 個月 4% 和 $n = 20$ 這兩個值,在 PMT(i,n,P,F) 函數中嵌入 PV(i,n,A,F) 函數。在這個函數中,因為 $F = 0$,可以省略它,完整的函數為 PMT(4,20,PV(8.16,10,200000) − 3000000),每 6 個月 A 的結果為 $318,784。

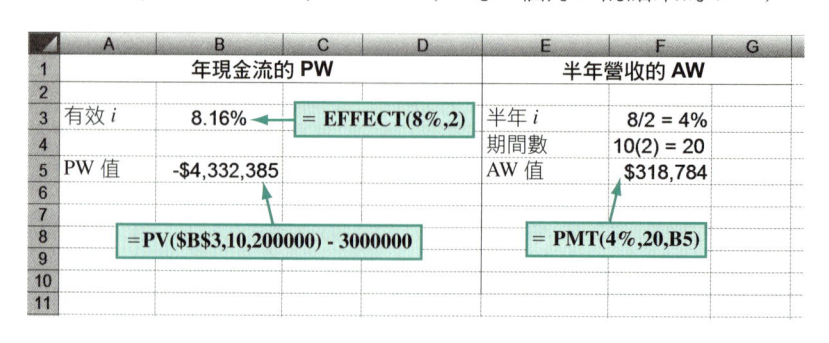

🔍 圖 3.7 在用試算表求不同時間期間的 P 和 A 值前,EFFECT 的使用,範例 3.7。

	A	B	C	D	E	F	G
1		年現金流的 PW				半年營收的 AW	
2							
3	有效 i	8.16%	← = EFFECT(8%,2)		半年 i	8/2 = 4%	
4					期間數	10(2) = 20	
5	PW 值	-$4,332,385			AW 值	$318,784	
6							
7							
8		=PV(B3,10,200000) - 3000000			= PMT(4%,20,B5)		
9							
10							
11							

總結

由於在實際情況時常涉及不是一年一計的現金流頻率和複利期間，所以須使用名目和有效利率，在已給予名目利率 r 的條件下，每個支付期間的有效利率以下列有效利率公式決定。

有效利率 $i = \left(1 + \dfrac{r}{m}\right)^m - 1$

m 為每一支付期間的複利頻率或複利期間數。若複利變得越來越頻繁，複利期間 (CP) 變為 0，連續複利的最後有效利率 i 為 $e^r - 1$。

所有的工程經濟因子要求使用有效利率，因子中的 i 和 n 值和現金流序列的種類有關。若只有單一筆 (P 和 F)，有數種方法可使用這些因子求約當計算，但是當給予一序列的現金流 (A、G 和 g)，只有一個有效利率 i 和期間數 n 的組合是正確的。在決定 i 和 n 值時，須考慮 PP 和 CP 的相對長度。因子中的利率和支付期須有相同的時間單位以正確地求貨幣的時間價值。

習題

名目與有效利率

3.1 由每季 2% 利率，決定下述期間之名目利率：(a) 半年；(b) 1 年；(c) 2 年。

3.2 由下述利率描述，決定其複利期間為何：(a) 年利率 3%；(b) 年利率 10%，每季複利；(c) 名目年利率 7.2%，每日複利；(d) 有效季利率 3.4%，連續複利；(e) 日利率 0.012%，每小時複利。

3.3 將季利率 2%，每月複利，轉換為下述各期間的名目利率：(a) 季；(b) 2 個月；(c) 2 年；(d) 1 年；(e) 6 個月。

3.4 (a) 每半年 6.8% 利率，每週複利，等於多少週利率？(b) 上述週利率是名目利率或是實質利率？假設每半年有 26 週。

3.5 一間銀行廣告它們的商業支票帳戶是每季複利。請問每天存入的支付期間和複利期間各是多久？

3.6 假設一個問題只陳述一個數值、無序列及級數，為年利率 12%，每季複利，由下述 n 的值決定因子方程式中適當的利率：(a) n = 20 季；(b) n = 10 個半年；(c) n = 5 年。

單一筆金額的等值

3.7 一公司存入 $2,000 萬至其貨幣市場帳戶，為期 1 年。請問 1 年後，其最後累積的總金額若放在年利率 18%，每月複利和放在 18% 每年單利帳戶的差額為多少？

3.8 克勞公司是一家精密金屬加工公司，正研究是否現在或延遲更新其設備。如果預估 2 年後的費用為 $260,000，

最低吸引其投入之年報酬率為 12%，且每月複利，那麼現在該公司可以支出的金額為多少？

3.9 水土諮商公司計畫為以 4 年期間整復一塊地而籌資。如果公司現在借 \$450 萬，要賺得年利率 16%，每半年複利的投資回收。那麼專案完成時一次要收到多少期末付款？

3.10 貝倫化學公司預估投入存貨控制軟體的定期支出在下年度為 \$120,000，2 年後為 \$180,000，3 年後為 \$250,000。如果以 10% 年利率，連續複利，則前述成本的現值各為多少？

3.11 海倫仙度絲洗髮精公司為其產品代言人 (匹茲堡鋼鐵人隊) 的特洛伊·波拉馬魯 (Troy Polamalu) 頭髮向倫敦洛易公司投保 \$100 萬。如果他 60% 以上的頭髮在比賽時脫落即出險。假設保險公司設立在第 5 年出險的機率為 1%，且要獲得每年 20% 報酬率，每半年複利的收益，則倫敦洛易公司為此保險專案需向海倫仙度絲一次收取多少保險金？

當 PP ≥ CP 的等值

3.12 (a) 針對以下所示的現金流序列使用表格化因子，以每年 $i = 8\%$，每季複利，計算第 6 季結束時的未來值；(b) 此計算函數是什麼？

季	0	1	2	3	4	5	6
現金流 (\$)	100	100	300	300	300	300	300

3.13 蓮花開發公司有一名為聰明套裝的線上自取軟體出租計畫。有些程式開價 48 小時收費 \$2.99。如果一家建設公司每週平均使用此服務 48 小時，則以月利率 1%，每週複利，來計算 10 個月的租用成本現值為多少？假設 1 個月是 4 週。

3.14 根據全國大學與企業主聯合協會 (National Association of Colleges and Employers) 的研究顯示，近期電機工程學系畢業生平均月薪為 \$4,944，而文史學系畢業生為 \$2,795。如果以 6% 年利率，每月複利，則 40 年後兩者的收入差異未來值為多少？

3.15 一家水土清潔公司收到一油料公司儲存槽用地毒物清理合約。合約要求此水土清潔公司每季提供材料及服務之報價。如果每季材料費為 \$14 萬，則以材料費之 20% 為外加之服務費用。以月利率 1%，請計算 3 年期合約的現值為多少？

3.16 預估未來 200 年收集及儲存燃煤發電廠產生之二氧化碳需耗費 \$1.8 兆。以年利率 10%，每月複利，計算未來 200 年每年耗用成本為多少？

3.17 第 1 季賣出強化鋼接頭為 \$50,000，第 2 季為 \$51,000，以此每季增加 \$1,000，直到第 4 年結束。如果季利率為 3%，則每季等額金額為多少？

3.18 因為腐蝕及製造瑕疵，造成艾帕索 (El Paso) 及鳳凰城間的油管焊接出了

問題。所以，壓力必須降為設計值的 80%，而此降壓導致每月輸油量少了 $100,000 油量。以年利率 15%，連續複利，計算 2 年後營運收入的損失？

當 PP < CP 時的等值

3.19 你計畫以每月 $1,000 投資一檔股票，此檔股票是以年利率 4%，每季複利，來付股利。如果沒有期間複利，則此股票投資 9 年後的價值為多少？

3.20 歐車公司 E3 垃圾車內裝能源再生系統，使耗油量預期降低 50%。加壓燃油由碳纖強化收集器箱送至兩具液壓馬達，推動車輛前進。當煞車時，垃圾車由收集器箱充電。其它一般垃圾車每月燃油成本為 $800。如果年利率 12%，則私人垃圾收集公司想在 3 年期回收其投資，則它可負擔在再生系統的投資為多少？

額外問題與 FE 測驗複習題

3.21 假設你單筆存入 $1,000 至儲蓄帳戶，其每月利率為 0.5%。你想知道帳戶 5 年後存款，則該用來計算的 i 及 n 值為：
 a. 有效月利率 i 及 n = 60
 b. 有效季利率 i 及 n = 30
 c. 有效半年利率 i 及 n = 10
 d. 不是 (a) 就是 (c)

3.22 每月存入儲蓄帳戶，想知道 5 年後帳戶存款，則使用之利率及 n 值為：
 a. 有效月利率及 n = 60 個月
 b. 有效季利率及 n = 20 季
 c. 有效年利率及 n = 5 季
 d. (a) 或 (b) 或 (c)

3.23 月利率 2%，等同於：
 a. 年利率 24%
 b. 名目年利率 24%，每月複利
 c. 有效年利率 24%，每月複利
 d. (a) 和 (b) 皆對

3.24 某一水龍頭製造商保證他們新款紅外線感測水龍頭在安裝後 1 個月開始，每戶有兩個及兩個以上小孩的家庭將可省下每月 $30 的水費。如果年利率 6%，每月複利，則在 5 年保固期下，則每個家庭現在至少可花多少錢去買此水龍頭：
 a. $149
 b. $1,552
 c. $1,787
 d. $1,890

3.25 一工程師分析硫化氫監視器的成本資料，發現前 3 年的資料不見了。但他知道第 4 年成本為 $1,250，且爾後以每年 5% 的趨勢增加。如果前 3 年也適用此趨勢，則第 1 年的成本是：
 a. $1,312.50
 b. $1,190.48
 c. $1,028.38
 d. $1,079.80

Chapter 4

現值分析

未來的金錢轉換成約當的現值後會得到一個較實際現金流少的現值，因為對任何利率大於零的情況，所有 *P/F* 因子值都會小於1，因為這個緣故，現值常被稱為折現現金流 (discounted cash flows, DCF)，而這個利率也可稱為折現率 (discount rate)。除了 PW 之外，常用的其它名稱尚有現值 (PV) 或淨現值 (NPV)。到目前為止，我們只計算一個計畫的現值，在本章將介紹用現值法來處理比較兩個或多個互斥計畫的技巧。除此之外，評估資金成本、生命週期成本和獨立計畫的方法也會在本章討論。

目的： 以現值法為基礎比較替代方案。

學習成果

1. 分辨互斥和獨立計畫，並定義營收和成本的替代方案。　　發展替代方案

2. 評估單一方案，並以現值分析選擇最佳的相同週期替代方案。　　相同週期替代方案的 PW

3. 以現值法從不同週期替代方案中選擇最佳方案。　　不同週期替代方案的 PW

4. 使用資本化成本計算選擇最佳替代方案。　　資本化成本 (CC)

5. 在有和無預算限制下，選擇最佳獨立計畫。　　獨立計畫

6. 在試算表中以現值分析選擇替代方案。　　試算表

4.1 發展替代方案

從計畫提案到達成敘述目的替代方案發展過程，替代方案形成的邏輯和評估如圖 4.1 所示。有些計畫具有經濟上和技術上的重要性，其它則不然，一旦重要的計畫被定義之後，才可能將該替代方案予以程序化。

替代方案通常有兩種型：互斥或獨立，每種型態將以不同方式評估。

- **互斥 (ME)**。僅可從中選一重要計畫。每一個計畫都是一替代方案，假如沒有方案的經濟可行，什麼都不做 (DN) 為設定的選擇。
- **獨立**。或許可選超過一個的關鍵計畫進行投資。(在另一個或附加計畫可以互相替代之前，一個獨立計畫及／或會要求某一特定計畫的加入。)

一個方案或計畫是由期初成本、期望使用週期、殘值、年成本等評估所構成，殘值在期貨市場或以物抵價市場上；期望週期已屆的最佳估計，殘值可以起始成本的百分比或實際的金額來估計；殘值通常估計為零，年成本一般稱為年營運成本 (annual operating cost, AOC) 或維護和營運 (maintenance and operating, M&O) 成本，它們或許在整個週期中等額分配，每年以百分比或數學遞增 (減) 序列增加或減少，或依某些期望的方式變動。

一個互斥方案的選擇在工程實務是最常見的方式。譬如，一個工程師需從幾個競爭的模型中選擇一個最佳的柴油引擎，即為這樣一個場合互斥方案，因此與關鍵計畫相同，每一個都要評估，並從中選出最適合的方案。在評比過程中，這些互斥的計畫彼此競爭，所有的分析技術都是用來比較這些互斥方案，本章的其餘部分將著重於現值法的討論。

當執行評估的時候，什麼都不做 (DN) 也被視為替代方案的選項之一，假如在定義好的方案一定要選一個，那麼「什麼都不做」就不能視作選項。(當某項功能基於安全、法律或其它目的而必須設置時，這種情況就會發生。) 選擇什麼都不做意味保留現行的方案；將不會有新成本、營收或儲蓄的產生。

獨立計畫通常是設計以達成不同的目的，因此選擇任何數目的計

畫都是有可能的，這些計畫彼此不互相競爭，它們分別加以評估，並和 MARR (基準收益率) 做比較。獨立計畫的選擇將在第 4.5 節探討。

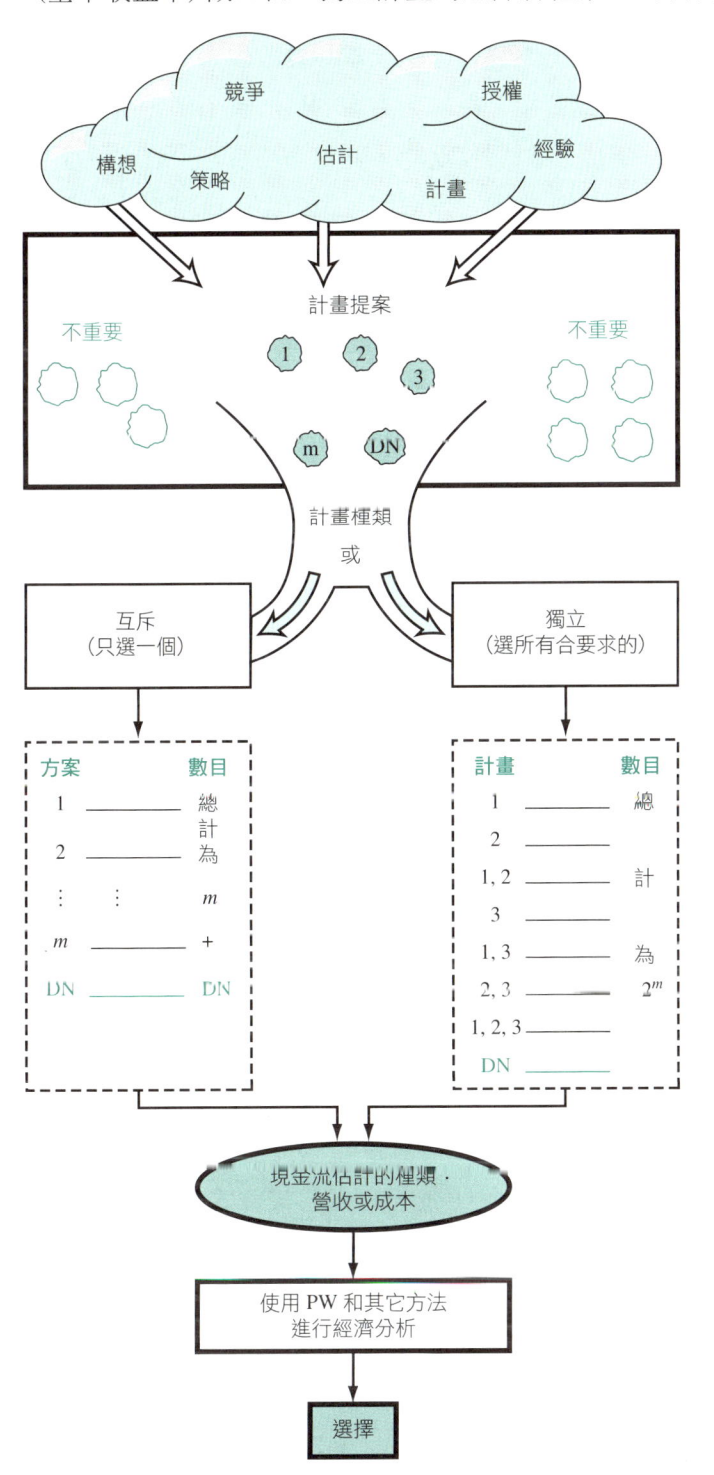

圖 4.1　從提議到方案到選擇的邏輯進程

最後，將替代方案的現金流依以營收為主或成本導向作區分是很重要的。在同一研究的所有受評估方案須具有同一型態。

- **營收**。每一個方案都會產生成本和營收現金流估計值，以及被視作營收的節省的費用。每一個方案的營收皆不同，這些方案通常涉及新系統、產品、新服務功能，並且需要資本投資，以產生營收和／或儲蓄，購買新設備，以增加生產力和銷售是屬於營收方案。
- **成本**。每個方案有各自的成本現金流量。假設所有方案的營收都是相同的，這些也許是公部門(政府)開辦的，或法律要求或安全改進，成本方案將互相比較，當從互斥的成本方案做選擇時，什麼都不做並不是一個選項。

4.2 相同使用週期方案的現值分析

4.2.1 互斥方案

在現值分析中，P 值又稱作 PW，是依據 MARR 來計算的，這個步驟將所有未來現金流轉換為相對等的現值，這樣做會使判別一個方案的經濟優勢容易得多。

用 PW 比較具相同週期的方案是很直接了當的，假如兩個方案在同一期間使用的產能是相同的，它們被稱為同等服務方案。

下列的指導原則適用於互斥方案：

一個方案：以 MARR 計算 PW，若 PW $\geq$ 0，該方案在財務具重要性。

兩個或多個方案：以 MARR 計算每個方案的 PW，選擇 PW 值最大的方案，換句話說，負的比較小或正的比較大。

第二項原則使用數字上最大來顯示較低的成本 PW 值或較高的淨現金流 PW，數字上最大指的不是絕對值，因為正負號也很重要，下列選擇正確運用此一原則。

PW₁	PW₂	選擇的方案
$-1,500	$-500	2
-500	+1,000	2
+2,500	-500	1
+2,500	+1,500	1

範例 4.1

同等服務的機械之成本如下表,以 MARR = 10% 針對各方案執行現值。分析三個方案的預期營收將會相同。

	電力 (E)	天然氣 (G)	太陽能 (S)
期初成本 ($)	-2,500	-3,500	-6,000
AOC ($/年)	-900	-700	-50
殘值 ($)	200	350	100
年限 (年)	5	5	5

解答

這些為成本方案。殘值被視為「負」的成本,所以前面的符號為正。每個機械的 PW 是以 $i = 10\%$ 及 $n = 5$ 年來計算,使用下標 E、G 和 S 代表三個方案。

$$PW_E = -2,500 - 900(P/A,10\%,5) + 200(P/F,10\%,5) = \$-5,788$$
$$PW_G = -3,500 - 700(P/A,10\%,5) + 350(P/F,10\%,5) = \$-5,936$$
$$PW_S = -6,000 - 50(P/A,10\%,5) + 100(P/F,10\%,5) = \$-6,127$$

因為成本最低,所以電力機械將會被選擇,它有數字上最大的 PW 值。

■ 4.2.2 評估債券的購買

公司或政府常以出售債券的方式募集計畫所需的投資資本,PW 法的一個很好應用就是購買債券方案的評估。以 MARR 計算,若 PW < 0,什麼都不做的方案會被選擇,債券就像是 5、10、20 或更長年數的負債,每個債券**面額** (face value) V 可為 $100、$1,000、$5,000 或更大,當到期時,會依面額全數退還給購買者。除此之外,債券使用**票面利率** (bond coupon rate) b 和每年支付 c 次,定期**支付利息** (interest payments) I:

$$I = \frac{(債券面額)(票面利率)}{每年支付次數} = \frac{Vb}{c} \qquad [4.1]$$

在購買時，債券價格可能會高於或低於面額，依發行者的財務聲譽而定。購買折扣在財務上對買方較具吸引力，溢價則對發行者較有利。譬如，一個人可以 2% 的折扣購買面額 $10,000，利率 8% 的 20 年債券，利息是 1 季一付，他將支付 $9,800，依式 [4.1]，每季他將可收到 $I = $200 的利息，加上 20 年後的面額 $10,000。

評估一個計畫中的債券購買，以 MARR 決定所有現金流的 PW —— 一開始的支付、定期利息收入、到期時的面額，接著運用原則到該方案，易言之，若 PW ≥ 0，該債券即財務上具重要性，使用能夠配合支付期間的有效 MARR 是很重要的，最簡單的程序是在第 3.4 節用到的 PP = CP 時的計算，如以下範例所說明。

範例 4.2

瑪茜想將多餘的錢投入一個相對安全的投資，她的雇主大方地提供員工 5% 的折扣，購買一面額 $5,000，10 年期，年息 6%，半年支付利息的債券，期望該投資能達到其它安全投資的報酬率，平均每年 6.7%，半年複利一次。(有效年利率 6.81%。) 她應不應該購買該債券？

解答

式 [4.1] 得出為期 20 期，每 6 個月支付一次的利息 $I = (5,000)(0.06)/2 = 150，半年的 MARR = 6.7/2 = 3.35%，購買價格在折扣後為 $-5,000(0.95) = -4750。用 PW 計算：

$$\begin{aligned} PW &= -4{,}750 + 150(P/A, 3.35\%, 20) + 5{,}000(P/F, 3.35\%, 20) \\ &= \$-2.13 \end{aligned}$$

正確的決定是不應該購買該債券，因為 PW < 0，使得有效利率略小於 6.81%。但是，若瑪茜能少付 $2.13，該投資將會符合 MARR 的標的，她或許應該購買該債券，因為報酬率極為接近要求目標。

為了加快試算表的 PW 分析，PV 函數將被運用，假如 AOC 金額相同，1 年到 n 年的現金流將可以函數 $= P - PV(i\%, n, A, F)$ 求得。在範例 4.1，$PW_E = \$-5{,}788$ 可以用 $= -2{,}500 - PV(10\%, 5, -900, 200)$ 輸入任何儲存格求得，試算表求解將在第 4.6 節詳細討論。

4.3 不同使用年限方案的現值分析

現值分析要求方案的同等服務比較，換句話說，所有方案的年限必須相同，假如同等服務的條件不滿足，即使使用年限較短的方案，在經濟效益上仍然沒有優勢，但因其較低的成本現值，還是可能被選擇。基本上，有兩種方法可用 PW 分析來比較使用年限不同的方案，評估一段特定研究期間或使一對方案的最小公倍數使用年限在這兩種狀況上，PW 仍是以 MARR 計算，前一節的選擇標準在此仍適用。

■ 4.3.1 研究期間

這是一個常用的方法，一旦研究年限選定了，只有在這段期間的現金流才需要考慮，假如期望的使用年限長於這個選定的期間，方案的估計市值將以研究期間最後 1 年的殘值替代；假如使用年限短於選定期間，在使用年限最後 1 年到研究期間結果前的這段時間，需決定維持同等服務的現金流估計值，在這兩種狀況，結果都是同等服務方案的評估。舉一個例子來說，假如一家工程公司贏得一個 5 年期的高速公路維修合約，但計畫購買一使用年限為 10 年的特殊設備，便於分析起見，5 年後的期望市值即為 PW 式子的殘值，5 年後的任何現金流都將被忽略，範例 4.3 說明研究期間分析。

■ 4.3.2 最小公倍數 (LCM)

由於同等服務的比較是依下列假設進行，最小公倍數法可能會得到不切實際的假設：

- 需要有最小公倍數年限的同等服務，如 5 年和 9 年的年限會假設 45 年的相同需求。
- 只有在未來現金流的變動能配合上通貨膨脹或緊縮，現金流估計值在整個年限中都會保持相同的預測才正確。
- 每個替代方案都可適用多個期限的假設通常是不正確的。

範例 4.3

在一個收集並分析臭氧層指數的 6 年合約定案後，EnvironCare 公司指派一專案工程師前往該城市開設一新的辦公室，有兩個租賃方案可供選擇，

每個方案皆有第一筆成本、年租賃成本、回收押金等估計值如下。MARR 為每年 15%。

	地點 A	地點 B
第一筆成本 ($)	−15,000	−18,000
年租賃成本 ($/年)	−3,500	−3,100
押金回收 ($)	1,000	2,000
租期 (年)	6	9

a. EnvironCare 依慣例針對 5 年期來評估所有的計畫，假如回收的押金不變，哪一地點該被選擇？

b. 使用 8 年計畫期間加以評估。

c. 基於現值比較，在使用 LCM 的情況，哪一租賃方案會被選擇？

解答

a. 以 5 年研究期間而論，將估計的押金回收視作第 5 年的正現金流量。

$$PW_A = -15,000 - 3,500(P/A,15\%,5) + 1,000(P/F,15\%,5)$$
$$= \$-26,236$$
$$PW_B = -18,000 - 3,100(P/A,15\%,5) + 2,000(P/F,15\%,5)$$
$$= \$-27,397$$

地點 A 是較好的經濟選擇。

b. 就 8 年研究期間而言，地點 B 的押金回收維持在第 8 年收入 $2,000。對 A 而言，多出 2 年的同等服務估計值需提供。假設這筆費用相當高昂，以每年 $6,000 計。

$$PW_A = -15,000 - 3,500(P/A,15\%,6) + 1,000(P/F,15\%,6)$$
$$- 6,000(P/A,15\%,2)(P/F,15\%,6)$$
$$= \$-32,030$$
$$PW_B = -18,000 - 3,100(P/A,15\%,8) + 2,000(P/F,15\%,8)$$
$$= \$-31,257$$

對較長研究期間而言，地點 B 有經濟優勢。

c. 由於租期長短不同，取最小公倍數 (LCM) 18 年做比較，在第一個週期結束後，每一個新的週期重新計入第一筆成本，而時間為上個週期最後 1 年，對 A 而言就是第 6 年和第 12 年，B 就是第 9 年，兩者現金流量圖形如圖 4.2 所示。

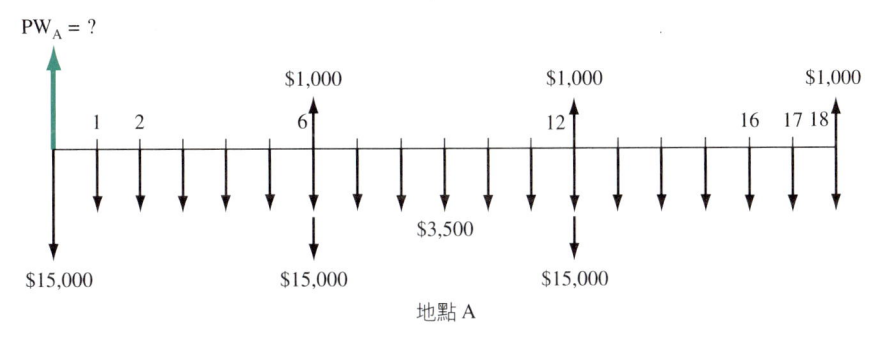

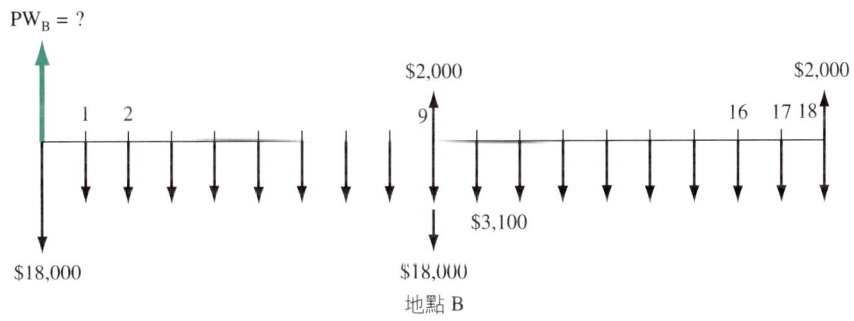

圖 4.2 不同期間方案的現金流量圖形，範例 4.3c。

$$PW_A = -15{,}000 - 15{,}000(P/F,15\%,6) + 1{,}000(P/F,15\%,6)$$
$$\quad - 15{,}000(P/F,15\%,12) + 1{,}000(P/F,15\%,12)$$
$$\quad + 1{,}000(P/F,15\%,18) - 3{,}500(P/A,15\%,18)$$
$$\quad = \$-45{,}036$$

$$PW_B = -18{,}000 - 18{,}000(P/F,15\%,9) + 2{,}000(P/F,15\%,9)$$
$$\quad + 2{,}000(P/F,15\%,18) - 3{,}100(P/A,15\%,18)$$
$$\quad = \$-41{,}384$$

地點 B 被選擇。

在範例 4.3 的說明中使用 LCM 估計現值是正確的，但不建議使用其作為主要方法，使用方案的使用期限和年值 (AW) 分析更容易求出正確結果，這一部分將在第 5 章討論。

4.3.3 未來值

一個方案的未來值 (FW) 也可以作為選擇的依據。FW 值可直接由現金流決定或將 PW 值乘上 MARR 而定，F/P 因子求出，F/P 裡的 n 值則取決什麼期間用以決定 PW──LCM 或研究期間，當目標是使公司股東的未來財富極大化時，FW 值特別適用於大型資本投資決策上，相

關方案如電力設施、收費道路、旅館和類似方案，可藉由施工期所承諾的投資額之 FW 值加以分析，選擇的原則與 PW 分析相同。

■ 4.3.4 使用期限成本

使用期限成本 (life-cycle cost, LCC) 是現值分析的另一延伸。LCC 方法，顧名思義，通常適用於整個系統使用期限的方案成本估計，這意味著從計畫的早期階段 (評估與設計)、行銷、保固和營運階段，到最後階段 (淘汰和清理) 皆需加以評估。典型的 LCC 應用如建物 (新施工或購買)、新生產線、工廠、商用飛機、新車款、國防系統等皆是。

在 LCC 分析中，所有能定義、能評估的成本在 PW 分析中都會考慮在內，但是較廣義的系統使用期限需要評估一般 PW 分析不會評估的項目，如設計和開發成本。相對於期初投資，當營運和維護成本 (保固、人事、能源、更新、材料) 占使用年限總成本顯著百分比時，LCC 法最有效率。假如艾克森美孚石油公司評估一使用年限為 5 年，年成本為 $15,000，總價為 $150,000 的大型化學廠處理設備的採購時，LCC 法就不太適用。在另一方面，假設豐田正考慮一新車款的設計、施工、行銷、售後成本的計畫，假如期初成本約估為 $1 億 2,500 萬 (為期 3 年)，未來 15 年 (該車款生命週期) 用以建造、行銷、服務該車的年費用估計約為上述金額的 25% 到 30%，在使用 PW、FW 或 AW 分析時，LCC 的邏輯將有助於對成本簡述和經濟效益的瞭解。大多數的國防與航太產業都需用到 LCC，在這些產業中，這個方法被稱為設計到成本 (請見第 11.1 節)。因為成本效益不易精確估計，LCC 通常不適用於大型公共計畫，成本效益分析在此較為適用，如第 7 章所述。

4.4 資本化成本分析

資本化成本 (capitalized cost, CC) 是一個會「永遠」持續下去方案的現值，公部門的計畫，如橋樑、水壩、灌溉系統、鐵路皆屬這一類，因為它們的使用年限為 30 年、40 年或更長。除此之外，永續和慈善機構的基金亦是用資本化成本加以分析。

計算 CC 的公式導源於 PW = A(P/A,i,n)，n = ∞ 這樣一個關係，公式可以寫成：

$$PW = A\left[\frac{1 - \dfrac{1}{(1+i)^n}}{i}\right]$$

當 n 趨近無限大，括號裡的項變成 $1/i$。以 CC 的符號取代 PW，AW 取代 A 得到：

$$CC = \frac{A}{i} = \frac{AW}{i} \qquad [4.2]$$

以貨幣的時間價值來說明式 [4.2]。假如 $10,000，每年賺 10%，每年年底的利息收入為 $1,000，這將讓 $10,000 明年原封不動地繼續賺取更多的利息。一般而言，對無限期數，式 [4.2] 得到同等的 A 值為：

$$A = CC(i) \qquad [4.3]$$

在資本化成本的計算裡，現金流 (成本或收入) 通常有兩類：**重複**，又稱週期；和**非重複**，亦稱為一次性。每年營運成本 $50,000 和每 12 年 $40,000 的翻修成本即為重複現金流的例子，第 0 年的期初投資和一次性的現金流如 $500,000 的 2 年權利金等都是非重複成本的例子。對於無限期的現金流，下列程序將有助於 CC 的計算：

1. 畫出顯示所有非重複的金額和至少兩個週期的重複金額的現金流程圖。(畫出現金流量圖形在 CC 的計算尤其重要。)
2. 求出所有一次性金額的現值，這即是它們的 CC 值。
3. 透過重複金額的一個週期，求其約當的等額 (A 值)。在所有接下來的週期，這個值都相同，把這個值加到其它從 1 年到無限期均值，其結果即為總約當的等額 (AW)。
4. 將步驟 3 得到的 AW 值除以利率 i 以獲得 CC 值，此即為式 [4.2] 的應用。
5. 將步驟 2 和 4 的 CC 值相加。

範例 4.4

Marin 郡的房屋估價部門剛剛裝置追蹤住宅房價的軟體系統，當三位郡法官同意購買這套系統時，管理者想知道所有未來成本的總等值，假如這個系統將一直使用下去，試求 (a) 現在的等值，以及 (b) 以後每年的等值。

該系統的裝設費用為 $150,000，10 年後另有一筆 $50,000 的成本，這套軟體前 4 年的年維護成本為 $5,000，以後則為每年 $8,000。此外，每 13 年預期會有一筆重複性的更新費用 $15,000，假設郡基金的年利率 $i = 5\%$。

解答

a. 在此用前述程序：

1. 畫出兩個週期的現金流量圖形 (圖 4.3)。

2. 以利率 $i = 5\%$ 求出非重複成本 $150,000 和 $50,000 (第 10 年) 的現值，將其標為 CC_1：

$$CC_1 = -150,000 - 50,000(P/F,5\%,10) = \$-180,695$$

3. 將每 13 年產生一次性成本 $15,000 轉換為前 13 年的年值 A_1：

$$A_1 = -15,000(A/F,5\%,13) = \$-847$$

這個值 $A_1 = \$-847$，將適用於其它所有以 13 年為週期的年值中。

4. 兩個年維修成本的資本化成本可以下面兩個方法決定：(1) 一序列永續的 $-5,000 加上第 5 年起的一序列 $-3,000；或 (2) 4 年一序列的 $-5,000 加上第 5 年起永續的 $-8,000 序列，使用這個方法，年成本 ($A_2$) $-5,000 會一直持續下去。從第 5 年到永續的 $-3,000，$CC_2$ 可以用式 [4.2] 乘上 P/F 因子求出：

$$CC_2 = \frac{-3,000}{0.05}(P/F,5\%,4) = \$-49,362$$

CC_2 值是使用 $n = 4$ 求得的，因為年成本 $3,000 的現值是在第 4 年，早於第一個 A 年，這兩個年成本序列可以轉換成資本化成本 CC_3：

$$CC_3 = \frac{A_1 + A_2}{i} = \frac{-847 + (-5,000)}{0.05} = \$-116,940$$

$i = $ 年利率 5%

🔧 **圖 4.3** 重複和非重複成本的兩個週期現金流，範例 4.4。

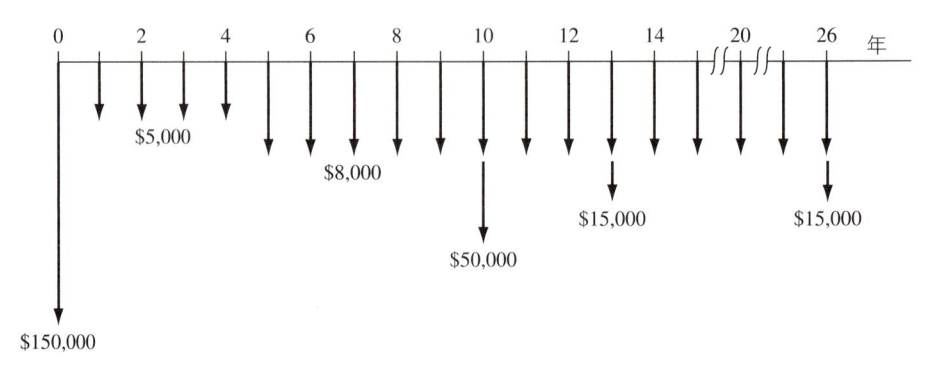

5. 把三個 CC 值加起來，以得出總 CC_T：

$$CC_T = -180{,}695 - 49{,}362 - 116{,}940 = \$-346{,}997$$

b. 式 [4.3] 決定永續的 A 值：

$$A = CC_T(i) = \$-346{,}997(0.05) = \$-17{,}350$$

正確的解讀是，Marin 郡的官員已承諾等值的 \$17,350 以運作和維護房地產估價軟體。

兩個或多個方案的 CC 評估以相同的年數（永續）來比較，具最小 CC 值的方案即為最經濟者。

範例 4.5

考慮將兩個地點作為興建跨一條小河橋樑的位址：北邊的地點需建一懸臂橋；南邊地點的跨距較小，所以可建支架橋，但是它要求修築一條新的道路。

懸臂橋將花 \$5 億成本加上每年的檢查維護成本 \$350,000；此外，水泥橋面每 10 年需花 \$1,000,000 重鋪。支架橋和連接道路將花 \$2 億 5,000 萬建設加上 \$200,000 年維護費用，這座橋每 3 年需花 \$400,000 重新油漆一次；此外，該橋需每 10 年花 \$1,900,000 噴砂一次。購買通行權的費用分別為懸臂橋 \$2,000 萬，支架橋 \$1 億 5,000 萬。若年利率為 6%，依資本化成本比較這兩個方案。

解答

先構築兩個週期的現金流量圖形 (20 年)。

懸臂橋的資本化成本 (CC_S)：

$$CC_1 = \text{起始成本 CC 值}$$
$$= -500 - 20 = \$-520 \text{ 百萬}$$

重複的營運成本為 $A_1 = \$-350{,}000$，重鋪費用的年等值為

$$A_2 = -1{,}000{,}000(A/F,6\%,10) = \$-75{,}870$$

$$CC_2 = \text{重複性成本的資本化成本} = \frac{A_1 + A_2}{i}$$

$$= \frac{-350{,}000 + (-75{,}870)}{0.06} = \$-7{,}097{,}833$$

總資本化成本為：

$$CC_S = CC_1 + CC_2 = \$-527.1 \text{ 百萬}$$

支架橋的資本化成本 (CC_T)：

$$CC_1 = -250 + (-150) = \$-400 \text{ 百萬}$$

$$A_1 = \$-200,000$$

$$A_2 = \text{年油漆成本} = -400,000(A/F,6\%,3) = \$-125,644$$

$$A_3 = \text{年噴砂成本} = -1,900,000(A/F,6\%,10) = \$-144,153$$

$$CC_2 = \frac{A_1 + A_2 + A_3}{i} = \frac{\$-469,797}{0.06} = \$-7,829,950$$

$$CC_T = CC_1 + CC_2 = \$-407.83 \text{ 百萬}$$

結論：建支架橋，因其 CC 值低了 $1 億 1,900 萬。

假如一個有年限的方案 (如 5 年) 和一個無年限或年限很長的方案做比較，亦可用 CC 法，決定有限年限方案的 CC 值，先計算一週期的 A 值，再除以利率 (式 [4.2])。

範例 4.6

APSco 是一家大型的空軍電子承包商，立即需要 10 台具特別鉤環以組合成電路板的焊接機械，且未來需要更多此類機械。主要生產工程師已規劃出兩個簡單但關鍵的方案，公司的 MARR 為每年 15% 且 CC 為其評估方法。

方案 LT (長期)。以現價 $800 萬，承包商從現在起到未來，只要 APSco 需要，將供給所需數量的機械 (最多到 20 台)，年合約費為 $25,000 且每台機械不另計費用，合約中沒有時間限制且成本亦不會增加。

方案 ST (短期)。APSco 以 $275,000 / 每台自行購買機械，且每台的每年營運成本 (AOC) 預期為 $12,000，焊接機械使用期限為 5 年。

解答

就長期方案，以式 [4.2] 求出 AOC 的 CC 值，再把這個值加到一開始的合約費用 (此已為 CC 值)。

$$CC_{LT} = \text{合約費 CC} + \text{AOC 的 CC 值}$$

$$= -800 \text{ 萬} - 25,000/0.15 = \$-8,166,667$$

而就短期方案，先求 5 年購買成本的約當年值，並加上所有 10 台機械的 AOC 值，再以式 [4.2] 決定總 CC 值：

$$AW_{ST} = 購買\ AW + AOC$$
$$= -275\ 萬(A/P,15\%,5) - 120{,}000 = \$-940{,}380$$
$$CC_{ST} = -940{,}380/0.15 = \$-6{,}269{,}200$$

以現值而論，短期方案的 CC 值低了約 $190 萬。

4.5 獨立計畫的評估

一家生技公司有一項基因工程產品可在三個不同國家 (S、U 和 R) 行銷。什麼都不做 (DN) 亦是一項方案，所有可能的選擇為 S、U、R、SU、SR、UR、SUR 和 DN。一般而言，對 m 個獨立計畫，有 2^m 個可能組合需評估，從獨立計畫中做選擇基本上和從互斥方案 (ME) 做選擇有很大的不同。當選擇獨立計畫時，每一個計畫的 PW 皆以 MARR 來計算。(在 ME 方案選擇裡，計畫彼此競爭，只有一個會被選擇。) 一個或多個獨立方案的選擇是相當簡單的。

以 MARR 計算，選擇所有 PW ≥ 0 的計畫

所有的計畫皆必須有營收現金流 (不只是成本)，所以計畫都能有正的 PW 值。

不像 ME 方案評估需考慮多個週期的服務年限，獨立計畫只考慮一次性投資，也就是說，PW 分析依個別計畫期限長短而定，且當方案結束時，任何剩下現金流以 MARR 報酬率來考慮。因此，同等服務要求並不要求特定研究期間或 LCM 的使用，隱含的研究期間即為最長年限的方案。

有下列兩種選擇背景——無限和預算限制。

- **無限**。所有能達到或超過 MARR 的都選擇使用 PW ≥ 0 的原則。
- **預算限制**。不超過 b 的預算可以花在所有選擇的計畫上，每個計畫須達到或超過 MARR。接下來的步驟稍微複雜一些——只有總投資不超過 b 的計畫組合才進行 PW 評估。程序如下：

1. 決定所有預算不超過 b 的組合 (這個限制通常用在 0 年以啟動方案)。
2. 以 MARR 求出組合中所有計畫的 PW 值。
3. 求出步驟 1 組合中所有計畫的總 PW 值。
4. 選出具有最大 PW 值的組合。

範例 4.7

在接下來的數年，Marshall Aqua 科技公司有四個不同的方案可以投入需要啟動個別計畫的金額 (期初投資)，及方案期限的期望現金流將由計畫工程部門進行評估。以 MARR = 15%，(a) 在期初投資無限制下，決定何計畫可以投入？(b) 在總預算不超過 $15,000 又為何？

計畫	期初投資	年淨現金流	年限 (年)
F	$ −8,000	$3,870	6
G	−15,000	2,930	9
H	−6,000	2,080	5
J	−10,000	5,060	3

解答

a. 決定每個方案的 PW 值，在 MARR = 15%，選擇所有 PW ≥ 0 的計畫：

$PW_F = -8,000 + 3,870(P/A,15\%,6) = \$6,646$
$PW_G = -15,000 + 2,930(P/A,15\%,9) = \$-1,019$
$PW_H = -6,000 + 2,080(P/A,15\%,5) = \$973$
$PW_J = -10,000 + 5,060(P/A,15\%,3) = \$1,553$

選擇方案 F、H 和 J，總投資額為 $24,000。

b. 使用預算限制 b = $15,000 的方案選擇步驟：

1. 和 **2.** 在 2^4 = 16 個可能組合中，表 4.1 顯示 6 個可能接受的組合，這些組合涉及 4 個方案和什麼都不做 (DN) 選項 PW_{DN} = $0。

3. 組合的 PW 值即為將各代表計畫的 PW 相加，例如：$PW_5 = PW_F + PW_H$ = 6,646 + 973 = $7,619。

4. 選擇計畫 F 和 H，由於它們的 PW 值是最大的，且兩者皆超過 MARR，計畫因以 i = 15% 計，PW > 0。

表 4.1　總投資額限制在 $15,000 獨立計畫的現值分析，範例 4.7

組合	計畫	首期總投資金額	在 15% 的組合 PW 值
1	F	$ −8,000	$ 6,646
2	G	−15,000	−1,019
3	H	−6,000	973
4	J	−10,000	1,553
5	FH	−14,000	7,619
6	什麼都不做	0	0

評論：在預算限制下，選擇獨立計畫通常稱為資本分配或資本預算問題，它可以用不同的技巧有效解決，其中一個方法就是線性規劃。Excel 和它的最佳化工具 SOLVER 可以精確地處理這類問題。

4.6　使用試算表做 PW 分析

當 A 值相同，以試算表或計算機所做的同週期互斥方案的評估只需用到單一欄位(儲存格)的 PV 功能即可。決定 PW 值的一般公式為：

$$= P - \text{PV}(i,n,A,F) \qquad [4.4]$$

在求方案 PW 值時，為求正確值，置於 PV 前面的符號要特別留意，試算表會傳回 A 序列的相反符號。因此，為了維持成本序列 A 的負號意涵，在 PV 前立即置入一負號，這將在下一個範例中說明。

範例 4.8

凱薩為一石油工程師，已選出兩個功能相當的柴油發電機供海上鑽油平台使用，以每年 $i = 12\%$ 決定兩者中何者較符合經濟效益，使用試算表和計算機來解題。

	發電機 1	發電機 2
P ($)	−80,000	−120,000
S ($)	15,000	40,000
n (年)	3	3
AOC ($/年)	−30,000	−8,000

解答

試算表：將每一方案代入單一儲存格的式 [4.4]，詳如圖 4.4 所示。注意：在 P、PV 和 AOC 值都使用負號，由於 PW 值較小 (數值較大)，選擇發電機 2。

計算機：每一方案的函數和 PW 值為：

發電機 1：$-80,000 - PV(12,3,-30000,15000)$　　$PW_1 = \$-141,378$

發電機 2：$-12,0000 - PV(12,3,-8000,40000)$　　$PW_2 = \$-110,743$

一如預期，PW 值和試算表結果相同，故選發電機 2。

圖 4.4 使用 PV 函數做相同使用年限方案評估，範例 4.8。

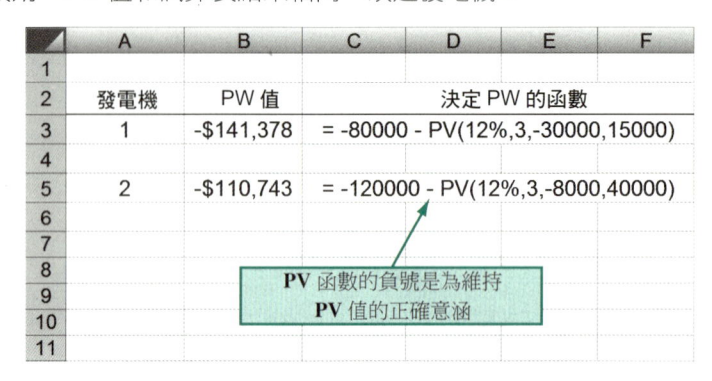

	A	B	C	D	E	F
1						
2	發電機	PW 值		決定 PW 的函數		
3	1	-$141,378	= -80000 - PV(12%,3,-30000,15000)			
4						
5	2	-$110,743	= -120000 - PV(12%,3,-8000,40000)			

PV 函數的負號是為維持 PV 值的正確意涵

在評估不同使用期限的方案時，必須輸入最小公倍數期限中所有現金流，以確定同等服務方案的評估，發展 NPV 函數以求 PW。若現金流以 CF 表示，一般公式為：

$$= P + \mathrm{NPV}(i\%, \text{year\_1\_CF\_cell:last\_year\_CF\_cell}) \qquad [4.5]$$

注意：不要將初期成本支出 P 包含在 NPV 函數的現金流中。和 PV 不同的是，NPV 函數會傳回 PW 值的正確符號。

範例 4.9

繼續前一個例子，在決定選擇發電機 2 之後，凱薩向廠商表達初期成本太高、使用年限太短的疑慮，廠商提供 1 份年成本 $20,000，第 1 年 $20,000 裝設費用和最後 1 年 $20,000 拆除費用的 6 年租約，在年利率 12% 下，決定原方案還是租約方案為較好的選擇。

	A	B	C	D	E	F	G
1	年	發電機 2	租約				
2	0	-120,000	-40,000				
3	1	-8,000	-20,000		重購置現金流		
4	2	-8,000	-20,000		= S − AOC − P		
5	3	-88,000	-20,000		= 40,000 − 8,000 − 120,000		
6	4	-8,000	-20,000				
7	5	-8,000	-20,000				
8	6	32,000	-40,000		= −40,000 + NPV(12%,C3:C8)		
9	PW 值	-$189,568	-$132,361				
10							
11					= −120,000 + NPV(12%,B3:B8)		
12							

圖 4.5 使用 NPV 函數做不同使用年限方案評估，範例 4.9。

解答

　　假設發電機 2 在第 3 年可以重新購買，其它估計保持如前，6 年的 PW 評估是正確的。圖 4.5 仔細標出現金流和 NPV 函數，發電機 2 在第 3 年的現金流為 $S - AOC - P = \$-88{,}000$。注意：在此一開始的成本不包含在 NPV 函數中，而是分開列出，如式 [4.5] 所示，對接下來的 6 年而論，租賃合約明顯勝出。

　　當評估到現金流沒有形成 A 序列的方案時，個別的金額必須輸入試算表中，再用式 [4.5] 求 PW 值，同時要記得在沒有現金流的年度輸入 0，以確保 NPV 函數能正確的追蹤年份。

總結

　　這章解釋了互斥和獨立方案及營收和成本現金流的不同。本章討論了使用現值 (PW) 分析以選擇最具經濟效益的替代方案。一般而言，選擇以基準收益率計算，得出最大 PW 值的方案。在互斥方案選擇中需記住的要點為：

1. 在特定研究期間，比較相同年數的等同替代方案，因研究年期而縮短年限的方案依市價估計的殘餘價值。對年限較長的方案而言，其同等服務成本的估計只到研究期間結束為止。

2. 最小公倍數年限中的 PW 估計值可用以獲得同等服務。

3. 資本化成本分析，一個在 $n = \infty$ 時 PW 分析應用，比較具有無限或非常長年限的方案，簡言之將所有現金流的約當 AW 值除以 i，以決定 CC 值。

　　就獨立方案而言，若無預算限制，選擇以基準收益率計算後，所有 $PW \geq 0$ 的方案，當資金有所限制，建構沒有超過預算的組合並選擇將 PW 最大化的組合。

習題

替代方案的發展

4.1 描述兩種情形下,什麼都不做不是一個選項。

4.2 當以現值法評估一個計畫時,你怎麼知道要選哪一個 (或幾個) 計畫,如果 (a) 計畫是獨立的;(b) 不同方案彼此是互斥的。

4.3 貝爾航空公司首席工程師今年有 $100 萬研究經費,當考慮 A 至 E 等五個研究計畫時,他認為 A、B、C 三個計畫用不同技術會達到完全相同的目標。
a. 確認各計畫是互斥或獨立的。
b. 如果在 A、B、C 三計畫間之選擇標示為 X,列出五個計畫的所有可能選項(組合)。

4.4 列出四個獨立計畫 1、2、3、4 的所有可能組合,其中計畫 3 及 4 不能同時包括在同一組合中。

相同年限的替代方案的評估

4.5 同等服務 (equal service) 這個名詞是何意涵?

4.6 預估製造一多功能可攜式氣體分析儀的成本如下表。以年利率 8% 及現值分析,該使用哪一種方法?

	手工化	機械化
第一筆成本 ($)	−425,000	−850,000
M & O 成本,第 1 年 ($)	−90,000	−10,000
每一年增加之 M & O ($/年)	7,000	1,000
殘值 ($)	80,000	300,000
年限 (年)	5	5

4.7 博林水公司目前在其貯水槽加入氯及氟之前,是委外以二氧化錳過濾少量之硫化氫。現在委外合約更新是 5 年期合約,前 2 年每年 $75,000,第 3 年到第 5 年則是每年 $100,000,付款期均為每合約年的年底。博林公司也可安裝 $125,000 的過濾器,以每年 $50,000 處理過濾。以每年 6% 折現率計算,委外合約服務較省錢嗎?

4.8 雪佛龍公司為油氣生產 1 年有一筆 $196 億的開發資金。其上游部門在安哥拉有一計畫,共有三個海上鑽油平台設備方案備選。使用現值法以每年 12% 選擇最佳方案。

	A	B	C
第一筆成本 ($ 百萬)	−200	−350	−475
年成本 (每年 $ 百萬)	−450	−275	−400
殘值 ($ 百萬)	75	50	90
預估使用年限 (年)	20	20	20

4.9 面值 $10,000,6 年後到期的市政債券現值 $11,000。如果債券是每季付息且為折現現金,年利率為 8%,每季複利。請問此債券的票面年利率 b 是多少?

4.10 雅達利公司為開發及行銷其新的可下載遊戲軟體 GPS2-ZX 系統,需要一筆 $450 萬資金。該公司計畫以 $9,000 折現值出售面值 $10,000 的公司債,公司債以年利率 5%,每半年付息,

並於發行後 20 年以面值 $10,000 贖回。請問買此債券至少有年利率 6%，每半年複利以上的報酬嗎？

不同年限的替代方案的評估

4.11 兩互斥專案預估現金流如下表。以年利率 10%，現值分析應該選哪一專案？

	專案 P	專案 Q
第一筆成本 ($)	−55,000	−95,000
年成本 ($/年)	−9,000	第 1 年 −5,000，爾後每年增加 $1,000
殘值 ($)	無	4,000
年限 (年)	2	4

4.12 艾倫汽車集團有一塊位於交叉路口的土地，可以作為顧客停車場，也可賣給零售商開店。停車場可以混凝土或柏油建置。若是以混凝土構建，初期費用 $375,000，可用 20 年，預估從第 8 年末開始，每年維護費用為 $200。以柏油建置，初期僅需 $250,000，但可用 10 年，且自第 2 年末開始，每年維護費用為 $2,500。若 10 年後重鋪柏油，則重鋪後的最後 1 年需維護費 $2,500。不考慮殘值，以每年 $i = 8\%$ 的 PW 分析，選擇最經濟的方案，如果 (a) 作為 20 年停車場；(b) 作為停車場 5 年後賣出。

4.13 亨氏公司在義大利興建一配售中心以銷售其下番茄醬等產品，預期建築物可使用 15 年，其外觀尚未決定。一種是以混凝土牆作為正面，則現在及以後每 5 年需以 $80,000 塗漆一次；另一種方式是在混凝土牆外以氧化金屬處理，此法現需 $200,000，此後每 3 年只需最小維護費 $500。金屬外觀較吸引人，預估 15 年後賣出，會比單純混凝土外牆多賣出 $25,000。假設在保有資產的最後 1 年為賣出建築物會再上漆 (混凝土方案) 或再維護 (金屬外觀方案)。使用未來價值分析及每年 $i = 12\%$，去選擇外觀方案。

期限成本

4.14 為了國稅局的防止個資偷竊設施，高科技設施經理提出三個企劃方案：企劃案 A 是再續簽現有 1 年合約，在每年年初續約付 $100 萬；企劃案 B 是 2 年合約，分 4 期付，首期簽約時及爾後每 6 個月付，每期 $60 萬；企劃案 C 為 3 年合約，首期簽約時付 $150 萬，2 年後付 $50 萬。假若國稅局未來續約時，各企劃案付款條件均不變，則以現值分折，年利率 6%，每半年複利情形下，最佳企劃案為何？

4.15 一中型市政府規劃發展一套為未來 10 年協助選擇計畫的軟體系統。以年限成本方式將成本分為開發、程式編寫、使用及支援等作為方案選擇之成本劃分。三個方案是 A (客製系統)、B (修訂系統)、C (現有系統)，成本如下表。以每年 8%，年限成本分析最

佳方案：(a) 首先使用表列因子；然後 (b) 試算表，以驗證你的選擇。

方案	成本分項	預估成本
A	開發	現在 $250,000，第 1~4 年 $150,000
	程式編寫	現在 $45,000，第 1、2 年 $35,000
	使用	第 1~10 年 $50,000
	支援	第 1~5 年 $30,000
B	開發	現在 $10,000
	程式編寫	第 0 年 $45,000，第 1~3 年 $30,000
	使用	第 1~10 年，$80,000
	支援	第 1~10 年，$40,000
C	使用	第 1~10 年，$175,000

資本化成本

4.16 年利率 10%，連續複利下，決定現在的 $100,000 及從第 1 年起至無限久，每年 $50,000 之資本化成本。

4.17 俄亥俄州立大學某校友想要捐設一獎學金基金，以每年總獎學金額度 $100,000，永久獎助工程學系的女學生。第一批獎學金將立即發出，爾後每年發一次。如果預期基金每年有 8% 利息收入，請問這位校友現在應該捐出多少錢設立此基金？

4.18 一間供水公司規劃增加其水供應量至每天 850 萬加侖以因應日增之需求。第一種方式是花 $1,000 萬在環保許可下擴大其現有蓄水池，為此，每年另花 $25,000 維持；第二種方式是開挖新貯水井並加裝管線輸送至處理廠，初期需 $150 萬，每年另需 $12 萬。蓄水池預期可永久使用，但貯水井只能用 10 年。以每年 5% 比較兩種方式。

獨立計畫

4.19 一小型製造商考慮擴增 1 個或數個生產線至其現有 4 個新產品生產線。假設現有新開發投資資本為 $800,000，若以現值分析，該公司應擴增哪一條或幾條生產線？設若該公司以 5 年專案還本且 MARR 為每年 20%，所有現金流係以 $1,000 為單位。

	生產線			
	R1	S2	T3	U4
第一筆成本 ($)	−200	−400	−500	−700
M & O 成本 ($/年)	−50	−200	−300	−400
營收 ($/年)	150	450	520	770

4.20 方氏海水淡化系統公司為下年度鹽化地下水處理計畫，設立一筆 $80 萬之資本投資。以每年 10% 的 MARR，在下列四個計畫中任選一個或全部。所有計畫均為 4 年年限。

計畫	初期投資 ($)	淨現金流 ($/年)	殘值 ($)
X	−250,000	50,000	45,000
Y	−300,000	90,000	−10,000
Z	−550,000	150,000	100,000

額外問題與 FE 測驗複習題

4.21 以現值法評估方案，同等服務意為：
    a. 所有計畫必須同時開始
    b. 所有計畫以相同期程作為評估
    c. 所有計畫必須有相同營運成本
    d. 所有計畫有相同殘值

下列預估值使用於第 4.22 到 4.24 題。資金成本為每年 10%。

	機器 P	機器 Q
期初成本 ($)	−35,000	−66,000
每年成本 ($/年)	−20,000	−15,000
殘值 ($)	10,000	23,000
年限 (年)	2	4

4.22 以現值方式比較機器，機器 P 的現值最接近：
    a. $−82,130
    b. $−87,840
    c. $−91,568
    d. $−112,230

4.23 以現值方式比較機器，機器 Q 的現值最接近：
    a. $−68,445
    b. $−97,840
    c. $−125,015
    d. $−223,120

4.24 機器 P 的資本化成本最接近：
    a. $−35,405
    b. $−97,840
    c. $−354,050
    d. $−708,095

4.25 一公司債面值 $10,000，年利率 8%，每半年付息，20 年到期。當市場利息為年息 8%，每半年複利，則某人買 $9,000 公司債，則他每隔多久可收到多少利息？
    a. 每 6 個月 $270
    b. 每 6 個月 $300
    c. 每 6 個月 $360
    d. 每 6 個月 $400

Chapter 5

年值分析

因為年值 (AW) 較易計算，價值的衡量——AW 每年以貨幣單位計——為多數人所瞭解，而其假設又和 PW 法一樣，通常一般人較傾向於使用 AW 分析，而不是 PW 分析。

AW 還有其它不同名稱，約當年值 (EAW)、約當年成本 (EAC)、年約當值 (AE)、約當平均年值 (EUAC) 是其中較常出現者。AW 法選擇的方案會和 PW 或其它方法相同，前提是這些方法都正確地執行。

目的：使用年值法比較方案。

學習成果

1. 計算資本回收與單一週期 AW。　　　　　　AW 計算
2. 基於 AW 分析選擇最佳方案。　　　　　　　以 AW 選擇方案
3. 使用 AW 值選擇最佳長期 (無年限) 投資方案。　長期投資 AW
4. 使用試算表執行 AW 評估。　　　　　　　　試算表

5.1 AW 值計算

年值 (AW) 是比較方案時常用的方法，所有的現金流都轉換為單一週期年平均分配的金額。由於是以每年的金額敘述，一般人很容易瞭解。它最主要的優點是同等服務的條件無須使用最小公倍數 (least common multiple, LCM) 週期就能滿足。AW 值是針對一週期來計算，並假設接續週期皆會相同，若所有現金流隨通貨膨脹或緊縮而變動。假如此一條件無法合理地設定，就需要探討期間和特定現金流，以利分析的進行。AW 值橫跨多週期的重複性，以圖 5.1 做說明。

範例 5.1

新數位掃描繪圖設備預計要花 $20,000，可使用 3 年且每年營運成本 (AOC) 為 $8,000，在 $i = 22\%$/年下，決定一個週期和兩個週期的 AW 值。

解答

首先，使用一個週期的現金流 (圖 5.1) 以決定 AW：

$$AW = -20,000(A/P, 22\%, 3) - 8,000 = \$-17,793$$

對於兩個週期，計算 6 年期的 AW。注意：第二週期的採購是在第 3 年年底，而這正是第二週期的 0 年 (圖 5.1)。

$$AW = -20,000(A/P, 22\%, 6) - 20,000(P/F, 22\%, 3)(A/P, 22\%, 6) - 8,000$$
$$= \$-17,793$$

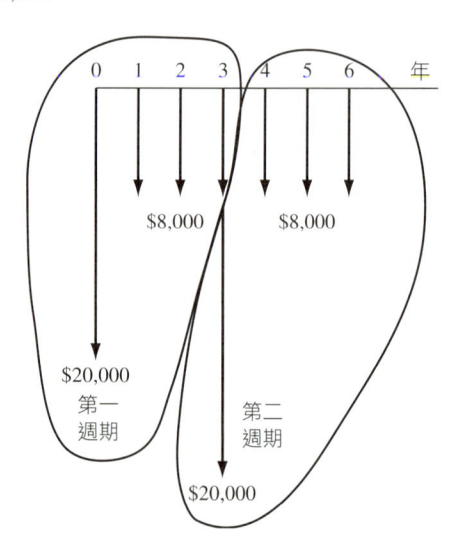

圖 5.1 方案二週期的現金流。

任何週期的使用年限都會得到相同的 AW 值，因此顯示一週期的值代表每個週期方案的年值會相等。

用下列關係皆可互相決定是 AW、PW 和 FW 的值：

$$AW = PW(A/P,i,n) = FW(A/F,i,n) \quad [5.1]$$

PW 比較所需的同等服務條件意味著，在此的 n 值為週期的 LCM。一個方案的 AW 值是兩個不同元素的加總：初期投資的**資本回收 (capital recovery, CR)** 和每年營運成本 (AOC) 的約當 A 值：

$$\textbf{AW} = \textbf{CR} + \text{營運成本 (AOC) 的約當 } A \text{ 值} \quad [5.2]$$

投入於資產的資本回收和這些資本在某一特定利率下時間價值是經濟分析的基本原則。資本回收也就是持有資產的對等年成本加上期初投資的報酬率。A/P 因子是用以轉換 P 為對等年成本。假如在使用週期結束還有些殘值，它的約當值將用 A/F 因子移除，這個動作將會減少持有資產平均每年成本，CR 為：

$$\textbf{CR} = -P(A/P,i,n) + S(A/F,i,n) \quad [5.3]$$

年金額 (AOC 的約當 A 值) 是由平均重複成本 (和可能收入)，以及非重複金額推導而來。P/A 和 P/F 是首先獲得現值金額所需，然後 A/P 轉換式 [5.2] 中的 A 值。

範例 5.2

洛克希德馬丁正增進其推進的力量，以便在全球市場贏得更多歐洲公司的人造衛星發射合約。一套地面追蹤設備估計需 $13 百萬的投資，該系統的每年營運成本預估從第 1 年開始即為 $0.9 百萬。該追蹤系統使用年限為 8 年，其殘值為 $0.5 百萬，假如公司現年 MARR 為 12%，求系統的 AW 值。

解答

追蹤系統的現金流 [圖 5.2(a)] 必須轉換為 8 年的約當 AW 現金流的序列 [圖 5.2(b)]。AOC 是 $A = \$-0.9$ 百萬／每年，資本回收以式 [5.3] 求算：

🔍 圖 5.2 (a) 衛星追蹤設備現金流；(b) 轉換成對等 AW (單位為 $ 百萬)，範例 5.2。

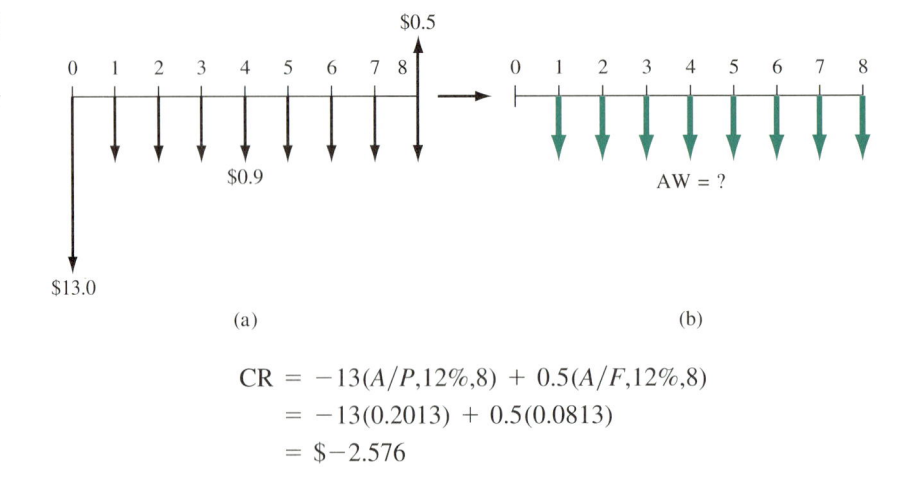

$$CR = -13(A/P,12\%,8) + 0.5(A/F,12\%,8)$$
$$= -13(0.2013) + 0.5(0.0813)$$
$$= \$-2.576$$

這個結果的正確解讀對該公司極為重要，這意味著每隔 8 年，追蹤設備的營收最少要有 $2,576,000 才能回收。期初投資現值和每年要求 12% 的報酬率，這還不包括每年的 $0.9 百萬的 AOC。式 [5.2] 求出的總 AW 為：

$$AW = -2.576 - 0.9 = \$-3.476 百萬／年$$

假如成本的上升率和通膨一樣，這個值就是所有未來 8 年週期所需的 AW，亦即相同的成本和服務適用所有接下來的使用期限。

以電腦求解，只需在試算表中使用單一儲存格的 PMT 函數決定 CR 值即可，公式為 = PMT($i\%,n,P,-S$)。為了說明起見，當輸入 = PMT(12%,8,13,−0.5)，範例 5.2 有清楚列出 CR。

在 PW、FW 或效益成本分析可以使用時，年值法 (AW) 皆適用。AW 法在某些研究時特別有用：最小化總成本的資產替代和保留、損益兩平研究或自製或購買的決定 (這些都會在稍後的章節中探討)，還有所有單位成本是主要考量的生產或製造問題。

5.2 基於年值以評估方案

當 MARR 明確設定時，AW 法是所有評估技巧中最易運用的：選擇具有最低對等年成本 (成本方案)，或最高對等 (應) 收入 (營收方案) 的方案，AW 的選擇原則和 PW 法完全相同。

單一方案：AW ≥ 0，該方案具財務重要性。

兩個或多個方案：選擇 AW 數字值最大者 (最低成本或最高收入)。

假如只比較某一期間的兩個或多個方案，只需用現金流計算該期間的 AW 值，若一研究期間短於方案期望週期，使用市場預估的殘值。

範例 5.3

位於大洛杉磯地區的 PizzaRush，以其快速的外送服務在競爭對手中表現相當優異。許多在該地區大專院校就讀的學生以兼職的方式外送在 PizzaRush.com 網站下單的訂購，該店老闆為 USC (南加大) 軟體工程系的畢業生，計畫購買五套裝設在汽車上的可攜式系統，以增加外送的速度和準確性，該系統連接網路下單軟體和車上 GPS 系統，以透過人造衛星設定出前往大洛杉磯地區任何地址的路徑，預期能提供消費者更快速、友善的服務及為 PizzaRush 帶來更多的收入。

每套系統的成本為 $4,600，使用期限為 5 年，可能的殘值約為 $300，所有系統的總營運成本為第 1 年 $650，其後每年增加 $50，MARR 值為 10%。試求年值評估並回答下列問題：

a. 在 MARR 每年為 10% 的情況下，回收期初投資所需的新年營收為多少？

b. 老闆保守估計五套系統所增加的年收入為 $5,000。在 MARR 下，這個計畫具財務重要性嗎？參照圖 5.3 的現金流量圖形。

c. 基於 (b) 小題的答案，PizzaRush 需增加多少的收入才能證明該計畫的經濟效益？營運費用如前所估。

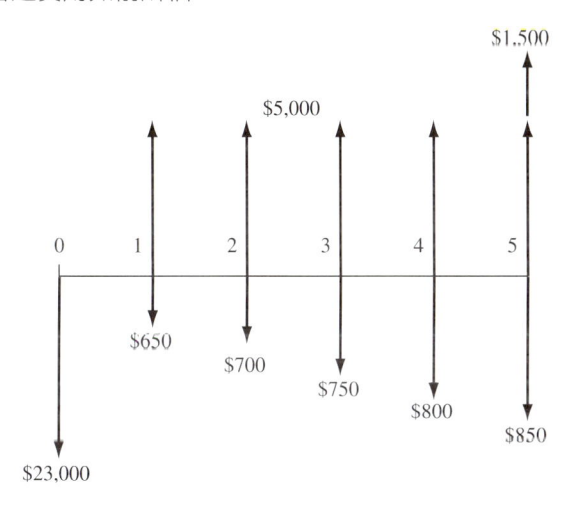

🔍 圖 5.3 計算 AW 所需之現金流量圖形，範例 5.3。

解答

a. CR 值可以回答這個問題，在 10% 下，運用式 [5.3]：

$$CR = -5(4{,}600)(A/P,10\%,5) + 5(300)(A/F,10\%,5)$$
$$= \$-5{,}822$$

b. 因為新增收入 \$5,000 低於 CR 值 \$5,822 (尚未包含年成本)，在不考慮 AW 的情況下決定財務重要性，所以該計畫在經濟上是不可行的，但是為完成整個分析，先決定總 AW、年營運成本和收入形成一個以第 1 年 \$4,350 為基準，持續 5 年，年遞減 \$50 的等差遞增 (減) 序列。AW 關係為：

$$AW = 資本回收 + 淨收入 A$$
$$= -5{,}822 + 4{,}350 - 50(A/G,10\%,5)$$
$$= \$-1{,}562 \qquad [5.4]$$

很明確顯示在 MARR = 10% 下，該方案不具財務意義。

c. 在 10% 報酬率下，使該計畫具經濟效益的值為預計的 \$5,000 約當值加上 AW 的額度，亦即為 5,000 + 1,562 = \$6,562 的新年營收。在這個點上，依式 [5.4]，AW = 0。

範例 5.4

一德州奧斯汀郊區的採石場想評估兩套有助於公司符合新的州沙塵排放環境標準的設備，MARR 為每年 12%。使用：(a) AW 法；(b) 3 年研究期間的 AW 法，以決定哪個方案有較佳經濟效益。

設備	X	Y
期初成本 (\$)	−40,000	−75,000
AOC (\$/年)	−25,000	−15,000
使用年限 (年)	4	6
殘值 (\$)	10,000	7,000
3 年後估計值	14,000	20,000

解答

a. 依據各自的使用年限計算 AW 值，顯示 Y 是較佳方案。

$$AW_X = -40{,}000(A/P,12\%,4) - 25{,}000 + 10{,}000(A/F,12\%,4)$$
$$= \$-36{,}077$$
$$AW_Y = -75{,}000(A/P,12\%,6) - 15{,}000 + 7{,}000(A/F,12\%,6)$$
$$= \$-32{,}380$$

b. 所有的 n 值皆為 3 年，殘值即為 3 年後的市場估計值，現在 X 較有經濟效益。

$$AW_X = -40,000(A/P,12\%,3) - 25,000 + 14,000(A/F,12\%,3)$$
$$= \$-37,505$$
$$AW_Y = -75,000(A/P,12\%,3) - 15,000 + 20,000(A/F,12\%,3)$$
$$= \$-40,299$$

5.3 長期或無限期投資的 AW

在第 4.4 節中，我們討論過一個年限很長的計畫的年約當值即為其資本化成本的 AW 值。方案的第一筆成本或現值 (PW) 的 AW 值使用式 [4.2] 的相同關係：

$$AW = CC(i) = PW(i) \qquad [5.5]$$

在規律期間產生的現金流轉換成一個年限週期的 AW 值，其它所有非規律性的現金流首先轉換成 P 值，然後乘以 i 以求得無限期限的 AW 值。

範例 5.5

假如你今天繼承 \$10,000，以年利率 8% 投資，要多少年之後你才能永遠每年領 \$2,000？

解答

現金流詳如圖 5.4 所示，以式 [5.5] 求解 PW，得知在可以每年領取 \$2,000 前，要先能夠累積到 \$25,000 的款項。

$$PW = 2,000/0.08 = \$25,000$$

應用 \$25,000 = 10,000(F/P,8%,n) 的關係，求出 $n = 11.91$ 年。

評論：用試算表很容易就可以求解這個問題。在任何儲存格寫下 = NPER(8%,,−10000,25000) 的函數，以顯示所要的答案 11.91 年。財務計算機函數 $n(8,0,-10000,25000)$ 會得到相同的 n 值。

🔍 圖 5.4 決定永續提領的 n 值，範例 5.5。

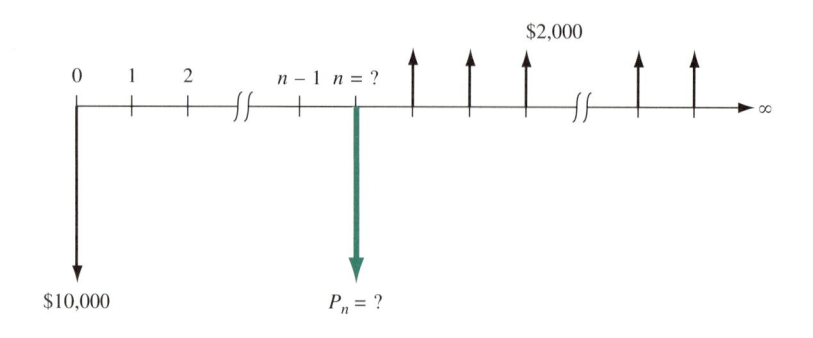

範例 5.6

為了增加農業區域的主要排水渠道，州政府正在考慮三個提案。提案 A 要求疏浚該渠道，州政府計畫以 $650,000 購買清淤設備及相關配備。該設備預計有 10 年使用年限及 $17,000 殘值，總年營運成本預估為 $50,000。為控制渠道中及兩岸雜草的生長，在灌溉季節會噴灑符合環境安全的除草劑。雜草控制計畫的年成本預估為 $120,000。

提案 B 是花期初成本 $400 萬在渠道兩邊牆壁敷以水泥，這層襯裡牆假設是永久性的，但每年需花 $5,000 做一些基本維護。除此之外，每 5 年需花 $30,000 做襯裡牆的整修。

提案 C 是建構一條新的管線。相關估計值為：期初成本 $600 萬，每年路權維護成本 $3,000 和 50 年使用年限。

使用 5% 年利率，比較各方案的年值 (AW)。

解答

由於這個投資是一個長期計畫，計算一個週期所有重複產生成本的 AW 值，提案 A 和 C 的 CR 值可以由式 [5.3] 求得。令 $n_A = 10$，$n_C = 50$，至於提案 B，CR 就是求 $P(i)$。

提案 A
疏浚設備 CR：
$-650,000(A/P,5\%,10) +17,000(A/F,5\%,10)$ $ -82,824$
年疏浚成本 $-50,000$
年雜草控制成本 $-120,000$
   $-252,824$

提案 B
期初投資的 CR：$-4,000,000(0.05)$	$-200,000
年維護成本	$-5,000
襯裡牆整修成本：$-30,000(A/F,5\%,5)$	$-5,429
	$-210,429

提案 C
管線 CR：$-6,000,000(A/P,5\%,50)$	$-328,680
年維護成本	$-3,000
	$-331,680

提案 B 會被選擇。

評論：因為襯裡牆的整修始於第 5 年，而不是第 0 年，且每 5 年一次一直持續下去，因此在提案 B 中使用 A/F 因子，而不是 A/P。

若在提案 C 的 50 年年限被視作是永久的，則 $CR = P(i) = \$-300,000$，而不是 $n = 50$ 的 $\$-328,680$，此為經濟上的一個小差異，經濟上如何處理預期年限超過 40 年以上的方案，依地方政府而定。

5.4 使用試算表做 AW 分析

相同或不同年限互斥方案的 AW 評估可以使用 PMT 函數化簡其過程，決定方案的 AW 之一般公式為：

$$-\text{PMT}(i\%,n,P,F) - A$$

PMT 決定所要求的資本回收 (CR)。通常 F 為估計的殘值，以 $-S$ 表示，$-A$ 為年營運成本。由於 AW 分析不需跨越年限的最小公倍數，每個方案的 n 值可以不同。

至於 PV 函數，PMT 的正負號必須正確的輸入，以確保結果所代表的意義獲得一個成本方案的負 AW，輸入 $+P$、$-S$ 和 $-A$。下面兩個範例說明不同使用年限的試算表 AW 評估，包括在第 5.3 節討論到的長期投資。

範例 5.7

賀梅是艾斯培諾沙礦石公司的採礦場主任，想在兩個礦場沙塵控制方案中選出一較具經濟效益者，以年 MARR = 12%，幫他執行一試算表評估。

設備	X	Y
期初成本 ($)	−40,000	−75,000
AOC ($/年)	−25,000	−15,000
年限 (年)	4	6
殘值 ($)	10,000	7,000

解答

由於這和範例 5.4(a) 的估計完全一樣，回顧當初手算時需做哪些操作。試算表評估更為快速容易，只需使用早先介紹的一般公式，在兩個單一儲存格分別鍵入 X 和 Y 的 PMT 函數，圖 5.5 顯示詳細過程，由於 Y 有較低成本 AW，故選 Y。

	A	B	C
1		設備 X	設備 Y
2			
3	AW 值	-$36,077	-$32,379
4			
5	函數	= - PMT(12%,4,-40000,10000)-25000	= - PMT(12%,6,-75000,7000)-15000
6			

圖 5.5 使用 PMT 函數執行 AW 法評估，範例 5.7。

範例 5.8

針對範例 5.6 的三個提案執行試算表 AW 評估。注意：個別的使用年限是 A 為 10 年、C 為 50 年、B 為「無限期」。

解答

圖 5.6 左邊概述各提案估計值，使用 PMT 來獲得 AW 值極為簡易，部分的計算顯示在圖右邊，在 5% 年利率下，PMT 決定提案 A 和提案 C 第一筆成本的回收。至於提案 B，因 B 被視作一永久方案，依式 [5.5]，資本回收即為 P 乘上 i。(記得：輸入的 P 值為 −4,000,000，以確保 CR 值的負號。)

除了提案 B 的每 5 年花 $30,000 整修襯裡牆在儲存格 G7 使用 PMT 年化外，所有的年成本皆是等額分配序列，所有成本加總 (第 8 列) 後顯示提案 B 有最低的 AW 成本。

	A	B	C	D	E	F	G	H
1		估計值描述				AW 值計算		
2	提案	A	B	C	提案	A	B	C
3	第一筆成本($)	-650,000	-4,000,000	-6,000,000	資金還本 (CR)	-82,826	-200,000	-328,660
4	年限(年)	10	無限期	50				
5	年成本($)	-170,000	-5000	-3000				
6	週期成本($)	無	-30,000 每5年	無	年成本 (A)	-170,000	-5,000	-3,000
7	殘值($)	17,000	0	0		-5,429		
8					AW 值 (CR + A)	-252,826	-210,429	-331,660

=−PMT(5%,50,−6000000)

=−4000000*(0.05)

=−PMT(5%,10,−650000,17000)

=−PMT(5%,5,,−30000)

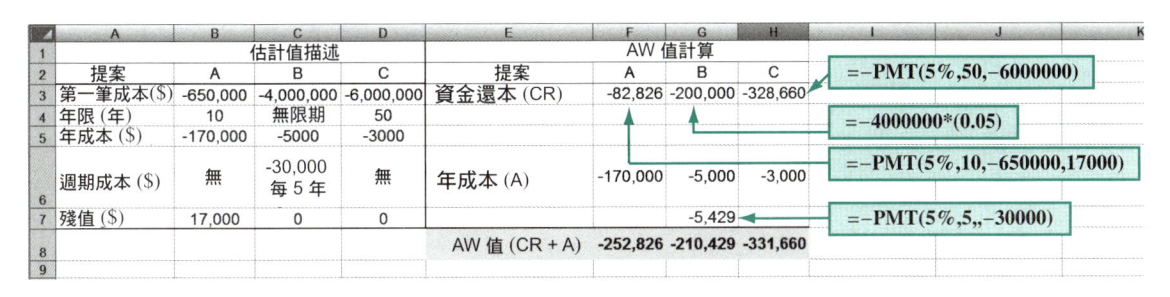

圖 5.6　使用 PMT 函數執行三個年限不同提案的 AW 評估，範例 5.8。

當估計的年成本不是相同值的序列 A，現金流必須個別輸入（流出現金要加負號），且單一儲存格函數較難發揮，在這種情況下，使用 NPV 函數以求算單一週期的 PW 值。接下來以 PMT 函數決定 AW 值。另一個較複雜的方法是將 NPV 函數直接嵌入於 PMT 中，如下：

− PMT($i\%,n,P$+NPV($i\%$,year_1_cell:year_n_cell))

總結

比較替代方案的年值法優於現值法是因為 AW 法僅僅只執行一個使用週期。在比較不同年限的替代方案時，這是一個明顯的優勢。當探討期間已設定，只決定這段期間的 AW 計算，在研究期間結束後，方案的估計剩餘價值即成為殘餘值。

對無限年限的替代方案而言，期初成本透過 P 乘以 i 予以年化，而有限年限的替代方案，一個週期的 AW 等於永續約當年值。

習題

資本回收與 AW

5.1 海頓移動服務公司為製作其高性能精密線性移動產品，訂購價值 $700 萬之無縫接管，如果年營運成本為 $860,000，欲在其 3 年規劃期間回收期初投資與營運成本，且 MARR 為每年 15%，則每年營收需多少？

5.2 NRG 能源公司規劃在新墨西哥州興建一大型太陽能工廠，以提供新墨西哥州南部與德州西部 30,000 戶家庭用電。此廠需 390,000 塊反光鏡片，以集中陽光至 32 個水塔產生蒸汽。NRG 將投資 $5 億 6,000 萬蓋廠，並以每年 $43 萬運作此廠。如果殘值為期初成本之 20%，在每年 MARR 為 18% 的情形下，15 年回收投資，則

該公司每年需賺多少錢？

5.3 環境重建公司 RexChem 夥伴公司計畫籌資進行一為期 4 年之土地清理專案。該公司現在將借款 $380 萬進行此專案。若該公司將於專案完成之 4 年期末收到一筆 $50 萬尾款，則這 4 年期間每年需收到多少付款？此投資之 MARR 為每年 20%。

5.4 美國五角大廈為留任對武器嫻熟且能說中東國家語言的士官兵，編列一筆 $150,000 加給提供符合上述條件之即將符合退伍條件或已符合退伍條件之專業人員。如果第 1 年有 400 名現役人員接受此加給，第 2 年 300 名，第 3 年 600 名。在年利息 6% 下，此 3 年期計畫平均每年成本為多少？

5.5 某製造磁流量表公司接下一專案將有以下現金流。在年息 10% 下，其專案平均每年成本為何？使用：(a) 表列因子；(b) 計算函數；以及 (c) 試算表，求其 AW？你覺得哪一種方法最容易使用？

第一筆成本 ($)	−800,000
第 2 年機具汰換成本 ($)	−300,000
年營運成本 ($/年)	−950,000
殘值 ($)	250,000
年限 (年)	4

5.6 某小型商業大樓承包商於 2 年前以 $60,000 買入一中古起重機，其第 1 個月的營運成本為 $2,500，第 2 個月為 $2,550，爾後每個月增加 $50，直至第 2 年底 (即現在)。如果現在以 $48,000 賣掉此起重機，則在月息 1% 下，其平均每月成本為何？

5.7 使用 600 噸壓力機於應用質子交換膜 (PEM) 技術之汽車燃料電池零件之生產，可減少整體零件重量達 75%。以年利率 12% 之 MARR，計算：(a) 回收資本；(b) 每年營收需求；(c) 以試算表求算問題。

安裝成本 = $−380 萬元　$n = 12$ 年
殘值 = $25 萬
年營運成本 = $−35 萬 (第 1 年)，爾後每年增加 $25,000

使用 AW 評估方案

5.8 為洗碗機組裝過程，有兩組機器正被考量採用，其預估成本如下。以年息 10%，年值分析該採用何組機器。

	X 機器	Y 機器
第一筆成本 ($)	−300,000	−430,000
年營運成本 ($/年)	−60,000	−40,000
殘值 ($)	70,000	95,000
年限 (年)	4	6

5.9 有兩種方法可生產發電用太陽能板。方法 1：期初成本 $550,000，年營運成本 $160,000，3 年年限後殘值為 $125,000。方法 2：期初成本 $830,000，年營運成本 $120,000，5 年年限後殘值為 $240,000。公司請你決定何種方法較經濟，但要求以 3 年期為規劃分析。方法 2 的殘值在 3 年

後較 5 年後高 35%，若公司 MARR 為年利率 10%，該公司該選擇哪一種方法？

5.10 某環境工程師正考慮三種處理無害化學淤積物的方法：土方掩埋、液化床焚化，以及簽訂私人處理合約。各方法的預估值如下。(a) 年利率 10%，以年值比較決定最低成本的方法；(b) 以 AW 值決定各方法其約當現值。

	土方掩埋	液化床焚化	合約
第一筆成本 ($)	−150,000	−900,000	0
年成本 ($/年)	−95,000	−60,000	−170,000
殘值 ($)	25,000	300,000	0
年限 (年)	4	6	2

5.11 BP 石油公司正進行汰換其阿拉斯加州某海灣之輸油管線，以減少腐蝕問題，以增大管線壓力及流量，輸至下游廠房。預期安裝成本約為 $1 億 7,000 萬。阿拉斯加州對年淨利課徵 22.5% 營利稅，預估 20 年期間每年平均 $8,500 萬。使用表列因子及試算表回答下列問題：(a) 若公司 MARR 值為年利率 10%，此計畫 AW 是否顯示至少能獲利等同於 MARR？(b) 若 MARR 值每年增加 10%，如 20%、30% 等，重新計算 AW。此計畫之多少回收報酬，在財務上會變成是不可接受的？

5.12 TT 競速性能發動機公司為 NASCAR 發動機調整正在評估兩種機具。(a) 以年利率 9% 之 AW 法選擇最佳機具；(b) 使用試算表單一儲存格函數找出最佳機具。

	R 機具	S 機具
第一筆成本 ($)	−250,000	−370,500
年營運成本 ($/年)	−40,000	−50,000
年限 (年)	3	5
殘值 ($)	20,000	20,000

5.13 藍鯨搬家倉儲公司近日在聖地牙哥買下一棟倉儲建築物。經理現有為儲存搬運貨物集裝架的兩個選項。選項 1 是一具有 4,000 磅容量的電動起貨機 ($P = \$-30,000$；$n = 12$ 年；AOC = 每年 $\$-1,000$；$S = \$8,000$)，以及每個 $10 的新集裝架 500 個。起貨機操作員的年薪與福利預估為 $32,000。

選項 2 是兩具電動集裝架移動器，每具有 3,000 磅容量 (每具移動器，其 $P = \$-2,000$；$n = 4$ 年；AOC = 每年 $\$-150$，無殘值)，以及每個 $10 的集裝架 800 個。兩位移動器操作員的年薪與福利合計為每年 $55,000。兩個選項的集裝架都是立即採買且每 2 年置換。(a) 如果 MARR 為每年 8%，使用表列因子決定哪一選項較佳；(b) 重新以試算表計算求得最佳選項

評估長期年限的替代方案

5.14 計算 $1,000,000 自第 1 年起至無限久的約當年值，以及在年利率 10% 下，$1,000,000 在 3 年後的約當年值。

5.15 年利率為 10%，無限年限下，計算 $5,000,000 在第 0 年的約當年值、2,000,000 在第 10 年的約當年值，以及 $100,000 從第 11 年至無限久的約當年值。

5.16 年息 10% 下，以年值法計算下表兩種選項：(a) 使用表列因子；(b) 使用計算機函數。

	A	B
第一筆成本 ($)	−60,000	−380,000
年成本 ($/年)	−30,000	−5,000
殘值 ($)	10,000	25,000
年限 (年)	3	∞

5.17 月息 1% 下，以年值比較，下表的現金流何者較佳？

	X	Y	Z
第一筆成本 ($)	−90,000	−400,000	−900,000
M&O 成本 ($/月)	−30,000	−20,000	−13,000
每 10 年大修費 ($)	−	−	−80,000
殘值 ($)	7,000	25,000	200,000
年限 (年)	3	10	∞

5.18 雪莉及剛勒欲規劃每年存款至其退休基金，連續 20 年，以期在最後存入後的第 1 年起，每年能提款 $24,000。此基金每年有可靠的 8% 報酬。在兩種提款計畫下，決定每年需存入多少：(a) 永久 (即第 21 年至無限久)；(b) 30 年 (即第 21 年至第 50 年)；(c) 提款年限由永久減至 30 年，則每年可少存入多少？

5.19 ABC 飲料公司向華德中國製罐公司大量採購 355 ml 的罐子。此電解鋁罐的表面製作技術係採用噴刷 (brushing) 或珠噴 (bead blasting)。華德公司工程師想使用更有效率、更快、更便宜的機具以製造供給 ABC 公司的產品。在 MARR 為年利率 8% 下，預估選擇兩種方法之一。

噴刷法：$P = \$-400,000$；

$n = 10$ 年；$S = \$50,000$；

非勞力 AOC = $\$-60,000$

(第 1 年)，第 2 年開始每年少 $5,000。

珠噴法：$P = \$-400,000$；

n 假設為永久；無殘值；

非勞力 AOC = $\$-70,000$

(每年)。

5.20 你是新加坡約克夏船運公司工程師，你的老闆朱先生要你推薦兩種方式之一，以減低或消除老鼠對待運的筒倉儲存農作物的傷害。以 AW 法在年利率 10%，每季複利下分析。下列數值單位為百萬。

	方案 A 大量減低	方案 B 幾乎完全消除
第一筆成本 ($)	−10	−35
年營運成本 ($/年)	−1.8	−0.6
殘值 ($)	0.7	0.2
年限 (年)	5	幾乎永遠

額外問題與 FE 測驗複習題

5.21 以年值法比較具不同年限之兩方案：
  a. 必須以年限較短的期間為年值法計算方式
  b. 必須以年限較長的期間為年值法計算方式
  c. 必須以年限之最小公倍數期間為年值法計算方式
  d. 可以其不同年限為年值法計算方式

5.22 如果已知某 5 年年限方案之現值，可以何法得其年值：
  a. PW 值乘以 i
  b. PW 值乘以 $(A/F,i,5)$
  c. PW 值乘以 $(P/A,i,5)$
  d. PW 值乘以 $(A/P,i,5)$

第 5.23 至 5.25 題以下表為預估基礎。使用年息 10%。

方案	A	B
第一筆成本 ($)	−50,000	−80,000
年成本 ($/年)	−20,000	−10,000
殘值 ($)	10,000	25,000
年限 (年)	3	6

5.23 方案 A 的約當年值最接近：
  a. $−25,130
  b. $−37,100
  c. $−41,500
  d. $−42,900

5.24 方案 B 的約當年值最接近：
  a. $−25,130
  b. $−28,190
  c. $−37,080
  d. $−39,100

5.25 方案 A 之無限久期間約當年值最接近：
  a. $−25,000
  b. $−27,200
  c. $−31,600
  d. $−37,100

Chapter 6

報酬率分析

雖然一個計畫或方案最常引用的經濟價值測量標準是報酬率 (rate of return, ROR)，但它的意義很容易遭到誤解，或決定 ROR 的方法遭到誤用。本章將探討運用 ROR 程序以評估一個、兩個或多個方案的方法，雖計算本身差別不大，但 ROR 亦以其它名稱為人所熟知：內部報酬率 (internal rate of return, IRR)、投資報酬率 (return on investment, ROI)、獲利指數 (profitability index, PI) 等。

在某些情況下，一個以上的 ROR 會滿足報酬率方程式。本章將描述如何辨識這個可能性及介紹找到這多個值的方法；另一方面，可以運用和計畫現金流無關的資訊獲取唯一的 ROR 值。

目的：瞭解 ROR 的意義和執行一個或多個方案的 ROR 計算。

學習成果

1. 敘述報酬率的意義。 — ROR 的定義
2. 使用現值、年值和未來值公式計算報酬率。 — ROR 使用 PW、AW 或 FW
3. 相對 PW、AW 和 FW，認識使用 ROR 的困難度。 — ROR 需注意之處
4. 表列增量現金流，並解釋增加投資的 ROR。 — 增量分析
5. 運用增量 ROR 分析以選擇最佳方案。 — 方案選擇
6. 決定可能 ROR 值的最大數目和現金流序列的 ROR 值。 — 多重 ROR
7. 使用再投資或借貸率以計算外部報酬率。 — 外部 ROR
8. 使用試算表執行一個或多方案的 ROR 分析。 — 試算表

6.1 ROR 值的闡釋

如第 1 章所述，利率和報酬率指的是同一件事，通常講到借錢會使用**利率** (interest rate) 這個名詞，但論及投資時就使用**報酬率** (rate of return) 一詞。

從借款者的觀點而論，利率是算在未付餘額上，所以最後一筆貸款支付剛好付完整個貸款和所欠利息；從投資者 (或出借者) 的角度看，在每一時期內，這是一筆未回收餘額，利率就是未回收餘額的投資報酬率，所以在收到最後一筆款項時，總借款和所賺利息剛好全部回收，報酬率的計算描述這兩種觀點。

> ROR 是支付在借款尚未償還的餘額上，或投資尚未回收餘額所賺的利息，所以最後的支付或收入在包含利率考慮下，使餘額剛好為零。

報酬率是以每期百分比來表示，例如，每年 $i = 10\%$。一般以正百分比的方式表示，利率並沒有考慮到借款者的角度，因事實上支付在貸款上的利率是負的報酬率 i 的數字值可從 -100% 到無限大，換句話說，$-100\% < i < \infty$。從投資而論，報酬率 $i = -100\%$ 代表損失所有的金額。

上述定義並沒有說報酬率是以期初投資金額來考慮，而是隨時間而變的未回收餘額。範例 6.1 將說明其中的差異。

範例 6.1

傑佛森銀行以每年 $i = 10\%$ 利率貸款給一剛畢業的工程師 $1,000，以購買辦公室所需的設備。從銀行的觀點 (出借者)，期望從這位年輕工程師 (借款者) 的投資上產生為期 4 年，每年相等的淨現金流 $315.47。

$$A = \$1,000(A/P, 10\%, 4) = \$315.47$$

這代表著銀行未回收餘額是每年 10% 的報酬率。計算這 4 年每年未回收的餘額：(a) 用未回收餘額 (正確的基準) 的報酬率；(b) 用期初投資 $1,000 (不正確的基準) 的報酬求算。

解答

a. 用每年一開始未回收餘額報酬率 10% 計。表 6.1 中第 6 欄顯示每年未回收餘額，4 年後由於總額 $1,000 完全回收，所以第 6 欄的值為零。

▋表 6.1　在未回收餘額報酬率 10%下的未回收餘額

(1)	(2)	(3) = 0.10 × (2)	(4)	(5) = (4) − (3)	(6) = (2) + (5)
年	年初未回收餘額	未回收餘額利率	現金流	回收金額	年末未回收餘額
0	—	—	$−1,000.00	—	—
1	$−1,000.00	$100.00	+315.47	$215.47	$−784.53
2	−784.53	78.45	+315.47	237.02	−547.51
3	−547.51	54.75	+315.47	260.72	−286.79
4	−286.79	28.68	+315.47	286.79	0
		$261.88		$1,000.00	

▋表 6.2　用期初金額報酬率 10%下的未回收餘額

(1)	(2)	(3) = 0.10 × 1,000	(4)	(5) = (4) − (3)	(6) = (2) + (5)
年	年初未回收餘額	期初金額利率	現金流	回收金額	年末未回收餘額
0	—	—	$−1,000.00	—	—
1	$−1,000.00	$100	+315.47	$215.47	$−784.53
2	−784.53	100	+315.47	215.47	−569.06
3	−569.06	100	+315.47	215.47	−353.59
4	−353.59	100	+315.47	215.47	−138.12
		$400		$861.88	

b. 假如 10% 的報酬率皆依期初的 $1,000 來計算，表 6.2 顯示其未回收餘額。第 6 欄顯示剩餘未回收金額 $138.12，因為在 4 年內 (第 5 欄) 只回收 $861.88。

因為報酬為未回收餘額的利率，表 6.1 的計算提出一個 10% 報酬率的正確闡述，利率套用到原來的本金上代表較所述為高的利率，從借款者的觀點計算在未償還餘額的利率較原借金額者合理。

6.2　ROR 的計算

計算一未知報酬率的基礎為 PW、AW 或 FW 這些項的相等關係，目標是找出使現金流相等的利率，以 i^* 表示。這個計算和前幾章利率已知的情況剛好顛倒過來，譬如，你現在投資 $1,000，並保證在 3 年後收到 $500，5 年後 $1,500，以 PW 因子求得的報酬率為：

$$1,000 = 500(P/F,i^*,3) + 1,500(P/F,i^*,5) \quad [6.1]$$

i^* 值是求解的目標 (見圖 6.1)。將 \$1,000 移到式 [6.1] 的右邊：

$$0 = -1,000 + 500(P/F,i^*,3) + 1,500(P/F,i^*,5)$$

解上式得出 $i^* = 16.9\%$/年。假如收入總額大於支出總額，報酬將都會大於零。

很明顯的報酬率關係只是現值公式的重新排列，也就是說，假如上述利率已知為 16.9%，並用它來求 3 年後 \$500 收入及 5 年後 \$1,500 收入的現值，則 PW 關係為：

$$PW = 500(P/F,16.9\%,3) + 1,500(P/F,16.9\%,5) = \$1,000$$

這說明報酬率和現值公式是以同樣方式建構的，其中差異僅在於何者是已知和何者需求解。以 PW 為基礎的 ROR 公式可一般化如下：

$$0 = -PW_D + PW_R \quad [6.2]$$

其中 PW_D = 支出或流出現金的現值

PW_R = 收入或流入現金的現值

年值或未來值也可套用到式 [6.2] 中。

一旦 PW 的關係已建立，有不同的方法可決定 i^* 值：以表列因子透過試誤法求解，或是以計算機或試算表函數以求解。前者有助於瞭解 ROR 計算如何運作；後兩者計算速度較快。

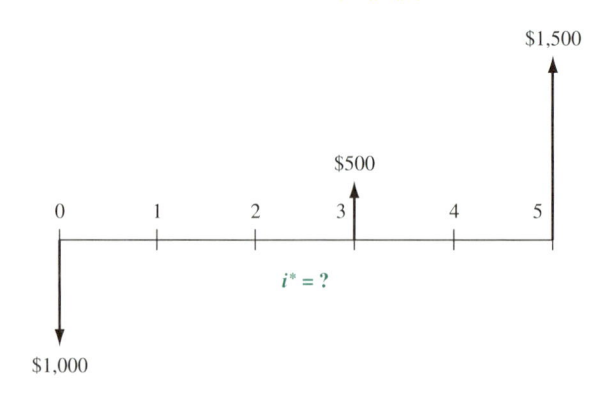

圖 6.1　i^* 值未知的現金流。

使用表列因子值求 i^*

使用 PW 公式為主的一般程序：

1. 畫一現金流量圖形。
2. 以式 [6.2] 的形式建構報酬率公式。
3. 以試誤法選擇 i 值至公式達均衡狀態。

下面兩例說明以 PW 及 AW 相等關係以求 i^*

以計算機或試算表求 i^*

當有一序列相等的現金流 (A 序列) 時，決定 i^* 值最快的方法是使用計算機的 i 函數或試算表的 RATE 函數，這些函數功能很強，除了 A 序列的金額，它也接受在第 0 年時不同金額的 P 值及在第 n 年時不同的 F 值。試算表的公式為 = RATE(n,A,P,F)，計算機的公式為 $i(n,A,P,F)$。假如現金流是變動的，試算表的 IRR 函數可用以決定 i^*，但在計算機裡沒有類似的函數，這些函數將在本章最後一節做說明。

範例 6.2

興建世界最高建築物 (阿拉伯聯合大公國的 Burj Khalifa) 的公司 HVAC 工程師要求花 $500,000 在軟硬體上，以改善環境控制系統的效率。這項支出預計在未來 10 年每年可節省能源支出 $10,000，並在第 10 年底可節省 $700,000 的設備整修費用。試求報酬率。

解答

使用 PW 公式為主的程序以試誤法求解：

1. 現金流量圖形顯示在圖 6.2 中。

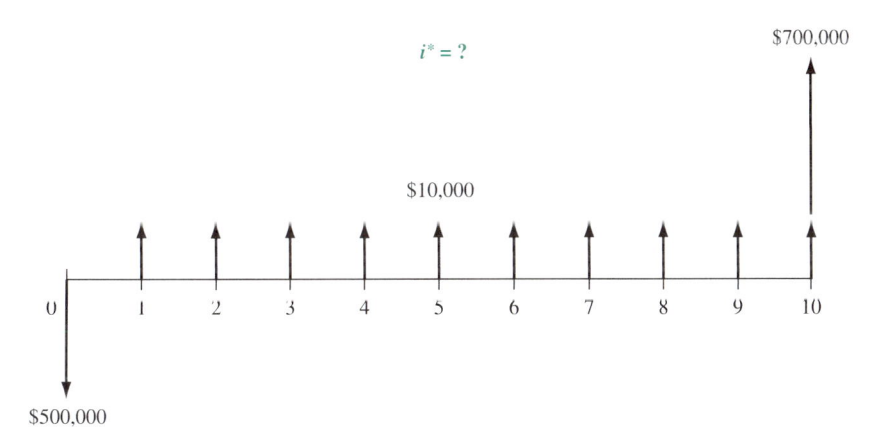

🔍 圖 6.2 現金流量圖形，範例 6.2。

2. 引用式 [6.2] 的格式到 ROR 公式中：

$$0 = -500,000 + 10,000(P/A,i^*,10) + 700,000(P/F,i^*,10)$$

3. 嘗試 $i = 5\%$：

$$0 = -500,000 + 10,000(P/A,5\%,10) + 700,000(P/F,5\%,10)$$
$$0 < \$6,946$$

正的結果顯示報酬率大於 5%。嘗試 $i = 6\%$：

$$0 = -500,000 + 10,000(P/A,6\%,10) + 700,000(P/F,6\%,10)$$
$$0 > \$-35,519$$

由於 6% 太大，在 5% 和 6% 使用線性內插法：

$$i^* = 5.00 + \frac{6,946 - 0}{6,946 - (-35,519)}(1.0)$$
$$= 5.00 + 0.16 = 5.16\%$$

評論：求試算表的解，在單一儲存格中輸入函數 = RATE(n,A,P,F)，亦即為 = RATE(10,10000,-500000,700000)，得到 $i^* = 5.16\%$。計算機的 i 函數有相同的內容。

範例 6.3

聯合材料公司需要 \$800 萬資金以擴充其合成材料的生產。該公司將銷售面額 \$1,000，票面利息 4% 的小面額 20 年公司債，以募集資金。債券以極高的折扣價 \$800 發售，並每半年付息一次，以半年複利計，求聯合材料付給投資者的名目和有效年利率。

解答

依據式 [4.1]，債券每半年的利息收入為 $I = 1,000(0.04)/2 = \$20$。投資者將會收到總共 40 筆 6 個月付一次的收入。基於 AW 關係所計算的有效半年利率為：

$$0 = -800(A/P,i^*,40) + 20 + 1,000(A/F,i^*,40)$$

依試誤法和線性內插法，每半年 $i^* = 2.87\%$。名目年利率為 i^* 乘以 2：

名目 $i = 2.87(2) = 5.74\%$/年，半年複利一次

應用式 [3.2]，有效年利率為：

有效 $i = (1.0287)^2 - 1 = 0.0582$　　（每年 5.82%）

評論： 計算機函數 $i(40,20,-800,1000)$ 得 $i* = 2.84\%$/半年，這和試誤法的 2.87% 很接近。

6.3 使用 ROR 法需注意處

在工程與商業的場合，報酬率法普遍用於計畫的評估 (如前所述)，和兩個或多個方案的選擇 (稍後論及)。當正確的應用時，ROR 法總能得出一個好的決定，如使用 PW、AW 或 FW 法般，但在計算 $i*$ 和在真實世界闡述其對於一特殊計畫的意義時，必須考慮到使用 ROR 分析時面臨的一些假設和困難，下述摘要適用於所有解題方法。

- **計算困難 vs. 瞭解。** 特別是在求一個試誤的解，計算很快就變得很複雜，試算表解法顯得容易一些，但對學習者而言，試算表函數不能如手算 (計算機) PW、AW 和 FW 關係的解答般提供學習者相同程度的瞭解。

- **多個方案的特殊程序。** 正確的使用 ROR 法從兩個或多個互斥方案做選擇時需要使用到一些和其它方法不同的特殊程序，第 6.5 節將會解釋這個程序。

- **多個 $i*$ 值。** 依支出和收入現金流序列的不同，ROR 公式或許會有超過一個負數的根，而導致超過一個 $i*$ 值。有些程序可使用 ROR 以獲得唯一的 $i*$ 解。在第 6.6 節和第 6.7 節將會含括一些這方面的 ROR 分析。

- **以 $i*$ 再投資。** PW、AW 和 FW 法都假設任何正的淨投資 (在考量貨幣的時間價值下正的淨現金流) 以 MARR 再投資，但 ROR 假設以 $i*$ 利率再投資，當 $i*$ 和 MARR 不是很接近 (例如，$i*$ 明顯大於 MARR)，或多個 $i*$ 值時，這是一個不切實際的假設。在這樣的情況下，$i*$ 值不是做決定的良好基準。

一般而言，使用 MARR 以決定 PW、AW 和 FW 是一個好的習慣，假如需用到 ROR 值，在求 $i*$ 時要留心這些問題。如前所述，假如計畫是以 MARR = 15% 來評估，且 PW < 0，因為 $i* < 15\%$，根本無須計

算 i^*；但是假如 PW > 0，計算精確的 i^* 並且要和計畫是財務上可行的結論一同呈報。

6.4 瞭解增量 ROR 分析

從前面幾章，我們知道以 MARR 計算 PW (或 AW、FW)，可以找出經濟效益上最佳的互斥方案，最佳方案就是有最大 PW 值的方案。(這代表相對最低淨成本或最高營收現金流。) 在本節中，將學到 ROR 也可用以找尋最佳方案；但是要選擇最高報酬率方案，通常不是這麼簡單。

假設一家公司使用每年 16% 的 MARR，有 $90,000 可以投資，正在評估兩個方案 (A 和 B)：方案 A 需要投資 $50,000，且能獲得每年 35% 的內部投資報酬率 i_A^*，方案 B 需要投資 $85,000，且有每年 29% 的 i_B^*。直覺上，我們可以下結論：有較大 ROR 值的方案是較佳方案，在此條件下為 A，但是結果不必然如此。當 A 有較高的預計 ROR，它要求的期初投資遠少於總共可用資金 ($90,000)，如何處理剩餘的資金？如早先學到的，一般假設剩餘的資金是以公司的 MARR 投資，依這個假設，就可能決定不同投資方案的結果。假如方案 A 被選擇，$50,000 可獲每年 35% 的報酬，剩下的 $40,000 以每年 16% 的 MARR 投資，總可用資金的報酬率，為兩者加權平均值。因此若選擇方案 A：

$$總\ ROR_A = \frac{50,000(0.35) + 40,000(0.16)}{90,000} = 26.6\%$$

假如選擇方案 B，$85,000 以每年 29% 投資，剩下的 $5,000 每年賺 16%，加權平均即為：

$$總\ ROR_B = \frac{85,000(0.29) + 5,000(0.16)}{90,000} = 28.3\%$$

這些計算顯示，即使方案 A 的 i^* 比較高，方案 B 給予總資金 $90,000 較佳的總 ROR。比較之下，若 PW、AW 或 FW 以每年 16% 的 MARR 當作 i 來計算，將會選擇方案 B。

這個例子說明報酬率法在比較方案時所面臨的困境：在某些狀況下，方案 ROR (i^*) 值產生與 PW、AW 和 FW 分析不同的方案排序。為解決此一困境，一次進行兩個方案的**增量分析** (incremental analysis)，

/ 表 6.3　增量現金流表列格式

年	現金流 方案 A (1)	現金流 方案 B (2)	增量現金流 (3) = (2) − (1)
0			
1			
.			
.			
.			

再以增量現金流序列 ROR 作為方案選擇的基準。

標準化格式 (表 6.3) 簡化增量分析的過程，假如方案有相同的使用年限，年這一欄的值即從 0 到 n。若方案有不同的使用年限，年的欄位將從 0 到兩個使用年限的最小公倍數 (LCM)。因為增量的 ROR 分析要求方案所提供的同等服務，所以必須使用 LCM。因此，所有前面所發展的假設和要求仍適用於任何增量的 ROR 評估。當用到週期的 LCM 時，每個方案的殘值和再投資顯示在其個別的時間點。假如定義一探討期間，就針對該特定期間表列其現金流。

為了簡化起見，使用兩方案的慣例，亦即具有較高期初投資的被視作方案 B。接著，在表 6.3 的每一年：

$$\text{增量現金流} = \text{現金流}_B - \text{現金流}_A \quad [6.3]$$

如第 4 章所討論，一個方案的現金流序列有兩類：

營收方案，有正的和負的現金流。

成本方案，所有現金流量的估計值皆為負。

在任何一類中，在每一筆現金流量的符號都謹慎決定後，式 [6.3] 用以匯整序列的增量現金流。下面兩個範例說明相同和不同週期成本方案的增量現金流表列，稍後的範例會處理營收的方案。

範例 6.4

位於雪梨的一工具和印模公司考慮購買具有模糊邏輯軟體的鑽床，以改進精確率和減低工具的耗損。該公司可以 $15,000 購買一稍微使用過的二手機器，或以 $21,000 購買一台全新的。因為新機器的機型較為複雜，它的

營運成本預計為每年 $7,000，而二手機器預計為每年 $8,200。每台機器預計有 25 年使用年限及 5% 殘值，表列其增量現金流。

解答

以式 [6.3] 表列增量現金流如表 6.4 所示。因為新機器有較高期初投資所以減法執行如下 (新 − 二手)。為了清楚起見，殘值和第 25 年現金流分開列出。

表 6.4　範例 6.4 現金流表列

年	現金流 二手鑽床	現金流 新鑽床	增量現金流 (新 − 二手)
0	$ −15,000	$ −21,000	$ −6,000
1~25	−8,200	−7,000	+1,200
25	+750	+1,050	+300
總計	$−219,250	$−194,950	$+24,300

評論：當現金流欄位相減時，兩序列現金流總額的差應等於增量現金流欄位的加總，這僅提供填入該表格時加和減運算的一個檢驗。

範例 6.5

桑德森肉品處理公司要求其首席工程師評估牛肉分切線上兩種不同的輸送帶，型號 A 的期初投資為 $70,000，使用年限 3 年；型號 B 的期初投資為 $95,000，使用年限 6 年。型號 A 的年營運成本 (AOC) 預計為 $9,000；型號 B 的 AOC 預計為 $7,000。A 和 B 的殘值分別為 $5,000 和 $10,000，使用它們的 LCM 表列增量現金流。

解答

3 和 6 的 LCM 為 6。表列出 6 年的增量現金流 (表 6.5)。注意：A 的再投資和殘值是顯示在第 3 年。

表 6.5　增量現金流表列，範例 6.5

年	現金流 型號 A	現金流 型號 B	增量現金流 (B − A)
0	$-70,000	$-95,000	$-25,000
1	-9,000	-7,000	+2,000
2	-9,000	-7,000	+2,000
3	$\begin{cases}-70,000\\-9,000\\+5,000\end{cases}$	-7,000	+67,000
4	-9,000	-7,000	+2,000
5	-9,000	-7,000	+2,000
6	$\begin{cases}-9,000\\+5,000\end{cases}$	$\begin{cases}-7,000\\+10,000\end{cases}$	+7,000
	$-184,000	$-127,000	$+57,000

一旦增量現金流表列後，決定較高額投資方案額外資金的增量報酬率，這個報酬率表示為 Δi^*，代表第 0 年的額外投資在接下來 n 年的預期報酬。一般選擇原則是，假如增量報酬率達到或超過 MARR，則進行該項額外投資。

假如 $\Delta i^* \geq$ MARR，選擇金額較大的投資方案 (標示 B)，否則選擇金額較小的投資方案 (標示 A)。

第 6.5 節將示範該原則的使用，瞭解增量 ROR 分析最佳的立論基礎是視作只思考一個方案，這個方案以增量現金流的方式來表示，只有在額外投資的報酬，亦即 Δi^* 值，滿足或超過 MARR 方在經濟上可行，在這個前提下，選擇投資額較大的方案。

為了增進效率，假如是分析多個營收方案，一個可行的步驟是先決定每個方案的 i^* 值，再以報酬太低為由，剔除 $i^* <$ MARR 的方案，接著針對剩下的方案完成增量分析。假如沒有方案的 i^* 滿足或超過 MARR，則經濟效益上的最佳方案是什麼都不做，由於沒有正的現金流，一開始就沒有辦法針對成本方案進行「淘汰」程序。

當比較獨立計畫時，不需用到增量分析，所有 $i^* >$ MARR 的計畫都接受，期初投資的限制將另外考量，如第 4.5 節所討論的。

6.5 兩個或多個互斥方案的 ROR 評估

當以 ROR 為基準從兩個或多個互斥方案做選擇時，需做相同服務的比較，也必須用到增量 ROR 分析，兩個方案 (B 和 A) 的增量 ROR 值正確的標示為 Δi^*_{B-A}，但它通常簡寫為 Δi^*。選擇的原則如第 6.4 節所介紹為：

選擇方案：

1. 要求最大的期初投資。

2. 具 $\Delta i^* \geq$ MARR，說明額外的期初投資是經濟上可行的。

假如較高的期初投資被認為不適當，因為額外資金可另做投資，故不應該進行。

在進行增量評估前，將方案分類為成本和營收方案兩種，每種類別的增量比較將略為不同。

成本：以互相對比評估方案。

營收：先對比什麼都不做 (DN) 做評估，再互相對比。

下列運用以 PW 為基準的相對關係，以比較多個互斥方案的程序可應用如下：

1. 以漸增的初始投資排序方案，對營收方案加入 DN 當作第一個方案。

2. 針對前二排序的方案 (B − A) 決定其跨越最小公倍數期限的增量現金流。(在營收方案中，排第一的方案是 DN。)

3. 建構以 PW 關係為基準的增量現金流序列，再決定增量報酬率 Δi^*。

4. 假如 $\Delta i^* \geq$ MARR，淘汰 A，保留 B；否則保留 A。

5. 將保留下來的方案跟下一個方案做比較，使用步驟 2. 到 4. 持續的比較方案，直到僅剩下一個留存的方案。

下面兩個範例將分別以成本和營收方案說明此一程序，同時說明程序在相同和不同年限方案的運用。

為了完整起見，認識比較獨立計畫時程序上的不同亦是很重要的，

假如計畫是獨立的,而非互斥,前述的程序就不適用,如第 6.4 節所提到獨立方案不需用到增量評估;所有 $i^* >$ MARR 的方案都會選擇,因此是以每個方案的 i^* 和 MARR 做比較,而不是方案間互相比較。

範例 6.6

海上油輪所滲漏之浮油逐漸漂流到海岸線,水中生物和沿岸靠海為生的生物,如鳥類,均蒙受重大損失。來自數個國際石油和運輸公司的環境工程師和律師——艾克森美孚、BP、殼牌,還有一些 OPEC 產油國的運輸公司——已發展一個在全球策略性安置新設備的計畫,這項設備較人工工序更能有效地從鳥類身上清除原油殘留物。獅子會、綠色和平組織和國際環保團體皆很歡迎這個提議。來自於亞洲、美洲、歐洲和非洲的製造商提供不同方案的成本估價表,如表 6.6 所示。年成本的估價預計會較高,以確保救援的機動性,公司代表們都同意使用公司半均 MARR 值。在此為 MARR = 13.5%,以增量 ROR 分析以決定哪一家廠商提供最佳經濟選擇。

解答

依循增量 ROR 分析的程序:

1. 這些為成本方案並依漸增的第一筆成本來排定。
2. 所有的使用年限皆為 $n = 8$ 年,B−A 增量現金流列於表 6.7 中。估計的殘值在第 8 年分開列出。

表 6.6 四個方案的機械成本,範例 6.6

	機械 A	機械 B	機械 C	機械 D
第一筆成本 ($)	−5,000	−6,500	−10,000	−15,000
AOC ($/年)	−3,500	−3,200	−3,000	−1,400
殘值 ($)	+500	+900	+700	+1,000
年限 (年)	8	8	8	8

表 6.7 機械的增量現金流比較 B 到 A

年	機械 A 現金流	機械 B 現金流	增量現金流 (B − A)
0	$−5,000	$−6,500	$−1,500
1~8	−3,500	−3,200	+300
8	+500	+900	+400

3. 下列的 (B－A) PW 關係得到 $\Delta i^* = 14.57\%$。

$$0 = -1,500 + 300(P/A,\Delta i^*,8) + 400(P/F,\Delta i^*,8)$$

4. 由於報酬率高於 MARR = 13.5%，A 淘汰，B 保留。

5. C 對 B 的比較，導致 C 的淘汰，因為從增量關係得到 $\Delta i^* = -18.77\%$。

$$0 = -3,500 + 200(P/A,\Delta i^*,8) - 200(P/F,\Delta i^*,8)$$

最後的 D 對 B 的增量現金流 PW 關係為：

$$0 = -8,500 + 1,800(P/A,\Delta i^*,8) + 100(P/F,\Delta i^*,8)$$

因 $\Delta i^* = 13.60\%$，機械 D 是邊際的總評估留存者；應購買機械 D，並在漏油事件時就地設置。

範例 6.7

Harold 擁有的建設公司轉包工程給 GE、ABB、西門子和 LG 等國際電力設備公司，過去 4 年他每年花 $32,000 承租起重機和相關設備，他現在想購買類似的設備，以每年 MARR = 12% 決定在表 6.8 中的任何選項是經濟上可行的。

解答

以每年 MARR = 12% 運用增額 ROR 程序。

1. 因為這些為營收方案，加入 DN 作為第一個方案，並依序排列其它方案，比較的順序為 DN、4、2、1、3。

2. DN 方案的每一年度現金流均為 $0，因此比較 4 對 DN 的增量現金流和方案 4 的現金流相同。

3. 比較 4 對 DN 的 Δi^*，事實上即為方案 4 的 ROR，由於 $n = 4$ 年，PW 關係和報酬率為：

表 6.8 方案設備的估計，範例 6.7

方案	1	2	3	4
第一筆成本 ($)	－80,000	－50,000	－145,000	－20,000
年成本 ($/年)	－28,000	－26,000	－16,000	－21,000
年營收 ($/年)	61,000	43,000	51,000	29,000
年限 (年)	4	4	8	4

$$0 = -20{,}000 + (29{,}000 - 21{,}000)(P/A,\Delta i^*,4)$$
$$(P/A,\Delta i^*,4) = 2.5$$
$$\Delta i^* = 21.9\%$$

4. 因 21.9% > 12%，淘汰 DN，繼續進行 2 對 4 的比較。

5. 方案 2 和 4 都是 $n = 4$，在第 0 年的增量現金流為 \$−30,000，在第 1 年到第 4 年者為 (43,000−26,000) − (29,000−21,000) = \$+9,000。從 PW 關係得出增量分析的結果為 $\Delta i^* = 7.7\%$。

$$0 = -30{,}000 + 9{,}000(P/A,\Delta i^*,4)$$
$$\Delta i^* = 7.7\%$$

再一次，方案 4 為留存者，繼續 1 對 4 的比較：

$$0 = -60{,}000 + 25{,}000(P/A,\Delta i^*,4)$$
$$\Delta i^* = 24.1\%$$

現在方案 1 為留存者，為同等服務計，最後 3 對 1 的比較必須涵蓋最小公倍數 8 年期間。表 6.9 詳細列出增量現金流，包括方案 1 在第 4 年的重新購買，PW 關係如下：

$$0 = -65{,}000 + 2{,}000(P/A,\Delta i^*,8) + 80{,}000(P/F,\Delta i^*,4)$$
$$\Delta i^* = 10.1\%$$

因為 10.1% < 12%，淘汰方案 3，宣告方案 1 為留存者，並以經濟上可行選擇方案 1。

表 6.9　方案 3 對 1 比較的增量現金流，範例 6.7

年	方案 1	方案 3	增量現金流 (3−1)
0	\$−80,000	\$−145,000	\$−65,000
1	+33,000	+35,000	+2,000
2	+33,000	+35,000	+2,000
3	+33,000	+35,000	+2,000
4	−47,000	+35,000	+82,000
5	+33,000	+35,000	+2,000
6	+33,000	+35,000	+2,000
7	+33,000	+35,000	+2,000
8	+33,000	+35,000	+2,000

前述的增量分析是用 PW 關係來執行的，運用 AW 或 FW 基準的分析同樣正確可行，但 ROR 分析要求同等服務內容的比較，必須使用年限的 LCM。因此在方案年限不同的情況下，發展 AW 關係，以求 Δi^* 並沒有什麼優勢。

試算表 IRR 函數的使用可增進多個方案增量 ROR 比較的計算速度，尤其是年限不同的方案，這些將在本章最後一節完整說明。

6.6 多個 ROR 值

對某些現金流序列 (一個計畫的淨值或兩個方案的增量值)，很可能會有超過一個報酬率 i^* 的存在，這種現象稱為多重 i^* 值，由於可能沒有任何一個值是正確的報酬率，當多個 i^* 值出現時就很難完成方案的經濟評估。接下來的討論將解釋如何在 -100% 到無限的範圍內預測 i^* 值的數目。如何決定它們的值、如何解決辨別「真正」ROR 值的困難 (假如這是很重要的)。若 ROR 評估不是絕對必要的，一個簡單避免該困境的方法就是，在 MARR 下使用 PW、AW 或 FW 法。

實際上，求報酬率就是解 n 階多項式的根，傳統或簡單現金流在整個序列只會變一次號，如表 6.10 所示。一般來說在第 0 年為負，到序列的其它時間點為正。一個傳統序列存在唯一個實數 i^* 值。一個非傳統序列 (表 6.10) 有多次變號且有多個根，**現金流的符號規則** (cash flow rule of signs) [基於迪卡爾定理 (Descartes' rule)] 敘述：

最大數目的 i^* 值等於現金流序列的變號次數。

當應用這個規則時，零現金流值將被摒棄。

表 6.10　6 年期的傳統和非傳統淨或增量現金流的例子

序列種類	現金流的符號							變號次數
	0	1	2	3	4	5	6	
傳統	−	+	+	+	+	+	+	1
傳統	−	−	−	+	+	+	+	1
傳統	+	+	+	+	+	−	−	1
非傳統	−	+	+	+	−	−	−	2
非傳統	+	+	−	−	−	+	+	2
非傳統	−	+	−	−	+	+	+	3

在決定多個 i^* 值前，第二個規則可用以顯示一個非傳統序列的唯一非負 i^* 值的存在，此即為**累進現金流檢測** (cumulative cash flow test) [亦稱為諾斯壯準則 (Norstom's criterion)] 敘述：

若累進現金流序列 $S_0, S_1, \ldots, S_n$ 只變號一次且 $S_0 < 0$，則存在一正實數 i^* 值。

執行這個檢測時，觀察 S_0 的符號和計算 S_t 序列變號的次數，在此

$$S_t = \text{至第 } t \text{ 期間累進的現金流}$$

一個以上的變號並未提供額外的資訊，符號規則仍適用以顯示可能的 i^* 值數目。

現在可用試誤法和表列因子，以決定唯一或多個的 i^* 值。在此，PW 關係基準的圖形置入法或包含「猜測」選項，以搜尋多個 i^* 值的試算表 IRR 函數將會被引用，假如現金流量不是太複雜，計算機函數一樣有用，下面一個例子將說明符號改變的兩個規則，並以 PW 關係為基準求解，試算表的使用將會顯示在本章最後一節。

範例 6.8

本田汽車公司的工程設計和測試團隊為全世界的汽車製造商承接合約為主的工作。在過去 3 年，主因一家大的製造商未能支付合約的費用，合約收入的現金流變動很大，如下所示：

年	0	1	2	3
現金流 ($千)	+2,000	−500	−8,100	+6,800

a. 決定滿足 ROR 關係的 i^* 值最大數目。

b. 寫出以 PW 為基準的 ROR 關係，並對 i 值標出 PW，以求 i^* 的近似值。

解答

a. 表 6.11 顯示年現金流及累進現金流。由於現金流序列變號兩次，符號規則透露最多有兩個 i^* 值，累進現金流變號兩次且 $S_0 > 0$，說明不是只有一個非負的根存在，結論最多可找到兩個 i^* 值。

b. PW 關係為：

$$\text{PW} = 2{,}000 - 500(P/F, i, 1) - 8{,}100(P/F, i, 2) + 6{,}800(P/F, i, 3)$$

表 6.11　現金流和累進現金流序列，範例 6.8

年	現金流 ($ 千)	序列號碼	累進現金流 ($ 千)
0	+2,000	S_0	+2,000
1	−500	S_1	+1,500
2	−8,100	S_2	−6,600
3	+6,800	S_3	+200

選擇 i 值以求兩個 i^* 值，並畫出 PW 對 i 的圖，PW 值顯示於下圖，且圖依 i 值等於 0、5、10、20、30、40 和 50% 繪於圖 6.3 中 (使用平滑逼近)得到兩次多項式的特性拋物線，PW 約在 $i_1^* = 8\%$ 和 $i_2^* = 41\%$ 和 i 軸相交。

$i\%$	0	5	10	20	30	40	50
PW ($千)	+200	+51.44	−39.55	−106.13	−82.01	−11.83	+81.85

圖 6.3　不同利率的現金流現值，範例 6.8。

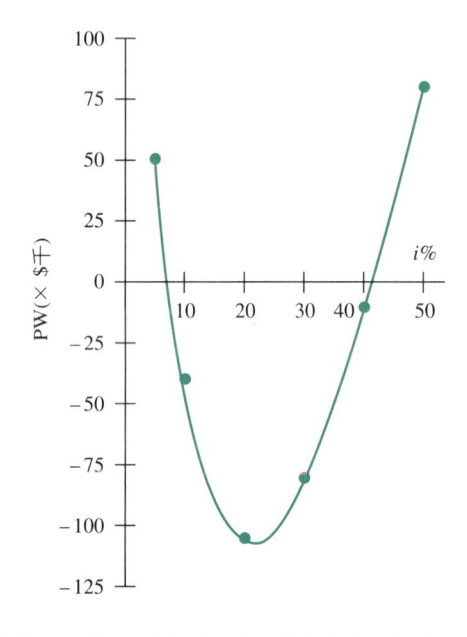

範例 6.9

一家美澳聯合投資公司簽約，以供給一條 25 英里長地鐵所需車廂。該地鐵是以隧道潛遁法及軌道設計科技所築成，德洲奧斯汀基於其多樣貌的地理景觀 (起伏的高地、湖泊和綠色空間、低降雨量) 及公眾的環保重視度，被選為構想測試地。從瑞士和日本的承包商擇一以提供電力轉換馬達機組所需的配備和電力元件，得到兩個成本方案。表 6.12 列出馬達 10 年預估使

表 6.12　增量和累進的現金流序列，範例 6.9

年	現金流 ($ 千) 增量	現金流 ($ 千) 累進	年	現金流 ($ 千) 增量	現金流 ($ 千) 累進
0	−500	−500	6	+800	+200
1	−2,000	−2,500	7	+400	+600
2	−2,000	−4,500	8	+300	+900
3	+2,500	−2,000	9	+200	+1,100
4	+1,500	−500	10	+100	+1,200
5	−100	−600			

用年限的增量現金流 (以 $1,000 為單位)，決定 i^* 值的數目和使用圖形以估計它們。

解答

　　增量現金流形成一個變號三次的非傳統序列，該序列在第 3 年、第 5 年和第 6 年變號，檢測顯示一個非負的根，由 PW 關係 (以 $ 千計) 決定增量 ROR：

$$0 = -500 - 2,000(P/F,\Delta i^*,1) - 2,000(P/F,\Delta i^*,2) \cdots + 100(P/F,\Delta i^*,10)$$

將不同 i 值求得的 PW 以圖繪出 (圖 6.4)，以估計每年唯一的 $\Delta i^* = 8\%$ 值。

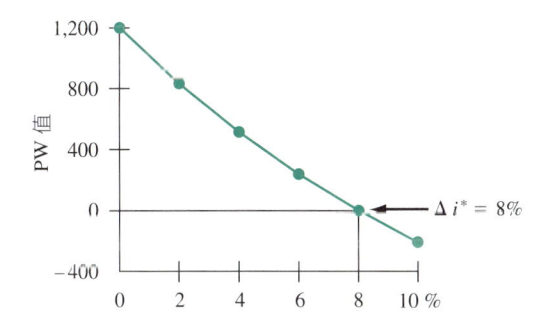

圖 6.4　使用 PW 值以圖形估計 Δi^*，範例 6.9。

　　通常，當發現多個 i^* 或 Δi^* 值時，只會有一個切合實際的根，其它的可能為沒有實質意義的很大的負或正的數字，因此可以忽略它們。(使用試算表或計算機執行 ROR 評估有一明顯優勢，如第 6.8 節所描述，即為這些函數通常一開始就會決定切合實際的 i^* 值。) 對多重報酬率的保留或淘汰，這裡有一些有用的原則，假設一現金流序列有兩個 i^* 值。

假若 i^* 值為	執行
兩個 $i^* < 0$	淘汰這兩個值
兩個 $i^* > 0$	淘汰這兩個值
一個 $i^* > 0$；一個 $i^* < 0$	使用 $i^* > 0$ 作為 ROR

如前面所提到的，由於在所有的相等關係中使用 MARR，且假設多餘資金的報酬率為 MARR、PW、AW 或 PW 的使用可免除多重 ROR 的窘境。(快速複習請參照第 6.4 節。) 因為 ROR 法的複雜度，亦即增量分析、同等服務 LCM 的使用、重投資報酬率的假設、可能的多重 i^* 值等，寧願使用其它方法以替代 ROR，但對想知道提議計畫報酬率的人而言，ROR 結果有其重要性。

6.7　淘汰多重 ROR 值的技巧

迄今為止，所有計算得來的 ROR 可稱為**內部報酬率 (internal rate of return, IRR)**，如第 6.1 節所討論的，在考慮利率下，最後一筆收入或支付讓餘額剛好為零，在任何一年沒有多餘的資金會產生，所有資金對計畫而言皆為內部的。但是當任何一年的淨現金流是正的 ($NCF_t > 0$)，在計畫期限結束之前是可以產生額外資金的，如第 6.6 節所學到的。這樣會導致一個非傳統的序列。ROR 法假設可以在任何一個 i^* 值下賺到超額的資金，當用 ROR 去評估方案時，這種情形會產生混淆。比如說，一個方案的非傳統現金流有兩個根──12% 及 40%，進一步假設任何一者都不是切合實際的再投資假設，以超額資金可能賺 MARR = 15% 以取代問題「計畫是經濟上可行嗎？」並無法為有多個 IRR 值的 ROR 分析所回答。尋求的外部報酬率能提供問題一個更確切的答案。

外部報酬率 (external rate of return, EROR)，和 IRR 不同，高度受到計畫現金流以外參數的影響，其中兩個參數為借錢的成本和投資資金的獲利率，當一個計畫的淨現金流序列 (NCF) 顯示出多個 i^* 值，EROR 的決定是一個獲得有用且唯一報酬率值的正確方法，每一年一個計畫將會產生超額的資金 (正的 NCF) 用以再投資，或產生負的 NCF，這意謂必須從計畫外部的來源借取資金，EROR 值和精確度是一個函數：(1) 超額資金所賺再投資報酬率；(2) 支付在借來款項的利息；和 (3)

這些估計的可靠性。在下面將討論兩個決定 EROR 的不同方法,每個方法得到的 EROR 值不相同,且由於 i^* 是內部 ROR,這些 EROR 和從現金流序列得到的多重 i^* 值亦不相同。任何一個方法求得的 EROR 有一優點——可對一個計畫的經濟重要性做出穩當正確的決定。首先,讓我們定義用到其中之一或兩者所需的外部利率:

再投資利率 i_r——投資在計畫外部資源的額外資金利率,亦稱作**投資利率** (investment rate),這個利率適用於所有正的 NCF,通常把 i_r 值設為 MARR。

借款利率 i_b——向外部來源借款以提供計畫資金所付的利率,適用於所有負的年 NCF。資金成本 (在第 1.3 節介紹的 CoC),或加權平均資金成本 (在第 13 章討論的 WACC) 可用來做此利率。

雖然可以將這兩個利率設定為相等,但這不是一個好主意,設定 $i_r = i_b$ 暗示公司願意以相同的利率借款和再投資,意味著長期下來無邊際利潤,公司不能長期生存。一般而言,MARR > CoC,即意味 $i_r > i_b$。

■ 6.7.1 MIRR——修正的 ROR 方法

這是一個較容易應用的方法,且在試算表有一個函數可顯示 EROR 值,以符號 i' 表示。由於以 MIRR 得到的 i' 值對再投資和借款利率都很敏感,所以這兩個估計值必須很可靠。圖 6.5 為一參考圖,淨現金流變號好幾次;多重 i^* 值是很可能的,MIRR 使用下列程序以決定唯一的外部報酬率 (EROR) i'。

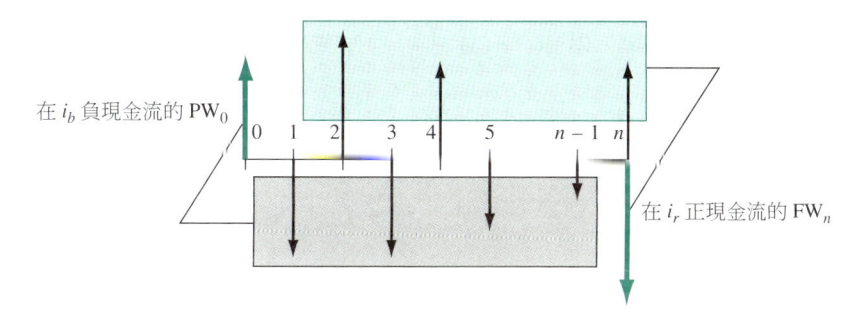

🔍 圖 6.5 以 MIRR 法用以決定 EROR 的範例現金流。

1. 對所有負的 NCF:以借款利率 i_b 決定在第 0 年的 PW。(在圖 6.5 中的灰色區域和 PW_0。)

2. 對所有正的 NCF：以再投資利率 i_r 決定在 n 年的 FW 值。(有綠色區域和 FW_n 值。)

3. 使用下列使 PW_0 和 FW_n 相等的關係，以決定外部報酬率 i'：

$$FW_n = PW_0(F/P, i', n) \qquad [6.4]$$

4. 選擇原則和前面的應用相同：

若 $i' \geq MARR$，計畫為經濟上可行

若 $i' < MARR$，計畫在經濟上不可行

一旦 NCF 值輸入到儲存格中，試算表 MIRR 函數會直接顯示 i' 值。借款利率 i_b 在 MIRR 中被稱為融資利率，格式為：

$$= MIRR(第一格:最後一格, i_b, i_r)$$

■ 6.7.2　ROIC——投資資金報酬法

從計畫的觀點看，投資資金報酬率是計畫是否有效運用資金的一個度量標準。從整個公司的角度看，ROIC 是商業經營如何有效運用其資源 (設備、人員、系統、程序和其它資產) 的衡量依據。

ROIC 率的符號為 i''。ROIC 方法使用再投資利率 i_r 作為任何一年計畫產生額外資金的報酬率，通常會令 i_r 等於 MARR 用 ROIC 法時不需要估計借款利率。EROR 是用一種叫**淨投資程序** (net-investment procedure) 的技巧來決定，這種程序涉及從 $t = 0$ 到 $t = n$，在貨幣的時間價值考慮下，發展一次往前移 1 年的一序列未來值關係 (FW 值)。在這些年，計畫現金流淨額為正 (計畫產生的額外現金)，這筆資金以 i_r 再投資。當淨額為負時，ROIC 利率 i'' 被當作貨幣的時間價值，接下來的程序為：

1. 為第 t 年 ($t = 1, 2, \ldots, n$) 推展一系列未來值關係：

$$FW_t = FW_{t-1}(1 + k) + NCF_t \qquad [6.5]$$

其中　FW_t = 基於前一年和貨幣的時間價值所得 t 年未來值
　　　NCF_t = t 年淨現金流

$$k = \begin{cases} i_r & 若 FW_{t-1} > 0 \text{(有多餘資金)} \\ i'' & 若 FW_{t-1} < 0 \text{(計畫使用所有可資運用資金)} \end{cases}$$

2. 將最後一年 n 的未來值關係設定等於 0，即 $FW_n = 0$，並解 i''。這

個 i'' 值即為特定再投資利率 i_r 的 ROIC。

3. 選擇原則和上述相同：

若 $i'' \geq$ MARR，計畫為經濟上可行

若 $i'' <$ MARR，計畫為經濟上不可行

當以手算時，在數學上 FW_t 序列和 i'' 的解可能變得很複雜，因 i'' 為關係中唯一未知且目標值是使 $FW_n = 0$。很幸運地，GOAL SEEK 試算表工具結合 IF 敘述可以很快決定 i'' 值。

下面的例子說明如何在使用 MIRR 和 ROIC 法時，手算或試算表求解叫淘汰多個 i^* 值，但在介紹範例之前，有一事需提醒，以這兩個方法決定的 EROR 值高度和再投資利率和借款利率估計值相關。除此之外，EROR 值的決定和其它任何多重 i^* 值不同，如方法所要求的，每一個 EROR 對估計的 i_r 和 i_b 利率是唯一的。

記得：當多個 i^* 值出現時，使用 MIRR 和 ROIC 法。當一個非傳統現金流序列沒有唯一的根時，多重 i^* 值會出現。最後一定要記得：若使用 PW、AW 或 FW 在 MARR 執行評估時，這些程序都是不必要的。

範例 6.10

在成為大災害前，大型石油探勘公司正使用更佳的機械和科技，以抑制住石油滲漏。Marine Wells 是一家在提供石油滲漏控制設備頗有經驗的公司，估計若是國際石油探勘公司如 BP、艾克森美孚、雪佛龍、Total SA 簽下合約購買該設備，今年和接下來 3 年每年節省的費用如下 (以 $ 百萬現金流計)，第 1 年的負金額假設未遭遇任何漏油事故，成本為年合約費用。使用：(a) MIRR；和 (b) ROIC 法以找出唯一報酬率，若是外部報酬率估計如下：

MARR = 12%/年

額外資金借款利率 = 10%/年

超額資金再投資利率 = 15%/年

年	現金流 ($ 百萬)
0	50
1	−200
2	50
3	100

解答

　　如現金流符號測試 (變號兩次) 和累進現金流測試 (未定論和 $S_0 > 0$) 所示，這是一個非傳統現金流序列且確實有多個 i^* 值，數學上可決定出正的 i^* 值：0% 和 256%。就經濟決定而言，這兩個解都不切實際。

a. 以 MIRR 法超額資金再投資利率為 $i_r = 15\%$，借款利率為 $i_b = 10\%$，手解外部報酬率 i'，使用 MIRR 程序和應用圖 6.5 做一般參考資料。

1. 以借款利率計之第 1 年負的 NCF：

$$PW_0 = -200(P/F, 10\%, 1) = \$-181.82$$

2. 以再投資利率計之第 0 年、第 2 年和第 3 年之正的 NCF：

$$FW_3 = 50[(F/P, 15\%, 3) + (F/P, 15\%, 1)] + 100 = \$233.54$$

3. 對每一個式 [6.4]，設定 $FW_3 = PW_0$，考慮貨幣的時間價值並解 i'：

$$233.54 = 181.82(F/P, i', 3)$$
$$181.82(1 + i')^3 = 233.54$$
$$(1 + i')^3 = 1.2845$$
$$i' = 0.0870 \quad (8.70\%)$$

4. 外部投資報酬率 8.7% 小於 MARR = 12%，計畫為經濟上不可行。

b. 使用再投資利率 $i_r = 15\%$，以 ROIC 法決定出來一個很明顯較低的 EROR 值 $i'' = 3.13\%$。手算和試算表程序摘要如下：

手算：運用 3 步驟程序以推展 FW 序列和求 i''。圖 6.6(a) 顯示原來現金流，剩下的圖逐年追蹤現金流的發展。

1. 當 $FW_{t-1} > 0$ 時，使用 $i_r = 15\%$，推展第 0 年到第 3 年的 FW 關係：

　　第 0 年：$FW_0 = \$50$ 　　　　　　　　　　(以 15% 再投資)

　　第 1 年：$FW_1 = 50(1.15) - 200 = \$-142.50$ 　[圖 6.6(b)，第 2 年使用 i'']

　　第 2 年：$FW_2 = -142.50(1+i'') + 50$ 　　　[圖 6.6(c)；第 3 年使用 i'']

　　第 3 年：$FW_3 = [-142.50(1+i'') + 50]$ [圖 6.6(d)]
　　　　　　　　　$\times (1+i'') + 100$

2. 令 $FW_3 = 0$ 並用二次方程式解 i''。

$$-142.50(1+i'')^2 + 50(1+i'') + 100 = 0$$

$(1+i'')$ 的兩個根為 -0.68 和 1.0313，轉換為利率 -168% 和 3.13%。摒棄 -168%，由於其超過報酬率的底限 -100%。我們可下結論 EROR 為 $i'' = 3.13\%$。

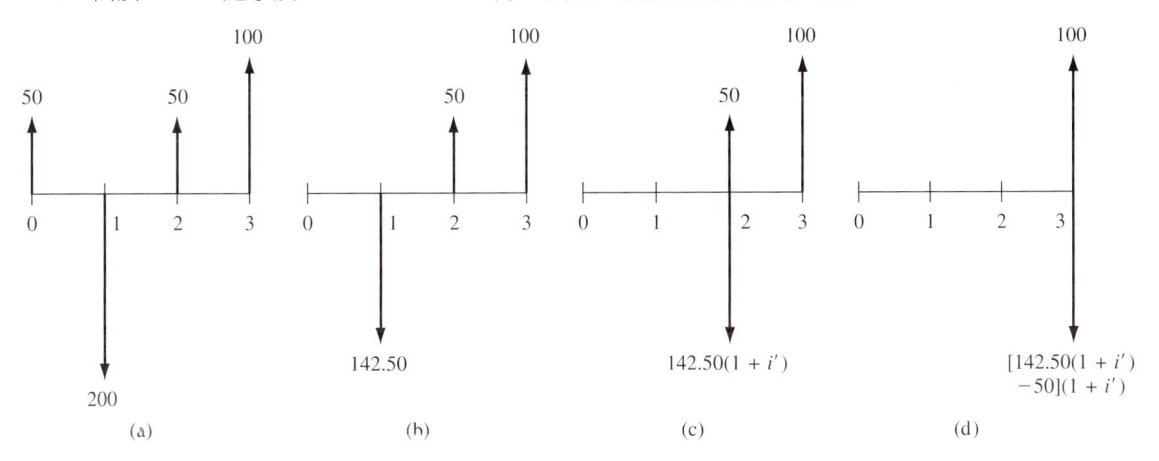

3. 由於 3.13% 遠小於 MARR = 12%，再一次地，該計畫經濟上不可行。

■ 圖 6.6　外部報酬率 i'' 使用 ROIC 計算的現金流序列：(a) 原格式；(b) 第 1 年相對的格式；(c) 第 2 年；和 (d) 第 3 年。

■ 圖 6.7　使用 IF 邏輯敘述和 GOAL SEEK 工具的 ROIC 應用，範例 6.10

試算表：圖 6.7 詳列每年的 IF 邏輯敘述和結果 FW 值 (第 C 欄) 如在第 D 欄所顯示的 IF 敘述，當 $FW_{t-1} < 0$，邏輯敘述為真 (True)，儲存格 F8 的 ROIC 利率被帶到下一個 FW；另一狀況為當 $FW_{t-1} > 0$，再投資利率 15% (儲存格 F7) 被計為貨幣的時間價值，經改變測試的 ROIC 值，GOAL SEEK 工具用來令 $FW_3 = 0$，因此得結果 $i'' = 3.13\%$。

評論：注意兩個 EROR 值──由 MIRR 法得 8.7% 和由 ROIC 法得 3.13%──非常不同，加上它們和多重 i^* 利率 (0% 和 256%) 不同，這說明不同的方法與 i_b 和 i_r 提供的資訊緊密相關。

上面討論到的兩個方法移除了多重 i^* 值。當多重 i^* 值不切合實際且假設以這些利率再投資不具意義時，這些方法是很有用的。在此為一些在非傳統現金流序列的多重 i^* 值、外部再投資利率 i_r、借款利率 i_b 和最後 EROR 利率 i' 和 i'' 間的有趣關係。

MIRR 法——當 i_b 和 i_r 兩者剛好等於多重值其中之一時，MIRR 法利率 i' 等於該 i^* 值，在這個情況下，所有四個參數有相同的值；若 $i^* = i_b = i_r$，則 $i' = i^*$。

ROIC 法——同樣地，若 i_r 等於某多重 i^* 值，ROIC 法利率為 $i'' = i^*$。

6.8 使用試算表和計算機決定 ROR 值

透過 RATE 或 IRR 函數的使用，試算表大大減少了執行報酬率分析所需的時間。結合 NPV 函數以發展 PW 對 i 的試算表圖表，IRR 函數可實際上執行一個計畫的任何分析、執行多個方案的增量分析、求非傳統現金流的多重 i^* 值、在兩個方案間的增量現金流分析。

假如年現金流皆相等且有不同的 P 和 F 值，使用試算表函數求 i^*：

$$= \text{RATE}(n,A,P,F)$$

對不太複雜的序列，財務計算機函數 $i(n,A,P,F)$ 是一快速找到 i^* 值的方法，它和試算表函數 RATE 是相同的。

假若現金流在 n 年中有所變動，試算表必須使用求得一個或多個 i^* 值：

$$= \text{IRR}(\text{first\_cell:last\_cell, guess})$$

針對 IRR，每筆現金流必須依列或欄的次序在試算表中連續輸入，一個「零」現金流的年度必須輸入「0」，所以該年份也會考慮進去「Guess」，這是啟動 ROR 分析的選擇性輸入，最常用來尋找非傳統現金流的多重 i^* 值，或若當 IRR 在沒有猜測輸入下啟動，#NUM 的錯誤訊息會顯示。下面兩個範例說明 RATE、IRR 和 NPV 的使用：

一個計畫——RATE、IRR 和 NPV 求單一或多個 i^* 值 (範例 6.11)

多個方案——IRR 做增量評估 (範例 6.12)

範例 6.11

兩兄弟傑諾和亨利在紐芬蘭聖路易士共同擁有艾德華服務公司，它提供來自北大西洋離岸鑽油平台廢機油處理服務，該公司需要即時的現金流，因為艾德華在主要石油生產者間有很好的聲譽，這些生產者提供一份總值 $200,000 的 8 年合約，該合約將預付 50% 的款項，並在 8 年合約截止時支付另外的 50%。艾德華提供服務的年成本為 $30,000，假設你為艾德華的財務人員，若兩兄弟每年想賺 8%，這個計畫值得嗎？使用計算機和試算表及圖表，以進行完整的 ROR 分析。

解答

這個分析可透過不同方法完成，當然某些方法會較為完整，在此介紹的方法是依漸增完整性排序。

1. $i(n,A,P,F)$ 計算機功能是最快速及容易使用的，函數 $i(8,-30000,100000,100000)$ 將展示數個 i^* 解其中之一，依計算機用來解式 [2.3] 中 i 的方法而定，正常的顯示為 $i^* = 15.91\%$，但是有些計算機會回覆敘述「除以 0」，並不提出任何數字解，有些會顯示負的報酬率 $i^* = -23.98\%$。在此情況下，如下所述最好以試算表為準。

2. 參照圖 6.8 (左半部)，最容易及最快捷的試算表方法是在單一儲存格中為 $n = 8$、$A = \$-30,000$、$P = \$100,000$ 和 $F = \$100,000$ 設定 RATE 函數，值 $i^* = 15.91\%$ 會顯現出來。由於 MARR = 8%，這個計畫肯定是值得的。

3. 參照圖 6.8 (右半部) 獲相同解的另一方法是輸入相鄰儲存格的年和淨現金流，為 9 個輸入值建構 IRR 函數，得 $i^* = 15.91\%$，計畫是值得的。

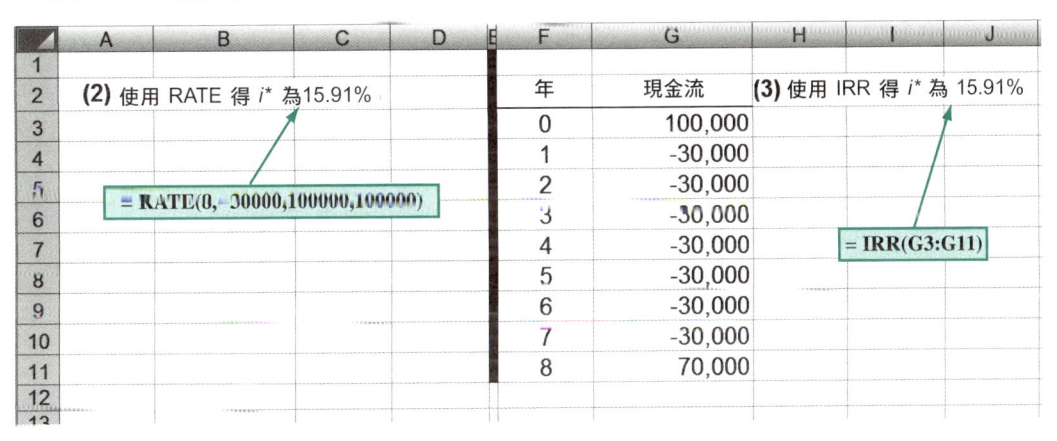

	年	現金流	
(2) 使用 RATE 得 i^* 為 15.91%	0	100,000	(3) 使用 IRR 得 i^* 為 15.91%
	1	-30,000	
= RATE(8,-30000,100000,100000)	2	-30,000	
	3	-30,000	
	4	-30,000	= IRR(G3:G11)
	5	-30,000	
	6	-30,000	
	7	-30,000	
	8	70,000	

圖 6.8　使用 RATE 和 IRR 函數的計畫 ROR 分析，範例 6.11。

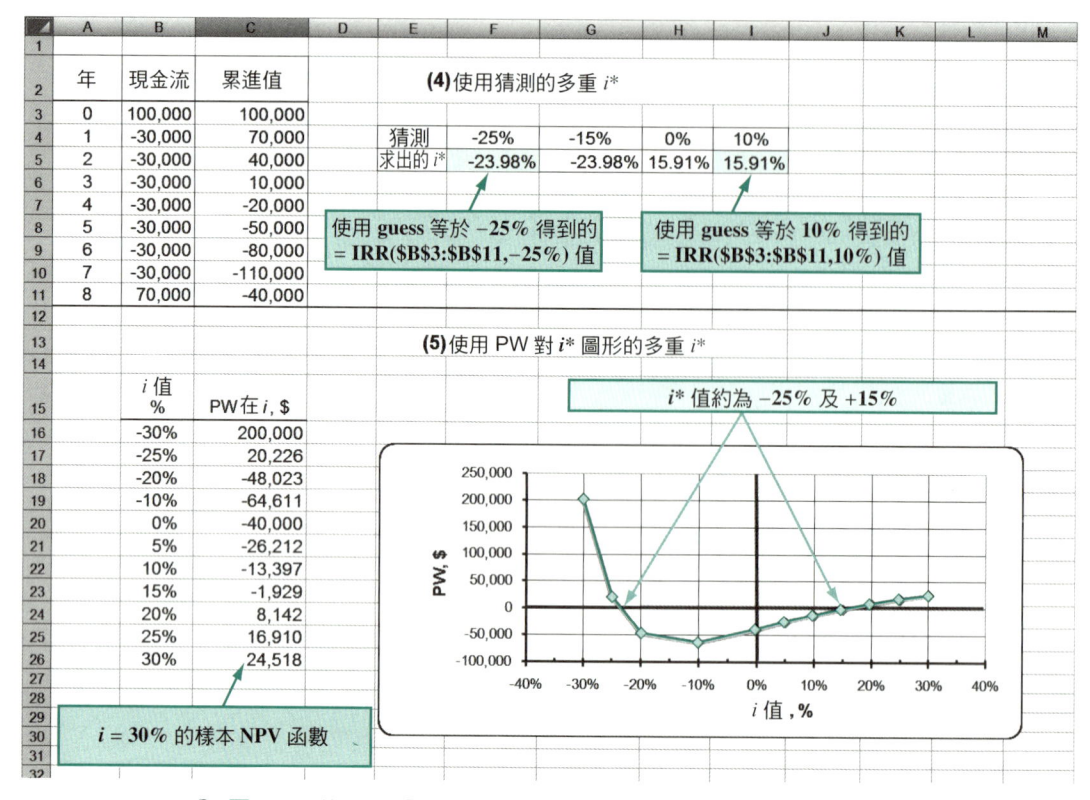

圖 6.9　使用有「猜測」和 PW 對 i 圖形分析的 IRR 函數，以進行多重 i^* 值的計畫 ROR 分析，範例 6.11。

4. 參照圖 6.9 (上半部) 現金流 (圖左上) 為變號兩次非傳統序列，累進的序列變號一次，但 $S_0 > 0$。然而，當函數 = IRR(B3:B11) 輸入後，存在一個正實數 i^* 值，即為 15.91%，但是如符號規則所預測，在使用猜測選項後，存在有一個負 i^* 值 -23.98%，可使用不同猜測百分比。圖 6.9 只顯示 4 個，然而結果總是 $i_1^* = -23.98\%$ 和 $i_2^* = 15.91\%$。

　　知道有兩個根後，計畫還值得做嗎？若再投資可假設有報酬率 15.91%，而非 MARR = 8%，是值得的，若釋出的資金確實預期獲 8% 利率，計畫報酬率在 8% 和 15.91% 之間，仍值得進行。然而，資金實際預期收益少於 MARR，因真實利率小於 MARR──事實上，是在 MARR 和 -23.98% 之間，則不值得。結論是 ROR 分析並無提供一個肯定的答案，假如不是以其中之一的利率再投資，應執行第 6.7 節中的程序之一。

5. 參照圖 6.9 (下半部)，一個絕佳的圖形法以求近似值為產生 PW 對 i 的 x-y 散布圖，以不同的 i 值代入 NPV 函數，以決定 PW 在何處與 PW = 0 相交。

在此，i 值選自 -30% 到 $+30\%$ 的區間，欲知細節，參照使用圖形上半部的現金流及不同 i 值的樣本 NPV 函數儲存格標籤，i^* 的近似值為 -25% 和 $+15\%$。基本上，這個圖形分析和步驟 (4) 提供相同的資訊。

範例 6.12

為範例 6.7 中 Harold 建設公司執行四個方案的試算表分析。

解答

首先，回顧一下範例 6.7 中四個營收方案的情況。圖 6.10 從什麼都不做方案的加入開始及 DN、4、2、1、3 依序在一張試算表上進行完整的分析。

上半部提供估計值，包含在第 6 列的淨現金流，中間部分為兩兩方案比較計算增量投資和現金流，前面三個比較皆為相同的 4 年年限，最後 3 對 1 的 8 年 LCM 的比較細節包含在儲存格標籤中。(對任何增量序列，沒有多重 i^* 值的出現。)

在使用 IRR 函數求增量 ROR，和 MARR = 12% 做比較，辨識留存的方案後，底半部顯示結論，整個分析邏輯和手算者相同，方案 1 為最佳經濟選擇。

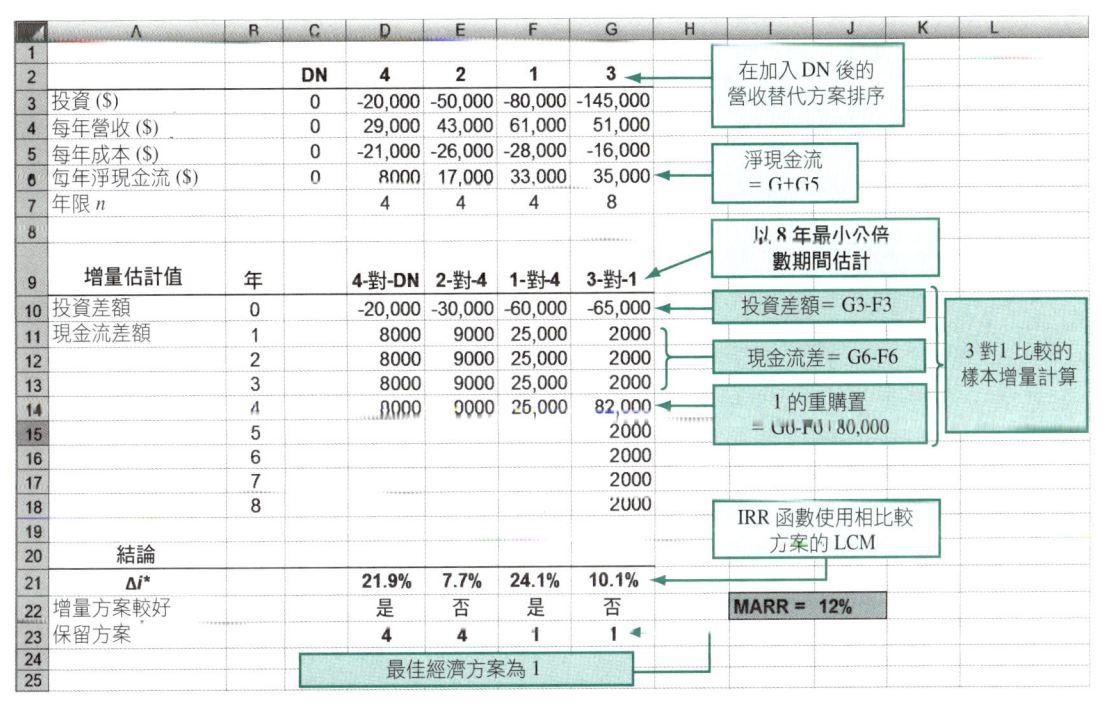

			DN	4	2	1	3	
投資 ($)			0	-20,000	-50,000	-80,000	-145,000	在加入 DN 後的營收替代方案排序
每年營收 ($)			0	29,000	43,000	61,000	51,000	
每年成本 ($)			0	-21,000	-26,000	-28,000	-16,000	
每年淨現金流 ($)			0	8000	17,000	33,000	35,000	淨現金流 = G4+G5
年限 n				4	4	4	8	
增量估計值	年		4-對-DN	2-對-4	1-對-4	3-對-1		以 8 年最小公倍數期間估計
投資差額	0		-20,000	-30,000	-60,000	-65,000		投資差額 = G3-F3
現金流差額	1		8000	9000	25,000	2000		現金流差 = G6-F6
	2		8000	9000	25,000	2000		
	3		8000	9000	25,000	2000		3 對 1 比較的樣本增量計算
	4		8000	9000	25,000	82,000		1 的重購置 = G6-F6+80,000
	5					2000		
	6					2000		
	7					2000		
	8					2000		IRR 函數使用相比較方案的 LCM
結論								
Δi^*			21.9%	7.7%	24.1%	10.1%		
增量方案較好			是	否	是	否		MARR = 12%
保留方案			4	4	1	1		

最佳經濟方案為 1

圖 6.10 四個營收方案的增量 ROR 分析，範例 6.12。

總結

就跟現值 (PW)、年值 (AW)、未來值 (FW) 法一樣，ROR 法是用以求數個方案中的最佳替代方案，但是在 ROR 中，是估算兩個方案的增量現金流序列，替代方案依期初投資額排列，而兩兩配對的 ROR 程序是從最小投資額者進行至最大投資額者。在每一個比較中，選擇具有最大增量 i^* 的方案，一旦淘汰，該方案就不會再被考慮。

人工執行的 ROR 計算須用到表列因子和試誤法，試算表和計算機可大大地加快這個過程，依現金流序列變號的次數分析可能會得到超過 1 個 ROR 值，正負號的現金流規則和累進現金流測試有助於決定是否只有唯一的 ROR 值，多個報酬率的困境可以用 MIRR 和 ROIC 法求外部投資報酬率 (EROR) 而得以有效地解決，上述方法使用手算或試算表函數皆可。最後，若出現多個報酬率，強烈建議以基準收益率 (MARR) 求 PW、AW 和 FW 值。

習題

瞭解 ROR

6.1 以百分比表示，(a) 最高；(b) 最低的可能報酬率？

6.2 若利息是以未付清款餘額計算，以年息 10% 借款 $10,000，5 年期以相同款分期付款，每年付 $2,638。若是以期初借款總額而非未付款餘額計算，則每年分期付款額為多少？

6.3 通用動力公司獲得 5 年還款月息 0.5% 的 $1 億貸款。(a) 以第 2 個月還款以原借款本金計算，及以未付清餘款計算，兩者應付利息之差異？(b) 後續分期還款的利息，以原借款本金及以未付清餘款分別計算，何者利息遞減？

ROR 計算

6.4 以表列因子及試算表決定下列報酬率方程式，其每期利息：$0 = -40{,}000 + 8{,}000(P/A,i^*,5) + 8{,}000\ (P/F,i^*,8)$。

6.5 決定下列現金流之年報酬率：(a) 使用表列因子；(b) 使用試算表。

年	1	2	3	4
現金流 ($)	−80,000	9,000	70,000	30,000

6.6 德州高等教育協調委員會推動趕上差異方案，其目標是將高等教育學生數由 2000 年之 1,064,247 人增加至 2015 年之 1,694,247 人。如果增加改為每年平均分布，且是每年複數增加，則每年增加率為多少才能達成此目標？

6.7 某寬頻服務公司為其新儀器借貸 $200 萬，並於第 1 年及第 2 年各償還 $200,000，於第 3 年終付清餘款 $220 萬。請問此筆借貸的利息為多少？

增量分析

6.8 為何增量分析是進行報酬率成本選擇時必須做的？

6.9 $100,000 投資，前 $30,000 的報酬率為 20%，其餘 $70,000 的報酬率為 14%，其整體報酬率為何？

6.10 下列兩系統，決定 Z 和 X 現金流總額之差異。

	X 系統	Z 系統
第一筆成本 ($)	−40,000	−95,000
每年營運成本 ($/年)	−12,000	−5,000
殘值 ($)	6,000	14,000
年限 (年)	3	6

兩個或多個方案的 ROR 評估

6.11 方案 P 及 Q 之增量現金流如下表。以 FW 報酬率分析，進行選擇。MARR 為年息 15%，方案 Q 需較大筆期初投資。

年	增量現金流 (Q−P)
0	$−250,000
1~8	+50,000
8	+30,000

6.12 老西南罐頭公司已決定四種之任一機器可使用於辣醬製罐生產過程的某階段。第一筆成本及每年營運成本 (AOC) 預估如下。所有機器均有 5 年年限。MARR 為年息 25%。(a) 以報酬率分析決定使用何種機器；(b) 使用試算表對所有機器進行 PW 分析。以 ROR 分析比較選擇機器之依據。

機器	第一筆成本 ($)	AOC ($)
1	−28,000	−20,000
2	−51,000	−12,000
3	−32,000	−19,000
4	−33,000	−18,000

6.13 某小型製造公司為擴大營建規模，決定增加生產線。任一或全部四條生產線都可考量。如果公司以 MARR 年息 15% 之 5 年年限為專案期間，該公司應選擇增加哪條生產線？金額單位為 $千。

	生產線				
	1	2	3	4
期初成本 ($千)	−340	−500	−570	−620
每年成本 ($千/年)	−70	−64	−48	−40
每年結餘 ($千/年)	180	190	220	205

6.14 艾需力食品公司決定五種機器之一將用於其奶製品生產線的某階段。第一筆成本及每年成本預估如下，所有機器都期望有 4 年年限。如果 MARR 為年息 20%，以報酬率為準，該選哪一種機器？

機器	第一筆成本 ($)	AOC ($/年)
1	−31,000	−16,000
2	−29,000	−19,300
3	−34,500	−17,000
4	−19,000	−12,200
5	−41,000	−15,500

多重 ROR 值

6.15 下列增量現金序列，根據現金流的符號規則，最大 i^* 值為多少？

年	0	1	2	3	4	5	6	7	8
現金流 ($)	−100	40	35	−15	−11	60	42	12	−10

6.16 下列增量現金流序列，使用試算表找出 0% 到 100% 間的報酬率。

年	增量現金流 ($)
0	−50,000
1	+22,000
2	+38,000
3	−2,000
4	−1,000
5	+5,000

6.17 根據迪卡爾的符號規則，對下列淨現金流正負號顯示，有多少可能的 i^* 值？

(a) − − − + + + − − +

(b) − − − − − + + + + +

(c) + + + + − − − − − + − + − − −

淘汰多重 ROR 值

6.18 由下列現金流序列，以再投資率每年 15%，找出外部報酬率。使用：(a) 手算 ROIC 法；(b) 試算表驗證答案。

年	增量現金流 ($)
0	+48,000
1	+20,000
2	−90,000
3	+50,000
4	−10,000

6.19 GE 公司工程師卡爾，每年投資年終獎金於公司股票。第 1 年至第 6 年，每年年終獎金為 $5,000。第 7 年終無獎金，且卡爾賣出價值 $9,000 的股票以裝修其廚房。第 8 年至第 10 年，獎金也是每年 $5,000 且均投資買股。卡爾於第 10 年終最後一筆投資後，立刻賣出所有餘股，價值 $50,000。

a. 決定預期正報酬率的期望值。

b. 找出內部報酬率。

c. 以手算及 MIRR 試算表函數，決定外部報酬率。以借款利率 8% 及每年再投資率 20%，使用修正報酬率法。

d. 以 ROIC 法及每年 20% 再投資率，決定外部報酬率。應用再投資程序及試算表函數，得出 EROR。

6.20 某應用生物統計、偵蒐和衛星科技之公司為其製造之產品行銷，而產生下述現金流 ($千為單位)。發展一試算表以顯示：年息 i_r = 30% 之 ROIC 法顯示外部報酬率；年息 i_r = 30% 及 i_b = 10% 之修正 ROR 法顯示之外部報酬率；以兩種多根符號 (multiple-root sign) 檢驗單一或多重內部報酬率值。

年	現金流 ($千)
0	2,000
1	1,200
2	−4,000
3	−3,000
4	2,000

額外問題與 FE 測驗複習題

6.21 最低可能之報酬率為：
  a. 0%
  b. $-\infty$
  c. -100%
  d. 公司之 MARR

6.22 當計算 i^* 值時，假設所有淨正現金流再投資於：
  a. 市場利率
  b. i^* 利率
  c. 公司之 MARR
  d. 公司之資金成本

6.23 某 $60,000 投資，產生連續 10 年每年 $10,000 收入。此投資之報酬率接近：
  a. 每年 10.6%
  b. 每年 14.2%
  c. 每年 16.4%
  d. 每年 18.6%

6.24 假若你被告知現在投資 $100,000，你將從第 5 年起至永遠，每年收到 $10,000 收入。如果你接受此投資建議，其報酬率為：
  a. 每年 4%
  b. 介於每年 6% 至 7%
  c. 介於每年 7% 至 10%
  d. 超過每年 12%

6.25 如下列現金流，使用 ROIC 法，每年再投資 20%，其正確的 FW_2 方程式為：
  a. $[10,000(1+i'')+6,000](1.20)-8,000$
  b. $[10,000(1.20)+6,000(1+i'')](1.20)-8,000$
  c. $[10,000(1.20)+6,000](1.20)-8,000$
  d. $[10,000(1.20)+6,000](1+i'')-8,000$

年	現金流 ($)
0	10,000
1	6,000
2	$-8,000$
3	$-19,000$

Chapter 7

效益成本分析和公共部門計畫

前述章節的評估方法通常適用於私人部門的替代方案,換句話說適用於營利或非營利的公司或事業,本章介紹公共部門的方案和其經濟考量在此所有人和使用者(受益人)為政府單位──城市、郡、州、省或全國的公民。公共和私人部門的計畫在性質和經濟評估上有著實質的不同,公私部門的夥伴關係變得越來越普遍,尤其是大型基礎建設計畫,如主要高速公路、發電廠、水資源開發等。

效益成本 (B/C) 比率的發展部分原因是在公共部門的經濟評估中導入客觀性,以期降低政治和特殊利益團體的影響,不同的 B/C 法將在本章討論,B/C 可使用以 PW、AW 或 FW 為基礎的約當計算以進行分析。

目的:瞭解公私部門計畫的比較;使用成本效益比率評估方案。

學習成果

1. 辨別公私部門方案基本的不同,從倫理的觀點瞭解公部門。 — 公共部門
2. 使用效益/成本比評估單一計畫。 — 單一計畫的 B/C
3. 使用增額的 B/C 比率法從多個方案選出最佳者。 — 方案選擇
4. 使用試算表執行一個或多方案的 B/C 分析。 — 試算表

7.1 公共部門計畫：描述和倫理

■ 7.1.1 公共部門計畫的描述

公共部門的計畫為任何階層政府的公民所擁有、使用、融資；而私人部門計畫為公司、合夥人或個人所擁有。實際上，所有前面章節的例子皆來自於私人部門，在第 4 章、第 5 章所介紹的長年限和無限年限的投資資金成本為值得注意的例外。

公共部門計畫的一個最主要目的是，提供公民以無利潤的公共財服務範疇，如健康、交通、公共、安全、經濟發展、公用事業構成需要工程經濟分析的大部分方案，一些公共部門的例子如下：

醫院和診所	交通：高速公路、橋樑、水路
公園和休閒	警察和消防保護
公用事業：水、電力、瓦斯、下水道、衛生	法院和監獄
	食物券和房租資助計畫
學校：小學、中學、社區大學、大學	職業訓練
	公共住宅
經濟發展	緊急救助
會議中心	法規和標準
體育場館	

公共和私人部門方案在性質上有顯著的不同：

性質	公共部門	私人部門
投資規模	大	有些為大；多半為中型至小型

通常滿足公眾需求的方案需要龐大的期初投資，很可能要透過好幾年來分攤，現代高速公路、大眾交通系統、機場、防洪控制系統皆是其中的例子。

年限估計	較長 (30~50 年以上)	較短 (2~25 年)

公共計畫較長的年限促成資本化成本的使用，計算中，無限年限代替 n 值且年成本以 A = P(i) 計算

| 年現金流估計 | 無利潤；估計成本效益及缺失 | 營收和節約對利潤的貢獻；估計成本 |

公共部門計畫 (公眾擁有) 沒有利潤可言，它們有相關政府單位支付的成本，它們有利於公民，公共部門計畫常有不樂見的後果 (損害)，因為對一群納稅人有益，對另一群納稅人或許有損害，這樣的結果會導致對該計畫的爭議，這些接下來將做更完整的討論，由於公共計畫數據的主觀性，它的評估很容易被操弄，但是執行公共方案的經濟分析，其成本 (期初和年度)、效益、損害，若考慮在內，必須精確地以貨幣單位估計。

成本── 估計的建築工程、營運、維修的政府單位支出，減掉任何殘值。

效益── 所有者、公眾感受到的優點，效益可包含營收和儲蓄。

損害── 假如方案被執行，對所有者會帶來不樂見的間接經濟損害的後果。

在許多狀況下，很難對一公共方案的經濟損益有一致的評估。舉例而言，假設一個交通擁塞地區提議修築一短繞道，從每分鐘駕駛的貨幣價值計算，避開五個紅綠燈相對於平均必須等兩個 45 秒紅綠燈的好處為多少？要建立效益評估的基準通常是很困難和不易證明的。相對於私人部門的營業現金流估計，效益估計就困難得多，且它們在不確定平均值上下波動的幅度也大，且一個方案累積的損害也較難評估。

本章包含的例子為直接可辨識效益、損害和成本者，但在實際的情況判別會受到如何解釋的影響，特別在決定哪些現金流元素，須包含在經濟評估的時候。例如，城市人行道的改善以減少事故，對納稅大眾而言就是一項明顯的效益，但較少的車輛損毀和人員受傷意味著修車店、拖吊公司、車商和醫生、醫院獲得較少的業務和金錢──這些人同樣也是納稅人，或許有必要採取較為有限的觀點，因為最廣泛的觀點通常會使得效益和損害兩者約剛好抵銷。

| 資金來源 | 稅收、規費、債券、私人基金 | 股票、債券、貸款、個人所有者 |

用來融資公共部門計畫的資金通常來自於稅收、規費、債券、私人捐贈。稅收是從所有者(公民)課徵而來(例如，高速公路的汽油稅為所有汽油使用者所支付)，也有些規費的例子，如付費公路，也常常發行債券：地方政府債和特別債券，如公用區域債。

| 利率 | 較低 | 較高，以市場資金成本為準 |

公共計畫的利率，亦稱為**折現率** (discount rate)，實際上較一般私人方案低。政府機構免於受高層政府單位課稅，例如，市政府的方案，不必支付州政府的稅；同時，許多貸款有政府補助，故利率較低。

| 選擇標準 | 多重標準 | 主要基於 MARR |

多類別的使用者、經濟及非經濟的效益、特殊效益政治和公民團體，使得選某一方案而非其它在公部門經濟分析上變得更為困難，幾乎不可能僅基於一個標準，如依 PW 或 ROR 就選某一方案，多重特性評估將在第 14 章討論到。

| 評估的環境 | 政治導向 | 主要為經濟導向 |

公共部門的計畫通常會涉及公開會議和辯論，選出的官員一般會在選擇的過程予以協助，特別是在選民、開發商和環保人士施加壓力時，選擇的過程不如私部門評估來得這麼「單純、乾淨」。

公共部門的評估**觀點**須在成本、效益和損害求出前事先決定，對於現金流的估計要如何分類，有數項的觀點或許需要修正，有些觀點是公民、課稅基準、學區學生數、工作的產生和保持、發展潛力、特別產業利益導向的。一旦建立，觀點有助於每一個方案成本、效益和損害的分類。

範例 7.1

以公民為基礎的 Dundee 市資本改進計畫委員會建議發行 $2,500 萬的債券購買綠色地帶／沖積平原，以保留低地的綠色區域和野生動物棲息地。

開發商因其會減少可資商業開發的土地而反對該提案,城市工程和經濟發展局長已針對特定區域未來 15 年的規劃做了初步的評估。在一個向 Dundee 市議會提出的報告,這些評估的不精確已明顯地呈現出來,而這些評估尚未針對成本、效益和損害做分類。

經濟範疇	估計
1. 15 年間每年發行利率 6%,$500 萬債券的成本	$300,000 (第 1~14 年) $5,300,000 (第 15 年)
2. 每年維修、更新和計畫管理	$75,000 + 每年 10% 的增加
3. 每年公園發展預算	$500,000 (第 5~10 年)
4. 每年商業開發損失	$2,000,000 (第 8~10 年)
5. 尚未拿回的州銷售稅退稅	$275,000 + 每年 5% (第 8 年起)
6. 公園使用和區域體育活動的市年收入	$100,000 + 每年 12% (第 6 年起)
7. 洪水控制計畫節餘	$300,000 (第 3~10 年),$1,400,000 (第 11~15 年)
8. 因洪水調控避免之財產損失(個人和城市)	$500,000 (第 10 年和第 15 年)

針對提案經濟評估辨別不同的觀點,再依評估做分類。

解答

我們須採用多個觀點,以下用三個觀點做說明。每一個觀點和目標先加以區別,再依成本、效益、損害對每一估計做分類。(分類如何做將因不同的人而有所差異,解答僅提供一邏輯答案。)

觀點 1:城市公民。目標:最大化公民的家庭和鄰里的品質和福祉是主要的考量。

成本:1、2、3　　　效益:6、7、8　　損害:4、5

觀點 2:城市預算。目標:確認預算均衡,並有足夠財源支付快速成長的服務需求。

成本:1、2、3、5　　效益:6、7、8　　損害:4

觀點 3:經濟發展。目標:促進新的商業和工業發展,以創造新的工作和留住工作機會。

成本:1、2、3、4、5　效益:6、7、8　　損害:無

假如分析師偏好城市的經濟發展目標，而被公民和預算角度視為損失的商業發展損失 (4) 被視為實質成本，而從州政府退回的銷售稅損失從預算和經濟的角度來看，被視作實質成本；但從公民的角度來看，只是一項損失 (5)。

許多公共部門的大型計畫是透過公共部部門私人部門的夥伴關係以進行的，因為私人部門的效率和傳統的政府融資方法——規費、稅、債券不可能籌得全部的資金，所以這是一個可行的辦法，這在國際和開發中國家的環境更是特別有用的方法，這些計畫的例子為高速公路、隧道、機場、水資源、公共運輸等，在這些聯合投資裡，政府無法賺取利潤，但公司合夥人可獲得合理的報酬。

歷史上，公共計畫是由政府單位設計、融資，再由承包商依據**固定價格 (fixed price)** 或**成本加成 (cost plus)** (成本回償) 一特定的利潤額度方式下進行施工。在此，承包商並不和政府單位分攤成功的風險。更最近，當一個 PPP 在推展時，計畫通常是以設計／建造合約來安排的，這類合約一個常見的模式為 BOT 監造計畫，三個字母代表建造 (build)、營運 (operate)、轉移 (transfer)，這類的合約要求承包商部分或完全承擔起設計、建造、營運和維護的責任若干年。在這段期限之後，所有權將以非常低或無成本的方式轉移給政府，一個承包商完全包辦的外包合約為 DBOMF (設計—建造—營運—維護—融資)，在這合約中，承包商負責管理計畫的現金流，但仍由政府以借款、債券、稅、撥款或捐贈的方式獲取資本和營運基金。

■ 7.1.2 倫理的考量

工程師會涉及到各種類型的公共部門活動，這些活動一般可以分為兩類——政策和規劃。

政策的制定——這些活動包含以可行性、調查、歷史紀錄、法律要求、現行資料、假設測試為基礎的**策略發展**。例子為高速公路與空中交通的管理，和健保系統的政策。在高速公路運輸方面，承包商和政府僱用的工程師在高速公路的拓寬；路徑、容量、區域劃定、速限、號誌系統提出最多的建議。

規劃——包含已通過政策和策略執行上的計畫的發展和監督，這些計畫影響著人們、環境和融資。上述例子的規劃層級可為健康照護的實施方式、高速公路流量的控制、空中交通控制計畫。在高速公路交通流量控制上，工程師透過規劃執行商業和住宅通道速度控管、監測 (如照像監測)、停車限制、號誌設置、收費道路等政策。

在所有這類的活動中，公眾期望他們的工程師像選出來的公僕和政治人物般，具有良好的道德倫理操守 (請見第 1.9 節)，他們同時被期望：

- 展現高標準。
- 做務實的假設和結論
- 公正的蒐集和應用資訊
- 在做決定時，不偏不倚
- 在決定一個特別的策略和計畫前，能多方面考慮各種情況

換句話說，各類別的公僕 (選舉、聘僱、約聘) 在處理所有的事務都能展現廉潔和公正。當這些特質有所妥協時，大多數的公民對公眾領導人，包含工程師，將會感到非常失望與沮喪。

工程師恪守工程人員倫理規章和遠離不倫理的實務運作是非常重要的，但是工程人員很容易涉及高倫理挑戰的公共計畫案，下述是其中之一。

情況——喬伊是維克爾市工程部門僱用的一位工程師，正全力投入一個將住宅區現場抄錶的電錶轉換為遠端計表系統，將由選擇的承包商以數百萬美元的代價更換 95,000 個電錶。

在過去幾週，喬伊成為麗莎的密友，而他得知麗莎是兩、三家預期競標這個電錶替換合約，其中一家承包商 Lange 的計畫起草人。

誘惑——當他努力在麗莎面前製造好印象時，喬伊有想過向麗莎提及他的上司在電錶替換合約有投票權，而他的經理 (上司) 卻對 Hammond 工業的電錶留有極佳的印象。事實上，喬伊的經理私下向喬伊透露，若 Hammond 在提案的設備部分有被提到，該提議的承包商將在他的投票中占有優勢。

倫理困境——身為一個有經驗的工程師，喬伊瞭解在寫計畫書時，不應該給麗莎這樣的優勢，假如聊天的話題轉到工作上，他難免會提出一些「暗示」，但是為了維護職業道德，他必須約束自己提供任何對 Lange 這家公司有利的資訊，即使喬伊已知道 Lange 計畫建議使用 Hammond 工業所生產的電錶，這也是倫理上正確的作法；在另一方面，麗莎也不應向喬伊詢問任何有關提案的事，或在對話中分享任何內容。

7.2 單一計畫的成本效益分析

成本效益比率、公共計畫基本分析方法，是發展以導入更多的客觀性到公共部門經濟中，它是因應 1936 年的美國防洪控制法案而生的。成本效益比率有數個不同的版本，但是基本的方法是相同的，所有成本效益估計必須轉換成約當的貨幣單位 (PW、AW 或 FW) 的折現值。接著 B/C 比率再由下列其中之一關係以計算其值：

$$B/C = \frac{\text{效益的 PW}}{\text{成本的 PW}} = \frac{\text{效益的 AW}}{\text{成本的 PW}} = \frac{\text{效益的 FW}}{\text{成本的 FW}} \quad [7.1]$$

依 B/C 分析的習慣，該值應給予正號，所以**成本前面有一個 + 號**，當殘值亦被估算時，其值要從成本中減掉，損害可以不同的方式來考量，依所用的模型而定。最常用的方式是，損害從效益中減除，再將其置於分子，不同的格式將在下列討論，單一方案的決策規範是很簡單的。

若 B/C ≥ 1.0，針對相關的估計值和折現率，計畫為經濟上可行。

若 B/C < 1.0，計畫為經濟上不可行。

傳統的 B/C 比率是最廣泛被使用的，從效益中減去損害：

$$B/C = \frac{\text{效益} - \text{損害}}{\text{成本}} = \frac{B-D}{C} \quad [7.2]$$

若將損害加到成本中，B/C 值會有很大的變動。譬如，若數字 10、8 和 5 用以表示效益、損害、成本的 PW 值，式 [7.2] 的最終 B/C = (10 − 8)/5 = 0.40。若不正確地將損害放在分母中，得到的 B/C = 10/(8 + 5) = 0.77，該值幾乎為正確值的兩倍大。很清楚地，損害如何被處理對 B/C 值有很大的影響，但是不論損害是正確的從分子中減掉，還是不正確

地加到分母的成本中，第一個方法得到的 B/C 比率若小於 1.0，則第二個方法得到的值亦會小於 1.0，反之亦然。

修正後的 B/C 比率將效益 (包含營收和儲蓄)、損害、維護與營運 (M&O) 成本置於分子中，分母只包含期初投資的約當 PW、AW 和 FW 值。

$$B/C = \frac{效益 - 損益 - M\&O\ 成本}{期初投資} \qquad [7.3]$$

殘值為分母中的一個負值，修正的 B/C 比率很明顯會得到一個和傳統 B/C 法不同的值，但是如上的損害討論，修正的程序會改變比率的大小，但不影響接受或否決這個計畫的決定，決定的規範仍相同。假如修正後的 B/C 比率大於或等於 1.0，計畫被接受。

效益和成本的差異度量價值，其不涉及比率，是基於效益 PW、AW 或 FW (包括所得和節省) 和成本，換句話說，$B - C$。若 $(B - C) \geq 0$，計畫被接受。當損害被視為成本時，因為 B 代表淨效益，這個方法可以排除前述判定的任意性，因此針對 10、8 和 5 三個值，不管損害如何處理，都會獲得相同的值：

從效益中減掉損害：　　　$B - C = (10 - 8) - 5 = -3$
將損害加到成本中：　　　$B - C = 10 - (8 + 5) = -3$

範例 7.2

福特基金會期望捐贈 $1,500 萬的捐款給公立學校，以發展新的教授工程基礎的方法來讓學生適應大學程度的教材。這筆捐款持續 10 年，並預計每年可以節省 $150 萬教授薪水和學生相關事務的支出，該基金會使用每年 6% 的折現率。

這個捐贈計畫將會和現行活動共享基金會的資助，所以預估每年將有 $20 萬的資金將會從其它活動移出。為確保計畫的成功，每年的經常 M&O 預算將需 $50 萬的營運成本，使用 B/C 法以決定該計畫是否經濟上可行。

解答

使用年值作為共同貨幣的約當值。為了說明起見，三個 B/C 法都將說明：

投資成本的 AW。　　　　　$15,000,000(A/P,6%,10) = $2,038,050／年
M&O 成本的 AW。　　　　　$500,000／年
效益的 AW。　　　　　　　$1,500,000／年
損害的 AW。　　　　　　　$200,000／年

使用式 [7.2] 做傳統的 B/C 分析。在此，M&O 是置於分母中當作年成本，該計畫不可行，因為 B/C < 1.0。

$$B/C = \frac{1,500,000 - 200,000}{2,038,050 + 500,000} = \frac{1,300,000}{2,538,050} = 0.51$$

以式 [7.3] 修正後的 B/C 比率視為 M&O 成本為效益的減項：

$$\text{修正 B/C} = \frac{1,500,000 - 200,000 - 500,000}{2,038,050} = 0.39$$

就 $(B - C)$ 模型，B 為淨效益，且年 M&O 成本包含在成本：

$$B - C = (1,500,000 - 200,000) - (2,038,050 - 500,000)$$
$$= \$-124 \text{ 萬}$$

7.3　兩個或多個方案的增量 B/C 評估

兩個或多個方案的增量 B/C 評估與第 6 章增量 ROR 分析非常類似。兩個方案的增量 B/C 比率，ΔB/C 是基於成本和效益的 PW、AW 或 FW 約當值，選擇兩兩比較的存續者是依下列規範決定：

若 ΔB/C ≥ 1，選擇較大成本的方案。

否則，選較低成本的方案。

注意：決定是基於增額的總成本，而不是增額期初成本而定的。

在多個方案的 B/C 分析中，有幾個特別的考慮使得它和 ROR 的分析略有不同。如早先提到的，在 B/C 比率中所有的成本都有正的符號，同樣地，方案的排序是以在比率中分母的總成本為依據。因此，假如兩個方案有相同的期初投資和使用週期，但 2 有較大的約當年成本，則 2 較 1 有增額上的可接受性。假如此一傳統沒有正確的遵循，就很可能在分母中得到一個負的成本值，就會不正確的使得 ΔB/C < 1，而拒絕較高成本但是可接受的方案。在最特殊的狀況下，兩個方案有相

同的成本(得到一個無限值的 ΔB/C)。在檢視後，具有較高效益的方案會被選擇。

類似 ROR 法，B/C 分析要求方案同等服務的比較，通常一個公共計畫的有用年限很長 (25 年、30 年或更長)，所以方案一般都有相同期限；但是，當方案確有不同期限，使用 PW 決定約當成本和效益時，需使用到年限的最小公倍數 (LCM)。

效益共有兩種型式，在處理增額的評估前，將方案分類為**使用成本估計**和**直接效益估計**。基於方案成本的不同，使用成本估計亦含有效益之意。直接效益方案估計累進的效益，每種型態的增額比較略有不同，直接效益方案一開始和 DN 方案做比較。(這和 ROR 評估中營收方案的處理是相同的，但在公共計畫中不使用營收這個詞。)

使用成本：方案僅彼此做比較。

直接效益：首先和什麼都不做比較，再互相比較。

使用傳統 B/C 比率和應用下列程序，以比較多個互斥的方案：

1. 對每一個方案，決定成本 (C)、效益 (B) 和損害 (D) 的約當 PW、AW 或 FW 值。
2. 依漸增的總約當成本值排序方案。針對**直接效益**方案，將 DN 排在第一個。
3. 在兩個依序排列的方案，針對最小公倍數年限，決定兩者 (即 2－1) 的增額成本和效益。針對**使用成本**方案，增額效益由使用成本的差來決定。

$$\Delta B = 2 \text{ 的使用成本} - 1 \text{ 的使用成本} \qquad [7.4]$$

4. 使用式 [7.2] 計算增額 B/C 比率，假如損害考慮在內，亦即：

$$\Delta B/C = \Delta(B - D)/\Delta C \qquad [7.5]$$

5. 若 $\Delta B/C \geq 1$，淘汰 1，2 為留存者；否則 1 為留存者。
6. 繼續使用步驟 2 至 5 比較方案，直到只有一個方案留存為止。

在步驟 3，在計算 $\Delta B/C$ 比率前，先檢查 PW、AW 或 FW 值，以確定較大的成本亦給予較大的效益，若效益沒有較大，就不需比較了。

下面兩個範例將說明這個程序；第一個範例為兩個直接效益評估方案；第二個範例為四個使用成本評估方案。

範例 7.3

佛羅里達州的 Garden Ridge 市已收到市立醫院加建邊間的兩個設計圖，在大部分類別裡，成本和效益是相同的，但市財務經理決定下列的估計應被考慮，以決定哪一方案該在下週的市議會提出推薦：

	設計 1	設計 2
建築成本 ($)	10,000,000	15,000,000
建築維護 ($/年)	35,000	55,000
病人效益 ($/年)	800,000	1,050,000

病人效益是保險公司支付的估計值，不是由病人支付，使用每個病房及其設備的費用，折現率為每年 5%，增加的邊間使用年限為 30 年。

a. 使用傳統的 B/C 比率分析，以選擇設計 1 或 2。

b. 一旦兩個設計公布後，鄰近城市森林谷一家私人醫院抱怨因為設計一部分白天開刀設施與其功能重疊，將會減少市立醫院每年約 $60 萬的收入。接著 Garden Ridge 商會辯稱，因為設計 2 使用短期停車場所有空間，它應會減少約 $40 萬的年收入，市財務經理說這些憂慮都會納入評估的考慮。重做 B/C 分析，以決定經濟決策是否會相同。

解答

a. 應用沒有損害但有直接效益估計的增量 B/C 程序。

1. 由於大部分的現金流都已年化，ΔB/C 是基於 AW 值，成本的 AW 值是建設和維修成本的總和。

   $AW_1 = 10,000,000(A/P,5\%,30) + 35,000 = \$685,500$
   $AW_2 = 15,000,000(A/P,5\%,30) + 55,000 = \$1,030,750$

2. 由於方案已估計直接效益 AW 成本和效益為 0 的 DN 方案被加進來當作第一個方案，比較次序為 DN、1、2。

3. 1 對 DN 的比較得到的增量成本和效益，與方案 1 完全相同。

4. 計算增量的 B/C 比率：

   $\Delta B/C = 800,000/685,500 = 1.17$

5. 因 1.17 > 1.0，設計 1 勝過 DN 而保留下來。

使用增量的 AW 值繼續比較 2 對 1：

$\Delta B = 1{,}050{,}000 - 800{,}000 = \$250{,}000$

$\Delta C = 1{,}030{,}750 - 685{,}500 = \$345{,}250$

$\Delta B/C = 250{,}000/345{,}250 = 0.72$

因 0.72 < 1.0，設計 2 淘汰，設計 1 被選為工程的投標。

b. 營收損失的估計值被視作損害，由於設計 2 的損害較設計 1 少 $200,000，正的差異將加到設計 2 的增量效益 $250,000 中，而達到總 ΔB 為 $450,000 的額度，現在，

$$\Delta B/C = \frac{\$450{,}000}{\$345{,}250} = 1.30$$

偏好設計 2 損害的包含在內，因而逆轉結果。

範例 7.4

加州 Bahia 市和 Moderna 郡的經濟發展公司 (EDA) 是一非營利的公司，它正在尋找一開發商以在市和郡地區設置一主要水上公園，並給予財務上的誘因。在該郡主要水公園開發商提出需求建議書後，共收到四個提案，較大和複雜的水上遊樂設施，且增加公園面積會吸引更多的遊客，因此在提案中，不同程度的期初誘因亦被提出。

已通過和現行的經濟誘因規範允許該產業可收到達 $100 萬現金當作第 1 年的獎勵誘因，和持續 8 年，每年 10% 該誘因的額度以作為財產稅的減稅額，每個提案都包含一個條款，就是當市民或郡民使用該公園時，可享受入園費減免的優惠，這項優惠在財產稅減免期間都有效。EDC 已估計地方居民總共優惠入園費的支出，同時 EDC 也估計額外銷售稅的效益，這些估計值和一開始誘因的成本與每年 10% 的減稅總結在表 7.1 的上半部。

執行一個增量的 B/C 研究。以決定哪一個公園提案最符合經濟效益，折現率為每年 7%。

解答

經濟分析是採取市民或郡民的觀點來進行，第 1 年的現金誘因和減稅誘因對居民而言為實際的成本。效益有兩個元素：估計的優惠入園費，和增加的銷售稅，透過使用公園者將有更多的錢可以用於銷售稅流入市和郡的預算，公民將間接受益，由於效益必須由上列兩個元素間接計算而得，

方案被歸類為使用成本估計。

表 7.1 包含應用以 AW 為基礎的增額 B/C 程序的結果：

1. 對每一個方案，8 年的資本回收金額已決定了，再加上每年財產稅的誘因成本，對提案 1：

    總成本的 AW = 期初誘因$(A/P,7\%,8)$ + 稅成本
    $= \$250,000(A/P,7\%,8) + 25,000 = \$66,867$

2. 使用成本的方案，依總成本的 AW 排序如表 7.1。
3. 表 7.1 顯示增量成本 2 對 1 的比較。

    $\Delta C = \$93,614 - 66,867 = \$26,747$

    一個方案的增量效益為居民入園費的總額和次高方案總額的比率，加上在銷售稅上高於次高成本方案的金額。因此，一對方案的效益是以增量的方式所決定的，以 2 對 1 比較而言，居民入園費每年減少 $50,000 且銷售稅增加 $10,000，總效益為其和 $\Delta B = \$60,000$／年。

4. 2 對 1 比較，式 [7.5] 得到：

    $\Delta B/C = \$60,000/\$26,747 = 2.24$

5. 方案 2 很明顯為正確選擇，方案 1 被淘汰。

表 7.1 估計的成本和效益，四個水公園提案的 B/C 分析，範例 7.4

	提案 1	提案 2	提案 3	提案 4
期初誘因 ($)	250,000	350,000	500,000	800,000
稅誘因成本 ($/年)	25,000	35,000	50,000	80,000
居民入園費 ($/年)	500,000	450,000	425,000	250,000
額外銷售稅 ($/年)	310,000	320,000	320,000	340,000
研究期間	8	8	8	8
總成本的 AW ($/年)	66,867	93,614	133,735	213,976
方案比較		2 對 1	3 對 2	4 對 2
增量成本 ΔC ($/年)		26,747	40,120	120,362
入園費減免 ($/年)		50,000	25,000	200,000
額外銷售稅 ($/年)		10,000	0	20,000
增量效益 ΔB ($/年)		60,000	25,000	220,000
增量 B/C 比率		2.24	0.62	1.83
符合效益？		是	否	是
方案選擇		2	2	4

6. 3 對 2 的比較重複上述程序，得到 ΔB/C < 1.0，因為增量效益顯然小於增量成本，方案 3 淘汰，方案 4 對 2 比較得下列結果：

   $\Delta B = 200,000 + 20,000 = \$220,000$
   $\Delta C = 213,976 - 93,614 = \$120,362$
   $\Delta B/C = \$220,000/\$120,362 = 1.83$

   因為 ΔB/C > 1.0，方案 4 成為唯一留存者。

當方案使用期很長到可以被視作無限時，資本化的成本用以計算 PW 或 AW 的約當值。式 [5.5]，AW = PW(i)，決定增量 B/C 分析的 AW 約當值。

假如兩個或多個獨立計畫使用到 B/C 分析時且沒有預算限制，不需做增量比較，僅有的比較是每個計畫分別和什麼都不做相比，計算計畫 B/C 值，接受 B/C ≥ 1.0 的方案。

範例 7.5

工程軍團公司想在一條易氾濫的河流修築一座水壩，估計的工程費用和平均年效益列於下，適用的年利率為 6%，且為了分析目的起見，假設水壩使用期限為無限。(a) 使用 B/C 法選擇最佳地點；(b) 假如這些地點現在被視為獨立的計畫，哪一些地點可被接受？

地點	工程費用 ($ 百萬)	年效益 ($)
A	6	350,000
B	8	420,000
C	3	125,000
D	10	400,000
E	5	350,000
F	11	700,000

解答

a. 資本化成本 AW = PW(i) 被用來獲取工程成本的 AW 值，如表 7.2 第 1 列所示。由於效益是直接估計，一開始必須與 DN 做比較，為了分析起見，地點依增加的 AW 成本值排列；換句話說，DN、C、E、A、B、D 和 F，排列好的互斥方案的分析詳述於表 7.2 的下半部。因為只有 E 是增量上可接受，所以選擇它。

表 7.2　範例 7.5 (值以 $ 千計) 的增量 B/C 比率分析

	DN	C	E	A	B	D	F
AW 成本 ($/年)	0	180	300	360	480	600	660
年效益 ($/年)	0	125	350	350	420	400	700
地點 B/C	—	0.69	1.17	0.97	0.88	0.67	1.06
比較		C 對 DN	E 對 DN	A 對 E	B 對 E	D 對 E	F 對 E
Δ年成本 ($/年)		180	300	60	180	300	360
Δ年效益 ($/年)		125	350	0	70	50	350
ΔB/C 比率		0.69	1.17	—	0.39	0.17	0.97
增量可行性?		否	是	否	否	否	否
地點選擇		DN	E	E	E	E	E

b. 建壩地點的提案現為獨立計畫，地點的 B/C 比率用來選 0 到 6 個可能的地點。在表 7.2 中第 3 列，只有地點 E 和 F 的 B/C > 1.0，兩者可被接受。

7.4　使用試算表執行 B/C 分析

規劃一個試算表以進行互斥方案的增量 B/C 程序基本上和增量的 ROR 分析沒有兩樣 (第 6.8 節)，一旦所有的估計值在使用試算表函數表為 PW、AW 或 FW 的約當值後，方案依增量總約當成本排列。接著從式 [7.5] 得來之增量 B/C 比率用來選擇最佳方案。

範例 7.6

奈米科技一項新的應用在薄膜般的太陽能吸熱板上，以減少對石化所產生電能的依賴。一個 400 單位新全電力公共社區將使用該科技，並在這些住宅預計 15 年期限可以節省大量的總用電成本。表 7.3 列出三個標案的細節，包括使用太陽能板下，社區的年電力使用成本；及在太陽能板失效下，備用系統的 PW。使用試算表，傳統的 B/C 比率及每年 $i = 5\%$，以選擇最佳標案。

解答

效益為估計電費的差異而得，所以方案依使用成本分類，一開始不需和 DN 做比較，每一步的程序 (第 7.3 節) 包含在圖 7.1 解答中。

表 7.3　使用奈米晶片薄膜太陽能板能源科技的備案估計，範例 7.6

投標者	Geyser 公司	Harris 公司	Quimbley 公司
投標辨識	G	H	Q
期初成本 PW ($)	2,400,000	1,850,000	6,150,000
年維護 ($/年)	500,000	650,000	450,000
年電費單 ($/年)	960,000	1,000,000	550,000
備用系統 PW ($)	650,000	750,000	950,000

	A	B	C	D	E
2			Geyser	Harris	Quimbley
3		估計	**G**	**H**	**Q**
4	期初成本 PW$	成本	2,400,000	1,850,000	6,150,000
5	年維護 $/年	成本	500,000	650,000	450,000
6	年水電費用 $/年	效益 (使用成本)	960,000	1,000,000	550,000
7	備用系統 PW, $	損害	650,000	750,000	950,000
9	總成本 PW, $	成本	7,589,829	8,596,778	10,820,846
10	水電費用 PW, $	效益 (隱含)	9,964,472	10,379,658	5,708,812
11	增量比較				
12				H-to-G	Q-to-G
13	ΔB 的 PW $			−415,186	4,255,660
14	ΔD 的 PW $			100,000	300,000
15	ΔC 的 PW $			1,006,949	3,231,017
16	Δ(B−D)/C			−0.51	1.22
17	增量者較有效益？			否	是
18	選擇投標者			G	Q

註解：
- 成本效益損害的估計
- = −PV(5%,15,500000) + 2400000
- = −(D10−C10)
- = −(E10−C10)
- = E9−C9
- = (E13−E14)/E15
- 投標者 Q 是最具經濟效益

🔍 **圖 7.1**　使用 B/C 法的多方案試算表評估，範例 7.6。

1. 基於現值做分析，使用 PV 功能以決定工程成本和電費的 PW，所有的效益 (灰色列)、損害 (白色列) 和成本 (綠色列) 皆置於儲存格中。(注意：在 PV 中包含負號是要確保成本項值為正。)

2. 基於成本的 PW (第 9 列)，評估的次序為 G、H、Q，特別要瞭解雖然 H 有較小期初成本，但 G 有較小約當總成本。

3. 第一個比較是 H 對 G，為了 ΔB/C 的比較，將電費成本的負號改為正後，式 [7.4] 的格式有助於決定 ΔB 值：

$$\Delta B = H\ 的電費單 - G\ 的電費單$$
$$= -(10{,}379{,}658 - 9{,}964{,}472)$$
$$= \$-415{,}186$$

在本例中，因為 H 龐大的電費單 PW 值使 $\Delta B < 0$，不須完成比較，因 $\Delta(B-D)/C$ 為負的。

4. $\Delta(B-D)/C = -0.51$ 是為說明而列出。

5. G 留下來，接著比較 G 對 Q。

第 E 欄比較結果得 $\Delta(B-D)/C = 1.22$，顯示 Quimbley 的標案是增量上可接受，並選擇它。這是最昂貴的標案，尤其是期初成本，但在電費上的節省；使其在 15 年的計畫期間是最為經濟的方案。

總結

效益成本法主要是用來評估公共部門的替代方案，當我們在比較互斥的替代方案時，增量效益成本比率必須要大於等於 1.0 才能證明增量約當總成本是有經濟效益的。期初成本的 PW、AW 或 FW 值及估計的效益可用以執行增量效益成本分析。

公共部門經濟與私人部門經濟極為不同，就公共部門計畫而言，期初成本通常很大，預期的年限很長 (25、35 或更多年)，資本的來源通常是向人民課稅、使用費、發行債券和向私人借款等方式的組合。要精確的估計一個公共部門計畫效益和損害是件不容易的工作。公共部門的折現率較公司計畫折現率要來得低。

習題

效益成本的考慮

7.1 進行 B/C 分析時，為什麼在決定效益和損害時，最好採行限制性觀點？

7.2 指出下列何者主要是公共部門或私人部門專案：
   a. 俄亥俄河上的跨河橋
   b. 煤礦
   c. 巴加 1000 支競賽團隊
   d. 工程顧問公司
   e. 郡辦公室
   f. 洪水控制專案
   g. 瀕臨絕種生物之定義
   h. 高速公路照明
   i. 南極海上旅行
   j. 農作物防害噴灑

7.3 指出下列何者主要是公共部門或私人部門作為：eBay、農人市場、州警察局、競速車場、社會保險、EMS、ATM、旅行社、娛樂公園、賭場、跳蚤市場。

7.4 在 DBOMF 合約中，承包商及政府之主要的財務責任各為何？

7.5 指出下列資金來源主要為公共部門或

私人部門：

a. 地方政府債
b. 保留盈餘
c. 營業稅
d. 車輛牌照稅
e. 銀行貸款
f. 儲蓄帳戶
g. 工程師退休計畫
h. 州釣魚證營收
i. 迪士尼樂園入園費
j. 州立公園入園費

7.6 指出下列何者主要為公共部門或私人部門特性：

a. 大型投資
b. 無利潤
c. 資金由費用而來
d. 以 MARR 為基礎之選擇標準
e. 低利率
f. 較短預估專案期限
g. 損害

單一計畫的效益成本 B/C

7.7 為某郡政府專案計算傳統 B/C 比率。該專案預期有下述現金流：每年成本 $2,000,000，每年效益 $2,740,000；每年損害 $380,000。

7.8 某陸軍工兵部隊為改善俄亥俄河導航之專案，其期初成本預估 $6,500,000，每年維護費 $130,000。對遊艇和槳輪觀光船之效益預估為每年 $820,000。假如此專案執行期為永久，使用傳統 B/C 比率，決定以每年 8% 利率在經濟上是否可行。

7.9 對無限年限及下述預估值之專案，決定 B/C 比率。年利率為 8%。

對人民	對政府
每年效益 = $180,000/年	第一筆成本 = $950,000
每年損害 = $30,000/年	每年成本 = $60,000/年
	每年節省 = $25,000/年

7.10 對密西西比河洪水控制專案，其傳統 B/C 比率之計算得出 1.3。效益為每年 $500,000，維護成本為每年 $200,000。如果折現率為每年 7%，專案為 50 年期，則專案期初成本為多少？

7.11 市立醫院直升機坪專案之修訂 B/C 比率為 1.7。期初成本為 $100 萬，每年效益 $150,000，預估年限 30 年。在折現率每年 6% 下，每年 M&O 成本為多少？

7.12 死谷郡瀑布改善專案之現金流如下：期初成本 $650,000，年限 20 年，每年維護成本 $150,000，每年效益 $600,000，每年損害 $190,000。每年折現率 6%。決定該專案是否可行：(a) 以傳統 B/C 比率；(b) 以修正 B/C 比率。

7.13 由下列資料，計算：(a) 傳統的；及 (b) 修正的效益成本比率，使用折價率 6%

年利率及非常長(無限)專案年限。

對人民	對政府
效益：現在$300,000 及爾後每年 $100,000	成本：現在 $150 萬 及 3 年後 $200,000
損害：每年 $40,000	節省：每年 $70,000

使用 B/C 另一種比較

7.14 某州政府機關考慮兩互斥方案，以提升其技術人員之能力。方案 1 是採購軟體，以減少蒐集使用民眾背景資訊之時間。新軟體之採購、安裝及訓練等總成本為 $840,900。由增加效率所得之效益現值預期為 $1,020,000。方案 2 是以多媒體訓練來改善技術人員之績效。包括開發、安裝及人員訓練之總成本為 $1,780,000。因訓練而增加績效所得效益之現值預期為 $1,850,000。使用 B/C 分析以決定如果要的話，該機關應採行何方案。

7.15 某專案是在乾燥的西南部為防止少見，但有時會發生的大雨進行洪水控制。本專案將有下列現金流預估值。以年利率 8% 及 20 年研究期間，應用 B/C 分析，決定該採行何專案。

	下水道	開通渠道
第一筆成本 ($百萬)	26	53
M&O 成本 ($/年)	400,000	30,000
家戶清潔成本 ($/年)	60,000	0

7.16 開發商用海岸地產之現金流現值預估如下。以每年 8% 之 B/C 分析，決定哪一計畫該被選出(如果要選出的話)。

計畫	現值 ($ 千)	
	成本	效益
A	1,400	1,246
B	2,220	2,560
C	4,680	4,710

7.17 使用 B/C 法比較四種回收塑膠瓶的互斥方案。若有需要，可用其餘計算以選擇方案。

方案	總成本 PW ($ 百萬)	總 B/C 比率	當比較方案時 ΔB/C			
			M	N	O	P
M	10	0.91	—	1.69		0.96
N	21	1.32	1.69	—		
O	44	1.25			—	
P	52	0.95	0.96	0.80	0.08	—

7.18 賓州匹茨堡阿里根尼河上有兩個地點考慮興建懸吊橋。以每年 6% 折現率，應用 B/C 比率法決定該在哪一個地點興建。

	地點 N	地點 S
期初成本 ($)	$11×10^6$	$27×10^6$
每年 M&O ($/年)	100,000	90,000
效益 ($/年)	990,000	2,100,000
損害 ($/年)	120,000	300,000
年限 (年)	∞	∞

7.19 某顧問工程師正為美國政府評估四個專案。成本、效益、損害及節省成本之現值如下。假設每年 10% 折現率

持續複利，決定該選何專案，如果專案是：(a) 獨立；且 (b) 互斥。

	普通	好	很好	最佳
成本現值 ($)	10,000	8,000	20,000	14,000
效益現值 ($)	15,000	11,000	25,000	42,000
損害現值 ($)	6,000	1,000	20,000	31,000
節省成本現值 ($)	1,500	2,000	16,000	3,000

7.20 下列四個互斥方案由增額 B/C 法比較。如果要選，你會選哪一個？

方案	第一筆成本 ($ 百萬)	總 B/C 比率	當比較方案時 ΔB/C X	Y	Z	ZZ
X	20	0.75	—			
Y	30	1.07	1.70	—		
Z	50	1.20	1.50	1.40	—	
ZZ	90	1.11	1.21	1.13	1.00	—

額外問題與 FE 測驗複習題

7.21 下列除了哪些以外，都主要和公共部門專案相關：
a. 利潤
b. 稅
c. 損害
d. 無限年限

7.22 下列除了哪些以外，都應定為效益之現金流：
a. 因道路平整而延長輪胎壽命
b. 因貯水池而為地方企業帶來觀光人潮所得 $200,000 年收入
c. 建構高速公路之 $2,000 萬支出
d. 因改善照明而發生較少高速公路事故

7.23 在修正 B/C 比率中：
a. 損害和 M&O 成本由效益中減少
b. 損害由效益中減去，且 M&O 成本加入成本中
c. 損害和 M&O 成本，加入成本中
d. 損害加入成本中，且 M&O 成本由效益中減去

7.24 由下列 PW、AW 及 FW 值，其傳統 B/C 比率最接近：
a. 1.27
b. 1.33
c. 1.54
d. 2.76

	PW ($)	AW ($/年)	FW ($)
第一筆成本	100,000	16,275	259,370
M&O 成本	68,798	11,197	178,441
效益	245,784	40,000	637,496
損害	30,723	5,000	79,687

7.25 如果效益是永遠每年 $10,000，從第 1 年開始，而在時間 0 時之成本為 $50,000 且第 2 年底成本為 $50,000，在 $i = 10\%$ 年利率時之 B/C 比率最接近：
a. 1.1
b. 1.8
c. 0.90
d. 少於 0.75

Chapter 8

損益兩平、敏感度及還本分析

本章介紹的相關主題,有助於評估在經濟研究中一個或數個參數不同估計值的影響。當所有預估都是為未來而用,瞭解哪些參數在對專案進行經濟效益判斷時有重大影響是非常重要的。

損益兩平分析 (breakeven analysis) 用於一個專案或兩個方案。針對單一專案時,用以決定營收等於成本之某一參數值。兩個方案之損益兩平係用一個兩方案皆適用之計算參數,決定兩方案皆相同可行。對大多數分包商的服務、零組件製造,或國際合約,其**自製或外購決策 (make-or-buy decision)**,或稱**自製或外包 (inhouse-outsource)** 決策,都例行性地以損益兩平分析結果為基礎。

敏感度分析 (sensitivity analysis) 是決定某數值——最常見的為 PW、AW、ROR 或 B/C —— 大小因其預估值不同所發生衝擊影響之一技術。簡而言之,它回答了「假如?」這個問題。可應用於單一專案、兩個或兩個以上之替代方案,也可應用一個或一個以上之變數。因為所有研究都仰賴對成本(以及營收)完善的預估,所以敏感度分析是一個關鍵工具,必須學習及知道如何使用。

還本期 (payback period) 原本是決定某專案是否在財務上可接受的好技術。此技術用以決定某一建議專案在一個期間內完成兩件事——產生足夠之淨現金流以回收其期初投資(第一筆成本),和達到或超過所要的 MARR。本章後續會提到,應用還本分析技術有些缺點必須牢記。

目的：決定損益兩平或考慮貨幣的時間價值後，期初投資之還本。

學習成果

1. 決定單一專案的損益兩平值。　　　　　　　　損益兩平點
2. 計算兩方案之損益兩平值，並用以選擇其中之一。　兩方案損益兩平
3. 評估某一參數或多個參數在預估時變化的敏感度。　預估值之敏感度
4. 評估互斥方案選擇在預估值變化的敏感度。　　方案之敏感度
5. 計算某一專案在 $i = 0\%$ 和 $i > 0\%$ 之還本期，並敘述使用還本分析時必須注意之事項。　還本期
6. 使用試算表執行敏感度及損益兩平分析。　　試算表

8.1　單一專案損益兩平分析

　　損益兩平分析用以決定一參數值或決策變數，以使兩相關式為相等。例如，損益兩平分析能決定回收期初投資與每年營運成本共需多少年。損益兩平分析有許多型式：有些平衡 PW 或 AW 相等關係，有些包括平衡營收和成本關係，有些則是平衡供需關係。它們的共通點都是平衡兩關係式，或設定其差異為零，或找出損益兩平值，使方程式為真。

　　決定一決策變數之損益兩平值，而不考慮貨幣的時間價值是常見現象。例如，此變數是最低成本下之設計能量，或回收成本所需之銷售量，或最大營收下發電用燃料之成本等。

　　圖 8.1(a) 表示營收關係之不同型態為 R。通常假設營收關係為線性，但當大量生產時因為單位營收增加 (曲線 1) 或減少 (曲線 2)，故非線性關係常較為實際。

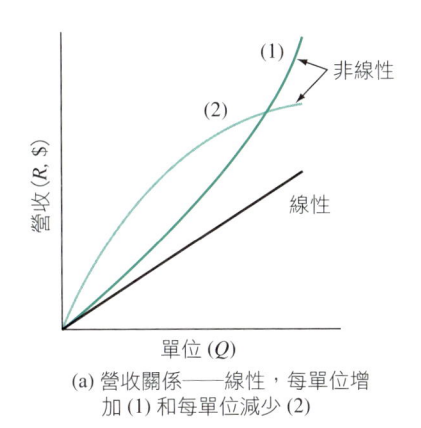

🔍 圖 8.1 線性及非線性營收和成本關係。

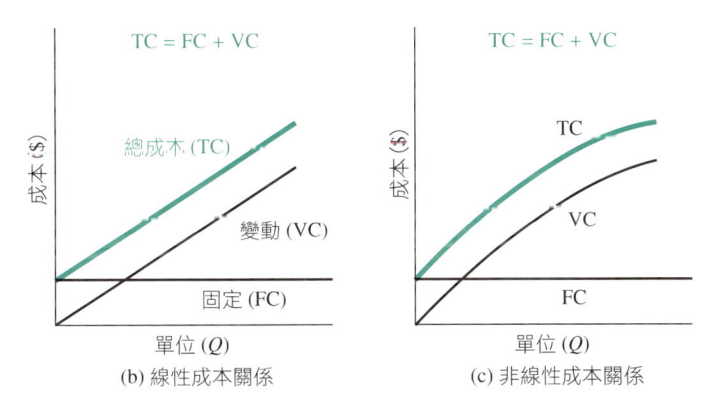

(a) 營收關係——線性，每單位增加 (1) 和每單位減少 (2)

(b) 線性成本關係

(c) 非線性成本關係

　　成本可為線性或非線性，通常包括固定與變動兩部分，如圖 8.1 (b) 和 (c)。

固定成本 (FC)。如建築物、保險、固定開銷 (fixed overhead)、最低程度勞工需求及設備資本回收，和資訊系統等之成本。

變動成本 (VC)。如直接勞工、分包商、材料、間接成本、行銷、廣告、法務及保固等之成本。

無論所有變數值為何，固定成本基本上是常數，在大範圍的運算參數下，它不做太大改變。即使無產出，固定成本仍然存在某些門檻值。(當然，這種情形不能延續太久，因為生產線會關閉。) 固定成本可因改善設備、資訊系統和人力運用、減少高價的福利津貼，或轉包某些特殊工作等而降低。

　　簡單的 VC 關係是 vQ，其中 v 為每單位變動成本，而 Q 為數量。變動成本因產出水準、人力大小和其它參數而變化。通常可透過設計、效率、自動化、材料、品質、安全性和銷售量等改善而降低變動成本。

當 FC 和 VC 相加，即組成總成本 (TC)。圖 8.1(b) 列示線性之固定和變動成本。圖 8.1(c) 表示，當 Q 增加時，每單位變動成本降低之非線性 VC 及其 TC。

🔍 圖 8.2　(a) 損益兩平點；和 (b) 當每單位變動成本降低時對損益兩平點之影響。

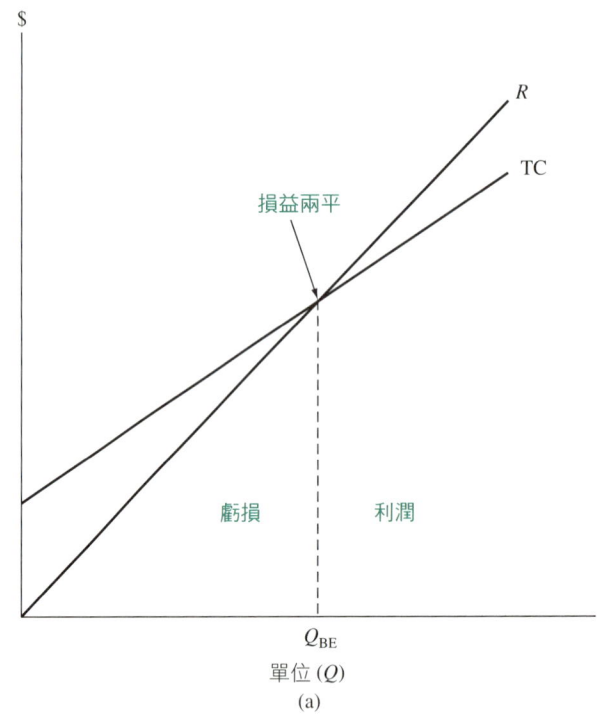

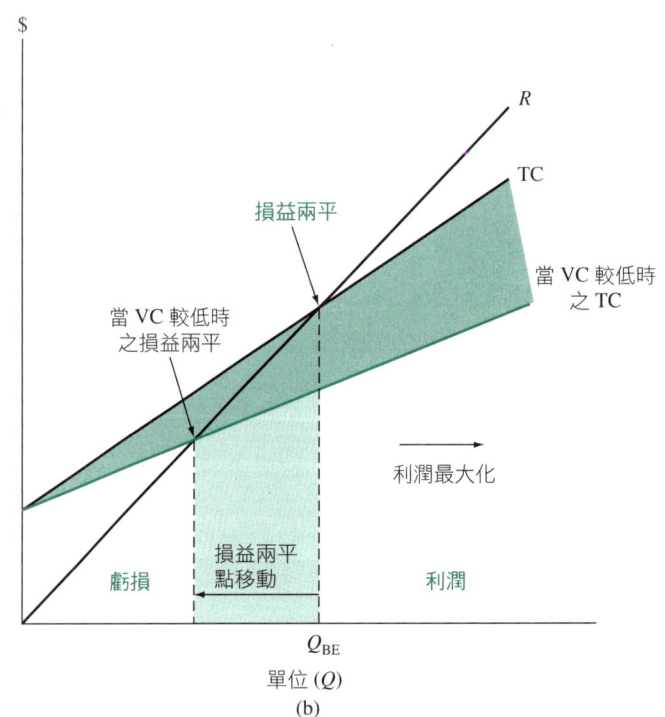

當 Q 達某值，營收和總成本關係將交叉以訂出損益兩平點 Q_{BE} [圖 8.2(a)]，如果 $Q > Q_{BE}$ 則有利潤，如果 $Q < Q_{BE}$ 則有虧損，若是線性 R 和 TC，則產量愈大，利潤也就愈大。利潤之計算為：

$$\text{利潤} = \text{營收} - \text{總成本} = R - TC \qquad [8.1]$$

Q_{BE} 的封閉式解為當營收和總成本都為 Q 的線性式。若兩者相等，則表示利潤為零。

$$R = TC$$
$$rQ = FC + VC = FC + vQ$$

其中　r = 每單位營收

　　　v = 每單位變動成本

解出 Q 以得到損益兩平之數量：

$$Q_{BE} = \frac{FC}{r - v} \qquad [8.2]$$

損益兩平圖是重要的管理工具，因為它很容易瞭解。例如，如果每單位變動成本降低，則線性 TC 線有一較小斜率 [圖 8.2(b)]，且損益兩平點降低，這是較有利的，因為 Q_{BE} 越小，則在固定營收量下，利潤越大。

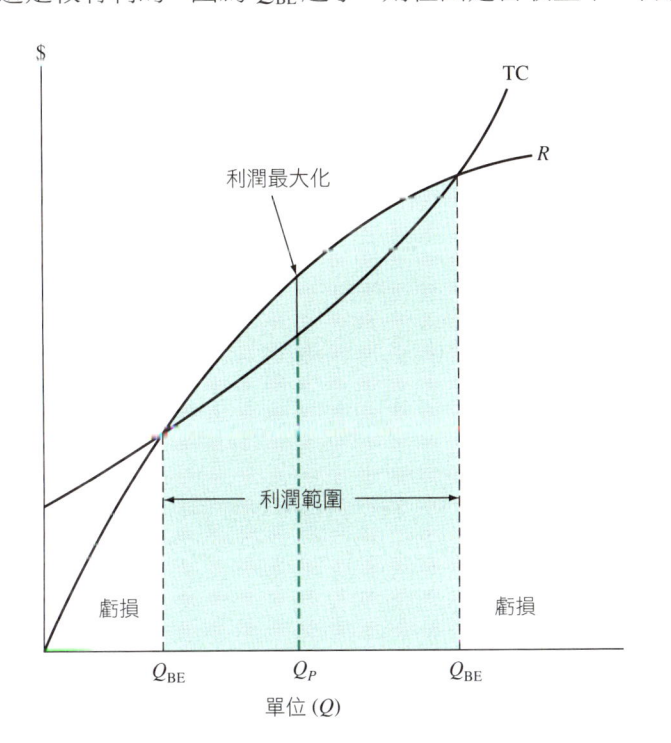

🔍 圖 8.3　非線性分析之損益兩平點和最大利潤點。

如果使用非線性 R 或 TC 模式，則可能有一個以上之損益兩平點，圖 8.3 表示兩個損益兩平點之情形，而最大利潤點 Q_P 則是 R 和 TC 曲線間之距離最大時之一點。

範例 8.1

尼可利亞水公司的自然純水產品主要藉著擺在超市和藥妝店的販賣機分配銷售，每個銷售點每月固定成本 $900，另外每加侖純水要耗費 $0.18 純化並賣 $0.30。(a) 每月需賣多少量才能損益兩平；(b) 尼可利亞水公司總裁正與市政府談判單一商源合約，以期在幾個點配送大量純水，固定成本和純化成本仍不變，但售價為每月前 5,000 加侖為每加侖 $0.30，超過此量後之每加侖為 $0.20，算出每個配送點每月的損益兩平量。

解答

a. 使用式 [8.2]，以決定損益兩平量為 7,500 加侖。

$$Q_{BE} = \frac{900}{0.30 - 0.18} = 7,500$$

b. 根據式 [8.1]，銷售 5,000 加侖，則利潤為負值 $-300，營收曲線在此 (5,000 加侖) 門檻以上有較低之斜率，因為 Q_{BE} 不能直接由式 [8.2] 獲得，必須由平衡營收與總成本，並將 5,000 加侖門檻值考量在內，如果 Q_U 是門檻值以上的損益兩平量，則平衡 $R = TC$ 關係為：

$$0.30(5,000) + 0.20(Q_U) = 900 + 0.18(5,000 + Q_U)$$
$$Q_U = \frac{900 + 900 - 1,500}{0.20 - 0.18} = 15,000$$

因此，每個配送點每月必須賣 20,000 加侖，則營收和總成本損益兩平於 $4,500。圖 8.4 詳述其關係和各點。

在某些情形下，以每單位為基礎的營收和成本之損益兩平分析較佳，每單位營收為 $R/Q = r$，TC 關係式除以 Q 得到每單位成本，即每單位平均成本 C_u。

$$C_u = \frac{TC}{Q} = \frac{FC + vQ}{Q} = \frac{FC}{Q} + v \qquad [8.3]$$

此關係式 $R/Q = TC/Q$ 得 Q 之解，所得之 Q_{BE} 與式 [8.2] 相同。

當工程經濟研究對包括 P、F、A、i 或 n 值的單一專案不能可靠預估時，對其中之一參數的損益兩平量可藉設定 PW、FW 或 AW 等於零，

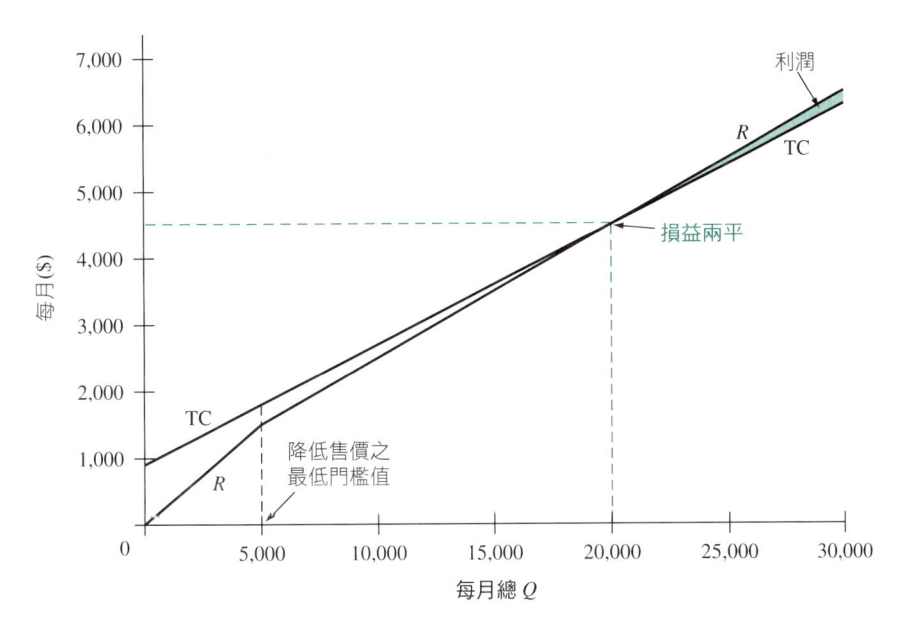

▲ 圖 8.4 具折價銷售量之損益兩平圖，範例 8.1(b)。

求其它未知變數值，如第 6 章，決定損益兩平報酬率 i^*。例如，某專業爵士音樂家買新設備付 \$20,000，5 年後殘值 10%，假若他的成本為每天 \$100，而他出場一天開價 \$300，我們能得到 X，即每年他「演出」日數以得到年利率 5% 之損益兩平數，藉由設定 AW 關係式為零求出 X。

$$0 = -20,000(A/P,5\%,5) + 0.10(20,000)(A/F,5\%,5) - 100X + 300X$$
$$= -20,000(0.23097) + 2,000(0.18097) + 200X$$
$$200X = 4,257.46$$
$$X = 21.3 \text{ 演出日數/年}$$

即每年 22 個特約演出日數即可回收投資，得到約大於每年 5% 之報酬率。

8.2 兩方案損益兩平分析

應用損益兩平分析以決定兩方案均有之共同參數值是絕佳技術，此參數可以是利率、每年產量、第一筆成本、年營運成本或任何參數，我們已在第 6 章藉決定 ROR 之增量值 (Δi^*)，在方案中進行損益兩平分析。

損益兩平分析通常包括對兩方案均適用之營收或成本變數。圖 8.5 表示兩方案之線性總成本 (TC) 關係，方案 2 之固定成本大於方案 1。

🔍 **圖 8.5 具線性成本關係之兩方案之損益兩平。**

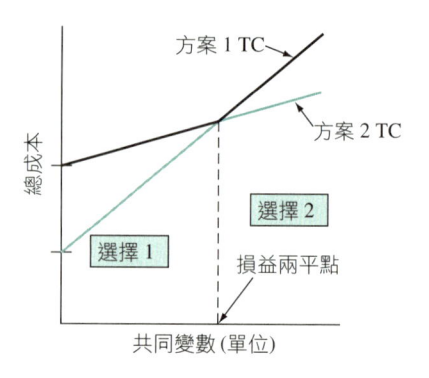

但方案 2 有較小之變動成本，如圖有較小之斜率。如果共同變數之產量大於損益兩平量，則選方案 2，因其總成本較低；相反地，若預期產量小於損益兩平量，則方案 1 較佳。

我們常以平衡 PW 或 AW 關係式以求出大值，當變量是以年為單位，或兩方案有不同年限，則用 AW 平衡式較佳。下列步驟決定共同變數之損益兩平點：

1. 定義共同變數及其各維單位 (dimensional units)。
2. 使用 AW 或 PW 分析以表示兩方案相依共同變數之總成本。
3. 平衡兩關係式，以求出平損值。
4. 基於共同變數之期望程度及變動成本大小，作為選擇之指導。參見圖 8.5。

期望程度＜平損值：選擇具較高變動成本之備案 (TC 線有較大斜率)。
期望程度＞平損值：選擇具較低變動成本之備案 (TC 線有較小斜率)。

範例 8.2

某小型航太公司正評估兩方案：採購一最後處理工序用自動輸入機器或一手動輸入機器。自動輸入機器期初成本 $23,000，預估殘值 $4,000，預期 10 年年限，操作員工資為每小時 $24，期望產出為每小時 8 噸，每年維護和營運成本預計為 $3,500。

手動輸入機器方案的第一筆成本 $8,000，無預期殘值，年限 5 年，每小時產出 6 噸，需要 3 人操作，每人工資每小時 $12，機器每年維護和營運成本為 $1,500，兩方案期望產出每年 10% 報酬率。每年自動輸入機器需產出多少噸，才能平衡其較高價的採購成本？

解答

使用前述計算損益兩平點之步驟，得出兩方案解：

1. 以 X 表示每年產出噸數。
2. 針對自動輸入機器，其每年變動成本為：

$$\text{每年 VC} = \frac{\$24}{\text{小時}} \frac{1 \text{ 小時}}{8 \text{ 噸}} \frac{x \text{ 噸}}{\text{年}} = 3x$$

其 AW 為：

$$\begin{aligned}\text{AW}_{\text{自動}} &= -23{,}000(A/P,10\%,10) + 4{,}000(A/F,10\%,10) - 3{,}500 - 3x \\ &= \$-6{,}992 - 3x\end{aligned}$$

同樣地，手動輸入機器其每年變動成本和 AW 為：

$$\text{每年 VC} = \frac{\$12}{\text{小時}} (3 \text{ 個操作員}) \frac{1 \text{ 小時}}{6 \text{ 噸}} \frac{x \text{ 噸}}{\text{年}} = 6x$$

$$\begin{aligned}\text{AW}_{\text{手動}} &= -8{,}000(A/P,10\%,5) - 1{,}500 - 6x \\ &= \$-3{,}610 - 6x\end{aligned}$$

3. 平衡兩成本關係式，得出 X。

$$\begin{aligned}\text{AW}_{\text{自動}} &= \text{AW}_{\text{手動}} \\ -6{,}992 - 3x &= -3{,}610 - 6x \\ x &= 1{,}127 \text{ 噸／每年}\end{aligned}$$

4. 因為自動輸入機器方案之 VC 斜率為 3 較小，故當期望產出超過 1,127 噸時，則選擇採購自動輸入機器。

此損益兩平方法常用於自製或外購之決策，外購 (或以分包商承作) 之方案通常沒有固定成本，但有較大的變動成本。當兩成本關係式相等的變量是自製或外購決策之數量。當數量超過此數目，則應該自製，而非外包。

範例 8.3

守護者是國內一家製造家用健康照護產品之公司，正面臨自製或外購決策。其新研製的升降器可裝於後車廂以升降輪椅，升降器之鋼臂可以每具 $0.60 採購或可自製。如果自製，需要兩種機器，機器 A 預估成本 $18,000，年限 6 年，殘值為 $2,000；機器 B 則要 $12,000，年限 4 年，殘值為 $-500 (報廢處理成本)。機器 A 在 3 年後大修成本為 $3,000，機器 A 的 AOC 預計為每年 $6,000，而機器 B 的 AOC 預計為每年 $5,000，操作兩機器需 4 名操

作員,每人工資為每小時 $12.50,以 8 小時正常工時可製 1,000 具,使用每年 15% 的 MARR 求出下列:

a. 每年產出量以平損自製決策。

b. 在對機器 A 及機器 B 其它預估值如上述情形下,採購機器 A 最大資本開銷之平損值,該公司預期每年生產 125,000 單位。

解答

a. 以前述步驟 1 至 3,決定損益兩平點。

1. 定義 x 為每年升降器產出數。

2. 操作員的變動成本及兩機器之固定成本,以得知自製方案需求。

   每年 VC = (每單位成本)(每年產出單位)

   $$= \frac{4\text{ 個操作員}}{1{,}000\text{ 單位}} \frac{\$12.50}{\text{小時}}(8\text{ 小時})x$$

   $$= 0.4x$$

   機器 A 和機器 B 的每年固定成本,即 AW 金額。

   $$AW_A = -18{,}000(A/P,15\%,6) + 2{,}000(A/F,15\%,6)$$
   $$\quad\quad -6{,}000 - 3{,}000(P/F,15\%,3)(A/P,15\%,6)$$
   $$AW_B = -12{,}000(A/P,15\%,4) - 500(A/F,15\%,4) - 5{,}000$$

   總成本即 AW_A、AW_B 與 VC 之總和。

3. 平衡採購方案 $(0.60x)$ 和自製方案的每年成本,得出:

   $$-0.60x = AW_A + AW_B - VC$$
   $$= -18{,}000(A/P,15\%,6) + 2{,}000(A/F,15\%,6) - 6{,}000$$
   $$\quad -3{,}000(P/F,15\%,3)(A/P,15\%,6) - 12{,}000(A/P,15\%,4)$$
   $$\quad -500(A/F,15\%,4) - 5{,}000 - 0.4x$$
   $$-0.2x = -20{,}352.43$$
   $$x = 101{,}762\text{ 單位}/\text{每年}$$

每年必須至少產出 101,762 具升降器才值得進行自製方案,該方案有較低之變動成本 $0.40x$。

b. 預測產出量高於前述損益兩平量,為找出 P_A 最大值,以 125,000 代入 x,並以 P_A 為 A 機器之第一筆成本,得出 $P_A = \$35{,}588$,意即約兩倍於第一筆成本預估值 ($18,000) 可用於機器 A。

8.3 預估值變動之敏感度分析

執行任何專案總是有某些程度之風險,通常是由於不確定性,以及參數預估時之變動。變動之效力可以**敏感度分析**來決定,通常某因素在一時期為可變量,並在其它因素已假設時為獨立。此假設在真實世界裡並非百分之百正確,但是卻很實用,因為要精確地決定各參數間的相依性是極其困難的。

敏感度分析決定 PW、AW、ROR 或 B/C 等量測值之大小,如果某些參數值在某一範圍內變動,則方案也因此變動。例如,MARR 之變動可能不會改變決策,前提是所有方案之 $i^* >$ MARR;因此,決策相對 MARR 是不敏感的。 然而, 預估 P 值之變動會對相同方案具敏感度,而造就不同選擇之決策。

敏感度分析有幾種型式,對某備案可能檢視一個或一個以上之參數之敏感度,也可在互斥方案間評估選擇之影響。損益兩平分析就是**敏感度分析之一種型式**,因為接受/拒絕之決策全視相關參數之預估與損益兩平點之相對關係,在本節及下節中,共研討三種敏感度分析之型式:

- 對單一專案某時點其某一參數之變動 (範例 8.4),或互斥方案間之選擇。
- 對單一專案其兩個 (含) 以上之參數之變動 (範例 8.5)。
- 對多個互斥方案,因對兩個 (含) 以上之參數變動的敏感度而導致之選擇 (第 8.4 節)。

針對所有型式,在開始分析前,必須先選擇目標參數 (一個或多個) 及待量測值,進行敏感度分析一般會遵守下列步驟:

1. 對最有可能之預估值,決定哪些是可能會變動之相關參數。
2. 選擇每一參數可能之範圍 (數值或百分比),以及其變動量。
3. 選擇欲量測之值。
4. 利用欲量測之值,以計算出每一參數之結果。
5. 以圖形表示參數相對於量測值,以使能更佳地解釋敏感度。

最好例行應用之量測值為 AW 或 PW，ROR 必須用於多個方案，因為必須做增量分析 (在第 6.4 節中討論過)，試算表對敏感度分析是非常有用的，一個或多個值可以很容易的改變，以決定其效力。請見第 8.6 節之完整範例。

範例 8.4

漢莫鐘錶公司正要採購設備，以大幅改善其手錶指針的反光，以增加在昏暗環境下之可見度，最可能之預估值為 $P = \$80,000$，$n = 10$ 年，$S = 0$，在第 1 年花費 $25,000 後，爾後每年增加之淨營收以 $2,000 逐年遞減，製造部副總裁擔心專案的經濟效益會因設備年限由 10 年預估值改變而造成影響；行銷部副總裁則擔心每年遞減之 $2,000 營收會變大或變小，而造成對營收預估之敏感度，以 MARR = 年利率 15%，及 PW 約當值，來決定相對於下述之敏感度。(a) 年限變動為 8 年、10 年及 12 年；以及 (b) 營收之遞減變動為每年 0 至 $3,000，對每一參數畫出相對 PW 值之圖。

解答

a. 依照上述程序求出對年限預估之敏感度。

1. 財產年限為目標參數。
2. n 之範圍是以 2 年增量之 8 至 12 年。
3. PW 是量測值。
4. 使用最可能之預估營收值 $G = \$-2,000$，設定 PW 相對於變動 n 值之關係式，插入 $n = 8$、10、12，以求得 PW 值。

   $PW = -80,000 + 25,000(P/A,15\%,n) - 2,000(P/G,15\%,n)$

n	PW
8	$ 7,221
10	11,511
12	13,145

5. 畫出 PW 相對於 n 之圖 8.6(a)，非線性之結果顯示對此年限範圍之最小敏感度，所有 PW 明顯均為正數，顯示遠超過 MARR 的 15%。

b. 現在營收遞增 (減) 以相同之 PW 相對 $n = 10$ 之關係式來檢驗，設定 $1,000 增量，以得出 G 值變動之敏感度。

   $PW = -80,000 + 25,000(P/A,15\%,n) - G(P/G,15\%,10)$

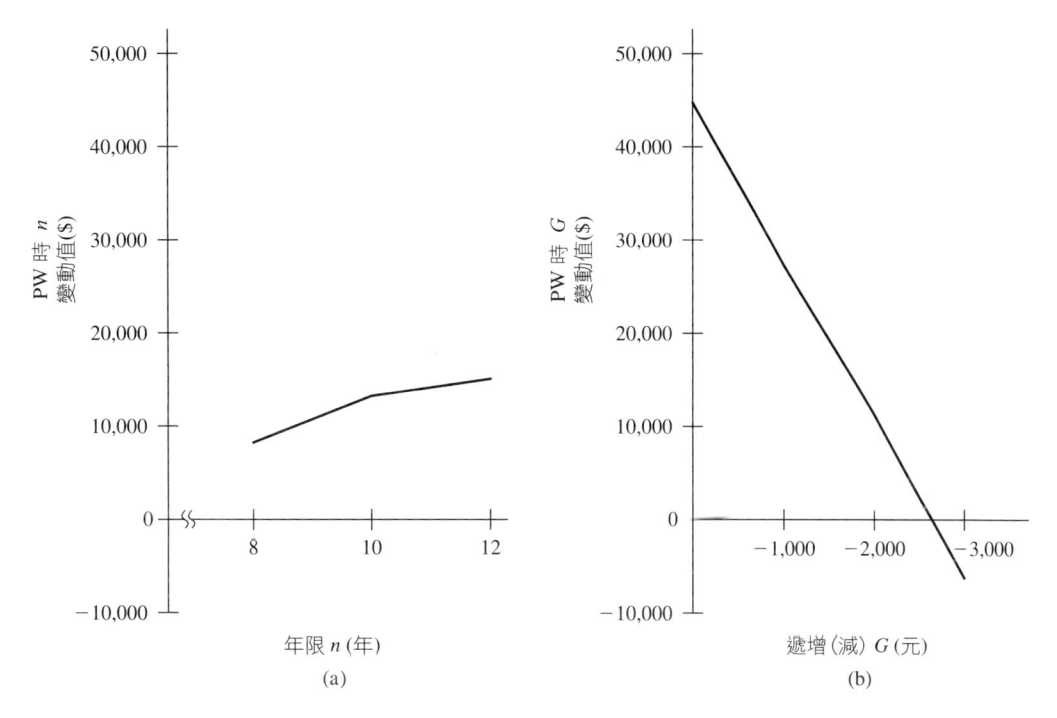

🔍 圖 8.6　PW 對 n 變動及 G 變動之預估之敏感度，範例 8.4。

G	PW
$ 0	$45,470
−1,000	28,491
−2,000	11,511
−3,000	−5,469

圖 8.6(b) 為 PW 相對 G 之圖，其線性圖結果顯示範圍內之高度敏感度，事實上，若營收降至每年少 $3,000，且其它預估為正確，則此專案不可能有 15% 報酬。

評論：瞭解每一時點分析之重大限制是很重要的。當計算 PW 值時，所有其它參數值為固定之最有可能預估值。此法用於當僅一個參數是最敏感時，但當數個參數均期望影響敏感度時則不適用。

包括 n 及 i 之敏感度圖非線性是因為該因素之數學式。當 n 及 i 為固定量時，則 P、G、S 圖則通常為線性。圖 8.6(b) 中，每 G 值減少 $1,000，則 PW 減少 $16,980。而且由圖可預估損益兩平點約為 $−2,700，解出 PW 關係式中之 G 值得出確切的 $−2,678，如果每年營收遞減量超過此值，則此專案不可能在經濟上獲得 MARR = 15%。

當參數預估變化時，對方案之選擇也會改變。為決定可能之參數範圍會改變選擇，計算在不同參數值之 PW、AW 或其它之值，如此決定變動對選擇之敏感度。反過來說，PW 或 AW 關係式設為相等時，可決定參數之損益兩平值，若損益兩平點落於預期參數之變動量範圍內，則此決策可視為敏感，若使用試算表進行兩方案 (A 及 B) 之敏感度／損益兩平分析，則可以 SOLVER 工具，設定限制 $AW_A = AW_B$ 以平衡其關係式，參考 Excel 協助 (help) 功能中 SOLVER 之詳述。

當為某一專案對數個參數之敏感度時應用單一量測值，則可以繪圖畫出每一參數對量測值之百分比變化，每一參數之變動以百分比偏異於最可能預估值，畫於水平軸，如果相應之曲線在預期變動範圍內為趨近於水平之直線，則為不敏感；當曲線斜率漸增 (正向或負向)，則敏感度增加；若斜率很大，則顯示參數可能需進一步研究。

範例 8.5

珍妮斯是上地化學公司研究暨企劃部製程工程師，正為未來 12 個月某一製程用燃料進行經濟分析，專案之 10% ROR 方能約當 PW 關係式，其它類似專案之 MARR 因為有政府補助新燃料之研究而為 5%。為了評估 ROR 對數個變數之敏感度，她以提供她的單點預估值畫出數個選出參數的變動範圍圖，如圖 8.7 所示。

售價 (每加侖 $)	±20%
材料成本 (每噸 $)	−10%~+30%
人力成本 (每小時 $)	±30%
設備維護成本 (每年 $)	±10%

珍妮斯對於每一參數敏感度之研究，她應觀察到什麼？又該怎麼做？

解答

首先，對每一參數變化量之研究是由小至 10%，大到 30%，所以超出此範圍之敏感度不能被分析決定。在所研究之範圍內，此專案之人力及每年維護成本不會引起 ROR 之重大變化。事實上，人力成本增加 30% 僅減少 ROR 預估值約 2% 至 3%。

材料成本之增加會引起 ROR 之大幅減少，若材料成本增加 10%，則不能達到 5% 的 MARR；而增加 20%，則可能使 ROR 為負。對這些成本之知識與控制非常重要，尤其在通貨膨脹的環境中。

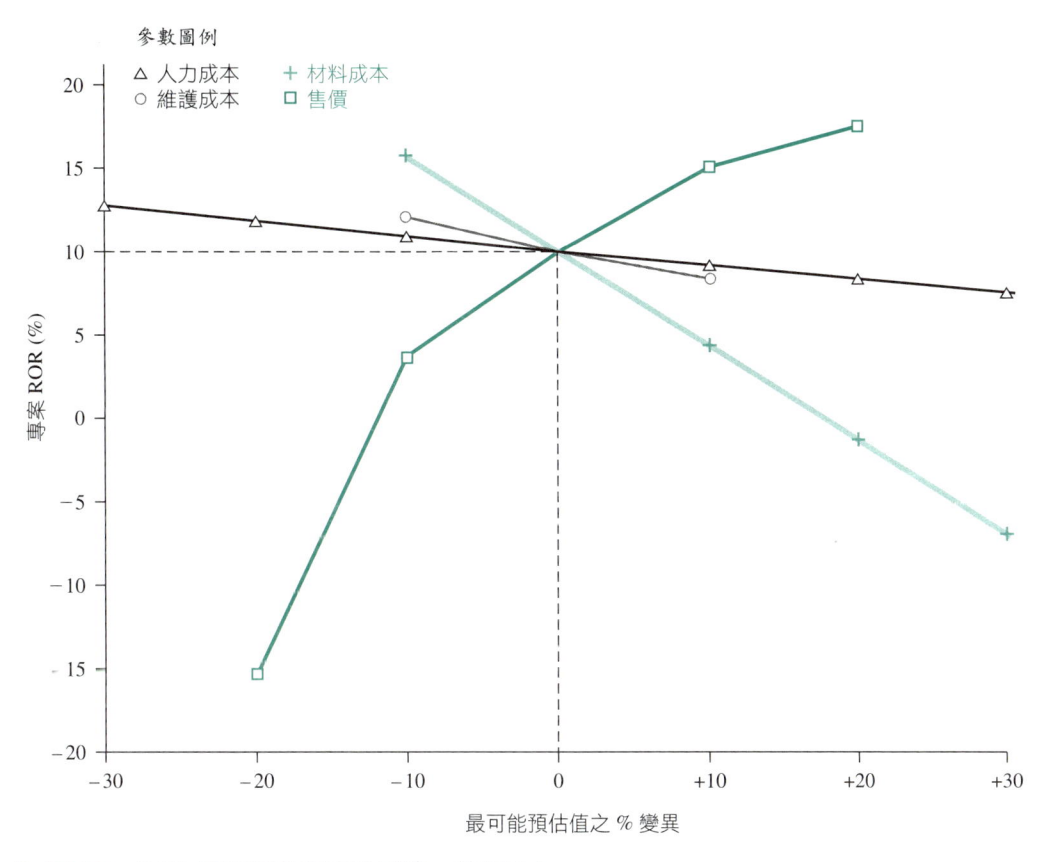

圖 8.7　ROR 對四個參數之敏感度，範例 8.5。

售價對專案利潤也有重大影響，相對預估價 ±10% 的小變動，可使 ROR 由 3% 改變最多至 15%。減少超過 −10%，將迫使專案成為虧本情形；而價格增加超過 10% 後，則對整個 ROR 影響將有遞減效應，售價是一個非常有力之參數，需要上地公司管理階層清楚地減低預期變動量。

珍妮斯要確定她分析的結果能引起適當管理階層人員的注意，她必須確定她使用的抽樣數據分析包括於其報告中，所以結果能被確認或擴大範圍，如果未來幾週沒有回應，則她應持續追蹤對其分析之反應。

8.4　對多個方案的多個參數之敏感度分析

對兩個或兩個以上互斥方案的經濟上優點及缺點，可以對每個參數做出三個足以涵蓋影響決策之預估值而定：悲觀的、最有可能的，及樂觀的預估，視參數之性質而定。悲觀預估值可以是最低值 (如不

同年限) 或最大值 (如資產第一筆成本)。此法在預估每一參數變動範圍內，分析量測值及方案選擇，當計算每一方案之量測值時，通常對其它參數係使用最有可能之預估值。

範例 8.6

某工程師對三個方案之殘值、每年營運成本及年限 (表 8.1) 各做出三個預估值。例如，方案 B 之悲觀預估為 $S = \$500$，AOC = $\$-4,000$，$n = 2$ 年，第一筆成本為已知，所以均有相同值。以每年 12% 之 MARR，應用 AW 分析執行敏感度分析，以決定最經濟之方案。

解答

針對表 8.1 中每一方案計算 AW 值，例如，A 之 AW 關係式，其悲觀預估為：

$$AW_A = -20,000(A/P,12\%,3) - 11,000 = \$-19,327$$

此三個方案和三個預估值，共有九個 AW 關係式。表 8.2 顯示所有 AW 值。圖 8.8 是對每一方案的 AW 相對於三個年限預估值 (對 AW 相對不同變動之參數，即 n、AOC 或 S，均得出相同結論之圖)。因為方案 B 使用 ML 預估值計算出的 AW ($\$-8,229$) 在經濟上優於方案 A 及 C 的樂觀 AW 值，所以方案 B 很明顯的是所要的。

表 8.1 對所選參數之三個預估值之三個方案

策略		第一筆成本 ($)	殘值 ($)	AOC ($)	年限 n (年)
方案 A					
預估值	P	−20,000	0	−11,000	3
	ML	−20,000	0	−9,000	5
	O	−20,000	0	−5,000	8
方案 B					
預估值	P	−15,000	500	−4,000	2
	ML	−15,000	1,000	−3,500	4
	O	−15,000	2,000	−2,000	7
方案 C					
預估值	P	−30,000	3,000	−8,000	3
	ML	−30,000	3,000	−7,000	7
	O	−30,000	3,000	−3,500	9

P = 悲觀的；ML = 最有可能的；O = 樂觀的。

表 8.2　對變動參數之每年年值，範例 8.6

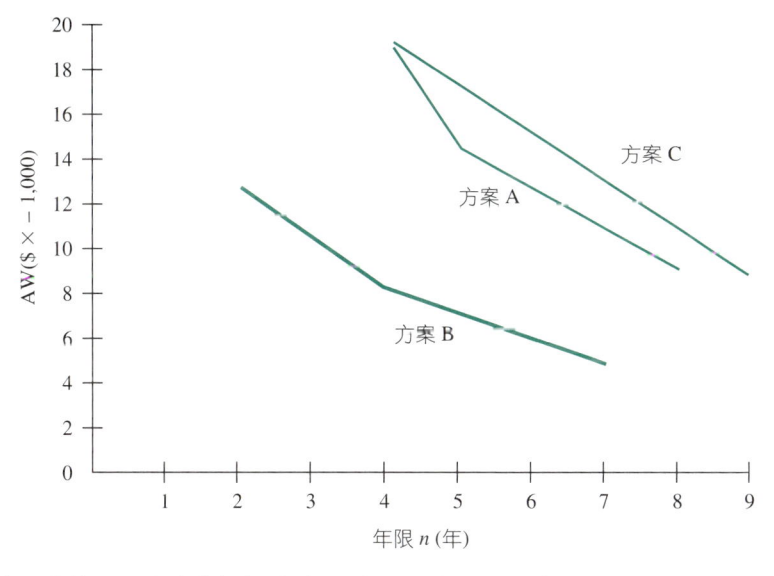

預估值	方案 AW 值		
	A	B	C
P	$-19,327	$-12,640	$-19,601
ML	-14,548	-8,229	-13,276
O	-9,026	-5,089	-8,927

圖 8.8　對不同年限預估之 AW 敏感度圖，範例 8.6。

評論：雖然這裡方案的選擇非常明確，但並非每種情形都是如此。若是複雜情形，則必須決定以哪一組預估值 (P、ML、O) 來作為選擇之基礎。

8.5　還本期分析

還本分析 (payback analysis) [也稱付出分析 (payout analysis)，是使用 PW 相等關係式之另一種敏感度分析型式。還本分析能用兩種型式：一是 $i > 0\%$ [也稱**折價還本** (discounted payback)] 及 $i = 0\%$ [也稱**無報酬還本** (no-return payback)]。還本期 n_p 為時間，通常以年為單位，用以計算在預估營收及其它經濟利益，以期在特定報酬率 $i\%$ 下回收期初投資 P 所需時間。n_p 值通常不是整數。

還本期之計算必須在報酬大於 0% 之下。然而實務上，還本期通常會以無報酬需求 ($i = 0\%$) 下先初期篩選專案，再決定是否要進一步做考量。

找出某一已定之報酬 $i > 0$ 下之折現還本期，計算 n_p 年，以使下述關係式為正確：

$$0 = -P + \sum_{t=1}^{t=n_p} \text{NCF}_t(P/F,i,t) \qquad [8.4]$$

如第 1 章討論，NCF 是每年 t 之預估淨現金流，其中 NCF = 收款 − 付款。如果 NCF 值每年相等，則使用 P/A 因子以求出 n_p：

$$0 = -P + \text{NCF}(P/A,i,n_p) \qquad [8.5]$$

n_p 年後，現金流將回收其投資並有 $i\%$ 之報酬。實務上，如果資產或方案使用超過 n_p 年，可能獲得較大之報酬；但若年限小於 n_p 年，則其時間不足以回收投資或得到 $i\%$ 之報酬。認知在還本分析時，*所有發生於 n_p 年後之所有淨現金流會被忽略*，這點是非常重要的。這和其它所有評估方法 (PW、AW、ROR、B/C) 包括整個年限所有現金流之作法是完全不同的。因此，還本分析會對方案之選擇造成不公平的偏差。所以，還本期 n_p 不應該作為方案選擇之主要量測值，它只能作為使用其它分析應用另外的量測值時，配合提供期初篩選或補充資訊。

無報酬還本分析以 $i = 0\%$ 決定 n_p。此 n_p 值只作為期初指標，以決定某建議案是否可行，並值得做進一步完整之經濟評估。決定還本期，以 $i = 0\%$ 代入式 [8.4] 並找出 n_p。

$$0 = -P + \sum_{t=1}^{t=n_p} \text{NCF}_t \qquad [8.6]$$

對單一現金流序列，式 [8.6] 可直接解出 n_p：

$$n_p = \frac{P}{\text{NCF}} \qquad [8.7]$$

舉一個應用**無報酬還本**作為建議專案之期初篩選的例子，即某公司總裁絕對堅持每一個專案必須在投資之 3 年內還本，故若任何建議專案在 $i = 0\%$ 時 $n_p > 3$，就不被考慮。

若以 $i > 0\%$ 之 n_p，使用無報酬還本期去做方案最終選擇是不正確的。它忽略了任何預期報酬，因為貨幣的時間價值在 $i = 0\%$ 時被省略；它也忽略了 n_p 之後所有淨現金流，包括那些視為投資報酬之正現金流。

範例 8.7

J&J 健康公司老闆／創辦人今年籌置一筆 $1,800 萬經費，用以開發主要為非洲裔和包括地中海和中東血統族群常見之鐮形血球貧血症 (sickle cell anemia) 的血液失常之新治療技術。預估第 6 年開始將有正的淨現金流，此後平均每年為 $600 萬。

a. 作為經濟上可行之初期篩選，決定無報酬及 $i = 10\%$ 之還本期。

b. 假設研發過程中的任何專利將在專案第 6 年給予獎勵。若每年 $600 萬淨現金流可持續共 17 年 (即至專案之第 22 年)，即專利權過期時，求出專案之 ROR。

解答

a. NCF 第 1 年到第 5 年為 0，第 6 年開始為 $600 萬。當 NCF > 0 時，令 $x = $ 大於 5 之後的年數。對無報酬還本，應用式 [8.6]；對 $i = 10\%$，應用式 [8.4]。以 $ 百萬為單位：

$$i = 0\%: \quad 0 = -18 + 5(0) + x(6)$$
$$n_p = 5 + x = 5 + 3 = 8 \text{ 年}$$
$$i = 10\%: \quad 0 = -18 + 5(0) + 6(P/A,10\%,x)(P/F,10\%,5)$$
$$(P/A,10\%,x) = \frac{18}{6(0.6209)} = 4.8317$$
$$x = 6.9$$
$$n_p = 5 + x = 5 + 7 = 12 \text{ 年 (整數化)}$$

b. 以 PW 關係式求出 22 年之 i^*，得出 $i^* = 15.02\%$。以 $ 百萬為單位，PW 是：

$$PW = -18 + 6(P/A,i\%,17)(P/F,i\%,5)$$

結論是，若要求 10% 報酬，則還本期由 8 年增至 12 年；當還本期後有預期之現金流，專案之報酬將增至每年 15%。

若以還本期作為兩個或兩個以上方案之期初評估，定出哪一方案優於其它方案，其主要之缺點 (忽略 n_p 後之現金流) 會導致經濟上錯誤之決策。若 n_p 後發生之現金流被忽略，則有可能會偏向選擇短期資產，但長期資產可能會產出較高報酬。所以，PW 或 AW 分析必須永遠是主要的選擇方法。

8.6 使用試算表於敏感度或損益兩平分析

試算表是進行敏感度、損益兩平及還本分析之絕佳工具。預估值可以每次一一重複驗證，以找出 PW、AW 或 ROR 是如何改變。解出損益兩平值時，GOAL SEEK 工具是非常有用的。下述各例為如何展開試算表，以執行平損和敏感度分析。

應用試算表格時，必須注意安排有興趣之資料至欄 (columns) 或列 (rows) 中。x-y 散布圖是工程經濟分析上常用之工具。架構圖表及使用 GOAL SEEK 工具之詳述，可參考 Excel 之協助 (help) 系統。

範例 8.8

應用試算表和 GOAL SEEK 工具，找出範例 8.3(a) 在自製或外購方案中之損益兩平點。

解答

將損益兩平點定為 BE。圖 8.9 詳述機器 A 及機器 B 各於 6 年及 4 年年限之現金流量與 AW 值。如同手算解答之相同展開式以及第 D 欄顯示每年變動成本為 0.4 倍 BE。以儲存格 E10 中 BE 值，在第 13 列及第 14 列顯示完整之 AW 關係式。解答剛開始以一測試 BE 值代入；在此我們用 25,000。GOAL SEEK 以設定之 AW 差異值為 0 (儲存格 E15) 計算出正確的每年 101,762 單位。如果每年產出大於 101,762 單位，則根據較小斜率選出自製方案。

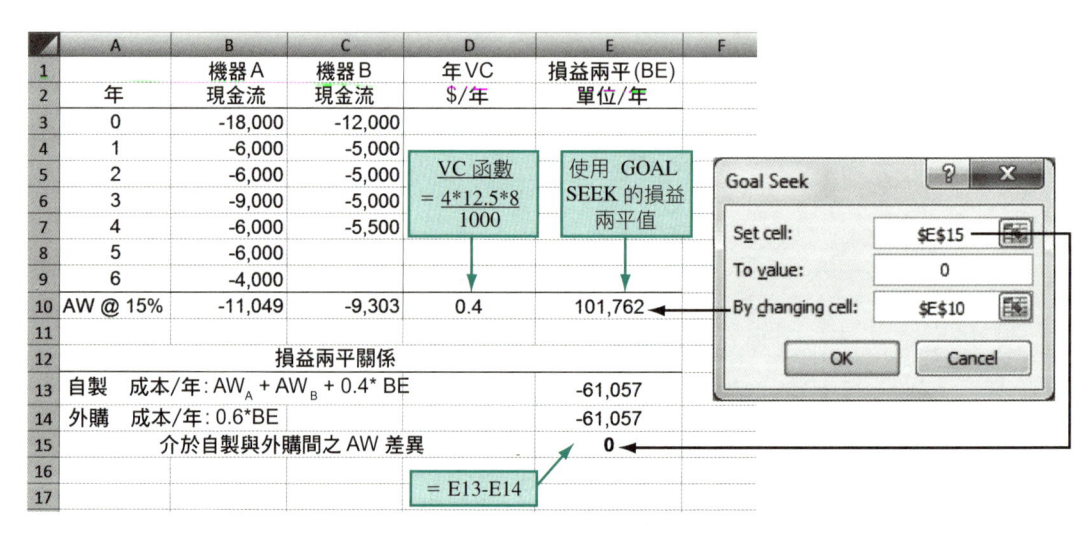

	A	B	C	D	E
1		機器 A	機器 B	年 VC	損益兩平(BE)
2	年	現金流	現金流	$/年	單位/年
3	0	-18,000	-12,000		
4	1	-6,000	-5,000		
5	2	-6,000	-5,000	VC 函數	使用 GOAL SEEK 的損益兩平值
6	3	-9,000	-5,000	= 4*12.5*8	
7	4	-6,000	-5,500	1000	
8	5	-6,000			
9	6	-4,000			
10	AW @ 15%	-11,049	-9,303	0.4	101,762
11					
12		損益兩平關係			
13	自製 成本/年：$AW_A + AW_B + 0.4 * BE$				-61,057
14	外購 成本/年：0.6*BE				-61,057
15	介於自製與外購間之 AW 差異				0
16					
17				= E13-E14	

Goal Seek
Set cell: E15
To value: 0
By changing cell: E10
OK　Cancel

🔧 圖 8.9 應用試算表 GOAL SEEK 得出自製或外購決策之損益兩平，範例 8.3(a)。

範例 8.9

Halcrow 公司道路顧問部正考慮採購應用於高速公路建構用的混凝土強度測試設備，預估值為：

第一筆成本，$P = \$-100{,}000$　　每年營運成本，$AOC = \$-20{,}000$

年限，$n = 5$ 年　　每年營收，$R = \$50{,}000$

Halcrow 公司對此類專案之 MARR 為每年 10%，當每年淨現金流 (NCF) 為 $30,000，則以 $i^* = 15.2\%$ 最可能預估值，以 IRR 函數顯示此專案在經濟上為可行，以試算表進行對 ROR 相對第一筆成本和營收變異之敏感度分析。

a. 視採購之機型而定，P 最多可能變化為 $\pm 25\%$，即由 $-75,000 至 $-125,000。

b. 營收變化可能高至 20%，但在最低情形，R 可能低至每年 $25,000。

解答

a. 圖 8.10(a) 詳述當使用 IRR 函數於由 $-75,000 至 $-125,000 之第一筆成本，第 G 欄中 $i^* = 15.2\%$ 之最可能預估 ROR 值，得出 $-100,000。($P$ 和 ROR 值放在列內，以加速畫出 x-y 散布圖。) 第 5 列和第 11 列中之點，顯示在 P 可能範圍內，ROR 由 28% 大幅減少為 6%，以敏感度觀點，如果 P 減少 25%，則專案之報酬預期遠少 10%。

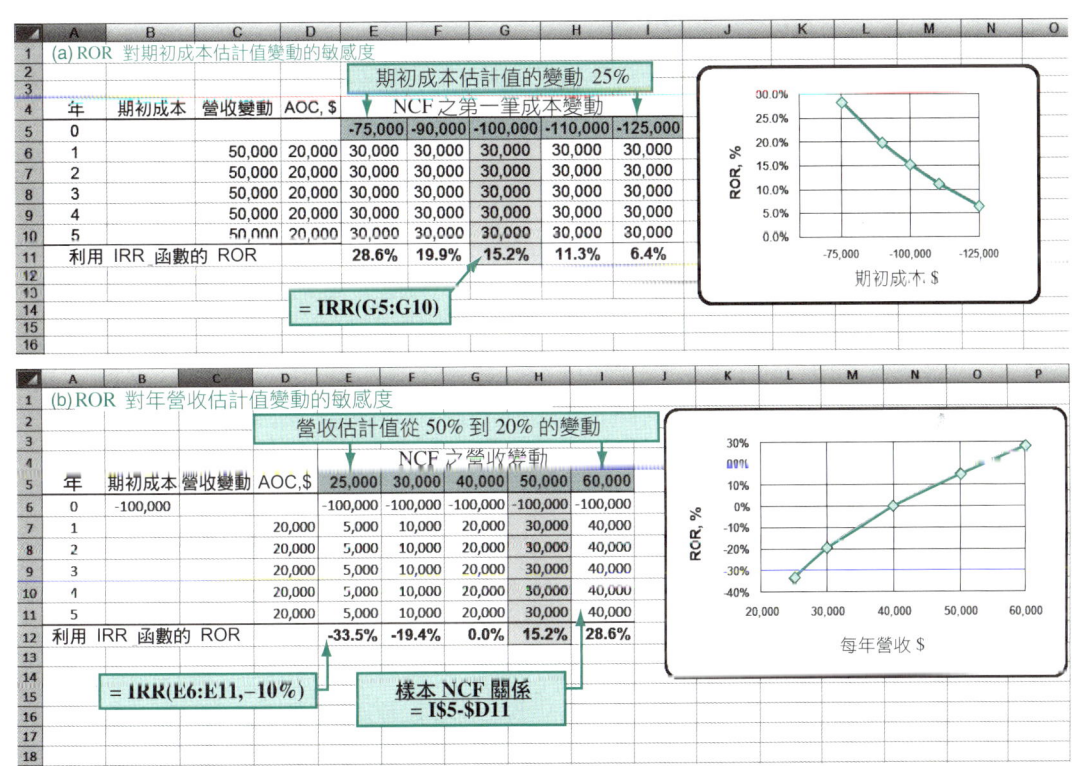

▌圖 8.10　ROR 對 (a) 預估第一筆成本；及 (b) 預估每年營收改變之敏感度分析，範例 8.9。

b. 圖 8.10(b) 使用相同試算表格式評估 ROR 對每年營收由 −50% 至 +20% 變動之敏感度。(當 $i^* = -33.5\%$ 於 $R = \$25,000$ 確定後，IRR 函數之「猜測」輸入為 −10%，以避免發生一個 #NUM 錯誤。) 當減少 20% 至 \$40,000 時，如圖所示，ROR 減少至 0%，遠小於 MARR = 10%。R 值每年減少 \$25,000 顯示大幅負報酬 −33.5%。分析顯示，ROR 對營收變動是非常敏感的。

範例 8.10

黑思壯公司是製造航空母艦上多功能超級黃蜂戰機的波音公司的現場操作分包商。黑思壯公司準備採購測試機上電子系統的偵測儀器，預估值為：

第一筆成本	\$8,000,000
每年營運成本	\$100,000
年限	5 年
每次測試之變動成本	\$800 (最有可能的)
每次測試之固定合約收入	\$1,600

使用 GOAL SEEK 以決定每年損益兩平之測試次數，如果每次測試之變動成本：(a) 等於 \$800，最有可能的預估值；及 (b) 由 \$800 至 \$1,400 之變異。為了簡化計算，使用 0% 利率。

解答

a. 使用試算表解出損益兩平問題有幾種方法，直接以式 [8.2] 求出 Q_{BE}，每年固定成本和損益兩平關係式為：

$$FC = 8,000,000(A/P,0\%,5) + 100,000$$
$$= 8,000,000(0.2) + 100,000$$
$$= \$1,700,000$$

$$Q_{BE} = \frac{1,700,000}{1,600 - 800} = 2,125 \text{ 測試次數}$$

第二個方法，應用此處試算表及式 [8.1] 以 Q = 每年測試次數：

利潤 = 營收 − 總成本
$$= (1,600 - 800)Q - (8,000,000(0.2) + 100,000)$$

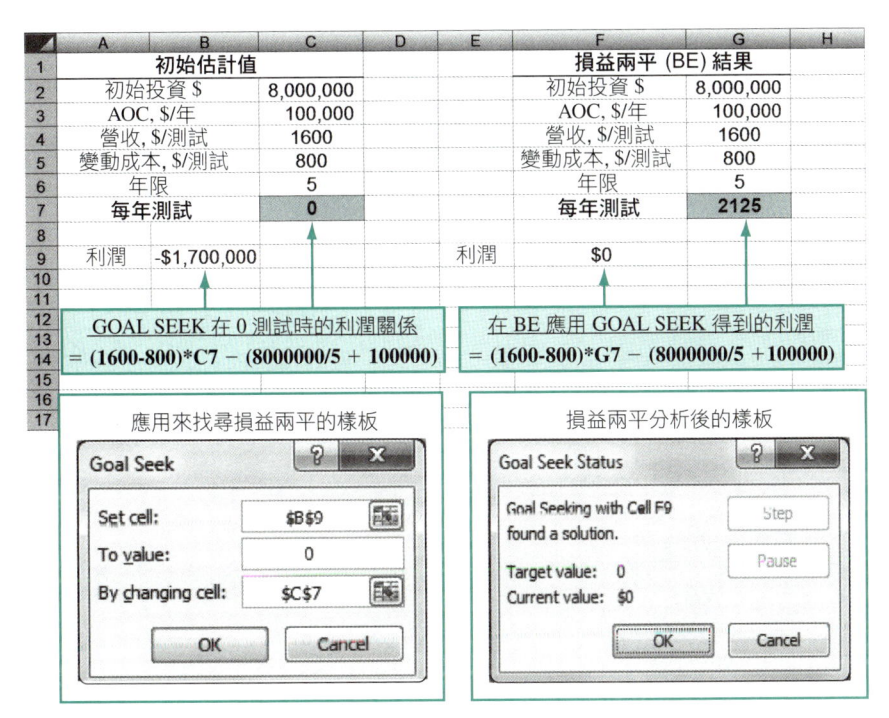

🔍 圖 8.11　使用 GOAL SEEK 找出損益兩平，範例 8.10(a)。

	A	B	C	D	E	F	G	H
1		初始估計值				損益兩平 (BE) 結果		
2	初始投資 $		8,000,000		初始投資 $		8,000,000	
3	AOC, $/年		100,000		AOC, $/年		100,000	
4	營收, $/測試		1600		營收, $/測試		1600	
5	變動成本, $/測試		800		變動成本, $/測試		800	
6	年限		5		年限		5	
7	每年測試		0		每年測試		2125	
8								
9	利潤	-$1,700,000			利潤		$0	

GOAL SEEK 在 0 測試時的利潤關係
= (1600-800)*C7 − (8000000/5 + 100000)

在 BE 應用 GOAL SEEK 得到的利潤
= (1600-800)*G7 − (8000000/5 + 100000)

應用來找尋損益兩平的樣板

Goal Seek
Set cell: B9
To value: 0
By changing cell: C7

損益兩平分析後的樣板

Goal Seek Status
Goal Seeking with Cell F9 found a solution.
Target value: 0
Current value: $0

圖 8.11 (左側) 顯示當測試數為 0 時之所有預估的參數及 $−170 萬利潤。GOAL SEEK 工具於左側是設定以因應負值 (儲存格 B9) 因增加之 Q 值 (儲存格 C7)，而變為 $0。右側顯示每年 2,125 次測試之損益兩平結果。(當使用 GOAL SEEK 時，損益兩平值 2,125 將顯示於儲存格 B9；在此結果另顯示於儲存格 F9 之目的只是為了舉例。)

b. 為評估損益兩平對變動成本範圍之敏感度，重新組成試算表如圖 8.12 所示，它現在包括每次測試由 $800 至 $1,400 之利潤關係於第 C 欄及第 E 欄，第 D 欄顯示重複來用 GOAL SEEK 於每一變動成本之損益兩平值。由插入表格可得每次測試 $1,400 之損益兩平。(如前所述，例行應用 GOAL SEEK 之結果將表示於第 B 欄及第 C 欄；我們加入第 D 欄及第 E 欄只為表示之前和之後的值。)

損益兩平對測試成本相當敏感，當每次測試成本增加小於 2 倍時 ($800 至 $1,400)，損益兩平測試數增加 4 倍 (2,125 至 8,500)。

評論：當只有一個參數變異時，GOAL SEEK 非常好用，當檢驗多個值 (儲存格) 且相等及不相等限制設定於參數值時，功能更強大的試算表工具 SOLVER 則更適用，詳見 Excel 協助系統。

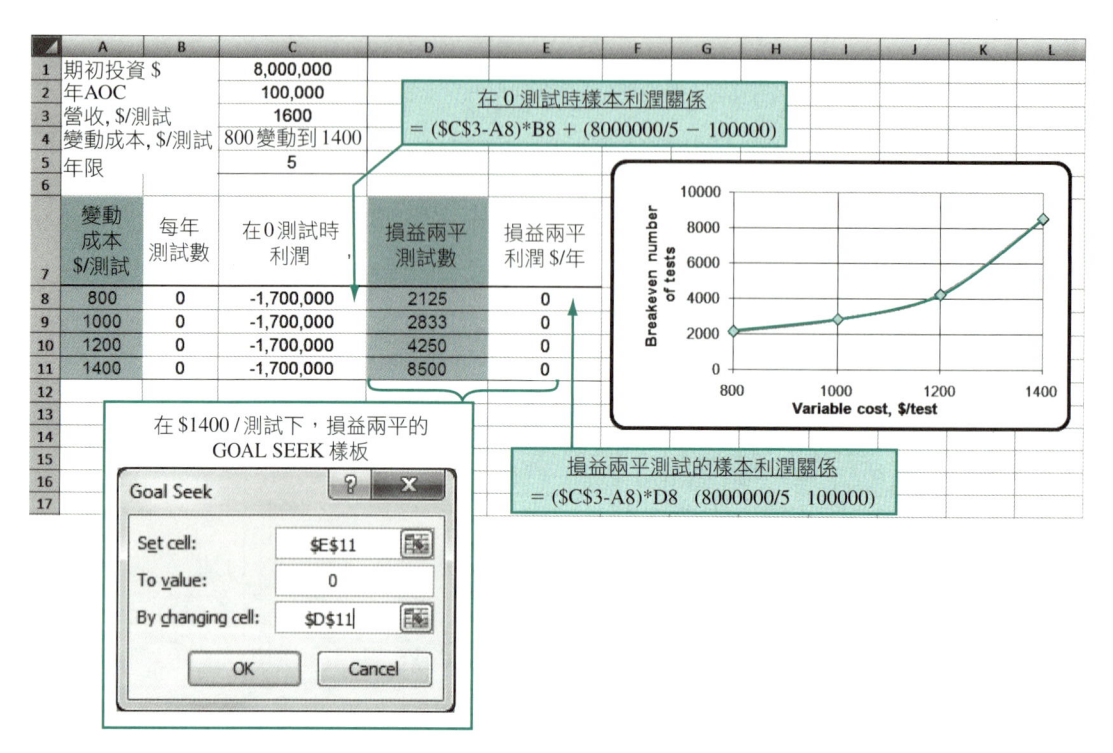

圖 8.12 使用 GOAL SEEK 重複應用於變動成本預估值，以得出損益兩平，範例 8.10(b)。

總結

本章處理敏感度分析、Q 損益兩平分析和還本期相關議題。某一參數之預估變化或決定方案之敏感度藉量測值之變異而定，在 PW、AW、ROR 或 B/C 值對某一或數個參數於某範圍內之變動由此計算，方案選擇之敏感度由三個預估參數值而決定──即樂觀值、最有可能值、悲觀值。每一敏感度研究都假定某一時點之只有一個參數之改變，並與其它參數獨立不相干。

損益兩平值 Q_{BE} 定出經濟上平衡點，能否採納一方案條件是：

如果預估值超過 Q_{BE}，則採納該方案。

對兩個方案以同一參數決定損益兩平量，選擇之標準為：

如果預估值超過 Q_{BE}，則選擇具較低變動成本之方案。

還本分析預估回收期初投資加上要求 MARR 之年數。此為輔助分析工具，最好用於完整經濟分析前之期初篩選，此技術應用時必須注意，因為它有一些缺點，特別是 MARR 設定為 0% 時之無報酬還本，主要缺點是還本分析不考慮還本期過後可能發生之現金流。

習題

單一專案損益兩平

8.1 哈力馬達公司固定成本為每年 $100 萬。主要產品營收每單位 $9.90 且變動成本為 $4.50。決定下列：

a. 每年損益兩平量。

b. 如果每年賣出 150,000 單位之利潤。

c. 如果每年賣出 480,000 單位之利潤。

8.2 某婚禮相關活動之專業攝影師付 $16,000 買設備，預估 5 年後殘值 $2,000。他預估每一活動每天的成本為 $65。如果他開價每天收 $300 服務費，則在年利率 8% 下，他每年要工作幾天才能損益兩平？

8.3 一間為美國及英國信用卡公司服務的印度電話中心產能為每年 1,500,000 通電話。該中心固定成本 $850,000，每通電話之平均變動成本 $1.95，平均營收 $3.25。試求每年要使用產能之多少百分比才能損益兩平。

8.4 ABB 公司為南非某專案採購巴士通訊設備 $315 萬。預估每年淨現金流量為 $500,000，殘值 $400,000。在年利率 8% 到 15% 之間，設備要使用多少年才能損益兩平。請使用；(a) 表列因子；及 (b) 試算表求解。

方案間的損益兩平分析

8.5 某半自動製程每年固定成本 $40,000，每單位變動成本 $30。而全自動製程每年固定成本 $88,000，每單位變動成本 $22。每年產出多少，則兩方案會損益兩平？

8.6 某鄉下兩線道路鋪混凝土路面為每英里 $230 萬。如果不包括標誌路燈、割草及冬天維護，其餘基本維護費為每年每英里混凝土為 $483，柏油路為 $774。如果混凝土路面可用 20 年，則在僅可用 10 年的柏油路最多能花多少經費？使用年利率 8%。

8.7 製程 X 預估固定成本每年 $40,000，變動成本第 1 年每單位 $60，爾後每年每單位減少 $5。製程 Y 固定成本每年 $70,000，變動成本每單位 $10，每年每單位增加 $1。年利率 12% 下，第 3 年兩製程要產出多少單位才能損益兩平？

8.8 某工程參與者可以租一完整電腦及彩色列印系統每月 $800，或現在付 $8,500 購買且每月付維護費 $75。如果名目年利率 15%，決定兩者需使用多少個月才能損益兩平，使用：(a) 表列因子；及 (b) 單一儲存格試算表函數。

8.9 東尼和芭芭拉想加入運動俱樂部。海波計畫無入會費且第 1 個月免費。此後每個月月底收 $100；巴里計畫則收每人 $100 會員費，每人每個月 $20 費用。兩計畫需多少個月能達損益兩平？視老師要求，以手算或試算表求解。

敏感度分析

8.10 某公司為擴廠預計借貸 $1,050 萬，但不確定借貸時利率為何，可能低至年利率 10%，高至年利率 12%。當擴廠年值低於 $570 萬，該公司才會進行此專案。如果 M&O 成本固定為每年 $310 萬。殘值在利率 10% 時為 $200 萬，在利率 12% 時為 $250 萬。執行此專案是否對利率十分敏感？以 5 年為研究期間。

8.11 家庭自動化公司考慮投資 $500,000 於新生產線。如果報酬在每年 15% 或更高，該公司才會投資。如果營收預期 5 年內每年介於 $138,000 至 $165,000 之間，使用現值分析，此投資決策是否對預期營收敏感。

8.12 考慮兩空調系統如下表：

	系統 1	系統 2
第一筆成本 ($)	−10,000	−17,000
每年營運成本 ($/年)	−600	−150
殘值 (處理) ($)	−100	−300
中年限新壓縮器及馬達成本 ($)	−1,750	−3,000
年限 (年)	8	12

使用 AW 分析於 MARR 值於 4%、6% 及 8%，決定其敏感度。以 (a) 手算；及 (b) 試算表計算。

8.13 決定選擇系統 1 或 2 對管理階層報酬需求是否敏感。公司對不同專案要求 MARR 範圍介於每年 8% 至 16%。使用表列因子或試算表，視教師要求。

	系統 1	系統 2
第一筆成本 ($)	−50,000	−100,000
AOC ($/年)	−6,000	−1,500
殘值 ($)	30,000	0
中年限重整 ($)	−17,000	−30,000
年限 (年)	4	12

使用多個估計值選擇方案

8.14 建築管理部門的某土木工程師為建構中 7 層辦公大樓考量兩種將混凝土送至最高層之方法。計畫 1 需採購 $6,000 設備，每公噸 $0.40 至 $0.75 營運成本，最有可能值為每公噸 $0.50。此設備每天可送 100 公噸，可用 5 年，無殘值，每年使用 50 天。計畫 2 是租用設備，預期每年成本 $2,500，最低預估 $1,800，最高 $3,200。此外，每 8 小時工作天另有額外每小時 $5 勞力成本。使用年利率 $i = 12\%$。(a) 以最可能預估成本，該工程師該推薦哪一計畫？ (b) 如果採用悲觀預估值，上述決策是否會改變？

8.15 當國家經濟繁榮成長，AB 投資公司樂觀預期新投資有 15% 的 MARR，但在衰退的經濟預期報酬為 8%，通常要求 10% 報酬。經濟成長時預估資產年限減少 50%，衰退經濟時則預估 n 值增加約 20%。該選擇哪一計畫，如果該公司總裁預期經濟是：(a) 成長；和 (b) 衰退？

	計畫 M	計畫 Q
期初投資 ($)	-200,000	-240,000
淨現金流 ($/年)	65,000	71,000
年限 (年)	10	10

8.16 荷力農場公司正評估兩環境測試櫃，409G 型之 AW 高度確信為 $-135,143，但 D103 型成本預估則不確定。經理要求以最壞情形分析評估 P 及 n 如下表。每年營運成本固定為 $4,000，殘值預期為第一筆成本之 10%。進行分析，使用：(a) 表列因子；和 (b) 試算表，以決定在下表情形中是否該採 D103 型。公司之 MARR 為每年 10%。

	悲觀的	最有可能的	樂觀的
第一筆成本 ($)	-500,000	-400,000	-300,000
年限 (年)	1	3	5

還本分析

8.17 試述為什麼在進行經濟分析時，還本分析最好作為輔助性分析？

8.18 產製果樹農藥的製程第一筆成本 $200,000，每年成本 $50,000，營收每年 $90,000。還本期為何？(a) 在每年 $i = 0\%$；和 (b) 在每年 $i = 12\%$。

8.19 某產製光圈密封圈公司確認現金流如下表。決定無報酬還本期。

設備第一筆成本 ($)	-130,000
每年支出 ($/年)	-45,000
每年營收 ($/年)	75,000

8.20 愛麗思設備公司於 10 年前賣出一中古牽引機給南肯薩斯農夫，售價 $55,000。(a) 對此農夫，每年多少單一淨現金流才能還本並收到年利率 5% 之報酬，若此期間為 3 年？5 年？8 年？整個 10 年？(b) 如果淨現金流確切是每年 $6,000，此農夫在每年 5% 報酬下，當初應該付多少錢去買此牽引機以期能還本？

額外問題與 FE 測驗複習題

8.21 在線性損益兩平分析，如果公司預期在損益兩平點以下某點營運，該如何選擇方案：
 a. 較低固定成本方案
 b. 較高固定成本方案
 c. 較低變動成本方案
 d. 較高變動成本方案

8.22 進行敏感度分析，唯一代表量測值之參數是：
 a. 未來值
 b. 損益兩平點
 c. 成本指數
 d. 沉沒資金方程式

8.23 當使用多個預估值進行敏感度分析，此三個預估值通常是：
 a. 機率的、正式的、有可能的
 b. 決定性的、最有可能的、樂觀的
 c. 悲觀的、策略的、真實的

d. 樂觀的、悲觀的、最有可能的

8.24 製作實驗室等級的磷酸鈉製程將有第一筆成本 $320,000，每年成本 $40,000 及每年營收 $98,000。以每年 20% 報酬率要求，其還本期最接近：

a. 3 年

b. 5 年

c. 7 年

d. 無限久；永遠不能回本

8.25 對兩個 AW 關係式，其損益兩平點 Q_{BE} 在每年之英里數最接近：

$AW_1 = -23,000(A/P,10\%,10) + 4,000(A/F,10\%,10) - 5,000 - 4Q_{BE}$

$AW_2 = -8,000(A/P,10\%,4) - 2,000 - 6Q_{BE}$

a. 1,984

b. 1,224

c. 1,090

d. 655

Chapter 9

重置與保留

　　一項工程經濟常見的分析是，已裝置的系統或資產的重置與保留。這與先前不同先前的分析對象都是新的系統或資產。有關已裝置系統或資產重置分析最常碰到的問題是，應該現在替換或稍後替換？當一資產已在使用且將來仍需其功能時，在未來某個時點將會重置。因此，實務上，重置研究是在回答何時替換，而非是否替換。

　　重置研究可用來制訂現在是保留或置換決策。若決定置換，研究可算完成；若決定保留，以年為基礎的成本估計與決策在將來會重新修正，來確保重置決策依然正確。本章將解釋如何在一開始及後續年份的重置分析。

　　重置研究是比較第 5 章介紹的不同年限方案的 AW 法的應用。在無特定研究期間中，我們可藉由經濟服務年限 (economic service life, ESL) 的成本評估技巧來計算 AW 值。若研究期間可確定，重置研究步驟將與無研究期間的步驟不同，兩種步驟都會在本章介紹。

目的：對現有資產或系統，以及重置後新資產的重置分析。

學習成果

1. 瞭解重置研究的基礎與專有名詞。　　　　　　　　基本概念
2. 決定使資產成本 AW 總額最小化之經濟服務年限。　經濟服務年限
3. 在守舊者與最佳挑戰者間進行重置研究。　　　　　重置研究
4. 試算守舊者與最佳挑戰者同樣吸引人的重置價值。　重置價值
5. 針對特定年限，進行重置研究。　　　　　　　　　特定研究期間
6. 利用試算表來決定 ESL，進行重置分析，並計算重置價值。　試算表

9.1 重置研究的基本概念

截至目前為止,兩個或多個互斥方案的比較並未出現。現在正在使用的資產(系統或服務)可以用較經濟的方案替代或保留它維持現狀,這種抉擇頗為常見,此稱為**重置研究** (replacement study),需要的理由有——無法良好運轉,或可靠度不足、機器損壞、競爭力或技術退步、需要升級與更新等。在某個時點上,每個現在使用的資產一定會被置換。重置研究提供:是否在此時以特定方案置換符合經濟效益的答案。

保有現有資產稱為**守舊者** (defender),而以其它資產置換則稱為**挑戰者** (challenger)。重置分析是從局外人或顧問,而非老闆的角度出發;也就是分析假設兩個方案均未於現在實現;是在現行的守舊者與提出建議反對者進行抉擇。

為了要進行分析,依據前面幾章發展的估計可用於挑戰者。挑戰者面臨的第一個成本是獲得與購買資產的實際投資。[一個共同的作法是,藉由守舊者未回收折舊來增加挑戰者的初始成本,此為守舊者的**沉沒成本** (sunk cost) 且挑戰者並未負擔此成本。]

在重置研究中,守舊者 n 與 P 值可由下列獲得:

- 預期年限 n 是最低 AW 成本的方案期數。此稱為經濟服務年限或 ESL。(第 9.2 節詳細討論計算 ESL 的方法。)
- 守舊者的「期初投資」P 是藉由守舊者現在市場價值;也就是由現有資產提供服務所需金額計算而得,若守舊者需要額外資本投資來提供服務,此金額也需包含在 P 值內。守舊者每年等額資本回收與成本必須基於整個金額能夠讓守舊者提供的服務延續至未來之假設。這個方法是正確的,理由為經濟分析中注重的是考慮從現在發生的一切事物。過去的成本是沉沒成本,且與重置研究無關。(一個共同的作法是,使用守舊者現在的市場價值 P。同樣地,就像是提列折舊是為報稅,這個數字與重置研究無關,詳見第 13 章。)

重置分析最常使用的方法是年值 (AW) 分析。重置研究期數的長度通常是未設定或已設定。若期數未設定,AW 法的假設是第 5.1 節所做的假設——服務是永續都需要的,成本估計與通貨膨脹率或通貨緊縮率變動相同;若期數已設定,這些假設不再重要,因為估計只會存在特定期間。

範例 9.1

一大型農產品公司 ADM 的阿肯薩州分部 3 年前以 $120,000 購買一部尖端的犁田設備，估計使用年限 10 年，10 年後殘值是 $25,000 和每年營運成本 (AOC) 為 $30,000，現在的會計帳面價值是 $80,000。因為設備折舊異常快速，3 年後在國際二手農業機具網站資訊只剩殘值 $10,000，AOC 平均為 $30,000。

如果舊型設備抵購 $70,000，一新型雷射導向模型要價 $100,000。下週在 $70,000 抵購價下，新機器會漲至 $110,000，ADM 分部工程師預計新設備使用年限是 10 年，殘值是 $20,000 和 AOC 為 $20,000。現有設備在今天的估價是 $70,000。

如果沒有進一步的估計數值，若今天開始進行分析重置研究，請列出正確數值。

解答

從非老闆的角度與使用最近的估計：

守舊者	挑戰者
P = $-70,000	P = $-100,000
AOC = $-30,000	AOC = $-20,000
S = $10,000	S = $20,000
n = 3 年	n = 10 年

守舊者的原始成本、AOC 和殘值估計，以及其當前的帳面價值，均與重置研究無關，只有最近的估計值才採用。從局外人的觀點，守舊者提供的服務成本與守舊者的市場價值 $70,000 相等。

9.2 經濟服務年限

截至目前為止，一方案或替代方案的估計年限 n 都假設為已知。實際上，此值應於評估前先行決定。一資產的保留期限應是使資產所有者成本最小的年限，此期限稱為經濟服務年限 (ESL) 或最小成本年限。最小的成本年值 (AW) 總額可找到 ESL 數值。n 值可用於包括重置研究的所有資產評估上。

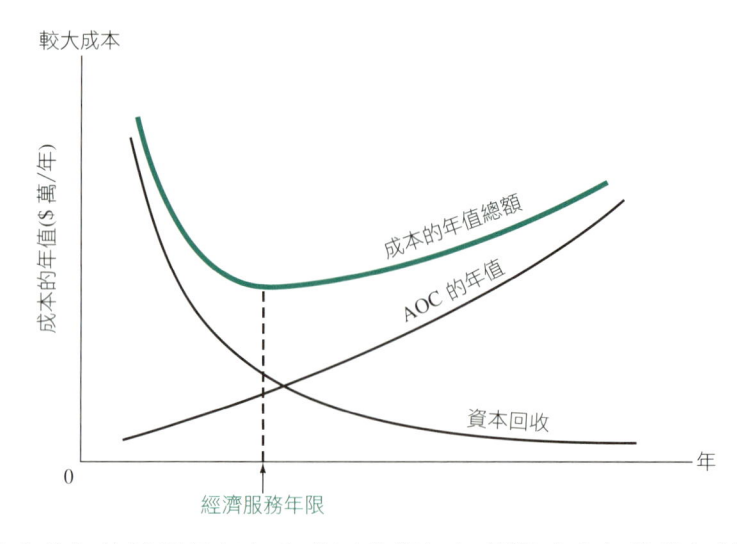

🔍 **圖 9.1** 決定經濟服務年限成本元素的年值曲線。

成本的年值總額是每年資產回收與每年營運成本年值的加總，也就是

$$\text{總年值} = -\text{資本回收} - \text{每年營運成本的年值}$$
$$= -\text{CR} - \text{AOC 的年值} \quad [9.1]$$

這些都是成本估計值：除了殘值以外，所有皆為負值。圖 9.1 顯示年值總額的特有的凹型曲線。CR 隨時間經過而遞減，AOC 成分則遞增。就 k 年服務年限而言，這些成分可利用下列公式計算：

$$\text{CR}_k = -P(A/P, i, k) + S_k(A/F, i, k) \quad [9.2]$$

$$(\text{AOC 的年值})_k = [\text{AOC}_1(P/F, i, 1) + \text{AOC}_2(P/F, i, 2) + \cdots \\ + \text{AOC}_k(P/F, i, k)](A/P, i, k) \quad [9.3]$$

式 [9.2] 中，殘值 S_k 是現在購買的資產 (守舊者或挑戰者) 經過 k 年服務後估計的未來市場價值。ESL (最佳 n 值) 是利用式 [9.1] 計算最低年值總額而得。範例 9.2 說明 ESL 計算，試算表的使用將於第 9.6 節說明。

範例 9.2

南加州風力發電廠購買一項可用來監控渦輪內風扇振幅的儀器。第一筆成本是 $40,000，最大服務年限 6 年，每年營運成本 (AOC) 是 $15,000。利用遞減的未來市場價值與年利率 $i = 20\%$，找出最佳的 n 值。

k 年後的服務	1	2	3	4	5	6
估計的市場價值為	$32,000	$30,000	$24,000	$20,000	$11,000	0

解答

利用式 [9.1] 到式 [9.3] 找出第 1 年到第 6 年的年值總額 (AW)，式 [9.3] 中之 AOC 的年值固定在 $15,000，就 $k = 1$，第 1 年的保留年限而言：

$$總 AW_1 = -40,000(A/P,20\%,1) + 32,000(A/F,20\%,1) - 15,000$$
$$= -16,000 - 15,000$$
$$= \$-31,000$$

就 $k = 2$，保留年限而言：

$$總 AW_2 = -40,000(A/P,20\%,2) + 30,000(A/F,20\%,2) - 15,000$$
$$= -12,546 - 15,000$$
$$= \$-27,546$$

表 9.1 顯示所有可能年限的 AW 值。最小年值總成本為 ESL，其為 $k = 4$ 之 $-26,726。因此，$k = 4$ 可用於式 [9.2] 的殘值估計。

表 9.1 包含資本回收與 AOC 的年值總成本計算，範例 9.2

保留年限	1	2	3	4	5	6
資本回收 ($/年)	−16,000	−12,546	−12,395	−11,726	−11,897	−12,028
每年營運成本年值 ($/年)	−15,000	−15,000	−15,000	−15,000	−15,000	−15,000
總 AW ($/年)	−31,000	−27,546	−27,395	−26,726	−26,897	−27,028

評論：(表 9.1) CR 成分並未每年遞減，只遞減至第 4 年。這是因為未來市場價值變動的影響，它會改變式 [9.2] 的殘值估計值。

重置研究可在守舊者、挑戰者或兩者的 n 值都固定的情況下分析，在這種情形下，已設定 n 值的替代方案就無須估計 ESL 值；在特定年限的 AW 值在重置分析下是正確的。

9.3 重置研究的執行

重置研究的執行方法有以下兩種：設定期限或不設定期限。圖 9.2 整理各個情況下之方法。本節討論的步驟僅限於無設定研究期間 (計畫期間)，若重置研究有設定研究期限，譬如，5 年且 5 年後不再繼續。第 9.5 節將討論分析步驟。

🔑 **圖 9.2** 重置研究方法之概觀。

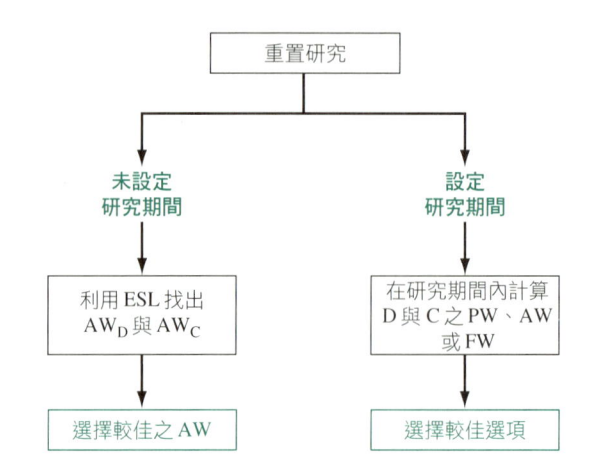

```
                    重置研究
                   ／      ＼
            未設定              設定
            研究期間           研究期間
              │                 │
         利用 ESL 找出      在研究期間內計算
         AW_D 與 AW_C       D 與 C 之 PW、AW
                              或 FW
              │                 │
         選擇較佳之 AW      選擇較佳選項
```

重置研究決定挑戰者何者取代守舊者。若挑戰者 (C) 被挑選來立即取代守舊者 (D)，完整研究即告結束。然而，若守舊者現在依然保留，研究將會持續 n_D 年，即守舊者被挑戰者取代之前持續的年限。利用 ESL 分析中的 C 與 D 的年值 (AW) 與年限來運用下列的重置研究步驟。這是基於守舊者可藉由獲得 AW_D 金額的服務之假設而來。

新重置研究：

1. 基於較佳的 AW_C 或 AW_D 值，選擇挑戰者方案 (C) 或守舊者方案 (D)。當選擇挑戰者時，現在就取代守舊者，且挑戰者預計可持續 n_C 年，重置研究就已完成；若挑選守舊者，計畫再保留 n_D 年，並執行下列分析。

1 年後分析：

2. 是否所有數據皆可適用，特別是第一次成本，市場價值與每年營運成本，若非如此，直接到步驟 3。若答案為是，期數為 n_D，取代守舊者；若期數非 n_D，守舊者再保留 1 年，並重複步驟 2，這個步驟可重複許多次。

3. 當任何估計值變動時更新數據，執行新的 ESL 分析，並計算新的 AW_C 和 AW_D 值。重新啟動一項新的重置研究 (步驟 1)。

倘若一開始就選擇守舊者 (步驟 1)，在保留 1 年後，數據可能需要更新 (步驟 2)，可能會有一個新的最佳挑戰者來與守舊者比較。不論是守舊者估計值巨幅地改變或有新的挑戰者，重置研究都需要重新分析。事實上，在競爭挑戰者存在的條件下，重置研究可以每年或任何時候進行，來決定是保留或取代守舊者。

範例 9.3

2 年前東芝電機以 $1,500 萬購買新的裝配線，它以每個 $70,000 約略買了 200 個單位，並將其放在 10 個不同的國家。這些設備可用來將電子元件分類、檢測，並依序安裝於特殊規格的印刷電路板上。一項新的國際標準要求除了預期營運成本以外，明年開始 (1 年保留年限) 每個單位需額外花費 $16,000 的成本。因為新的標準，加上日新月異的科技進步，新的系統挑戰 2 年舊的機器。美國東芝公司的總工程師要求在今年及如果需要未來每一年都進行重置研究。在 $i = 10\%$ 及下列估計值條件下，請進行下列分析：

a. 計算執行重置研究的 AW 值與經濟服務年限：

挑戰者：第一筆成本：$50,000

未來市場價值：每年減少 20%

估計保留期限：不超過 5 年

每年營運成本估計值：第 1 年為 $5,000，以後每年都增加 $2,000

守舊者：目前的國際市場價值：$15,000

未來市場價值：每年減少 20%

估計保留期限：不超過 3 年

每年營運成本估計值：明年 $4,000，以後每年增加 $4,000，加上明年額外的 $16,000

b. 現在進行重置研究。

c. 在 1 年後需執行後續分析。挑戰者大舉進攻電子零件裝配設備，特別是在新的國際標準實施後。今年守舊者的市場價值預期仍為 $12,000，但預期在未來價值所剩無幾──明年在全球市場是 $2,000，以後就變成 0。同時，這項提前過時的產品維修難度增加，明年的 AOC 從 $8,000 增至 $12,000，2 年後更增至 $16,000，請執行後續的重置研究分析。

解答

a. 表 9.2 為 ESL 分析的結果。挑戰者所有的 AOC 估計值與市場價值估計值都在表格上半部。注意：$P = $50,000 是第 0 年的市場價值。每年列出的年值總成本是挑戰者該年的服務。舉例來說，若挑戰者持有 4 年，AW_4 為：

$$\text{總 } AW_4 = -50{,}000(A/P,10\%,4) + 20{,}480(A/F,10\%,4)$$
$$-[5{,}000 + 2{,}000(A/G,10\%,4)]$$
$$= \$-19{,}123$$

表 9.2　挑戰者與守舊者經濟服務年限 (ESL) 分析，範例 9.3

挑戰者第 k 年	市場價值	AOC	若擁有 k 年，年值總額	
挑戰者				
0	$50,000	—	—	
1	40,000	$−5,000	$−20,000	
2	32,000	−7,000	−19,524	
3	25,600	−9,000	−19,245	
4	20,480	−11,000	−19,123	ESL
5	16,384	−13,000	−19,126	

挑戰者第 k 年	市場價值	AOC	若保留 k 年的年值總額	
守舊者				
0	$15,000	—	—	
1	12,000	$−20,000	$−24,500	
2	9,600	−8,000	−18,357	
3	7,680	−12,000	−17,307	ESL

表 9.2 下半部守舊者的成本以目標方法分析，保留期限最高為 3 年。

重置研究的最低 AW 值 (數字上最大) 為：

挑戰者：$AW_C = \$-19,123$，$n_C = 4$ 年

守舊者：$AW_D = \$-17,307$，$n_D = 3$ 年

b. 現在進行重置研究，並只應用步驟 1。由於 AW 值較低 ($−17,307$)，所以我們選擇守舊者，並預計再保留 3 年，1 年後再進行另一項的重置分析。

c. 1 年後，去年東芝保留的設備有顯著的變化，運用 1 年後的分析步驟。

　2. 在 1 年的保留期限後，挑戰者的估計值依然合理，但守舊者的市場價值與 AOC 估計值顯著不同。進入步驟 3 來執行守舊者的 ESL 分析。

　3. 表 9.2 (下半部) 守舊者的估計值在下表更新，且計算出新的 AW 值，現在最高保留期限為再 2 年，而非去年計算的 3 年。

　　守舊者的 ESL 是 2 年，新重置研究的 AW 與 n 值分別為：

　挑戰者：不變，$AW_C = \$-19,123$，$n_C = 4$ 年

　守舊者：新的 $AW_D = \$-20,819$，$h_D =$ 再多 2 年

現在可依據較佳的 AW 值，我們選擇挑戰者。因此，現在而非 2 年後取代守舊者，挑戰者預計可持續 4 年或直到新的較佳挑戰者出現。

第 k 年	市場價值	AOC	若再保留 k 年的年值總額	
0	$12,000	—	—	
1	2,000	$-12,000	$-23,200	
2	0	-16,000	-20,819	ESL

在上述的例子裡，挑戰者的 P 值是其估計的第一筆成本，而守舊者 P 值是現在的市場價值，此方法稱為重置研究的傳統或機會成本方法，此為正確方法。另外一個方法稱為現金流法，其為從挑戰者的第一筆成本扣除守舊者市場價值，且將守舊者第一筆成本設為零，兩種方法都可得到相同結論，但因為評估時，挑戰者的 P 值較低，挑戰者資本回收金額 (CR) 被低估。這個原因加上當挑戰者與守舊者的年限不同，服務年限相同的假設並不正確，使得範例 9.3 說明的機會成本法適用於所有的重置研究。(只有在挑戰者與守舊者年限相同，執行重置研究採用兩種方法均可。)

9.4 守舊者重置價值

通常知道守舊者最小化的市場價值有助於重置分析，因為一旦超過，將使得挑戰者方案較佳。此守舊者價值，稱為**重置價值** (replacement value, RV)，是挑戰者與守舊者損益兩平的數值。我們將未知的 RV 取代守舊者第一筆成本，並令 $AW_C = AW_D$ 來算出守舊者的 RV 值。在範例 9.3(b)，$AW_C = \$-19,123$ 大於 $AW_D = \$-17,307$。利用表 9.2 的估計值，由損益兩平關係式中得到的 RV = \$22,341 情況下，兩者同樣吸引人。

$$-19,123 = -RV(A/P,10\%,3) + 0.8^3 RV(A/F,10\%,3) - [20,000(P/F,10\%,1)$$
$$+ 8,000(P/F,10\%,2) + 12,000(P/F,10\%,3)](A/P,10\%,3)$$
$$RV = \$22,341$$

任何超過抵購 (市場價值) 的交易均可得到現在取代守舊者的結論，現在的市場價值估計為 \$15,000，因此範例 9.3(b) 選擇守舊者。

9.5 特定研究期間的重置研究

圖 9.2 右邊部分是適用於重置研究期間或計畫期間已知，如 3 年的

情況下。在這種情況下，攸關現金流是只發生在 3 年內的現金流。因為國際競爭與現有技術跟不上時代，這種情況才會發生。對未來的懷疑與不確定性也經常導致管理者想要縮短所有經濟分析的**研究期間**，知道最近可能會考慮另一個重置方案，儘管從管理者角度觀察是合理的。這個方法通常迫使期初投資在比資產 ESL 年限更短的期間回收，並需要必要的 MARR。在固定研究期間分析 PW、AW 或 FW 是根據從現在到研究期間結束這段時間的估計值來決定。

範例 9.4

從表 9.3 的資料 (部分得自表 9.2) 來決定在年利率 $i = 10\%$ 時，若研究期間為：(a) 1 年；(b) 3 年，哪一個方案較佳？

解答

a. 就 1 年研究期間，使用 AW 關係式：

$$AW_C = -50{,}000(A/P,10\%,1) + 40{,}000(A/F,10\%,1) - 5{,}000$$
$$= \$-20{,}000$$
$$AW_D = -15{,}000(A/P,10\%,1) + 12{,}000(A/F,10\%,1) - 20{,}000$$
$$= \$-24{,}500$$

選擇挑戰者。

表 9.3 挑戰者與守舊者重置研究估計值，範例 9.4

	挑戰者	
挑戰者第 k 年	市場價值	AOC
0	$50,000	—
1	40,000	$-5,000
2	32,000	-7,000
3	25,600	-9,000
4	20,480	-11,000
5	16,384	-13,000

	守舊者	
挑戰者第 k 年	市場價值	AOC
0	$15,000	—
1	12,000	$-20,000
2	9,600	-8,000
3	7,680	-12,000

b. 就 3 年研究期間，AW 方程式為：

$$AW_C = -50{,}000(A/P,10\%,3) + 25{,}600(A/F,10\%,3)$$
$$\quad - [5{,}000 + 2{,}000(A/G,10\%,3)]$$
$$\quad = \$-19{,}245$$

$$AW_D = -15{,}000(A/P,10\%,3) + 7{,}680(A/F,10\%,3)$$
$$\quad - [20{,}000(P/F,10\%,1) + 8{,}000(P/F,10\%,2)$$
$$\quad + 12{,}000(P/F,10\%,3)](A/P,10\%,3)$$
$$\quad = \$-17{,}307$$

選擇守舊者。

在重置前，若守舊者有許多保留年限的選擇，第一步是建立後續的選項及其 AW 值。舉例來說，若研究期間為 5 年，且守舊者仍將服務 1 年、2 年或 3 年，對每一個保留期間，成本估計可用來決定 AW 值。在這種情況下，有四個選項，稱為 W、X、Y、Z。

選項	守舊者保留年限	挑戰者服務年限
W	3 年	2 年
X	2	3
Y	1	4
Z	0	5

守舊者保留年限與挑戰者服務年限的 AW 值，分別定義各個選項的 AW 值。範例 9.5 說明分析步驟。

範例 9.5

加拿大 Amoco 公司的油田設備已運轉 5 年，需要進行重置分析。因為其特殊用途，公司決定在重置前，現有設備必須再運轉 2 年、3 年或 4 年。設備目前的市場價值是 \$100,000，且預期每年減少 \$25,000。AOC 固定為每年 \$25,000，且在未來也都固定，挑戰者重置方案是固定價格合約，每年以 \$60,000，提供同等服務，最少 2 年，而最多 5 年，利用 12% 的 MARR 來執行 6 年間的重置研究，以決定何時該賣掉現有設備及何時該購買合約提供的服務。

解答

由於守舊者可保留 2 年、3 年或 4 年，我們有三個可行選項 (X、Y、Z)。

選項	守舊者保留年限	挑戰者服務年限
X	2 年	4 年
Y	3	3
Z	4	2

守舊者年值分別以 D2、D3 與 D4 來代表不同的保留年限。

$$AW_{D2} = -100,000(A/P,12\%,2) + 50,000(A/F,12\%,2) - 25,000$$
$$= \$-60,585$$
$$AW_{D3} = -100,000(A/P,12\%,3) + 25,000(A/F,12\%,3) - 25,000$$
$$= \$-59,226$$
$$AW_{D4} = -100,000(A/P,12\%,4) - 25,000 = \$-57,923$$

就所有選項而言，挑戰者的年值為：

$$AW_C = \$-60,000$$

表 9.4 列出各個選項在 6 年研究期間的現金流與 PW 值，以選項 Y 為例，PW 值為：

$$PW_Y = -59,226(P/A,12\%,3) - 60,000(F/A,12\%,3)(P/F,12\%,6)$$
$$= \$-244,817$$

選項 Z 有最低的 PW 成本值 ($-240,369)，守舊者保留期限 4 年，然後置換。顯然，如果各個選項的年值或終值是以 MARR 計算，將會得到相同的答案。

表 9.4 6 年研究期間重置分析的等值現金流與 PW 值，範例 9.5

選項	服務時間 (年) 守舊者	挑戰者	各個選項現金流的 AW 值 ($ / 年) 1	2	3	4	5	6	選項 PW ($)
X	2	4	−60,585	−60,585	−60,000	−60,000	−60,000	−60,000	−247,666
Y	3	3	−59,226	−59,226	−59,226	−60,000	−60,000	−60,000	−244,817
Z	4	2	−57,923	−57,923	−57,923	−57,923	−60,000	−60,000	−240,369

評論：如果研究期間夠長，挑戰者的 ESL 應該可以被算出，且其 AW 值可用於建立選項。選項可以包含一個以上的挑戰者 ESL 期間。同樣地，挑戰者部分的 ESL 年限也是如此。儘管如此，重置研究中任何超過研究期限的期數應該去除，以便於相同期間的比較，特別是在使用 PW 來選擇最佳選項情況下。

9.6 在重置研究中使用試算表

本節包含兩個範例：第一個說明如何使用試算表來決定一資產的 ESL；第二個說明單張工作表的重置研究，包括損益兩平分析的 ESL 計算，並利用目標搜尋 (GOAL SEEK) 工具來找到守舊者重置價值。

利用每一年 k 的 PMT 函數來找到式 [9.1] 的各個成分—— CR 和每年營運成本的 AW —— 並將兩者加總，以提供計算 ESL 的快速方法，各個成分的函數型式如下所示：

CR 成分：$= -\text{PMT}(i\%, k, P, S)$

每年營運成本的 AW 值：$= -\text{PMT}(i\%, k, \text{NPV}(i\%, \text{AOC}_1:\text{AOC}_k))$

負號可維持與現金流數值的符號相同。就 AOC 成分而言，PMT 函數嵌入 NPV 函數，目的為一次就能計算第 1 年到第 k 年所有 AOC 估計值的 AW 值。範例 9.6 說明此種方法。

當預期市場價值 MV 固定且 AOC 為等額序列時，計算機與試算表都有助於計算 ESL。舉例來說，為了要決定第 k 年的資本回收，計算機的 PMT(i,n,P,F) 函數為 PMT(i,k,P,MV)。不過，當市場價值與 AOC 序列更為複雜時，試算表可更迅速得到答案且不容易犯錯。

範例 9.6

Navarro 郡政府以 \$850,000 購買新型鑽土設備，尤其適用於堅硬的岩石地區。因為外觀老舊與過度磨損，市場價值每年遞減 30%。每年營運成本 (AOC) 預期第 1 年是 \$13,000，且每年增加 30%。資本設備政策規定保留期限是 5 年，郡政府工程師班傑明想要證明 5 年是最佳年限估計值。在年利率 $i = 5\%$ 下，請協助班傑明執行試算表分析。

解答

使用 PMT 函數來計算式 [9.2] 與式 [9.3]。圖 9.3 的第 B 欄與第 C 欄詳細列出 13 年期間的每年 S 與 AOC 值，右邊 (第 D 欄與第 E 欄) 顯示從第 1 年到第 k 年的 CR 與每年營運成本的 AW 值。

一旦利用儲存格參照型式建立函數後，可以向下拉的方式逐年計算。(譬如，$k = 2$ 時，函數 $=-\text{PMT}(5\%,2,-85000,416500)$ 顯示 CR $=$ \$$-253,963$，與 $=-\text{PMT}(5\%,2,\text{NPV}(5\%,2,\text{C8:C9}))$ 顯示每年營運成本 (AOC

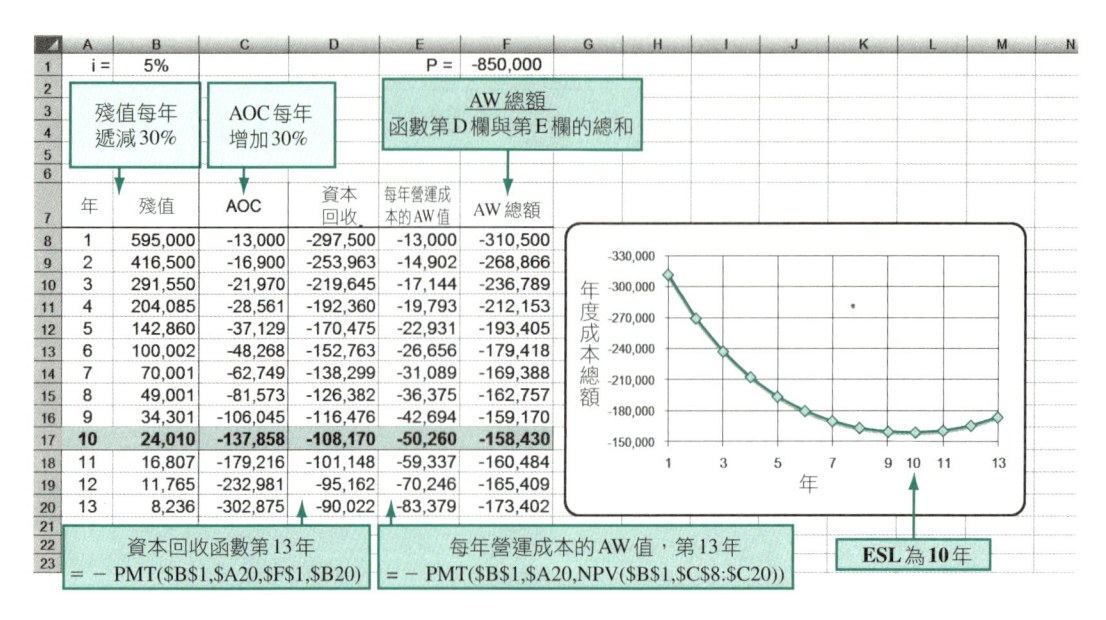

	A	B	C	D	E	F
1	i =	5%			P =	-850,000
7	年	殘值	AOC	資本回收	每年營運成本的AW值	AW 總額
8	1	595,000	-13,000	-297,500	-13,000	-310,500
9	2	416,500	-16,900	-253,963	-14,902	-268,866
10	3	291,550	-21,970	-219,645	-17,144	-236,789
11	4	204,085	-28,561	-192,360	-19,793	-212,153
12	5	142,860	-37,129	-170,475	-22,931	-193,405
13	6	100,002	-48,268	-152,763	-26,656	-179,418
14	7	70,001	-62,749	-138,299	-31,089	-169,388
15	8	49,001	-81,573	-126,382	-36,375	-162,757
16	9	34,301	-106,045	-116,476	-42,694	-159,170
17	10	24,010	-137,858	-108,170	-50,260	-158,430
18	11	16,807	-179,216	-101,148	-59,337	-160,484
19	12	11,765	-232,981	-95,162	-70,246	-165,409
20	13	8,236	-302,875	-90,022	-83,379	-173,402

殘值每年遞減30%
AOC每年增加30%
AW 總額函數第D欄與第E欄的總和

資本回收函數第13年
= − PMT(B1,$A20,$F$1,$B20)

每年營運成本的AW值，第13年
= − PMT(B1,$A20,NPV($B$1,$C$8:$C20))

ESL為10年

🔑 圖 9.3　利用 PMF 函數計算 SEL，範例 9.6。

的 AW 值為 $−14,902，年值 AW 總額是 $−268,866。)利用儲存格參照型式第 D 欄與第 E 欄的儲存格標籤在第 13 年詳細列出函數內容。

要注意的是，在估計值與函數前加上負號，以得到正確的答案。舉例來說，第一個成本 P 有負號，因此 (正) 殘值使用正號計算。同樣地，PMT 函數前面有負號來確保答案為負 (成本的) 金額。

在試算表與圖表中的最低年值成本總額，指出 ESL 為 10 年，10 年的 AW 總額顯著低於 5 年的 AW 總額 ($−158,430 vs. $−193,405)。因此，根據估計值，郡政府政策的 5 年保留期限會有較高的每年等值成本。

使用試算表來找到 ESL 值，執行重置研究，以及如果有需要的話，要計算守舊者的 RV 值是很簡單的。試算 AW 總額 PMT 函數的方法與上述的範例相同。計算得到的 ESL 與 AW 值可用來制定重置或保留決策。然後，藉由運用 GOAL SEEK 工具來設定 $AW_C = AW_D$ 的 RV 關係式。如何有效率地使用試算表說明如下：

範例 9.7

利用範例 9.3(a) 的估計值與一張試算表：(a) 計算 ESL 值；(b) 決定是保留或替換守舊者；以及 (c) 求守舊者最小市場價值，好讓挑戰者更吸引人。

解答

a. 圖 9.4 包含決定 AW 總額與 ESL 數值的所有函數與估計值。

挑戰者：最低 AW 總額 = $–19,123；ESL = 4 年

守舊者：最低 AW 總額 = $–17,307；ESL = 3 年

記得正確地使用負號，好讓成本與殘值的符號正確。

b. 因為守舊者的 AW 總額較小，保留是經濟可行的方案。

c. 利用 GOAL SEEK 函數來設定 3 年的守舊者 AW 總額等於 $–19,123，其為挑戰者 4 年 ESL 的 AW 總額。通常這可用同一張工作表計算而得。然而，為方便說明，圖 9.4 的守舊者部分將複製於圖 9.5，並加上 GOAL SEEK 函數。簡單來說，這將使得守舊者市場價值／第一筆成本較高（目前為 $–15,000），所以其 AW 總額從 $–17,307 至挑戰者 AW 值的 $–19,123，此為兩方案的損益兩平點，啟動 GOAL SEEK 函數顯示儲存格 F1 的 RV 值為 $–22,341，且更新後的殘值與 AW 值，如圖 9.5 所示。如前所述，守舊者抵購價大於 RV 值，意味挑戰者方案較佳。

	A	B	C	D	E	F	G	H	I
1				挑戰者		P =	-50,000		
2									
3		殘值每年	AOC 每年						
4		減少 20%	增加 $2000						
5									
6	年	殘值	AOC	資本回收	每年營運成本的 AW 值	AW 總額			
7	1	40,000	-5,000	-15,000	5,000	-20,000			
8	2	32,000	-7,000	-13,571	-5,952	-19,524			
9	3	25,600	-9,000	-12,372	-6,873	-19,245			
10	4	20,480	-11,000	-11,361	-7,762	**-19,123**	←	ESL 是 4 年	
11	5	16,384	-13,000	-10,506	-8,620	-19,126			

CR 函數，第 4 年
= –PMT(10%,$A10,$F$1,B10)

每年營運成本的 AW 值，第 4 年
= –PMT(10%,$A10,NPV(10%,C$7:C10))

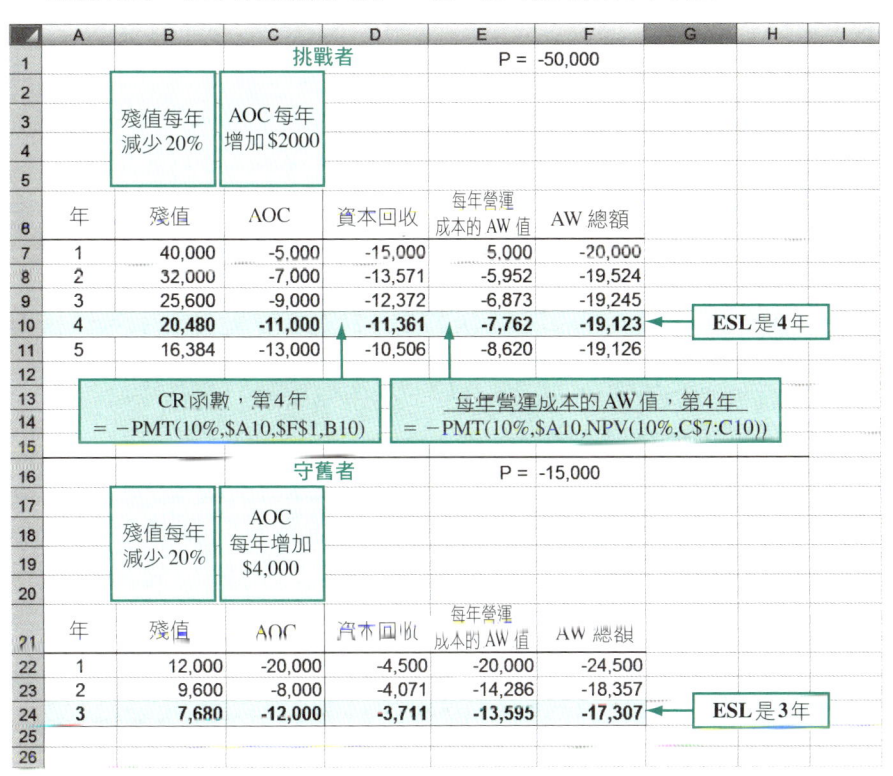

	A	B	C	D	E	F	G	H	I
16				守舊者		P =	-15,000		
17			AOC						
18		殘值每年	每年增加						
19		減少 20%	$4,000						
20									
21	年	殘值	AOC	資本回收	每年營運成本的 AW 值	AW 總額			
22	1	12,000	-20,000	-4,500	-20,000	-24,500			
23	2	9,600	-8,000	-4,071	-14,286	-18,357			
24	3	7,680	-12,000	-3,711	-13,595	**-17,307**	←	ESL 是 3 年	

🔑 圖 9.4　從試算表計算最低 AW 成本總額與 ESL 值，範例 9.4。

A	B	C	D	E	F	G
			守舊者		P =	-22,341
年	殘值	AOC	資本回收	每年營運成本的 AW 值	AW 總額	
1	17,873	-20,000	-6,702	-20,000	-26,702	
2	14,298	-8,000	-6,064	-14,286	-20,350	
3	11,438	-12,000	-5,528	-13,595	-19,123	

RV的GOAL SEEK畫面

Goal Seek
Set cell: F6
To value: -19.123
By changing cell: F1

🔍 圖 9.5　利用 GOAL SEEK 來計算圖 9.4 守舊者之重置價值，範例 9.7。

總結

比較守舊者與挑戰者在重置研究中是很重要的。在某段期間內，**具最低 AW 成本總額的挑戰者方案即為最佳 (經濟) 挑戰者方案**。然而，若守舊者預期的剩餘年限與挑戰者的估計年限設定後，這些年的 AW 值就必須使用於重置研究中。

經濟服務年限 (ESL) 是用來計算挑戰者最佳服務年限，以及計算而得的最低 AW 成本總額，所得到的 n_C 與 AW_C 可用在重置研究步驟中。同樣的分析，可用在守舊者 ESL 的計算。

無設定研究期間 (計畫期間) 的重置研究利用年值方法，來比較不同年限的兩種方案。較佳的 AW 值決定守舊者被置換前的保留期限。

當研究期限設定後，守舊者市場價值與成本估計值盡可能地正確是很重要的。守舊者與挑戰者所有可行的時間選項均進行編號，且計算其等額 AW 現金流。就各個選項來說，PW、AW 或 FW 值可用來挑選最佳選項，此選項決定守舊者被置換前的保留期限。

習題

重置基礎

9.1 請簡短解釋守舊者／挑戰者概念。

9.2 找出三個為何需要重置研究的理由。

9.3 一工程師擁有個人工作室，從事設計／建築工作，2 年前以 $71,000 買了一部起重機，當時預計起重機可使用 10 年，然後抵購的殘值是 $10,000。因為生意興隆，公司想要換一部較大新型的起重機，要價 $93,000。公司估計舊的起重機可再用 4 年，而 4 年後的市價估計為 $25,000，目前的市場價值為 $39,000。如果能再用 4 年，每年的維護與營運成本 (M&O) 是 $17,000，今天針對原有的起重機執行

重置分析之 P、n、S 與 AOC 值是多少？

9.4 一機器設備 2 年前以 $40,000 購入，其市場價值為 $40,000-3,000k$，其中 k 是購買至今的年數，有關此種型態資產的經驗顯示，其每年營運成本可以 $30,000 + 1,000k$ 表示。一開始殘值估計在使用 10 年後為 $10,000。假設只再多使用 1 年，也就是共擁有 3 年，請計算重置研究之 P、S 與 AOC 當前估計值。

經濟服務年限

9.5 下表列出機器為擁有 1 年的 AW 值。（注意：表中數值為資產保留 n 年的各種 AW 值。）挑戰者的經濟服務年限為 7 年與每年的 $AW_C = \$-86,000$。假設未來成本與重置研究估計的一樣，若公司的 MARR 每年是 12%，守舊者的經濟服務年限是多少？假設二手機器隨時可以取得。

保留期間 (年)	AW 值 ($ / 年)
1	−92,000
2	−86,000
3	−85,000
4	−89,000
5	−95,000

9.6 從下列表格所示，請計算守舊者與挑戰者之 ESL。

保留年限	守舊者 AW 值 ($)	挑戰者 AW 值 ($)
1	−145,000	−136,000
2	−96,429	−126,000
3	−63,317	−92,000
4	−39,321	−53,000
5	−49,570	−38,000

9.7 從下列表格所示，請計算資產的經濟服務年限。

保留年限	第一筆成本的 AW 值 ($)	營運成本的 AW 值 ($)	殘值的 AW 值 ($)
1	−165,000	−36,000	99,000
2	−86,429	−36,000	38,095
3	−60,317	−42,000	18,127
4	−47,321	−43,000	6,464
5	−39,570	−48,000	3,276

9.8 當嘗試決定一新設備的經濟服務年限時，一工程師做了以下的計算。她忘記輸入 2 年保留期間殘值的年值。令 ESL 等於 2 年。請計算下列各小題：(a) 殘值的最小 AW 值；以及 (b) 在年利率 $i = 10\%$ 下，第 2 年估計的殘值。

保留年限	第一筆成本的 AW 值 ($)	營運成本的 AW 值 ($)	殘值的 AW 值 ($)
1	−88,000	−45,000	50,000
2	−46,095	−46,000	?
3	−32,169	−51,000	6,042
4	−25,238	−59,000	3,232
5	−21,104	−70,000	1,638

9.9 一總經理想要知道現有機器的經濟服務年限。機器的市場價值是 $30,000，但預計將如下表所列方式的遞減，額外保留 1 年的維護與營運 (M&O) 成本也如下表所示，若每年的 MARR 為 15%，請計算公司之 ESL。

年	市場價值 ($)	M&O 成本 ($)
0	30,000	—
1	25,000	−49,000
2	20,000	−51,000
3	15,000	−53,000
4	10,000	−55,000

9.10 Cetec 飛航服務公司現在所有的空氣過濾分析系統，其營運與維修成本估計值如下表所示，Cetec 正考慮購買新的系統來濾清微細粉塵。報告結果建立檔案以備將來使用。在年利率 10% 下，計算現有系統多使用 1 年的成本。

年	市場價值 ($)	營運成本 ($)
0	30,000	—
1	25,000	−15,000
2	14,000	−15,000
3	10,000	−15,000

重置研究

9.11 Haiburton 的工程師計算持續保留現有機器的 AW 值，如下表所示。一挑戰者的經濟服務年限是 7 年，其每年 AW 值為 $−86,000。假設未來成本都與過去分析相同，每年的 MARR 是 12%，且假設二手機器與現有機器一樣隨處可得，請問：(a) 公司何時置換守舊者與機器？(b) 公司何時應購買挑戰者方案？

保留期間 (年)	守舊者 AW 值 ($／年)
1	−92,000
2	−81,000
3	−85,000
4	−89,000
5	−95,000

9.12 公司現有機器如果每年以 $15,000 正確維修，可再使用 3 年。其營運成本每年 $31,000。3 年後，它能以 $9,000 售出。一重置成本 $80,000，3 年後殘值 $10,000，且其營運成本每年為 $19,000。另外的賣家分別提供 $10,000 與 $20,000 來重置現有系統。若年利率為 12%，請針對兩種抵購選項進行重置研究。

9.13 一工廠經理要求你進行成本分析來決定何時應置換現有設備。工廠經理表明現有設備最多只能再保留 2 年，它能夠與外面承包商簽約，每年成本 $97,000 來重置。現有設備目前的市場估計為 $37,000，1 年後為 $30,000，2 年後為 $19,000，每年營運成本是 $85,000。在年利率是 10% 下，決定現有設備何時退休。

9.14 一計畫擴廠生物科技公司企圖決定是應升級其現存的環境控制實驗室或購買全新實驗室。現有實驗室是 4 年前以 $250,000 購買，若要「立即出售」，其價格為 $30,000。然而，現在投資 $100,000 升級，實驗室可再運轉 4 年，然後能以 $40,000 售出。另一方面，新的實驗室要價 $300,000，經濟服務年限 10 年，與殘值 $50,000。在 MARR 是 12%，並假設二手實驗室隨處可得的條件下，請問公司應升級或購買全新實驗室？

守舊者重置價值

9.15 從下列資訊計算與機器 Y 相同 AW 值的機器 X 的抵購值，假設年利率為 8%。

	機器 X	機器 Y
市場價值 ($)	?	−80,000
年成本 ($/年)	−60,000	−40,000 第 1 年 以後每年增加 2,000
殘值 ($)	15,000	20,000
年限 (年)	3	5

9.16 一製造微量質量流量計的公司以 $600,000 購買新的包裝系統。10 年後的估計殘值是 $28,000，目前預期剩餘年限為 7 年，每年的 AOC 為 $27,000 與殘值估計為 $40,000，公司考慮早些更換系統，成本為 $370,000，經濟服務年限 12 年，殘值為 $22,000，且每年的 AOC 估計為 $50,000，若公司的 MARR 是 12%，請求算讓重置為經濟可行方案的最低抵購價是多少？

9.17 機器在 5 年前以 $90,000 購買，其營運成本高於預期，因此只能再用 4 年，今年的營運成本是 $40,000，每年增加 $2,000，直到不再使用為止，挑戰者機器 B 的成本是 $150,000，殘值是 $50,000，而 ESL 是 10 年，第 1 年的營運成本預估為 $10,000，然後每年增加 $500，在年利率 12% 與兩台機器同樣吸引人的條件下，機器 A 的市場價值是多少？

研究期間內的重置研究

9.18 現有機器與可能重置的市場價值與 M&O 成本如下表所示。工廠經理告訴你，她只關心未來 3 年，如果要置換守舊者的現有機器，不是現在就換，不然就保留 3 年，在利率 10% 下，請決定是否應更換現有機器。

	守舊者		挑戰者	
年	市場價值 ($)	M&O 成本 ($)	市場價值 ($)	M&O 成本 ($)
0	40,000		80,000	
1	32,000	−55,000	65,000	−37,000
2	23,000	−55,000	39,000	−37,000
3	11,000	−55,000	20,000	−37,000
4			19,000	−38,000
5			11,000	−39,000

9.19 光纖製造廠商的工程師正考慮使用兩種機器人來降低生產線的成本，目前的機器人 X 市價為 $82,000，每年維護與營運 (M&O) 成本 $30,000，以及若保留年限為 1 年、2 年和 3 年的殘值分別為 $50,000、$42,000 與 $35,000。挑戰者機器人 Y 的第一筆成本 $97,000，購買後每年 M&O 成本是 $27,000，以及 1 年、2 年和 3 年後的殘值分別為 $66,000、$51,000 和 $42,000。在年利率 12% 與 2 年研究期間條件下，最佳經濟方案為何？

9.20 3 年前以 $140,000 購買的機器，生產速度太慢，已無法應付日益增加的需求。機器現在可以用 $70,000 升級或以 $40,000 賣給小公司。現在機器每年營運成本是 $85,000，3 年後的殘值是 $30,000。如果升級的話，現有機器可再運轉 3 年；如果重置的話，

至少可用 8 年，成本為 $220,000，第 1 年到第 5 年的殘值是 $50,000，6 年後殘值是 $20,000，6 年以後則為 $10,000。每年估計的營運成本是 $65,000，公司要求你在 3 年計畫期間與年利率 15% 下進行經濟分析，公司應該現在重置機器或 3 年後再重置機器？AW 值是多少？

額外問題與 FE 測驗複習題

9.21 在重置研究中，挑戰者第一筆成本的正確數值是：
a. 購買時的成本
b. 第一筆成本扣除守舊者抵購價格
c. 第一筆成本加上守舊者抵購價格
d. 守舊者的帳面價格

9.22 一資產的經濟服務年限為：
a. 回收資產第一筆成本所需時間
b. 營運成本最低的時點
c. 殘值低於第一筆成本 25% 的時點
d. 資產 AW 值最低時的時間

9.23 就下列資料，挑戰者的經濟服務年限為：
a. 2 年
b. 3 年
c. 4 年
d. 5 年

保留年限	守舊者的 AW 值 ($)	挑戰者的 AW 值 ($)
1	−145,000	−136,000
2	−96,429	−126,000
3	−63,317	−92,000
4	−39,321	−53,000
5	−49,570	−38,000

9.24 在年利率 10% 時，一資產目前的市場價值是 $15,000，而其預期現金流如下表所示，請問經濟服務年限為：
a. 1 年
b. 2 年
c. 3 年
d. 4 年

年	年末殘值 ($)	營運成本 ($)
1	10,000	−50,000
2	8,000	−53,000
3	5,000	−60,000
4	0	−68,000

Chapter 10

通貨膨脹的影響

本章專注於瞭解與計算通貨膨脹在貨幣的時間價值計算之影響，不管是我們專業與私人領域裡，通貨膨脹幾乎是每天必須面對的問題。

每年通貨膨脹率常被政府單位、企業及工業公司仔細地分析與關心。工程經濟研究在通膨劇烈的環境與通膨輕微的環境會有不同的結果。通貨膨脹對經濟體系的實質因素是相當敏感的。諸如，能源價格、利率、技術人員的薪資與取得、原料的稀少性、政治穩定，以及其它無形因素，對通貨膨脹有長期與短期的影響，在某些產業，將通貨膨脹影響整合入經濟分析是相當重要的。整合的基本技巧將在本章介紹。

目的：決定通貨膨脹對等值計算的影響。

學習成果

1. 決定現有貨幣與未來貨幣通貨膨脹形成的影響。 — 通貨膨脹的衝擊
2. 計算通膨調整後的現值。 — 考量通貨膨脹之現值
3. 決定實質利率、通貨膨脹調整之 MARR，以及計算通膨調整後之終值。 — 考量通貨膨脹之終值
4. 計算等值於特定現值或未來總額之未來金錢的每年金額。 — 考量通貨膨脹之年值
5. 利用試算表來執行通膨調整後的等值計算。 — 試算表

10.1 瞭解通貨膨脹的衝擊

我們都很清楚現在的 $20 買不到 2005 年或 2010 年相同數量的商品，更買不到 2000 年的商品數量，這是因為通貨膨脹。**通貨膨脹是在物價上漲後，我們需要更多的貨幣才能買到相同的商品與服務數量**。它是因為通貨價值下跌所造成，所以我們需要更多的通貨才能買到相同數量的商品或服務，伴隨通膨而來得是貨幣供給的增加，也就是說，政府印製更多的鈔票，而商品與服務供給並未增加。

為了要比較貨幣金額在不同時期的購買力，不同價值 (different-value) 的金錢必須轉換成固定價值 (constant-value, CV) 的金錢，所以它們才能代表相同的購買力。**購買力是以衡量一個單位貨幣所能購買的商品數量或品質來表示**。隨著時間經過，通貨膨脹會降低購買力，理由是相同數量的貨幣買到更少的商品或服務數量。

在通貨膨脹發生，也就是貨幣價值改變時，有兩種方法來進行有意義的經濟計算：

- 將不同時期的金額換算成等值金額，好讓貨幣具相同價值，這是在任何貨幣的時間價值計算之前完成。

- 在經濟評估中，變動利率來考量貨幣價值變動 (通貨膨脹) 加上貨幣的時間價值。

下面的所有計算適用於任何國家的貨幣；本章使用的貨幣是美元。

上述的第一個方法是以固定價值 (CV) 美元來進行計算，貨幣在一個時期的價值與另一個時期的價值相同，計算如下所示：

$$第\ t_1\ 期幣值 = \frac{第\ t_2\ 期幣值}{(1+第\ t_1\ 期至第\ t_2\ 期的通貨膨脹率)} \quad [10.1]$$

其中

第 t_1 期幣值 = 固定價值 (CV) 美元，也稱為今日幣值 (today's dollars)

第 t_2 期幣值 = 未來幣值，也稱為通膨幣值 (inflated / then-current dollars)

若 f 代表每期 (年) 的通貨膨脹率，而 n 為 t_1 與 t_2 間的期數 (年)，式 [10.1] 可用來將未來幣值以 CV 幣值表示，反之亦然。

$$\text{CV 幣值} = \frac{\text{未來幣值}}{(1+f)^n} \qquad [10.2]$$

$$\text{未來幣值} = \text{CV 幣值}\,(1+f)^n \qquad [10.3]$$

藉由將真實貨幣數量代入式 [10.2] 與式 [10.3]，可用來找到一段時間內的平均通貨膨脹率 f。(注意：平均通貨膨脹率不能由算術平均求得。) 讓我們以 87 辛烷值 (普通無鉛) 汽油的價格為例，從 1986 年到 2006 年及到 2012 年，美國平均每加侖無鉛汽油價格從 \$0.92 到 \$2.86 再到 \$3.64。依據式 [10.3]，求解 1986 年到 2006 年的 f，可得 20 年間每年平均價格上升 5.83%。

$$2.86 = 0.92(1+f)^{20}$$
$$(1+f) = 3.1087^{0.05}$$
$$f = \text{每年 } 5.83\%$$

同樣地，從 2006 年到 2012 年，6 年間可得每年的 $f = 4.10\%$。

假設從 2012 年開始，汽油價格持續以每年 4.10% 的速率上漲，預期平均油價為：

2014 年：$3.64\,(1.0410)^2 =$ 每加侖 \$3.94

2015 年：$3.64\,(1.0410)^3 =$ 每加侖 \$4.11

2016 年：$3.64\,(1.0410)^4 =$ 每加侖 \$4.21

每年增加 4.10% 導致 2012 年到 2016 年間共上升 17.3%。在地球的某些角落，惡性通貨膨脹每年平均以 40% 到 50% 速率成長，短期間可達 1200%。惡性通貨膨脹將於第 10.3 節詳細討論。

消費者物價指數 (Consumer Price Index, CPI) 衡量家計單位隨著時間經過購買的商品與服務物價的平均變化。在美國，聯邦政府勞工部每個月公布 CPI。通常 CPI 是根據「市場一籃」商品與服務，如食物、家庭、衣服、水電瓦斯及教育；物品在短期不會有大幅的價格變動 (上升或下跌)，有關 CPI 所包含的商品與服務，一直都有些批評，理由是它並未考慮品質差異，某些物品在過去尚未出現且經歷價格大幅下跌，如電腦和其它子產品，這些都無法反映在一籃商品與服務中。此外，它並未包含稅與犯罪成本。然而，它依舊是普通被使用的指數及其它利率的基礎，其中之一是銀行與其它金融機構發行的信用卡利率。

回到工業或商業，即使是相對較低的通貨膨脹率，如每年 4%，設備或服務第一筆成本 $209,000，在 10 年後會增加 48% 至 $309,000，這是在要求報酬率尚未放在收入創造過程中所發生。顯然通貨膨脹必須納入考慮。

實際上，與通貨膨脹有關的比率有三種：實質利率 (i)、市場利率 (i_f)，以及通貨膨脹率 (f)。只有前兩者為利率。

實質利率 i。此為通貨膨脹對貨幣價值變動影響已經去除的利率。因此，實質利率呈現購買力的真實利得。(第 10.3 節將推導去除通貨膨脹的實質利率方程式。) 一般運用到個人的實質報酬率約為每年 3.5%，此為「安全投資」率。當 MARR 未經通膨調整時，公司 (與許多個人) 的必要實質報酬率高於安全投資率。

通貨膨脹調整後利率 i_f。如名稱所隱含，必為以往考慮通貨膨脹影響的利率。我們每天都聽到的**市場利率** (market interest rate) 是通貨膨脹調整後的利率，此為實質利率 i 與通貨膨脹 f 的結合。因此，它會隨著通貨膨脹率的變動而變動。

通貨膨脹率 f。如前所述，這是衡量貨幣價值變動的比率。

一公司的 MARR 經過通貨膨脹調整，稱為通貨膨脹調整後 MARR，第 10.3 節將討論其計算方式。

通貨緊縮 (deflation) 是通貨膨脹的相反，原因是通貨緊縮發生時，將來的貨幣單位購買力會大於現在，也就是說，將來可用較少的貨幣購買相同數量的商品或服務，在通貨緊縮時期，市場利率始終低於實質利率。

因為引進改良後產品、更便宜的技術、進口原料或使當前價格下跌的產品，短暫的通貨膨脹有可能出現在經濟體系的特定部門。在正當狀況下，通貨緊縮解決後，價格會回到競爭水平。然而，特定部門的通貨緊縮透過**傾銷** (dumping) 形成。一個傾銷的例子是原料進口，如鋼鐵、水泥或汽車，國際競爭者以極低的價格進口到另外一個國家。消費者買到的價格更低，因而迫使國際製造商降價來保住市占率。若因為製造商財務狀況不佳，他們可能倒閉，國外進口產品將取代國內產品，產品價格將回到正常水平。事實上，如果競爭狀況不再，產品價格會隨著時間經過而上漲。

表面看來，當通貨膨脹在經濟社會已存在一段時間，適度的通貨緊縮是一件好事。然而，若通貨緊縮涵蓋更大範圍，如全國，有可能缺乏資金投入新的資本。另外一個結果，是因為較少的工作、較少的信用供給與較少的放款，個人與家庭的支出減少，全面性的「緊縮」貨幣出現。當貨幣愈加緊縮，工業成長與資本投資得到的資金更少，在極端的情況下，隨著時間經過，通貨緊縮不斷地加劇，最終會導致經濟體系瓦解，這種現象偶爾發生，著名的例子是美國1930年代的經濟大恐慌。

考慮通貨緊縮的工程經濟計算方式與通貨膨脹相同。除了在 f 前加上負號外，式 [10.2] 與式 [10.3] 依然適用。譬如，若通貨緊縮估計每年是 2%，一項資產現在的成本為 $10,000，可由式 [10.3] 得到5年後的第一筆成本：

$$10,000(1-f)^n = 10,000(0.98)^5 = 10,000(0.9039) = \$9,039$$

10.2 通膨調整後的現值計算

一開始我們在第10.1節介紹的兩種方法——固定幣值 (CV) 與實質利率 i，或未來幣值與通膨調整後利率 i_f，可用來計算現值。藉由這兩種方法的介紹，考慮一資產可以現值購買或在未來4年內以未來等值金額購買。表10.1 (第2欄與第3欄) 列出現在的第一筆成本 $5,000，未來每一年以 4% 的通貨膨脹率速率增加，4年後的成本估計為 $5,849，不過固定幣值 CV 的金額始終是 $5,000 (第4欄)。

表 10.1　通貨膨脹計算與利用固定幣值的現值計算 ($f = 4\%$, $i = 10\%$)

年 t (1)	因4%通貨膨脹率所增加的成本 (2)	未來幣值的成本 (3)	固定幣值的未來成本 (4) = (3)(P/F,4%,t)	在實質利率 $i = 10\%$ 之現值 (5) = (4)(P/F,10%,t)
0		$5,000	$5,000	$5,000
1	$5,000 (0.04) = $200	5,200	5,000	4,545
2	5,200 (0.04) = 208	5,408	5,000	4,132
3	5,408 (0.04) = 216	5,624	5,000	3,757
4	5,624 (0.04) = 225	5,849	5,000	3,415

藉由第一個方法，利用固定幣值 CV 與實質利率 i 來得到第一筆成本在未來任何一年的現值。透過此方法，在實質利率運用至計算式前，所有通貨膨脹的影響均被移除，若實質利率每年是 10%，未來第 t 年等值成本現值為 PW = 5,000(P/F,10%,t)，如第 5 欄所示。以固定幣值而言，現在的 $3,415，可以買到 4 年後的 $5,000 資產。同樣地，現在的 $3,757 可買到 3 年後 $5,000 的資產。

圖 10.1 顯示固定幣值金額 $5,000，以通貨膨脹率 4% 計算之未來成本，以及經通膨調整 10% 實質利率下之現值在 4 年期間的差異。通貨膨脹與利率累積影響迅速增加，如圖陰影面積所示。

第二個方法利用未來幣值的估計值與通膨調整後的利率來計算現值 PW，此為較常被使用的方法。考慮 P/F 公式，其中 i 為實質利率：

$$P = F\frac{1}{(1+i)^n}$$

F 為已考慮通貨膨脹的未來幣值 (終值)，其可利用式 [10.2] 來換算成固定幣值 CV：

$$P = \frac{F}{(1+f)^n}\frac{1}{(1+i)^n}$$
$$= F\frac{1}{(1+i+f+if)^n} \qquad [10.4]$$

圖 10.1　固定幣值、未來幣值及其現值的比較。

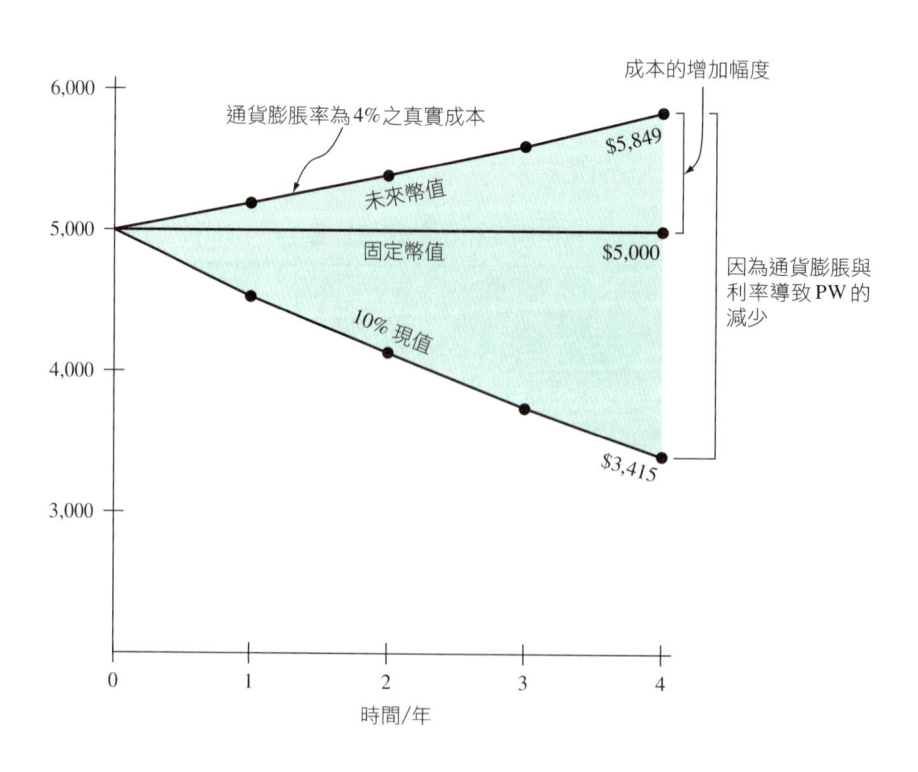

表 10.2　使用通膨調整後利率之現值計算

年 n (1)	成本 $f = 4\%$ 速率增加 (2)	以未來幣值表示之成本 (3)	$(P/F, 14.4\%, n)$ (4)	現值 (5) = (3)(4)
0	—	$5,000	1	$5,000
1	$200	5,200	0.8741	4,545
2	208	5,408	0.7641	4,132
3	216	5,624	0.6679	3,757
4	225	5,849	0.5838	3,415

若將 $i + f + if$ 定義成 i_f，上式可改寫成：

$$P = F\frac{1}{(1+i_f)^n} = F(P/F, i_f, n) \quad [10.5]$$

通貨膨脹調整後之利率 (inflation-adjusted interest rate, i_f)，可定義成：

$$i_f = i + f + if \quad [10.6]$$

就一實質年利率 $i = 10\%$ 與年通貨膨脹率 $f = 4\%$ 而言，式 [10.6] 可得通貨膨脹調整後利率為 14.4%：

$$i_f = 0.10 + 0.04 + 0.10(0.04) = 0.144$$

表 10.2 說明使用率 i_f 為 14.4% 對現在的 $5,000 進行現值 PW 計算，它使金額在 4 年後增加至 $5,849，如第 5 欄所示，每一年的現值與表 10.1 的第 5 欄一樣。

任何一個現金流序列——相等、等差級數，或等比級數——的現值都可用相同方法求得。亦即依據現金流是以固定幣值或未來幣值表示，可將 i 或 i_f 代入 P/A、P/G 或 P_g 因子。

下列兩個範例以及本章後面範例 10.6 的試算表，說明通貨膨脹如何從現值 PW 計算中移除或包含在內。在正確使用現值計算方法後，利用實質利率 i 計算固定幣值與利用通膨調整後利率 i_f 應該都會得到相同答案。

範例 10.1

佐依是樂透其中的一個得主，有三種不同的稅後彩金方案可供挑選：

方案 1：現在領取 $100,000。

方案 2：1 年後每年領 $15,000，共 8 年，總額是 $120,000。

方案 3：現在領 $45,000，4 年後再領 $45,000，最後在第 8 年領 $45,000，總額是 $135,000。

佐依在財務上非常保守，他計畫將所有彩金拿來投資，他預期每年可賺取實質報酬率 6%。請利用 8 年時間與平均每年通貨膨脹率 4%，來決定哪一個是最佳方案。

解答

選擇通膨調整後現值 PW 最高的方案。前述兩種方法均可使用，在第一個方法中，所有金額都換算成通貨膨脹率 4% 時之固定幣值 (CV)，而現值 PW 是在每年實質利率 6% 下求得。就第二個方法，找出由式 [10.6] 求出之通貨膨脹調整後利率為 10.24% 時，未來金額之現值 PW：

$$i_f = 0.06 + 0.04 + (0.06)(0.04) = 0.1024$$

利用 i_f 方法可求得各方案之現值 (PW)：

$PW_1 = \$100{,}000$ 所有彩金收入馬上領取
$PW_2 = 15{,}000(P/A, 10.24\%, 8) = 15{,}000(5.2886) = \$79{,}329$
$PW_3 = 45{,}000[1 + (P/F, 10.24\%, 4) + (P/F, 10.24\%, 8)]$
$\quad\quad = 45{,}000(2.1355) = \$96{,}099$

最佳方案為立即領走彩金 (方案 1)。

評論：結果支持越早提領彩金的原則。因為自行投資通常可賺取較佳報酬。在此情況下，當所有彩金能夠投資且每年賺取 6% 實質報酬，方案 1 是邊際最佳選擇。方案 3 緊跟在後；若 i_f 下跌至每年 8.81%，方案 1 與方案 3 的現值均為 $100,000。

範例 10.2

一位自營化學工程師與陶氏化學公司簽約，目前在一通貨膨脹率較高的國家工作，她希望能計算方案的現值。此方案現在的成本 $35,000，1 年後每年的成本 $7,000，共 5 年，5 年後成本估計每年增加 12%，為期 8 年，利用實質年利率 15% 來計算：(a) 未經通貨膨脹調整；(b) 經 0.11% 的通貨膨脹率調整的現值。

解答

a. 圖 10.2 畫出現金流，將 $i = 15\%$ 與 $g = 12\%$ 代入式 [2.7] 中。未經通貨膨脹調整的等比序列現值金額為：

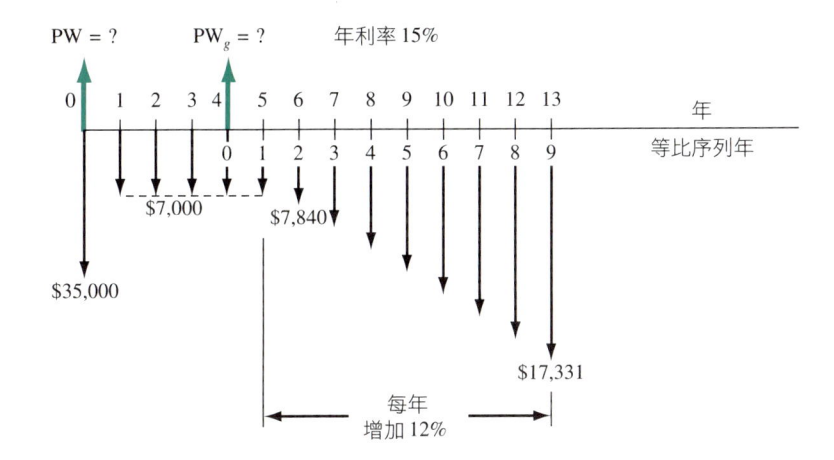

🔍 圖 10.2 現金流量圖形，範例 10.2。

$$PW = -35{,}000 - 7{,}000(P/A, 15\%, 4)$$

$$- \left\{ \frac{7{,}000\left[1 - \left(\frac{1.12}{1.15}\right)^9\right]}{0.15 - 0.12} \right\} (P/F, 15\%, 4)$$

$$= -35{,}000 - 19{,}985 - 28{,}247$$

$$= \$-83{,}232$$

在 P/A 因子中，因為第 5 年成本 $7,000，是式 [2.7] 的 A_1，期數 $n = 4$。

b. 為了要調整通貨膨脹的影響，可藉由式 [10.6] 來計算通貨膨脹調整後之利率：

$$i_f = 0.15 + 0.11 + (0.15)(0.11) = 0.2765$$

$$PW = -35{,}000 - 7{,}000(P/A, 27.65\%, 4)$$

$$- \left\{ \frac{7{,}000\left[1 - \left(\frac{1.12}{1.2765}\right)^9\right]}{0.2765 - 0.12} \right\} (P/F, 27.65\%, 4)$$

$$= -35{,}000 - 7{,}000(2.2545) - 30{,}945(0.3766)$$

$$= \$-62{,}436$$

結果顯示在一高通膨國家，協商貸款償還金額時，如果可能的話，貸款者使用未來 (通膨) 幣值是具經濟利益的作法。在通貨膨脹調整後，未來通膨幣值現值顯著減少。通貨膨脹率越高，由於 P/F 與 P/A 因子減少現值的折現程度也越大。

第二個範例似乎能支持「先買後付」的財務管理哲學。不過，在某種程度上，負債的個人或公司必須支付通膨後幣值計價的本金與利息。若現金不足，債務就無法償還。舉例來說，當新產品無法成功上市，經濟遭逢衰退或個人失業，都會發生債務違約。若將時間拉長，這項「先買後付」策略不管是現在或未來都必須輔以健全的財務規劃。

10.3 通貨膨脹調整後的終值 FW 計算

在終值 F 的計算中，未來金額可以有下列四種解釋：

情況 1. 累積至 n 期的實際金額。

情況 2. 累積至 n 期的實際購買力，但以今天(固定)幣值表示。

情況 3. 為了要維持與今天幣值相同的購買力，n 期所需未來貨幣數量；也就是考慮通貨膨脹，但未考慮利率。

情況 4. 為了要維持購買力與賺取既定實質利率，n 期所需的貨幣數量。

依據不同的解釋，終值 F 有不同的計算方式，以下分別說明不同的情況。

情況 1：實際累積金額

明顯地，實際累積貨幣數量 F，可經由通貨膨脹調整後利率(市場利率)而得：

$$F = P(1 + i_f)^n = P(F/P, i_f, n) \qquad [10.7]$$

舉例來說，當市場利率為 10% 時，通貨膨脹率已包含在內。在 7 年期間，$1,000 會累積至：

$$F = 1,000(F/P, 10\%, 7) = \$1,948$$

情況 2：具固定幣值的購買力

未來幣值的購買力可先藉由使用市場利率 i_f 計算終值 F，然後再透過除以 $(1+f)^n$ 來平減終值 F 而得：

$$F = \frac{P(1 + i_f)^n}{(1 + f)^n} = \frac{P(F/P, i_f, n)}{(1 + f)^n} \qquad [10.8]$$

實際上，上式說明價格上升意味，未來的 $1 比現在的 $1 買到更少的商品數量。購買力下跌百分比即衡量損失的程度。譬如，考慮現在有 $1,000，市場年利率 10%，多年通貨膨脹率 4%，7 年後購買力上升，但只達 $1,481。

$$F = \frac{1,000(F/P,10\%,7)}{(1.04)^7} = \frac{\$1,948}{1.3159} = \$1,481$$

這比情況 1 在 10% 下的實際累積金額 $1,948 還少 $467 (24%)。因此，我們得到 4% 的通貨膨脹率在 7 年間使貨幣購買力下降 24%。

同樣就情況 2 而言，以今天購買力累積的未來貨幣數量能夠藉由計算實質利率，並將其用在 F/P 因子中來補償貨幣購買力的減少。實質年利率為式 [10.6] 的 i。

$$\begin{aligned} i_f &= i + f + if \\ &= i(1+f) + f \\ i &= \frac{i_f - f}{1 + f} \end{aligned} \qquad [10.9]$$

實質年利率 i 表示今日的錢與未來的錢具有相同的購買力。當通貨膨脹率大於市場利率時，會出現負的實質利率。在通貨膨脹必須被移除時，使用此利率來計算一投資方案 (如儲蓄帳戶或貨幣市場基金) 的現值是恰當的。譬如，式 [10.9] 中，今天的 $1,000，

$$i = \frac{0.10 - 0.04}{1 + 0.04} = 0.0577 \text{ 或 } 5.77\%$$
$$F = 1,000(F/P,5.77\%,7) = \$1,481$$

因為通貨膨脹的侵蝕效果，年利率 10% 的實質利率將低於 6%。

情況 3：必要未來金額，利率不計

此情況將通貨膨脹存在時的價格上漲影響計算在內。簡單來說，未來幣值較不值錢，所以需要更多的貨幣數量。此情況並未將利率考慮在內。這就是以下的情景，倘若有人問道：「如果一輛車的成本是 $25,000，且其價格每年增加 3%，5 年後的成本是多少？」(答案是 $28,982。) 只有在公式中考慮通貨膨脹而不考慮利率，為了要得到未來成本，在 F/P 因子中以 f 替代利率：

$$F = P(1+f)^n = P(F/P,f,n) \qquad [10.10]$$

考慮上面 $1,000 的例子，如果每年的通貨膨脹率都增加 4%，7 年後的金額為：

$$F = 1,000(F/P,4\%,7) = \$1,316$$

情況 4：通貨膨脹與實質利率

此情況適用於基準收益率 (MARR) 的計算，維持購買力與賺取利息必須將物價上漲 (情況 3)，以及貨幣的時間價值同時考慮在內。如果想要維持資本成長，資金數量必須以等於或大於利率 i 加上通貨膨脹率 f 的比率成長。因此，當通貨膨脹率是 4% 時，想與賺取 5.77% 的實質報酬率，必須使用到市場 (通貨膨脹調整後) 利率。就同樣的 $1,000，

$$i_f = 0.0577 + 0.04 + 0.0577(0.04) = 0.10$$
$$F = 1,000(F/P,10\%,7) = \$1,948$$

此計算顯示 7 年後的 $1,948 相當於現在的 $1,000，並以每年實質利率 i = 5.77% 與通貨膨脹率 f = 4% 成長的金額，此計算與情況 1 的計算相同。

表 10.3 總結在等值公式中，對 F 值不同解釋所使用的比率。本節的計算顯示：

表 10.3　不同終值解釋的計算方法

想要的終值	計算方法	例子 $P = \$1,000$，$n = 7$，$i_f = 10\%$，$f = 4\%$
情況 1：實際累積金額	在等值公式中使用既定市場利率 i_f	$F = 1,000(F/P,10\%,7)$ $= \$1,948$
情況 2：以今天幣值表示的累積金額購買力	使用市場利率 i_f 在等值公式並除以 $(1+f)^n$ 或 使用實質利率 i	$F = \dfrac{1,000(F/P,10\%,7)}{(1.04)^7}$ 或 $F = 1,000(F/P,5.77\%,7)$ $= \$1,481$
情況 3：維持相同購買力所需貨幣數量	在等值公式中以 f 替代 i	$F = 1,000(F/P,4\%,7)$ $= \$1,316$
情況 4：維持相同購買力並賺取利息的未來幣值	計算 i_f 並使用於等值公式中	$F = 1,000(F/P,10\%,7)$ $= \$1,948$

- 情況 1：在年利率 10% 下，現在的 $1,000，7 年後累積金額為 $1,948。
- 情況 2：若通貨膨脹率是 4%，以今日幣值計算，$1,948 的購買力為 $1,481。
- 情況 3：在每年通貨膨脹是 4% 時，$1,000 的商品在 7 年後價格為 $1,316。
- 情況 4：當實質利率是 5.77% 和通貨膨脹率是 4% 時，現在的 $1,000 相當於 7 年後的 $1,948。

大多數的企業以基準收益率 (MARR) 來評估投資方案，MARR 通常會大到足以涵蓋通貨膨脹率加上高於資金成本的報酬，且顯著地比安全投資率高 3.5%。因此，就情況 4 來說，MARR 通常會比市場利率 i_f 高。在此以 MARR$_f$ 代表通貨膨脹調整後的 MARR，其計算方式與 i_f 計算方式相同。

$$\text{MARR}_f = i + f + i(f) \quad [10.11]$$

在此使用的實質利率 i 是公司相對資本成本的必要報酬率。(第 1.3 節介紹過資金成本且將詳細於第 13.5 節討論。) 終值 F 或 FW 的計算如下：

$$F = P(1 + \text{MARR}_f)^n = P(F/P, \text{MARR}_f, n) \quad [10.12]$$

譬如，若一公司的資金成本率是 10%，投資計畫所需的報酬是 3%，實質報酬為 $i = 13\%$，通貨膨脹調整後的 MARR 可藉由包含年通貨膨脹率 4% 來計算，因此計畫的 PW、AW 或 FW 可以下列比率求得：

$$\text{MARR}_f = 0.13 + 0.04 + 0.13(0.04) = 17.52\%$$

範例 10.3

阿伯礦業想要決定現在或稍後升級之深層開採挖礦設備，若公司選擇計畫 N，現在購買設備的金額是 $200,000。然而，若公司選擇計畫 L，3 年後購買的金額將攀升至 $340,000。阿伯頗富野心；它預計年 MARR 是 12%，當地的通貨膨脹率每年約 6.75%。若僅從經濟觀點來看，(a) 當不考慮通貨膨脹時；(b) 當考慮通貨膨脹時，公司應該現在或稍後購買升級設備？

解答

a. 未考慮通貨膨脹： 此為每年實質利率或 MARR = 12% 之情況 2。3 年後

計畫 L 的成本是 $340,000，我們可計算計畫 N 在 3 年後的終值：

$FW_N = -200,000(F/P,12\%,3) = \$-280,986$

$FW_L = \$-340,000$

阿伯應該現在購買升級設備。

b. 考慮通貨膨脹：此為情況 4；實質利率為 12% 和通貨膨脹率為 6.75%。首先，藉由式 [10.1] 計算通貨膨脹調整後之 MARR：

$MARR_f = 0.12 + 0.0675 + 0.12(0.0675) = 0.1956$

以未來幣值計算計畫 N 之終值 FW：

$FW_N = -200,000(F/P,19.56\%,3) = \$-341,812$

$FW_L = \$-340,000$

因為需要較少的終值，阿伯應該稍後升級。6.75% 的年通貨膨脹率使得成本的等值未來金額上升 21.6% 來到 $341,812，相當於每年上升 6.75%，複利 3 年，或 $(1.0675)^3 - 1 = 21.6\%$。

大多數國家每年的通貨膨脹率介於 2% 到 5% 之間，但在那些政治不穩定、政府過度支出，以及國際貿易出現龐大赤字的國家，**惡性通貨膨脹 (hyperinflation)** 是一個問題，惡性通貨膨脹率可能非常高──每月 10% 到 100%。在這些情況下，政府可能採取激烈措施來降低通膨：重新以別的國家貨幣計價、控制銀行與企業、管制資金的進出。

在一個惡性通貨膨脹環境裡，因為生活成本在下個月、下週或隔天迅速攀升，民眾拿到錢會立刻花掉，為了要明瞭一企業想要追趕惡性通膨的辛苦，重新以每月通貨膨脹率 12% 或年通貨膨脹率 120% (未考慮複利) 來計算範例 10.3(b)。FW_N 巨幅攀升，顯然計畫 L 是較好的選擇。當然，在此種環境下，3 年後的 $340,000，購買價格不見得存在，因此整個經濟分析也不見得可靠。在惡性通貨膨脹環境裡，很難制定良好經濟決策，理由是終值的估計完全不準確，且未來資本的取得也無法確定。

10.4 通貨膨脹調整後的年值 AW 計算

由於現在的資本金額必須以未來高漲的幣值回收，包含通貨膨脹的年值 AW 分析在資本回收計算中顯得格外重要，因為未來幣值的購

買力比現在低，公司顯然需要更多的貨幣來回收現在的投資，這隱含在 A/P 公式中是使用通貨膨脹調整後的利率。舉例來說，倘若年通貨膨脹率是 4% 與年實質利率是 5.77%，今天投資 $1,000，在每年 i_f = 10% 下，以未來幣值計算的 5 年，每年回收金額為：

$$A = 1,000(A/P,10\%,5) = \$263.80$$

另一方面，貨幣價值隨時間經過下跌，意味投資者支出較少現值 (較高價值) 來累積特定的未來高漲金額，這隱含使用通貨膨脹調整後利率於 A/P 公式中可得較低的 A 值。以未來幣值計算 5 年後 F = $1,000 的每年等值金額 (經通貨膨脹調整) 為：

$$A = 1,000(A/F,10\%,5) = \$163.80$$

此結果將於下一個範例做進一步討論。

為了易於比較，以 i = 5.77% 累積 F = $1,000 (未調整通膨) 的等值每年金額是 1,000(A/F,5.77%,5) = $178.21。因此，當 F 值固定，未來成本 (非收入) 的等額分配應盡可能地將時間拉長，好讓通貨膨脹的槓桿效果，能降低支出 ($163.80 vs. 未經通膨調整之 $178.21)。

範例 10.4

a. 若市場年利率是 10% 與年通貨膨脹率是 4%，想要維持與今天 $821.93 相同購買力，5 年內每年存款金額是多少？

b. 實質利率是多少？

解答

a. 首先，找出 5 年後所需的未來 (通膨調整) 幣值的實際金額，此為先前計論的情況 3。

$$F = (現在購買力)(1 + f)^5 = 821.93(1.04)^5 = \$1,000$$

利用市場 (通膨調整) 利率 10% 來計算每年存款實際金額，此為以 A 替代 P 的情況 4。

$$A = 1,000(A/F,10\%,5) = \$163.80$$

b. 利用式 [10.9] 來計算 i：

$$i = (0.10 - 0.04)/(1.04)$$
$$= 0.0577 \text{ 或年利率 } 5.77\%$$

評論：若以正確的角度來看待這些計算，考慮下列事項：當實質利率是 5.77%，而通貨膨脹率 $f = 0\%$ 時，維持今天 \$821.93 相同購買力的未來金額明顯也是 \$821.93。因此，5 年內每年存款金額是 $A = \$821.93(A/F,5.77\%,5) = \$146.48$，這比上述 $f = 4\%$ 累積 \$1,000 所計算的 \$178.21 少 \$31.73。此差異是因為在通貨膨脹期間，期初金額比期末金額有更高的購買力，想要彌補購買力的差異，我們需要更多的較低價值貨幣，也就是想要在年通貨膨脹率 $f = 4\%$ 時，維持相同的購買力，每年需要額外存入 \$31.73 才夠。

這個邏輯解釋是在日益上升的物價時，放款者 (信用卡公司、房貸機構和銀行) 想要提高其市場利率。人們想要在每一期償還較少的金額理由是他們可以在物價上漲前，將錢購買其它物品，同時放款機構必須在未來有更多的貨幣來支應日高漲的預期放款成本。所有這些都是因為日益高漲的通貨膨脹，對個人及企業而言，想要打破此一惡性循環是相當困難的，而整個國家更是難上加難。

10.5　使用試算表來調整通貨膨脹

當使用試算表時，可藉由在適當的函數中輸入正確的百分比來得到通貨膨脹調整後的 PW、AW 與 FW 值。譬如，考慮在實質年利率 5% 下，8 年內每年收到 $A = \$15,000$ 的現值。為了要調整每年 3% 的預期通貨膨脹，首先藉由式 [10.6] 或藉由輸入下列關係式 $= 0.05 + 0.03 + 0.05 \times 0.03$ 來計算通貨膨脹調整後利率 i_f 為 0.0815 或 8.15%。

用未決定考慮通膨與未考慮通膨現值的單一儲存格現值函數敘述如下，負號使答案為正值。

考慮通貨膨脹：　＝－PV(8.15%,8,15000)　　PW = \$85,711
未考慮通貨膨脹：＝－PV(5%,8,15000)　　　PW = \$96,948

下一個範例考慮在不同方案之間的通貨膨脹與現金流的時間價值，使用不同的試算表函數計算。

範例 10.5

讓我們重新考慮範例 10.1 的三個方案。為了喚起記憶，方案內容如下：

　　方案 1：現在收到 \$100,000。

方案 2：8 年間，從明年開始，每年收到 $15,000。

方案 3：現在收到 $45,000，4 年後收到另一筆 $45,000，8 年後收到最後一筆 $45,000。

若實質年利率 $i = 6\%$ 與年通貨膨脹率為 $f = 4\%$。(a) 依據現值 PW，找出最佳方案；(b) 找到 8 年後各個方案以通膨調整後幣值表示的終值；(c) 計算各個方案以今日購買力表示的終值。

解答

a. 圖 10.3 顯示各個方案在 $i_f = 10.24\%$ 的現值計算。就方案 1 而言，PW_1 = \$100,000。由於序列為等值，使用 NPV 或 PV 函數的方案現值 PW_2 = \$79,329。然而，運用 NPV 函數於方案 3 時，現值流量序列需輸入 0 值，方案 1 的現值最大，故為最佳方案。

b. 圖 10.3 的第 15 列顯示在年利率 10.24% 下，使用 FV 函數所得到各個方案在 8 年後的終值。

c. 想要計算維持與今天購買力相同的 FW 值 (情況 2) 在 FV 函數中輸入實質利率 6%。第 17 列顯示考慮通貨膨脹後，上一小題的 FW 值顯著減少，通貨膨脹的影響甚鉅。以方案 3 為例，樂透得主在 8 年後拿到的錢超過 \$209,000。不過，以今天的幣值而論，這筆金額只能買到價值約 \$153,000 的商品。

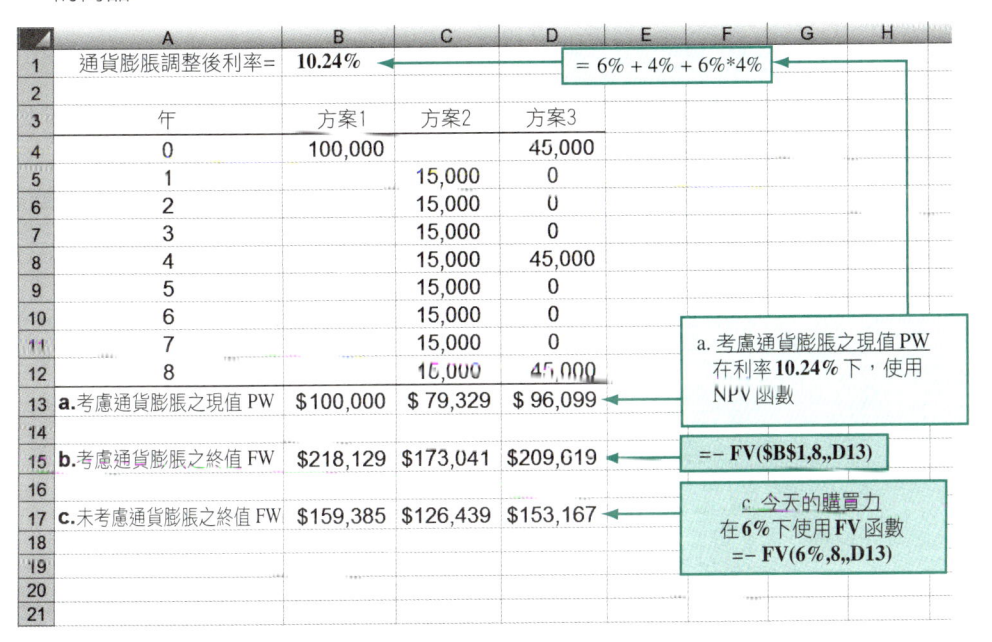

	A	B	C	D
1	通貨膨脹調整後利率=	10.24%		
3	年	方案1	方案2	方案3
4	0	100,000		45,000
5	1		15,000	0
6	2		15,000	0
7	3		15,000	0
8	4		15,000	45,000
9	5		15,000	0
10	6		15,000	0
11	7		15,000	0
12	8		15,000	45,000
13	a.考慮通貨膨脹之現值 PW	\$100,000	\$79,329	\$96,099
15	b.考慮通貨膨脹之終值 FW	\$218,129	\$173,041	\$209,619
17	c.未考慮通貨膨脹之終值 FW	\$159,385	\$126,439	\$153,167

= 6% + 4% + 6%*4%

a. 考慮通貨膨脹之現值 PW 在利率 10.24% 下，使用 NPV 函數

= − FV(B1,8,,D13)

c. 今天的購買力 在 6% 下使用 FV 函數 = − FV(6%,8,,D13)

圖 10.3 考慮通貨膨脹與維持和今天相同購買力的 PW 與 FW 計算，範例 10.5。

在所有的方案中，方案 1 有最高的 PW 與 FW 值，為最佳方案。方案 3 緊追在後。

範例 10.6

Harlong + Down 是一家健康保險顧問公司，其總裁宣布今天以 $100 億併購一家同業。在記者會後，公司的工程與財務部門同事大衛與卡蘿估計併購可為公司在 6 年內每年帶來 $28 億的淨收入。工程部門的大衛回到辦公室，並使用試算表中的 IRR 函數計算出報酬率為 $i^* = 17.2\%$，這超過公司預期的併購年報酬率 14%，同一時間，大衛以 14% 來計算現值 PW，得到 PW = $888。圖 10.4 (左邊) 顯示分析結果 (單位：$百萬)。

財務部門的卡蘿也完成類似分析；然而，不同的是，她將預期通貨膨脹率 4% 考慮在她的計算內。因此，這是固定幣值 (CV) 的估計。圖 10.4 左邊詳列其分析及計算出來的報酬率為 12.7%，這顯示這項併購不符合經濟效益。

當大衛與卡蘿在下午與總裁開會時，他們對併購與否抱持不同意見，請問何者為正確？14% 的 MARR 與 PW 值的計算應如何解釋？

解答

依據式 [10.6] 與 4% 的年通貨膨脹率，卡蘿的預期報酬率 12.7% 與大衛計算的報酬率 17.2% 相同。

$$0.127 + 0.04 + 0.127(0.04) = 0.172 \quad (17.2\%)$$

兩人的計算都正確；卡蘿的實質利率 $i^* = 12.7\%$，而大衛在通貨膨脹率 $f = 4\%$ 下之通貨膨脹調整後利率 $i_f^* = 17.2\%$。這種比較顯示，如果能夠正確衡量，固定幣值估計與未來幣值估計會得到相同結論。

這個案例的困難點是 14% 的 MARR；不清楚它是否已經過通貨膨脹調整。如果已經過通膨調整，則 $\text{MARR}_f = 14\%$，而併購是可行的，因為 17.2% > 14%；但如果未經通膨調整，14% 的實質 MARR 相當於通貨膨脹調整後 MARR_f 的 18.56%。現在，因為 17.2% < 18.56%，併購是不可行的。同樣地，14% 的實質 MARR 必須與卡蘿計算的 12.7% 比較；併購並不可行。

圖 10.4 的第 14 列指出在 MARR = 14% 與實質 MARR = 9.6% 下之

圖 10.4　未來幣值與固定幣值之 ROR 與 PW 值，範例 10.6。

	A	B	C	D	E
1	大衛的估計			卡蘿的估計	
2		未來幣值			固定幣值
3	年	現金流($)		年	現金流($)
4	0	−10,000		0	−10,000
5	1	2,800		1	2,892
6	2	2,800		2	2,589
7	3	2,800		3	2,489
8	4	2,800		4	2,393
9	5	2,800		5	2,301
10	6	2,800		6	2,213
11	i*	17.2%		i*	12.7%
12					
13	MARR$_f$	14.0%		MARR	9.6%
14	PW @ MARR$_f$	$888		PW @ MARR	$888

去除通貨膨脹的估計值，第 1 年 = 2,800/1.04

去除通貨膨脹的 MARR $= \dfrac{(0.14-0.04)}{(1+0.04)}$

PW = $888。在正確計算後，現金流與 MARR 值以未來幣值 (左邊) 和以固定幣值 (右邊) 得到的 PW 值一定會一樣。

總結

　　因為貨幣價值的減少通貨膨脹，計算上與利率的計算相同，使得相同產品或服務的成本隨時間經過而上漲，本章包含兩種將通貨膨脹考慮進工程經濟計算的方法；(1) 以今日 (固定幣值) 貨幣表示；以及 (2) 以未來幣值表示，一些重要的關係式如下：

通貨膨脹調整後的利率：$i_f = i + f + if$
實質利率：$i = (i_f - f)/(1 + f)$
考慮通貨膨脹後未來金額之現值 PW：$P = F(P/F, i_f, n)$

具相同購買力以固定幣值表示之現在金額之終值：$F = P(F/P, i, n)$

不考慮利率目前金額之終值：$F = P(F/P, f, n)$

考慮利率目前金額之終值：$F = P(F/P, i_f, n)$

未來貨幣數量之等值年值：$A = F(A/F, i_f, n)$

以未來幣值表示現在金額的等值年值：$A = P(A/P, i_f, n)$

習題

瞭解通貨膨脹

10.1 你如何將通貨膨脹調整後，金額轉換成固定幣值金額？

10.2 找出某物品成本是 10 年前兩倍的通貨膨脹率？

10.3 在通貨膨脹期間，就 $1 計價的通貨，找出下列的差異：(a) 通貨膨脹調整後金額與「未來—現在」的金額；以

及 (b)「未來—現在」(未來) 金額與固定幣值金額？

10.4 聯邦政府的 Pell 獎學金政策提供獎學金給需要的大學學生，2012 到 2013 學年度學費補助每位學生 $690 (最高總額為 $5,550)。因為通貨膨脹每年會增加直至 2017 年為止，從 2018 年開始，獎學金不再隨通貨膨脹上升而調整，如果 2013 到 2014 學年度獎學金最高額度增至 $5,645，請問年通貨膨脹率是多少？

10.5 在 2012 年，USDA 宣布「聖誕節日天」成本指數為 $101,120，這是基於古典頌讚所列 364 項物品計算而得，倘若「聖誕節真實成本」指數上升 4.4%。(a) 2011 年的指數為何？(b) 如果 7 隻天鵝游泳價格增加 $700 至 $6,300，請問價格上升百分比為何？

10.6 Midstate Independent School District 與當地律師樓簽訂一份協議，2008 年每小時費用是 $185，2013 年 4 月開始每小時費用上升至 $225，請問每年每小時費用增加百分比是多少？

10.7 當每年通貨膨脹率是 4% 時，現在的 $10,000 能買到的商品數量與 20 年後買到相同商品數量的通貨膨脹調整後金額為何？

10.8 一物品現值成本為 $1,000，其 10 年間的通貨膨脹率如下表所示。(a) 10 年後的成本是多少？(b) 若通貨膨脹率平均每年 5%，請問成本會相同嗎？為什麼？

年	通貨膨脹率	年	通貨膨脹率
1	10%	6	0%
2	0%	7	10%
3	10%	8	0%
4	0%	9	10%
5	10%	10	0%

10.9 一工程師現年 65 歲，他在 40 年前就計畫退休。當時，他想若退休時能有 $100 萬，就能享有一個奢華的退休生活，假設 40 年間每年的通貨膨脹率是 4%。(a) 在 65 歲時擁有 $100 萬的固定幣值金額是多少？基期為 40 年前；(b) 在退休年齡想要擁有 $100 萬固定幣值購買力，40 年內需要累積的過去—現在 (未來) 金額是多少？

考慮通貨膨脹之現值計算

10.10 一年輕、成長公司的需要實質 ROR 為每年 25%，請問在年通貨膨脹率為 5% 下，通貨膨脹調整後的 ROR 是多少？

10.11 一高科技細菌培養器公司的執行長向創投公司承諾每年享有 40% 的成長，為期 3 年。因此，公司的 MARR 設為 40%，若公司真的達成 40% ROR 的目標，但忽略 8% 的年通貨膨脹率，請問那段期間的實質成長率是多少？

10.12 找出下列現金流的估計現值，如下表所示，有些以那時—現在 (未來) 幣值表示，而有些以今日幣值表示，假設

實質年利率是 10%，而年通貨膨脹率是 6%。

年	現金流 ($)	表示成
0	16,000	今日
3	40,000	那時—現在
4	12,000	那時—現在
7	26,000	今日

10.13 請求一設備的現值，其第一筆成本是 $150,000 每年營運成本是 $60,000 和 5 年後的殘值是第一筆成本的 20%。假設實質年利率是 10% 和年通貨膨脹率是 7%，且考慮通貨膨脹的影響。同時，也假設所有成本估計為未來幣值。

10.14 一中型石油公司的總裁想要降低精煉廠所在地城市的轉機時間。公司可以現在購入中古的李爾噴射機或等 3 年後買超輕型飛機 (VLJ)。VLJ 的成本是 $150 萬，若公司使用的 MARR 為每年 18.45% 且通貨膨脹率預測每年為 3%，總裁要你計算出是現在買中古飛機或 3 年後買 VLJ。請問考慮通貨膨脹之 VLJ 現值是多少？

10.15 一超導磁能儲存系統廠商在 4 年後購買新設備的支出為 $75,000，請問相當於現在的多少錢？假設廠商的 MARR 每年是 12%，而通貨膨脹率是每年 3%。

考慮通貨膨脹的終值計算

10.16 倘若通貨膨脹調整後利率 i_f 與通貨膨脹率 f 相同的情況下，請問利用情況 1 與情況 2 終值金額差異為何？

10.17 一工程師計畫在單獨的股票帳戶存入一筆資金來支付兒子的大學學費，存款與時點如下表所示。

年	現金流 ($)
0	5,000
3	8,000
4	9,000
7	15,000
11	16,000
17	20,000

若帳戶以每年的市場利率 15% 和通貨膨脹率 3% 速率成長，請算出第 17 年最後一筆存款 (第 0 年) 的購買力是多少？

10.18 一工程師想要早日退休且搬到夏威夷，她將投資帳戶交給專業投資顧問公司，此公司承諾在年通貨膨脹率 4% 下，可賺取 10% 的實質報酬率。如果目前帳戶餘額是 $422,000，而她想要在 15 年後退休。(a) 在 10% 的實質報酬率下，以未來幣值計算的金額為何？(b) 這是課文所述情況 1 或情況 2 的範例嗎？

10.19 高露潔可以現在用 $80,000 或 3 年後用 $128,000 購買新設備，若所需 MARR 是每年實質報酬率 15%。若通貨膨脹率每年是 4%，請問高露潔應該現在或稍後購買？

資本考慮通貨膨脹之資本回收

10.20 一從事油井鑽鑿企業尋找 $500,000 的投資資金。如果鑽鑿成功，投資者 5 年間每年至少獲得實質報酬率 22%。若考慮每年 5% 的通貨膨脹率，投資者每年可回收多少錢和 22% 的報酬？

10.21 一小型 X 光檢測儀器成本現在是 $40,000，且每年為 $24,000，3 年後的殘值為 $6,000。在實質利率是 10% 和通貨膨脹率每年 4% 時，請計算儀器每年的等額成本。

10.22 你每年將 $12,000 存入退休 401(k) 帳戶，為期 20 年。如果每年的實質報酬率是 10%，每年的通貨膨脹率是 2.8%，請問在最後一筆存款的次年開始，10 年間每年可領回多少錢？

額外問題與 FE 測驗複習題

10.23 當所有的現金流都以固定幣值表示，得到現值的比率是什麼？
   a. 實質 MARR
   b. 通貨膨脹率
   c. 通貨膨脹調整後利率
   d. 通貨膨脹調整後 MARR

10.24 若實質年利率是 12%，而每年通貨膨脹率是 7%，則每年市場利率最接近：
   a. 4.7%
   b. 7%
   c. 12%
   d. 19.8%

10.25 3 年前 F-150 貨車的成本是 $29,350。若成本每年僅以通貨膨脹率的比率增加，且今日價格為 $33,015，則通貨膨脹率最接近：
   a. 3%
   b. 4%
   c. 5%
   d. 6%

Chapter 11

估計成本

截至目前為止，成本和盈餘現金流值均被假設是已知。實際上，它們不是已知，它們必須先被估計。本章解釋成本估計涵蓋的範圍，及相關的估計技巧。**成本估計 (cost estimation)** 對方案的各層面都很重要，特別是在方案的構想、期初規劃細節規劃與經濟分析。對於工程實務，成本估計所受重視甚於盈餘估計，故本章的重點是成本。

不像勞動和材料的直接成本，特定企業部門、機器、系統或加工線的間接成本是不容易追溯的。因此，例如 IT、水電、安全性、管理、採購與品管等間接成本，必須使用某些合理的分攤標準，本章將介紹傳統分攤法及作業成本法 (ABC)。

目的：學習使用基本模型估算成本，並分攤間接成本。

學習成果

1. 敘述不同的成本估計方法。 — 方法
2. 使用單位成本因子估計期初成本。 — 單位法
3. 依歷史數據為基礎的成本指數推估現在成本。 — 成本指數
4. 使用成本產能公式估計元件、系統或廠房成本。 — 成本產能公式
5. 使用因子法推估總廠房成本。 — 因子法
6. 使用學習曲線關係圖估計工時與成本。 — 學習曲線
7. 使用傳統間接成本率與作業成本法分攤間接成本。 — 間接成本

11.1 如何估計成本

對於工商業及政府，成本估計在推動事務的初期是主要的活動。一般而言，大部分的成本估計是針對一個**專案**或是一個**系統**，或是兩者皆包括。專案通常包括實體項目，例如建築物、橋樑、工廠或離岸鑽油平台。系統通常是一個操作的設計，包含流程、軟體及其它非實體項目，例如訂單系統、高速公路的設計軟體，或是網際網路監控系統等。成本估計通常用在專案或系統的發展初期，同時包括維護或升級所需的成本，亦列入第一筆成本的百分比。以下討論將著重實體專案。不過，其邏輯可以運用到所有領域的成本估計。

成本包括**直接成本 (direct costs)** (大部分指人力、機器、原料)，和**間接成本 (indirect costs)** (大部分為支援功能，水電、管理、稅金等)。通常直接成本是用一些細節估算，間接成本適用標準成本率或因子估算。直接成本在很多產業已成為產品總成本相對較小的比重，而間接成本的比重則變大。因此，許多產業也需要估計間接成本。間接成本的分攤問題在第 11.7 節討論。本節主要討論直接成本。

因為成本估計是一個複雜的過程，以下問題是本節的架構：

- 哪些成本成分必須估計？
- 成本估計的方法為何？
- 估計的精確度如何？
- 可運用哪些估計技術？

估計成本

如果專案為一個設施，例如一棟高樓建築，則其成本成分會比一套完整的系統來得單純，例如設計、建造、測試一架新型商務飛機。因此，先知道成本估計工作包括哪些是重要的。直接成本包括第一筆成本 P 及年營運成本 (AOC)，或稱 M&O 成本 (維護與營運成本)。各成分有一些**成本元素 (cost elements)**，有些可以直接估計，有些需要檢查類似專案的紀錄，有些需要使用估計技巧的模型。以下為第一筆成本與 AOC 成份的簡單構成份子：

第一筆成本構成份子 P：
　　元素：設備成本
　　　　　運輸費用
　　　　　裝置成本
　　　　　保險負擔
　　　　　設備操作員的期初訓練

運輸設備成本是將前兩項元素加總；裝置設備成本包括第三項裝置成本元素。

　　AOC 構成份子，即部分的平均每年成本 A：
　　元素：操作員的直接人工成本
　　　　　直接原料
　　　　　維修(每日、定期、故障修復等)
　　　　　重製和重造

有一些元素，例如設備成本，可以獲得準確估計；有的則不易估計，例如維修成本。然而，有許多資料可供參考，例如 McGraw-Hill 建設公司、R. S. Means 成本書籍、Marshall & Swift、勞工統計局、NASA 成本估計網站等。若成本估計一個完整的系統，則可能有上百個成本成分和元素，則必須排定估計工作的優先順序。

　　對於類似的專案(住屋、辦公大樓、高速公路及一些化學工廠)，紙本或軟體型式標準成本估計軟體可供使用。例如，公路局利用軟體修正成本(橋樑、鋪路等)，並根據進行估算。在這些構成份子被估計後，例外的特定專案會被列入。例如，區域成本調整 (R. M. Means 在美國與加拿大有超過 700 個城市的都市指數)。

成本估計方法

　　在傳統工商業和公共部門，應用「由下至上」法估計成本。這個方法的簡要，如圖 11.1 (左)：指定成本成分和其元素，估計成本元素，加總估計值得總直接成本。間接成本加上邊際利潤 (通常為總成本的百分比) 得到價格。當競爭不是產品或服務訂價的主要因素時，則此方法適用。

由下至上的方法視需求的價格為一個產出變數，以成本估計值為投入變數。

圖 11.1 (右) 為簡化後的設計到成本之過程，或由上至下的方法。競爭價格決定目標成本。

設計到成本，或由上至下的方法視競爭價格為投入變數，以成本估計值為產出變數。

這個方法極強調估計價格的準確性，因此目標成本必須實際，否則會難以合理獲得不同構成份子的成本估計值。

設計到成本最適用於產品設計的初期階段。這個方法有助於創新、新設計、過程改良與提升效能。這些都是**價值工程學** (value engineering) 的基本要素。

圖 11.1 簡化成本估計過程，由下至上與由上至下的方法

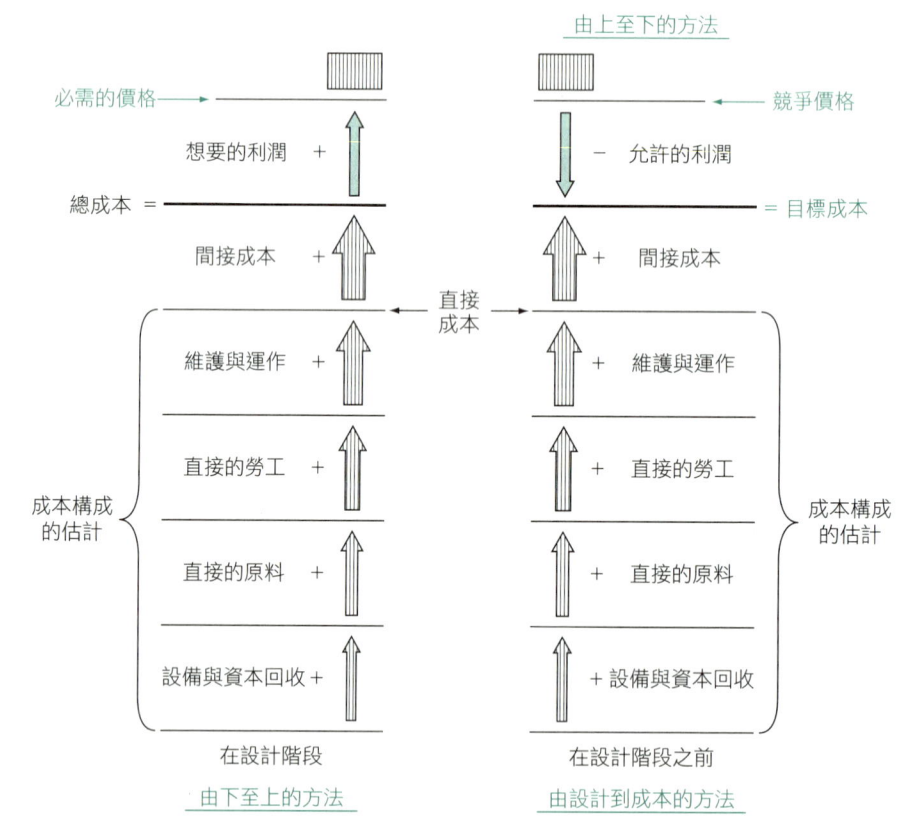

一般而言，使用的方法是包含這兩種估計方法的某種組合。然而，瞭解何種方法是有幫助的。

估計值的準確度

成本估計值不求完全正確,但求能合理與準確,以支援經濟的評估。當專案從初期設計到細節設計,再到經濟評估時,準確度的需求隨之增加。初期設計前與執行中的成本估計被視為是好的,可作為專案預算的指標。

在早期或構想設計初期,估計值被視為**量級**且一般與實際成本的差距在 ±20%。到了細節設計階段,成本估計值的準確度應足夠支援一個專案繼續/終止決策之經濟評估。每個專案特性不同,但在細節設計階段,與真正成本的差距應為 ±5%。圖 11.2 為正確估計一個建築的營運成本的誤差範圍與其估計所需時間的關係圖。顯然為了提高準確度必須與所需使用的成本取得一個平衡。

成本估計技術

參考**專家意見**或是比較同類型裝置的方法可以得到優良的估計值。**單位法**及**成本指數**的使用,可作為考慮通貨膨脹下,依過去成本經驗來估計目前成本所需的基準,以下將討論**成本產能公式、因子法**與**學習曲線**。這些是在初期設計階段所使用的簡易數學技術,稱為成本估計關係式 (cost-estimating relationships, CER)。更多的方法可參考其它產業的用書及刊物。

大部分專業領域的成本估計是利用**套裝軟體**作為輔助。這些通常可連到包含被研究的地點、產品或加工型式所需的成本指數與成本比率的資料庫。

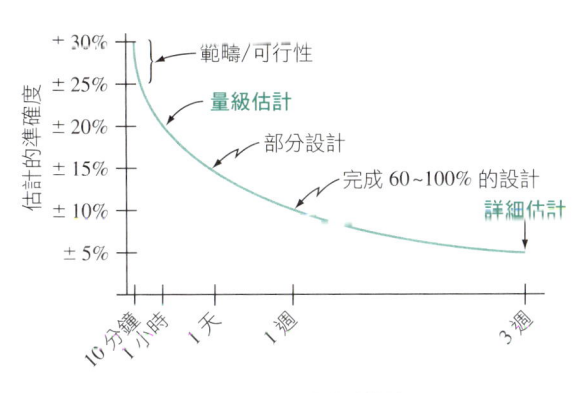

圖 11.2 建築的營建成本,其時間花費估計與估計的準確度之特徵曲線。

11.2 單位法

單位法 (unit method) 是一個初期的估計技術，廣泛應用在各領域。總估計成本 C_T 為單位數 N 與單位成本因子 U 的乘積

$$C_T = U \times N \qquad [11.1]$$

單位成本因子必須隨成本、地區與通貨膨脹經常更新。有一些單位成本因子(及其數值)如：

駕駛汽車的總平均成本 (每英里 $0.55)

興建停車場停車位的成本 (每車位 $12,500)

興建州際道路的成本 (每英里 $730 萬)

每個宜居地區住宅的興建成本 (每平方英尺 $225)

單位法估計成本的應用很容易。假設住宅興建成本每平方英尺 $225，住宅建地 1,800 平方英尺，則根據式 [11.1] 可求出初期估計成本為 $405,000。同樣地，在每英里 $0.55 的情況下，200 英里的旅程會花費約 $110 成本。

當一個專案或系統有多個成本時，各成分的單位成本因子皆乘以資源需求量的加總，可得到總成本 C_T。範例 11.1 說明這個計算。

範例 11.1

賈斯汀為 Dynaminc Castings 的 ME，該公司欲使用離心鑄造法生產 1,500 件高壓瓦斯管，因此要求賈斯汀做初期總成本的估計。由於目前仍在初期階段，故 ±20% 的估計誤差是容許的範圍，使用單位法估計即可。試使用以下資料及單位成本因子幫助賈斯汀完成估計。

原料：每噸 $45.90，共 3,000 噸

機器和工具：每小時 $120，共 1,500 小時

廠內直接人工：

　鑄焊與處理：每小時 $55，共 3,000 小時

　完工與運送：每小時 $45，共 1,200 小時

間接人工：每小時 $100，共 400 小時

解答

應用式 [11.1] 計算五個部分,並將所有結果加總,可得總成本估計值為 $576,700,如表 11.1。

表 11.1 數個數資料依單位成本因子所計算的總成本,範例 11.1

來源	數量 N	單位成本因子 (U)	成本估計 ($U \times N$)
原料	3,000 噸	每噸 $45.90	$137,700
機器、工具	1,500 小時	每小時 $120	180,000
人工、鑄焊	3,000 小時	每小時 $55	165,000
人工、完工	1,200 小時	每小時 $45	54,000
間接人工	400 小時	每小時 $100	40,000
總成本估計			$576,700

11.3 成本指數

成本指數 (cost indexes) 是某一物品今日成本與昔日成本的比率。因此,這個指數無特定單位,僅代表相對成本的時間變化。大部分的人熟悉的是消費者物價指數 (CPI),顯示某「特定」消費者必購買的物品今昔成本的關係。這個指數在前面第 10.1 節討論,包括租屋、食物、交通和特定服務。其它指數包括設備成本,與財貨及勞務的成木,對工程學比較重要。表 11.2 列出常見的成本指數。

利用基準期 $t = 0$ 到某時期 t 的成本指數更新成本估計值的公式如下:

$$C_t = C_0 \left(\frac{I_t}{I_0} \right) \qquad [11.2]$$

其中 C_t = 現在時間 t 的估計成本

C_0 = 過去時間 t_0 的成本

I_t = t 期的指數

I_0 = 基準期 t_0 的指數

一般而言,設備及原料的指數包含數個有特定權重的成分。這些成分有時會再細分為更多小單位。例如,設備、機器與支援化學工廠

表 11.2　成本指數的類型和來源

指數類型	來源
總物價	
消費者物價指數 (CPI)	勞工統計局
生產者物價指數 (躉售物價指數)	美國勞工局
建設	
化工廠指數	《化學工程》
設備、機器與支援	
營造人工	
建築	
《工程新聞紀錄》總物價	《工程新聞紀錄》(ENR)
營造	(McGraw-Hill 建設出版)
建築	
一般工人	
技術工人	
原料	
EPA 處理工廠指數	環境保護署；ENR
大型城市高級處理 (LCAT)	
小型城市傳統處理 (SCCT)	
聯邦公路	
包商成本	
設備	
Marshall and Swift (M&S) 總物價	《化學工程》
M&S 特定產業	
勞工	
不同產業每小時每人產出	美國勞工局

的成本指數，可再細分為處理機器、管線、閥門、配件、泵浦和空壓機等。這些次成分，亦包含更小的基本要件，包括耐壓管、非鍍鋅管與鍍鋅管等。表 11.3 為過去數年的指標值，包含《化學工程》(*Chemical Engineering*) 工廠成本指數 (PCI)、《工程新聞紀錄》(*Engineering News Record, ENR*) 營建成本指數，及 Marshall and Swift (M&S) 設備成本指數。其基準期 1957 年到 1959 年的 PCI 值為 100、ENR 指數 1913 年 = 100，及 M&S 設備成本指數 1926 年 = 100。

表 11.3　工程指數樣本值

年	化工廠成本指數	ENR 營建成本指數	M&S 成本指數設備
2002	395.6	6,538	1,104.2
2003	402.0	6,695	1,123.6
2004	444.2	7,115	1,178.5
2005	468.2	7,446	1,244.5
2006	499.6	7,751	1,302.3
2007	525.4	7,967	1,373.3
2008	575.4	8,310	1,449.3
2009	521.9	8,570	1,468.6
2010	550.9	8,802	1,457.4
2011	585.7	9,088	1,490.2
2012 (預估值)	593.1	9,324	1,536.5

有些指數的今昔數值可以由網路上取得 (需付費)。例如，PCI 可自 www.che.com/pci 取得資料。ENR 營建成本指數可由 www.construction.com 取得資料。後者的網站提供完整營建相關的資料，包括原料、勞工、建築和整體營建指數。有些網站是工程專業人員的「技術交流區」，討論很多主題，包括成本估計，可參考 www.eng-tips.com 及 www.cybnrbia.com。

範例 11.2

為評估一個建案的可行性，某工程師欲估計技術工人的成本。該工程師發現，有一個 5 年前完成的類似複雜程度與規模的計畫，其技術人工的成本為 $360,000。若 ENR 技術工人指數 5 年前為 4,038，現在是 4,681，則技術工人的估計成本為多少？

解答

基準期 t_0 是 5 年前，運用式 [11.2]，目前成本估計值為：

$$C_t = 360,000 \left(\frac{4,681}{4,038}\right)$$
$$= \$417,325$$

製造業和服務業成本指數可能較難獲得。這些成本指數會變動，可能是會因國家地區性差異、產品或服務型式，及很多其它因素而有所不同。建立成本指數需要依項目的數量與性質在不同時間的實際成本。**基準期 (base period)** 是選定一個時間並定義基準值為 100 (或 1)。每一年 (時期) 的指數是將成本除以基準前成本，並乘以 100。未來的指數值可以用簡單的外插法或更精密的數學運算方法預估。成本指數對技術會隨著時間的變化而敏感，會產生「指數變動」。當有改變產生時，則需更新指數的定義與基準期。

範例 11.3

休斯工業公司的工程師對擴建廠房進行成本估計。主要估計項目為 4 千兆赫微控制器和鉑合金的前置處理。根據抽查採購部門半年一次的合約價格顯示以下的歷史成本。試以 2013 年 1 月為基準，並使用基準值 100，求出各成本指數。

年	2011		2012		2013		2014
月	1	7	1	7	1	7	1
微控制器 ($ / 單位)	57.00	56.90	56.90	56.70	56.60	56.40	56.25
鉑合金 ($ / 盎司)	446.00	450.00	455.00	575.00	610.00	625.00	705.00

解答

利用 2013 年 1 月的基準值 I_0，計算每個項目的指數值 (I_t/I_0)。根據成本指數顯示，微控制器的成本指數為穩定值，但鉑合金的指數逐年快速成長。

年	2011		2012		2013		2014
月	1	7	1	7	1	7	1
微控制器成本指數	100.71	100.53	100.53	100.17	100.00	99.65	99.38
鉑合金成本指數	73.11	73.77	74.59	94.26	100.00	102.46	115.57

11.4 成本估計關係式：成本產能公式

廠房、設備與營造工程在初期設計階段，先定義設計變數 (如速度、重量、推力與實際尺寸)。成本估計關係式 (CER) 利用這些設計變數預估成本。因此，CER 與成本指數不同，因為後者是依某變數所定義的質與量之歷史成本作為基準。

CER 模型中最常被使用的是**成本產能公式** (cost-capacity equation)。顧名思義，這個公式代表元件、系統或廠房與其產能的關係，亦稱為**冪次量法模型**。由於多數成本產能公式可在對數座標上畫出一條直線，其一般式為：

$$C_2 = C_1 \left(\frac{Q_2}{Q_1}\right)^x \qquad [11.3]$$

其中 C_1 = 產能 Q_1 的成本
C_2 = 產能 Q_2 的成本
x = 相關冪數

不同元件、系統或廠房的冪數值，可以由一些來源獲得，包括《廠房設計與化工經濟》(*Plant Design and Economics for Chemical Engineers*)、《化學工程師手冊》(*Chemical Engineers' Handbook*)、科技期刊、美國環保署、專業與貿易組織、顧問公司、企業手冊和設備公司。表 11.4 列出不同單位的冪數值。當特定單位的冪數值未知時，通常是以平均值 0.6 代之。事實上，對化學處理產業，式 [11.3] 即代表 6/10 模型。一般而言，$0 < x \leq 1$，若 $x < 1$，代表規模經濟有利；若 $x = 1$，則目前是線性關係；若 $x > 1$，則代表規模不經濟，即當規模越大時，成本會比線性關係時高。

若將式 [11.2] 隨著時間調整的成本指數 (I_t/I_0) 與成本產能公式合併，估計隨時間變化的成本則會特別有力。當指數納入式 [11.3] 成本產能公式時，則 t 期間產能水準 2 的成本可表示為兩單獨項目之乘積：

$$C_2 = C_1 \left(\frac{Q_2}{Q_1}\right)^x \left(\frac{I_t}{I_0}\right) \qquad [11.4]$$

表 11.4　成本產能公式的樣本冪數值範例

元件／系統／廠房	產量範圍	冪數
活性污泥廠	1~100 MGD	0.84
氧氣浸漬器	0.2~40 MGD	0.14
鼓風機	1,000~7,000 英尺/分	0.46
離心機	40~60 英寸	0.71
氯處理廠	3,000~350,000 噸/年	0.44
沉澱池	0.1~100 MGD	0.98
往復式壓縮機 (空氣壓縮)	5~300 hp	0.90
壓縮機	200~2,100 hp	0.32
旋風分離器	20~8,000 立方英尺/分	0.64
乾燥機	15~400 平方英尺	0.71
砂石濾機	0.5~200 MGD	0.82
熱交換器	500~3,000 平方英尺	0.55
氫處理廠	500~20,000 scfd	0.56
實驗室	0.05~50 MGD	1.02
氯化塘，曝氣	0.05~20 MGD	1.13
離石泵	10~200 hp	0.69
反應器	50~4,000 加侖	0.74
污泥乾燥床	0.04~5 MGD	1.35
安定池	0.01~0.2 MGD	0.14
不鏽鋼槽	100~2,000 加侖	0.67

註：MGD = 每日百萬加侖；hp = 馬力；scfd = 每日標準立方英尺

範例 11.4

2006 年建造處理每日 0.5 百萬加侖 (MGD) 平均流量的設計與興建成本是 $170 萬。試估計今日流率 2.0 MGD 的成本。表 11.3 所示 MGD 的冪數範圍 0.2 至 40 是 0.14。2006 年的成本指數 131 已調整為目前的 225。

解答

式 [11.3] 估計 2006 年的大型系統成本，但必須成本指數為今日的幣值。式 [11.4] 可求得。以目前幣值的估計成本是：

$$C_2 = 1,700,000 \left(\frac{2.0}{0.5}\right)^{0.14} \left(\frac{225}{131}\right)$$
$$= 1,700,000(1.214)(1.718) = \$3,546,178$$

11.5 成本估計關係式：因子法

另一個常用來估計加工廠成本的 CER 模型是**因子法** (factor method)。前文所討論的方法可用來估計設備、加工過程及總廠房的成本，但因子法僅適用於估計廠房總成本。依據因子法，主要設備成本乘以特定因子，即可獲得廠房總成本。這些因子是由 Hans J. Lang 所提出，因此也稱為 Lang 因子。

因子法最簡單的計算方式與單位法相同，如下所示：

$$C_T = h \times C_E \quad [11.5]$$

其中 C_T = 總廠房成本
h = 總成本因子或個別成本因子的總和
C_E = 主要設備總成本

h 可為一個總成本因子，即為所有個別成本成分的總和。例如營建、維護、直接勞工、材料和間接成本元素等。

Lang 的方法顯示，直接成本因子與間接成本因子可結合成一個總成本因子為：固體加工廠 3.10、固態液體加工廠 3.63、液體加工廠 4.74。這些因子指出，主要設備的原始成本數倍才是總廠房裝置成本。由於容易取得正確的設備成本，一般以 $h = 4$ 代入。式 [11.5] 計算總成本估計值。

範例 11.5

菲利普石油公司的工程師得知擴建固態液體加工廠需要 $155 萬的運輸設備成本。若此工廠的總成本因子未知，試求工廠總成本的初期估計值。

解答

將 $h = 4$ 代入式 [11.5]，可求出總廠房成本初期階段的估計值：

$C_T = 4.0(1,550,000) = \$620$ 萬

隨後修正的因子法，考慮直接成本成分與間接成本成分使用不同的因子，直接成本 (見第 11.1 節) 得自於特定的產品、功能或加工程序。間接成本並非是單一產品，而是多種產品，例如，包括經營管理、電

腦服務品質、安全、稅金、保全、法律與其它支援功能。間接成本有些因子會採用設備成本，有些會包含在總直接成本。前者最簡單的方法，是先求出直接與間接成本，再乘以設備成本 C_E。在式 [11.5] 中，總成本因子改為：

$$h = 1 + \sum_{i=1}^{n} f_i \qquad [11.6]$$

其中 f_i = 所有個別成本成分的因子，包括間接成本
i = 成分 1 至成分 n

若間接成本因子用在總直接成本，則只有計算間接成本因子以獲得 h。因此，式 [11.5] 應改寫為：

$$C_T = \left[C_E \left(1 + \sum_{i=1}^{n} f_i \right) \right] (1 + f_{IC}) \qquad [11.7]$$

其中 f_{IC} = 間接成本因子
f_i = 僅為直接成本因子

範例 11.6

某小型活性污泥廢水處理廠預計運輸設備成本為 $273,000。若管線配置、水泥、鋼筋、絕緣處理、技術支援等的成本因子為 0.49。營建成本因子是 0.53，間接成本因子是 0.21。試求當間接成本：(a) 納入運輸設備成本；(b) 包含在總成本，總估計成本為多少？

解答

a. 總設備成本為 $273,000。由於直接與間接因子僅納入運輸設備成本，因此根據式 [11.6]，總成本因子為：

$h = 1 + 0.49 + 0.53 + 0.21 = 2.23$

總工廠成本估計值為：

$C_T = 2.23(273,000) = \$608,790$

b. 若先求出總直接成本，依式 [11.7] 估計總工廠成本：

$$h = 1 + \sum_{i=1}^{n} f_i = 1 + 0.49 + 0.53 = 2.02$$

$C_T = [273,000(2.02)](1.21) = \$667,267$

評論：若僅考慮設備成本的間接成本，則會得到較小的估計工廠成本，如 (a) 小題。這說明在使用前應先決定何種因子納入成本估計模型的重要性。

11.6 成本估計關係式：學習曲線

數十年前，航空產業觀察反覆性操作後指出，當操作單位增加，則可以提升效能和性能。這個發現被用來估計未來的完成時間與單位的成本，其產生的 CER 稱為**學習曲線** (learning curve)，主要是用來估計完全特定重複單位所需之時間。當產出倍數增加時，所需的時間隨之穩定遞減。舉例來說，殼牌公司海外鑽井部門需要安裝測試 32 部同規格的電腦。第一個電腦組合需要 60 分鐘，假設學習後可減少 10% 的完工時間，則 90% 是學習率。因此，每一次當 2X 單位完成後，其完工時間應為前一個單位的 90%。所以，第 2 單位花 60(0.90) = 54 分鐘，第 4 單位為 48.6 分鐘，依此類推。

產量倍增時，估計的工作時間 (和成本) 隨之穩定減少的關係可表示為指數 (exponential) 模型：

$$T_N = T_1 N^s \qquad [11.8]$$

其中　N = 單位數量
　　　T_1 = 第 1 單位的工時或成本
　　　T_N = 第 N 單位的工時或成本
　　　s = 學習曲線斜率參數，以小數表示

這個公式估計特定單位 (第 1 或第 2……或第 N 單位) 的完成時間，並非總完成時間或每單位的平均工時。斜率 s 是負數，因為其定義為：

$$s = \frac{\log (學習率)}{\log 2} \qquad [11.9]$$

式 [11.8] 在 xy 座標軸上呈現指數遞減曲線。取對數並在等差級數紙上畫一直線或畫原始資料於雙對數紙上，會得到直線圖：

圖 11.3　32 單位在 $T_1 = 60$ 分鐘，學習率為 90% 時的工作預估。

單位 (N)	時間 (分鐘)
1	60.0
2	54.0
4	48.6
8	43.7
16	39.4
32	35.4

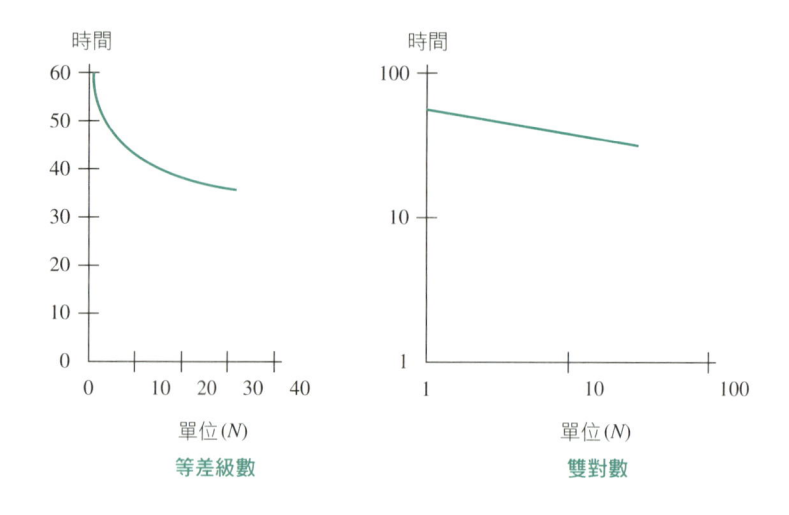

等差級數

雙對數

$$\log T_N = \log T_1 + s \log N \quad [11.10]$$

圖 11.3 為先前文中 32 台電腦的每單位完工預估值 (數據如表所示，圖形包含座標圖和雙對數座標圖)。當產量倍增時，生產每一單位所需的時間比前一次的時間少 10%。根據式 [11.9]，學習率 90% 的斜率 s 是 -0.152：

$$s = \frac{\log 0.90}{\log 2} = \frac{-0.04576}{0.30103} = -0.152$$

我們進一步推估成本，估計第 N 單位的成本 C_N，或所有 N 單位的總成本 C_T，可以用每單位成本 c 乘以應有的工時。

$$C_N = (每單位成本)(第\ N\ 單位工時) = c \times T_N \quad [11.11]$$

$$C_T = (每單位成本)(所有\ N\ 單位的總工時) = c\,(T_1 + T_2 + \cdots + T_N) \quad [11.12]$$

對於相對小的一群數據，如 5 至 100 或 200 的大規模方案，學習曲線可以提供好的時間估計值。當產量是固定並大量重複，則持續學習並不存在，因此模型將可能低估成本。

學習曲線依不同應用領域有不同的名稱，但關係式與式 [11.8] 都相同。這些名稱包括製造進程函數 (manufacturing progress function；常用在生產或製造部門)、經驗曲線 (experience curve；常用在加工業)，及改善曲線 (improvement curve)。

範例 11.7

美國聯邦災難管理署指定 25 個專門的測試單位，測試緊急情況下飲用水的 15 項要素條件。Thompson Water Works 公司為其委辦單位，以 200 小時完成第 1 測試單位。假設直接和間接人工成本每小時平均 $50，學習率為 80%。試估計：(a) 第 5 單位和第 25 單位的完成時間；(b) 25 單位的總人工成本。

解答

a. 依 80% 的學習率與式 [11.9] 可求出學習曲線斜率 $s = \log 0.80/\log 2 = -0.322$。

式 [11.8] 可估計特定單位的工時：

$$T_5 = 200(5^{-0.322}) = 119.1 \text{ 小時}$$
$$T_{25} = 200(25^{-0.322}) = 70.9 \text{ 小時}$$

b. 若以式 [11.12] 求總成本估計值，則應將 25 單位的個別估計工時乘以每小時人工成本 $50。再把 T_1 至 T_{25} 加總，得到總工時為 2,461.4 小時，總人工成本為 $(50)2,461.4 = \$123,070$。

11.7 間接成本估計與分攤

不論是計畫、加工、系統或產品，進行經濟評估前應先估計直接和間接成本。前幾節討論直接成本，本節討論間接成本，或稱為**經常費用**。這些成本包括支援性或基礎性的花費，例如維修、人力資源、品管、安全、監督與管理、計畫與安排、稅金、法規、薪資、會計、水電雜支與其它成本。間接成本很難仔細追溯，因此需要發展應用分攤的方法。在會計期間結束 (1 季或 1 年) 或當計畫結束時，公司的成本會計系統便使用這個方法向成本中心索取經常費用。然而，若需要詳細的成本估計值，則必須使用方法推估分攤的預期間接成本。常見的方法如：

- 將間接成本在估計時視為隱含的元素。前文所述的因子法是將其納入間接成本因子，加工產業，特別是化學和石油相關產業，常用 Lang 因子法 (參見第 11.5 節)。
- 使用依合理基礎計算的間接成本率。稍後會介紹這個傳統方法。

- 使用作業成本法 (Activity-Based Costing, ABC)，此方法適用於高間接成本的產業，將於稍後介紹。

表 11.5　間接成本分攤基礎與樣本成本

分攤基礎	間接成本類型
直接人工小時	機械廠、人力資源、監督
直接人工成本	機械廠、監督、會計
機器工時	效能、IT 網路服務
原料成本	採購、進貨、檢驗
用地空間	稅金、水電支出、建物維護
消費金額	水電、飲食
貨物數量	採購、進貨、檢驗
附加數量	軟體
檢驗數量	品質保證

11.7.1　間接成本率與分攤

使用傳統方法，間接成本的估計是利用透過某些基礎發展出來的**間接成本率 (indirect cost rate)**。表 11.5 包括可能的基礎與樣本成本類型可能用在每一個分攤基礎，間接成本率的關係如下：

$$間接成本率 = \frac{總間接成本估計值}{估計的基礎水準} \qquad [11.13]$$

範例 11.8

為了製造新的重型變速器以提供越野車使用，針對一些鋼材必須做自製或外購的決策。若是自製方案，會計提供專案工程師 Geraldine 估計間接成本的標準間接成本率：

機器	間接成本率
立式銑床切割機	每一工人 $1.00
多角車床	每一工人每小時 $25.00
數位控制直立鑽床	每原料價格 $0.20

在會計提供上表大範圍的比率之前，Geraldine 僅打算使用每直接工時作為單一 (總括) 率。試根據表 11.6 說明間接成本率如何求出。

表 11.6　間接成本的基礎和作業，範例 11.8

機器	間接成本基礎	預期年度作業量	年度間接成本預算
立式銑床切割機	直接人工成本	$100,000	$100,000
多角車床	間接人工工時	2,000 小時	$ 50,000
數位控制直立鑽床	原料成本	$250,000	$ 50,000

解答

年初時利用各機器的總間接成本決定成本率。利用式 [11.13] 可以求出：

立式銑床切割機　：　成本率 = 100,000/100,000
　　　　　　　　　　　　　= 每直接人工 $1.00

多角車床　：　成本率 = 50,000/2,000
　　　　　　　　　　 = 每直接工時 $25

數位控制直立鑽床　：　成本率 = 50,000/250,000
　　　　　　　　　　　　 = 每原料價格 $0.20

若多個成本中心使用同一種基礎分攤間接成本，則**總括率** (blanket rate)。例如，原料成本可作為四種不同專案的基礎：

$$間接成本總括率 = \frac{預估的總間接成本}{總原料成本估計值}$$

利用總括率可簡化運算，但當同部門內的資產或人員有不同的產值和機能時則不適用。假設某化學加工線。若自動化設備搭配非自動化 (低附加價值) 方法，則總括率會超估低價值技術的間接成本。正確的方式是對不同機器和方法使用不同的間接成本率。若求出的成本率反映出高附加價值，則可稱為生產工時率方法。由於分攤間接成本時常需使用多個基礎，因此有了 ABC 法的產生，將於稍後介紹。

直接成本與間接成本合稱為**銷貨成本** (cost of goods sold) 或稱**工廠成本** (factory cost)。當間接成本估計後，會與直接成本一起包含在經濟評估中。下一個範例說明自製或外包的決策。

範例 11.9

Cuisinart 公司多年前以每年 $150 萬的成本委外生產製造不鏽鋼蒸汽噴油嘴咖啡機，其生產線今考慮自行生產，廠內自行生產的部門也已經完成評估。三個部門的成本包括年度間接成本率與工時，加上直接原料成本及直接人工成本的估計值列於表 11.7。表中的分攤時數欄代表生產所需的年度工時。

設備的外購尚需考量以下估計值：第一筆成本 $200 萬，殘值 $50,000，年限 10 年。試以市場每年 MARR 為 15% 評估自製或外包的抉擇。

表 11.7　範例 11.9 生產成本的估計

部門	分攤基礎（工時）	每小時成本率	分攤時數	直接材料成本	直接人工成本
A	人工	$10	25,000	$200,000	$200,000
B	機器	5	25,000	50,000	200,000
C	人工	15	10,000	50,000	100,000
				$300,000	$500,000

解答

若採自製的決策，AOC 包含直接人工、間接原料與間接成本。按表 11.7 分配間接成本：

$$\begin{aligned}
\text{A 部門}：25,000(10) &= \$250,000 \\
\text{B 部門}：25,000(5) &= 125,000 \\
\text{C 部門}：10,000(15) &= 150,000 \\
&\quad\ \ \$525,000
\end{aligned}$$

$$\begin{aligned}
\text{AOC} &= 直接人工 + 直接原料 + 間接成本 \\
&= 500,000 + 300,000 + 525,000 = \$1,325,000
\end{aligned}$$

自製決策的年值為總資本回收加上 AOC。

$$\begin{aligned}
\text{AW}_{自製} &= -P(A/P,i,n) + S(A/F,i,n) - \text{AOC} \\
&= -2,000,000(A/P,15\%,10) + 50,000(A/F,15\%,10) \\
&\quad - 1,325,000 \\
&= \$-1,721,037
\end{aligned}$$

目前，組裝是依 $\text{AW}_{外購} = \$-1,500,000$ 購買。由於其 AW 成本較低，因此外包方案較便宜。

11.7.2 作業成本分攤

隨著自動化、軟體技術和製造技術的提升,產品製造所需的直接人工工時數也大幅減少。以往占總成本 35% 至 45% 的人工成本,現在降至 5% 至 15%。然而,間接成本的比重則為總成本的 35% 至 45%。在自動化與高科技環境下,使用間接人工工時此一傳統基礎來決定間接成本率會變得不夠精確。因此,產品或服務的經常性成本依傳統分攤方法後,其底線預期可獲利的間接成本可能會不符實際情況。因此,發展出分配方法,補足 (或取代) 傳統方法,同時使用有別於以往的分攤基礎。

最適用於高間接成本產業的方法是**作業成本 (Activity-Based Costing, ABC)**。這個方法定義各項作業 (activities) 及成本動因 (cost drivers)。執行 ABC 包括以下步驟:

1. 定義各項作業及其總成本。
2. 定義成本動因及其使用量。
3. 計算各項作業的間接成本率。

$$\text{ABC 間接成本率} = \frac{\text{作業總成本}}{\text{成本動因總數量}} \quad [11.14]$$

本公式與傳統公式 [11.13] 採用相同的型式。

4. 使用此成本率分配間接成本給成本中心 (如產品、部門等)。

所謂的作業,經常是支援部門或功能,如採購、品管、工程或 IT 等。成本動因經常以數量表示,如採購訂單數量、營建核可數、機器裝設或工程變更的成本。舉例來說,假設某公司生產兩組雷射設備 (成本中心) 以用於腕道症候群手術,此包含三個主要支援部門 (作業),即採購、品管與人事。採購是一個間接成本作業,依採購訂單數量代表一個成本動因。利用 ABC 分攤率 (每件訂單金額),分配預算的間接成本給兩個成本中心。

範例 11.10

某家位於美國的跨國製藥公司在歐洲有四家工廠,使用傳統方法依照勞工數量分攤商務差旅成本。上一年度的總商務支出為 $500,000,根據式

[11.13] 分攤，成本率是每位員工 500,000/29,100 = $17.18。

城市	員工數量	分攤金額
巴黎	12,500	$214,777
佛羅倫斯	8,600	147,766
漢堡	4,200	72,165
雅典	3,800	65,292
	29,100	$500,000

改用 ABC 分攤後，總商務差旅支出 $500,000 以差旅憑證數量為分攤基礎，依各生產線的差旅人數訂出憑證數量。按照 ABC 的術語，差旅是作業，而差旅憑證是成本動因。表 11.8 評列 500 個憑證在各工廠生產線的分布情況，並非所有工廠都有生產。

試用 ABC 法將商務差旅支出分攤至各生產線及各工廠。依勞工數量 (傳統法) 和差旅憑證數量 (ABC)，比較各工廠分攤的情況。

表 11.8　四家工廠五條生產線差旅憑證分布

工廠	生產線 1	2	3	4	5	總計
巴黎	50	25				75
佛羅倫斯	80		30		30	140
漢堡	100	25		20		145
雅典					140	140
總計	**230**	**50**	**30**	**20**	**170**	**500**

解答

ABC 法是分攤給產品，並非工廠。依照是否生產線有生產，分攤完產品後才分攤工廠的成本。式 [11.14] 決定每個憑證的 ABC 分攤率為：

ABC 分攤率 = 500,000/500 = 每個憑證 $1,000

根據整數的成本率 $1,000，將表 11.8 中的數值乘以 $1,000，即可得到產品與工廠的分攤成本。例如，產品 1 的總分攤成本是 $230,000，巴黎工廠的總分攤成本是 $75,000。

產品 1 和產品 5 占 ABC 分攤的多數。ABC 法和傳統方法比較各工廠的分攤情形，顯示除了佛羅倫斯工廠外，兩者的估計成本差異很大。

工廠	ABC 分攤法	傳統分攤法
巴黎	$ 75,000	$ 214,777
佛羅倫斯	140,000	147,766
漢堡	145,000	72,165
雅典	140,000	65,292

這項比較證明生產線情形為商務差旅支出的重要依據，而非工廠本身。同時差旅憑證可作為 ABC 分攤法的好的成本動因。

傳統方法適用於初期與詳細成本的估計，但 ABC 法則能在專案或會計期結束時提供完整的資訊。有些 ABC 的擁護者建議完全摒棄傳統方法。然而，在成本估計與成本追溯及控管兩方面，兩者都能彼此相輔相成。傳統法有利於估計和分攤，ABC 法則能詳盡追溯成本。ABC 法的執行花費較大，但有助於瞭解管理決策的影響及對特定間接成本的控管。

總結

成本估計不求完全正確，但需有一定的準確度，足以支持利用工程經濟學的方法所做的完整經濟分析。估計方法包含由下至上和由上至下兩種，其價格與成本的估計方式也各不相同。

成本可經由單位法或更新的成本指數估計，成本指數是在不同時間對同一物品的成本比率。

成本估計可以利用不同的成本估計關係式完成，其中有三種：

成本產能公式：根據設備、原料和營建的設計來估計成本。

因子法：適用於估計總工廠成本。

學習曲線：估計特定生產單位的工時和成本。適用於製造業。

傳統的間接成本率是用來決定機械、部門或生產線等。這個方法是以直接人工成本或直接原料成本作為基礎。對於高度自動化和資訊科技的環境，則作業成本法 (ABC) 是更好的替代方法。

習題

成本估計方法與單位成本

11.1 估計成本時，有一些第一筆成本 P 的元素，試列出其中三種。

11.2 若競爭是生產商品或勞務的主要因素，

則何者是最佳的成本估計方法？

11.3 試分辨以下元素哪些是第一筆成本或年營運成本：(a) 直接原料；(b) 運輸費用；(c) 定期保養；(d) 再工作與再建造；(e) 裝置成本；(f) 設備成本。

11.4 若飛機棚廠的原始成本預估是每平方英尺 $98.23，則 50,000 平方英尺的棚廠估計成本是多少？

11.5 若圖書館每單位面積成本是每平方英寸 $114，每單位體積成本是每平方英寸 $7.55，則圖書館的平均高度是多少？

成本指數

11.6 若 M&S 設備成本指數是 1,375.4，估計成本為 $185,000，則當指數值為 1,634.9 時，估計成本是多少？

11.7 由歷史資料，你發現全國建造中學的營造成本是每個學生 $10,500，若奧克拉荷馬市的城市指數是 76.9，洛杉磯市是 108.5。試估計兩個城市建造有 800 個學生中學學校的總營造成本。

11.8 若 *ENR* 主編決定重做營造成本指數；使得 2003 年的基礎值是 100，而非 6,695，試決定 2011 年的值。

11.9 若當水泥成本每公噸是 $95.90 時，*ENR* 原料成本指數 (MCI) 的值是 2,583.52，則當水泥價格隨著 MCI 調漲，1913 年 MCI 指數是 100 時，水泥每噸的成本是多少？

成本估計關係

11.10 最近採購的高品質 250 匹馬力壓縮機成本是 $9,500，則若成本產能公式的值是 0.32 時，450 匹馬力壓縮機的預估成本為多少？

11.11 VFD 200 匹馬力發電機成本是 $20,000，則若成本產能方程式中的冪數為 0.61 時，VFD 100 匹馬力發電機的成本是多少？

11.12 68 平方公尺降膜蒸發器的成本是 30 平方公尺單位的 1.65 倍，則成本產能指數中的冪數值是多少？

11.13 移除井中 800 加侖砷的設備成本是每秒 $180 萬，若總成本因子是 2.25，則總工廠成本預估是多少？

11.14 海軍總部預估造船的學習率是 80% 至 85%，假設建造核子潛艇是 85%，則若第一艘花了 56 個月完成，第 12 艘須花多少時間才能完成？

間接成本

11.15 SIS 科技目前將保險成本分攤在間接成本基礎上，若 A、B、C 部門的直接人工小時分別為 3,000、9,000 與 5,000，試決定在間接成本預算 $34,000 下，每一個部門分攤多少？

額外問題與 FE 測驗複習題

11.16 數量級的成本估計會是在實際成本多少百分比之內：
 a. 5%
 b. 10%
 c. 15%
 d. 20%

11.17 由下到上方法，其成本估計：
 a. 所需價格為一項投入變數
 b. 成本估計為一項產出變數
 c. 所需價格為一項產出變數
 d. (a) 與 (b) 均正確

11.18 建造一間 8,000 平方英尺倉庫的成本為 $400,000。當時的 ENR 營建成本指數為 6,770。利用 9,088 的 ENR 指數來建立一間相同的建築物，其成本為：
 a. 低於 $450,000
 b. $537,000
 c. $672,000
 d. 高於 $700,000

11.19 200 匹馬力泵調節器的成本是 $22,000。在成本能量方程式之指數為 0.64 下，具有 300 匹馬力能量的成本估計為：
 a. $12,240
 b. $28,520
 c. $33,780
 d. $39,550

Chapter 12

折舊法

企業投資設備、電腦、車輛、建築及機械等有形資產後,經常會以折舊 (depreciation) 的方式在會計簿上回收資本。雖然折舊金額並非真正的現金流,但是資產折舊的過程,亦稱為資本回收 (capital recovery) 或攤還 (amortizing),可說明資產因為老舊、磨損或是荒廢導致價值下跌的情況。

為何折舊對工程經濟是重要的?幾乎在所有工業國家的稅金計算中,折舊是可以抵稅的。折舊降低所得稅可經由以下關係式所列中看出:

$$稅金 = (所得 - 開支 - 折舊)(稅率)$$

所得稅的內容詳見第 13 章。

本章介紹兩種折耗法 (depletion),用於自然資源儲蓄的資本回收,例如礦產、礦石及木材等。

> 特別注意:為及早瞭解折舊和稅後分析,本章與下一章 (稅後經濟分析) 可在第 5 章 (AW)、第 7 章 (B/C) 或第 9 章 (重置分析) 後學習。

目的：運用特定方法折抵資本投資於資產或自然資源之帳面價值。

學習成果

1. 瞭解與運用基本折舊名詞。	折舊名詞
2. 運用直線折舊法。	直線折舊法
3. 運用餘額遞減法。	餘額遞減法
4. 運用修正加速成本回收制 (MACRS)。	MACRS
5. 瞭解加拿大稅金折舊制度的基礎與應用。	加拿大 CCA 制
6. 傳統折舊法的轉換：MACRS 折舊轉換。	轉換
7. 應用比率折耗與成本折耗法於自然資源的投資。	折耗法
8. 運用多項試算表函數計算折舊與帳面價值明細。	試算表

12.1 折舊的術語

折舊的主要名詞定義如下。

折舊 (depreciation) 是資產價值的減少。折舊法說明資產價值的減少和投資資本價值 (或金額) 遞減的情形。年度折舊金額 D_t，不代表真正的現金流，也不一定能反映真正的使用形式。

帳面折舊 (book depreciation) 與稅金折舊 (tax depreciation) 用來說明資產價值減少後的意義。折舊可能基於兩種理由：

1. 作為企業或公司內部財務計帳，此為帳面折舊。
2. 作為政府法規下的稅金計算，此為稅金折舊。

這兩種用途的計算方法可能相同也可能不同。帳面折舊 (book depreciation) 可計算預期資產年限內的遞減投資。在稅後工程經濟學研究中，稅金折舊 (tax depreciation) 金額是重要的，因為每年的稅金折舊

通常是可以用來抵稅；亦即，可作為申報所得稅時的所得扣除額。

美國以外的其它國家，稅金折舊可能有不同的計算方式。例如，加拿大是以資金成本補貼 (capital cost allowance, CCA) 表示折舊概念，是依所有企業財產的價值為基礎計算。

第一筆成本 (first cost, *P*) 或**基礎值** (basis, *B*) 代表資產的運送與裝置成本，包括購買價格、安裝費用及其它可折舊的直接成本。

帳面價值 (book value, BV) 指扣除折舊總金額後的剩餘或未折舊投資。這個帳面價值是在年終時結算，符合年終結算的慣例。

回收期 (recovery period, *n*) 是可折舊的年限，通常帳面折舊和稅金折舊的 *n* 值不同，這兩項的 *n* 值也可能與資產的預估生產年限不同。

市場價值 (market value, MV) 是資產在市場出售的預估金額。基於折舊法的特性，帳面價值與市場價值可能會有很大的差異。例如，某商業大樓的市場價值可能隨時間有增加的趨勢，但其帳面價值則會隨時間減損。不過，由於科技的快速變化，IT 設備的市場價值通常會低於其帳面價值。

殘值 (salvage value, *S*) 是指資產折舊年限到期時的預估交易金額或市值。殘值表示為某金額或第一筆成本的百分比，可能是正值、零，或負值 (撤離成本)。

折舊率 (depreciation rate) 或**回收率** (recovery rate, d_t) 是第一筆成本每年的折舊比率。

個人財產 (personal property) 為兩種財產中可折舊的一項，是指企業擁有的收益性有形資產。例如車輛、製造設備、電腦設備、化學製造設備和營造用資產等。

不動產 (real property) 包含房地產和所有改建設施——例如大樓、工廠、倉庫、公寓或其它建築。土地本身也被視為不動產，但不可折舊。

半年慣例 (half-year convention) 假設資產在該年中購買或出售，不論真正情況是否發生。美國法定的稅金折舊法採用這個慣例。

如前所述，資產折舊有許多方法。直線折舊 (straight line, SL) 法是傳統上國際採用的方法。另外，如加速模式，例如餘額遞減 (declining balance, DB) 法，會以比殘值更快的速度將帳面價值降至 0 (或至殘值)。圖 12.1

🔑 圖 12.1 不同折舊模式之帳面價值曲線。

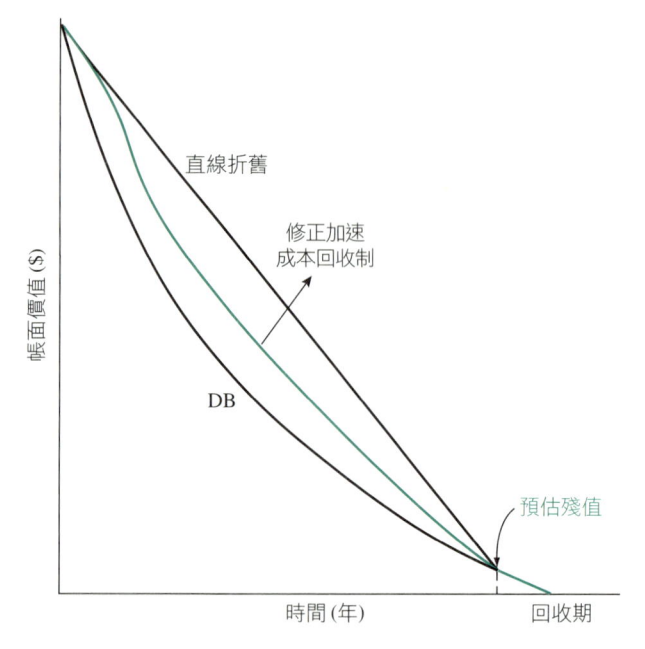

顯示一般的帳面價值曲線。加速模式是將一些資產年限的所得稅負遞延至後期，但並未抵減總稅負的負擔。1980 年代，美國政府為了聯邦稅金折舊的目的，訂定標準加速的方法，不再使用傳統方法 (直線折舊、餘額遞減和年數合計折舊) 計算所得稅，改以加速成本回收制 (Accelerated Cost Recovery System, ACRS) 之後，以標準化的 MACRS (Modified ACRS) 作為法定稅金折舊法。至目前為止，美國的相關法律為：稅金折舊必須以 MACRS 計算；帳面折舊可用傳統方式或 MACRS 計算。本章介紹直線折舊、餘額遞減和 MACRS 法。

標準折舊法有很多例外情況。其中一個是為了稅後經濟分析的 179 節折抵。這是一個給企業的經濟誘因，尤其是小型和中型企業，經由購買或租賃投資它們的新的或是改良的設備。個人財產允許在第 1 年擁有這些資產時，完全提列折舊，而非跨過 n 年的回收期。這表示資產的基準是以安裝年數視為公司可扣抵的費用。179 節常依政府刺激經濟的需求而變數。最近，這個限制由 2002 年的 $24,000 改為 2010 年和 2011 年史上最高的 $500,000 (依特別的聯邦層級經濟刺激法案)，至 2012 年的 $139,000。超過 179 節限制的資產第一筆成本的金額，必須在資產的回收期折舊。

稅法經常需要修訂，折舊法則也會改變，但基本的原理和關係是

不變的。由美國財政部國稅局 (Internal Revenue Service, IRS) 的網址 www.irs.gov 可獲得相關刊物，其中出版品第 946 號——如何進行資產折舊是特別有用的資源。

12.2 直線折舊

直線折舊 (SL) 可視為所有其它折舊方法的標準。顧名思義，帳面價值會以直線方式隨時間遞減。對帳面折舊而言，直線折舊可以有效的反映出定期使用資產的帳面價值。

每年直線折舊值，可由第一筆成本減去殘值，再乘以折舊率：

$$D_t = (B - S)d$$
$$= \frac{B - S}{n} \quad [12.1]$$

其中　D_t = 第 t 年的折舊費用 ($t = 1, 2, \ldots , n$)
　　　B = 第一筆成本
　　　S = 估計殘值
　　　n = 回收期
　　　d = 折舊率 $= 1/n$

由於每年的資產折舊金額相等，服務 t 年後的帳面價值 BV_t，可由第一筆成本 B 扣除年折舊金額和 t 的乘積。

$$BV_t = B - tD_t \quad [12.2]$$

特定年的折舊率是 d_t，但在直線折舊法中每年的折舊率都相等。

$$d = d_t = \frac{1}{n} \quad [12.3]$$

使用試算表函數的年折舊公式為：

$$= \text{SLN}(B,S,n)$$

範例 12.1

若資產的第一筆成本為 $50,000，5 年後的估計殘值為 $10,000，試求年度折舊並繪出每年的帳面價值。

解答

5 年間每年的折舊：

$$D_t = \frac{B-S}{n} = \frac{50{,}000 - 10{,}000}{5} = \$8{,}000$$

利用式 [12.2] 可算出帳面價值，並繪圖如圖 12.2 所示。以第 5 年為例：

$$BV_5 = 50{,}000 - 5(8{,}000) = \$10{,}000 = S$$

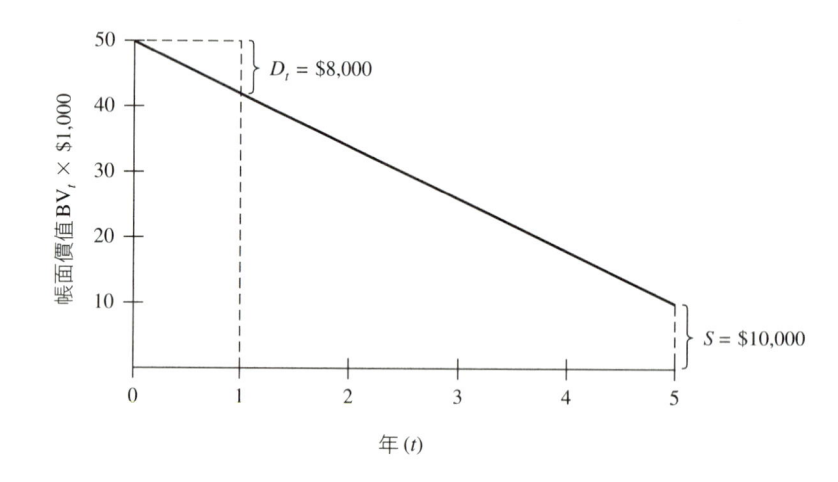

🔍 圖 12.2 直線折舊法的帳面價值，範例 12.1。

12.3 餘額遞減折舊

餘額遞減 (DB) 也稱為固定比率或相等比率法。年折舊是以年初帳面價值與固定比率 d（以小數方式表示）的乘積，因此餘額遞減折舊可以加速資產價值的沖銷。若 $d = 0.2$，則每年帳面價值均減少 20%，每年的折舊值會遞減。

DB 法的最大年折舊率是直線折舊率的兩倍。

$$d_{極大} = 2/n \qquad [12.4]$$

這稱為**倍數餘額遞減** (double declining balance, DDB)。若 $n = 5$ 年，則 DDB 率為 0.4，故每年帳面價值都減少 40%。另一個常用的 DB 率是 SL 率的 150%，此時 $d = 1.5/n$。

第 t 年的折舊是固定比率 d 與前一年帳面價值的乘積。

$$D_t = (d)\text{BV}_{t-1} \qquad [12.5]$$

第 t 年帳面價值為：

$$\text{BV}_t = B(1 - d)^t \qquad [12.6]$$

相對於第一筆成本，每一年 t 的實際折舊率為：

$$d_t = d(1 - d)^{t-1} \qquad [12.7]$$

若 BV_{t-1} 是未知，利用式 [12.7] 可計算 B 與 d_t 求出第 t 年的折舊：

$$D_t = dB(1 - d)^{t-1} \qquad [12.8]$$

注意：由於帳面價值永遠是以固定比率減少，因此 DB 帳面價值不會降至 0。n 年後可能的殘值是 BV_n 值。

$$\text{隱含 } S = \text{BV}_n = B(1 - d)^n \qquad [12.9]$$

若殘值在期初已被估計，則這個值就不會在 DB 或 DDB 法中被用到。然而，當隱含 $S <$ 估計 S，帳面價值可能等於或低於估計的殘值，則應中止折舊。

試算表函數中的 DDB 和 DB 可顯示特定年折舊金額，其公式為：

$$= \text{DDB}(B,S,n,t,d)$$

$$= \text{DB}(B,S,n,t)$$

其中 d 是介於 1 和 2 之間的數字。若省略 d，則 DDB 會假設其為 2。DDB 函數自動檢驗帳面價值是否等於估計 S 值。若相等，則不再折舊。

範例 12.2

Albertus 石礦公司購買價值 $80,000 的電腦化表面切割鋸。預期使用年限為 5 年，殘值為 $10,000。(a) 試以 DB 直線折舊率的 150%，和以 DDB 率，比較年折舊和帳面價值；(b) 估計殘值 $10,000 在何處會被用到？

解答

a. DB 折舊率是 $d = 1.5/5 = 0.30$，而 DDB 率是 $d_{極大} = 2/5 = 0.40$。表 12.1 及圖 12.3 呈現折舊與帳面價值的比較。計算範例如下。

表 12.1　年折舊與帳面價值，範例 12.2

年 (t)	餘額遞減，$d = 0.30$ D_t	BV$_t$	加倍餘額遞減，$d = 0.40$ D_t	BV$_t$
0		$80,000		$80,000
1	$24,000	56,000	$32,000	48,000
2	16,800	39,200	19,200	28,800
3	11,760	27,440	11,520	17,280
4	8,232	19,208	6,912	10,368
5	5,762	13,446	368	10,000

依式 [12.5]，$d = 0.3$ 計算第 2 年之 150% DB：

$$D_2 = 0.30(56,000) = \$16,800$$

依式 [12.6]，$BV_2 = 80,000(0.70)^2 = \$39,200$

依式 [12.5]，$d = 0.4$ 計算第 3 年之 DDB：

$$D_3 = 0.40(28,800) = \$11,520$$

依式 [12.6]，$BV_3 = 80,000(0.60)^3 = \$17,280$

DDB 在第 1 年有相當大的折舊，會使帳面價值更快速地遞減，如圖 12.3 所示。

b. 150% DB 法不會使用到殘值 $10,000，因為帳面價值尚未減少至此金額水準。但 DDB 法的計算，第 4 年帳面價值會降到 $10,368，因此第 5 年的折舊無法列入，$D_5 = 0.40(10,368) = \$4,147$，僅沖銷 S 以上的 $368。

圖 12.3　兩種餘額遞減法的帳面價值圖，範例 12.2。

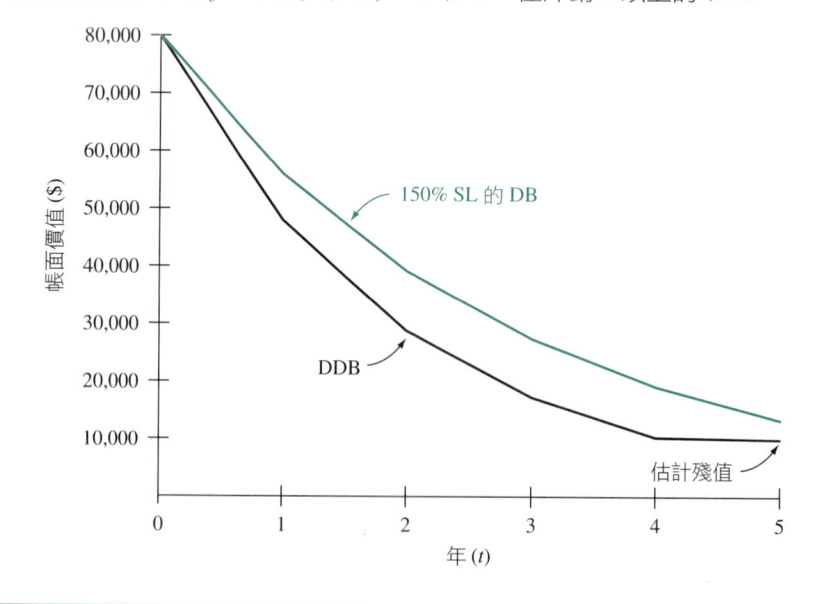

12.4 修正加速成本回收制

美國規定，所有折舊的資產都應使用加速成本回收制 (MACRS) 作為稅金折舊的方法。MACRS 具有加速 DB 和 DDB 兩種方法的優點。但企業仍可使用任一種傳統方法提列帳面折舊。

MACRS 利用下面關係式決定年折舊：

$$D_t = d_t B \qquad [12.10]$$

其中折舊率如表 12.2 所示。(本頁可以貼上標籤以供日後參考。) 第 t 年的帳面價值，可以由前一年的帳面價值扣除年折舊，或從第一筆成本扣除累進折舊。

$$BV_t = BV_{t-1} - D_t \qquad [12.11]$$

$$= B - \sum_{j=1}^{j=t} D_j \qquad [12.12]$$

由於 MACRS 假設 $S = 0$，所以即使估計有正的殘值，仍應全部折舊。

若為個人財產，則 MACRS 的標準回收期為 3、5、7、10、15 及 20 年。注意：表 12.2 中所有 MACRS 的折舊年是比回收期多了 1 年，且該額外一年的折舊率是前一年的二分之一。這是因為 MACRS 半年慣例假設所致，即假設所有財產都是以稅務年中為服務起點。因此，第 1 年的 DB 折舊只有 50% 是用於報稅。這會減少加速折舊的一些優點，並且必須把剩餘的折舊延至第 $n+1$ 年才能完成。

MACRS 折舊率結合 DDB 法 ($d - 2/n$)，並轉換 SL 折舊為一個個人財產的折舊。MACRS 率起始於 DDB 率 ($n - 3$、5、7 和 10)，或 150% 的 DB 率 ($n = 15$ 和 20)，當 SL 法沖銷更快時，則轉換成直線折舊。

在不動產 (建築物) 方面，MACRS 使用 $n = 39$ 的 SL 法於回收期，並回收不滿第 1 年和第 40 年。MACRS 不動產折舊率的百分比為：

第 1 年　　$d_1 = 1.391\%$

第 2~39 年　$d_t = 2.564\%$

第 40 年　　$d_{40} = 1.177\%$

表 12.2　MACRS 折舊率應用於基礎值

年	折舊率 (%)					
	$n=3$	$n=5$	$n=7$	$n=10$	$n=15$	$n=20$
1	33.33	20.00	14.29	10.00	5.00	3.75
2	44.45	32.00	24.49	18.00	9.50	7.22
3	14.81	19.20	17.49	14.40	8.55	6.68
4	7.41	11.52	12.49	11.52	7.70	6.18
5		11.52	8.93	9.22	6.93	5.71
6		5.76	8.92	7.37	6.23	5.29
7			8.93	6.55	5.90	4.89
8			4.46	6.55	5.90	4.52
9				6.56	5.91	4.46
10				6.55	5.90	4.46
11				3.28	5.91	4.46
12					5.90	4.46
13					5.91	4.46
14					5.90	4.46
15					5.91	4.46
16					2.95	4.46
17~20						4.46
21						2.23

在試算表中，MACRS 法並無特定的函數式，但 VDB 函數經調整後可用於 MACRS。

範例 12.3

Baseline 是全國性的一間環境工程服務加盟店。購買新工作站和 3D 模型軟體供 100 個加盟點使用，每個加盟點成本為 $4,000。3 年後系統的估計殘值是第一筆成本的 5%。若舊金山總部的加盟經理欲比較 3 年期 MACRS 模式 (稅金折舊) 和 3 年期 DDB 模式 (帳面折舊) 的差異。試求出：

a. 2 年後哪一種模式的總折舊較高？

b. 第 3 年年終的帳面價值，依哪種方法計算各是多少？

解答

基礎值 $B = \$400,000$，估計殘值 $S = 0.05(400,000) = \$20,000$。$n = 3$ 的

MACRS 率如表 12.2 所示，DDB 的折舊率是 $d_{極大}$ =2/3 = 0.6667。表 12.3 是折舊與帳面價值。使用式 [12.10] (MACRS) 和式 [12.5] (DDB) 計算折舊。第 3 年的 DDB 折舊是 $44,444(0.6667) = $29,629，$BV_3$ < $20,000。僅能部分扣抵 $24,444。

a. 2 年後的累計折舊為：

   MACRS： $D_1 + D_2$ = $133,320 + 177,800 = $311,120
   DDB： $D_1 + D_2$ = $266,667 + 88,889 = $355,556

DDB 帳面折舊較高。

b. 3 年後，MACRS 的帳面價值是 $29,640，但由 DDB 模式求出的 BV_3 = $20,000，這是因為不論估計殘值多少，MACRS 必須扣抵所有的第一筆成本，花額外 1 年來執行。這經常是 MACRS 的抵稅利益之一。

表 12.3   MACRS 和 DDB 折舊的比較，範例 12.3

年度	折舊率	MACRS 稅收折舊	MACRS 帳面價值	DDB 帳面折舊	DDB 帳面價值
0			$400,000		$400,000
1	0.3333	$133,320	266,680	$266,667	133,333
2	0.4445	177,800	88,880	88,889	44,444
3	0.1481	59,240	29,640	24,444	20,000
4	0.0741	29,640	0		

    所有應折舊資產都分財產等級，如此可以規定 MACRS 的回收期。表 12.4 是由 IRS 出版品第 946 號的資產等級範例和其 MACRS 的 n 值。此表對每一個資產有兩項 n 值。第一個是一般折舊系統 (general depreciation system, GDS) 值，是我們用在範例和問題的方法。其使用表 12.2 的 n 值快速沖銷資本。注意：若資產未列入 GDS 等級，皆自動以 7 年為回收期。

    表 12.4 最右側欄為替代式折舊系統 (alternative depreciation system) 回收期範圍。這個方法採用 SL 折舊比 GDS 的回收期長，沒有 MACRS 的早期稅負的利益，由於資產要花更多時間折舊至 0。

表 12.4 MACRS 回收期實例

資產敘述	MACRS 的 n 值，年 GDS	ADS 年限範圍
特定製造和操作裝置、牽引機、賽馬	3	3~5
電腦與周邊元件、石油和天然氣鑿井設備、營造用資產、汽車、貨車、巴士、貨櫃車、部分製造設備	5	6~9.5
辦公設備；部分製造設備；火車、發動機、軌道；農業器材；石油與天然氣設備；其它未列入等級的所有財產	7	10~15
海運設備、石油提煉設備、農產品加工、耐久財製造、造船	10	15~19
土壤改良、船塢、道路、排水、橋樑、園藝、輸油管、核電設備、電信分配	15	20~24
都市下水道、農地建設、電信大樓、(水力) 發電設備水設備	20	25~50
住宅租屋資產 (住屋、行動屋)	27.5	40
非住宅不動產，不包含土地	39	40

值得注意的是，一般而言，在不影響最後決策前提下，會使用傳統直線模式來代替 MACRS 模式，以求更快速完成折舊後的經濟方案的比較。

12.5 加拿大稅金折舊制度

在大部分的工業化國家，折舊是以傳統方法，例如 SL、DDB 和其他，有些國家出於稅金的目的，需要折舊的標準表格，例如美國使用 MACRS。加拿大使用資金成本補貼 (Capitalized Cost Allowance, CCA) 制，是以餘額遞減法作為基礎，CCA 法使用固定的年回收率 (CCA 率)，年 CCA 折舊與帳面價值，稱為不折舊資金成本 (Undepreciated Capital Cost, UCC) 是利用類似相關於 DB 和 MACRS 法計算。此外，只有第 1 年的 CCA 的 50% 能夠求償，可以避免在會計年度終結時購買可折舊資產，並當作是整年 CCA 的費用，對年 $t = 1, 2, ...$，及基礎值 B，CCA 和 UCC 計算如下：

$$\text{CCA}_t \begin{cases} = 0.5(\text{CCA}率)B & t = 1 \\ = (\text{CCA}率)\text{UCC}_{t-1} & t = 2, 3, \ldots \end{cases}$$

$$\text{UCC}_t = B - \sum_{j=1}^{j=t} \text{CCA}_j \qquad t = 1, 2, \ldots$$

CCA 的關係式與式 [12.5] 的 DB 年折舊法十分相似，UCC 的關係式與 BV 折舊法相同，即基礎值減去所有累計折舊。

在加拿大的制度中，資產與折舊都一起按等級劃分，但為了經濟分析，被評估的資產通常有自己折舊的等級，以下列舉一些等級的折舊與 CCA 率。

等級號碼	敘述	CCA 率
8	未包括在其它等級的資產	20%
10	汽車、小貨車、卡車、巴士、牽引機等	30%
38	大部分在 1987 年後購買以電能移動的設備，作為移動、挖掘並放置砂土、岩石或瀝青	30%
52	電腦設備和軟體在 2009 年 1 月 27 日以後購買和 2011 年 2 月以前購買	100%

加拿大的折舊制度與其它國家和美國的 MACRS 有相似和不同之處。在所有的例子，折舊的國家方法是一個非現金帳簿的方法，其資本投資於折舊資產可自企業帳簿去除，提供企業稅金的優惠。

12.6 傳統方法的轉換；與 MACRS 率的關係

由資產可折舊年限內的折舊轉換，我們可以瞭解 MACRS 率是如何求得的。MACRS 包含由 DB 轉換至 SL 模式作為一個內生的特性。若法規允許轉換，則這項轉換是必然措施。美國和其它許多國家皆允許利用轉換加速第 1 年的折舊，以求最大總折舊現值。其公式如下：

$$\text{PW}_D = \sum_{t=1}^{t=n} D_t(P/F, i, t) \qquad [12.13]$$

PW$_D$ 最大化後，稅金的 PW 降至最低，雖然資產年限內的總稅額不變。

由 DB 模式轉為 SL 模式可以提供最好的利益，尤其是若 DB 模式是 DDB 更佳。轉換的原則如下：

1. 若現行模式所得到的第 t 年折舊低於新模式，則選擇轉換有較高折舊的模式。
2. 回收期內只可以轉換一次。
3. 不論何種模式，BV < S 是不允許的。
4. 若第 t 年沒有轉換，則應以未折舊金額，即 BV_t 作為新的比較基礎，在下一年度 (即第 $t + 1$ 年) 選擇較高折舊的轉換模式。

以上的原則應以下述的特定程序將 DDB 轉成 SL：

1. 每 t 年，計算兩種折舊：

   DDB： $$D_{DDB} = d(BV_{t-1}) \quad [12.14]$$

   SL： $$D_{SL} = \frac{BV_{t-1}}{n - t + 1} \quad [12.15]$$

2. 每年折舊：

$$D_t = 極大[D_{DDB}, D_{SL}] \quad [12.16]$$

根據以上的步驟，可在 Excel 使用 VDB 函數計算 DB 至 SL 折舊轉換。參考第 12.8 節的範例。

範例 12.4

Hemisphere 銀行花費 $100,000 購買線上文件圖像處理系統，折舊回收期為 5 年。試依以下條件計算折舊：(a) SL 法；(b) DDB 至 SL 轉換；(c) 年利率 $i = 15\%$ 的 PW_D 值。(本範例不包含 MACRS。)

表 12.5 DDB 至 SL 轉換之折舊與現值，範例 12.4

t 年	DDB 模式 D_{DDB}	BV_t	SL 模式 D_{SL}	較大 D_t	(P/F,15%,t) 因子值	D_t 現值
0	—	$100,000				
1	$40,000	60,000	$20,000	$40,000	0.8696	$34,784
2	24,000	36,000	15,000	24,000	0.7561	18,146
3	14,400	21,600	12,000	14,400	0.6575	9,468
4*	8,640	12,960	10,800	10,800	0.5718	6,175
5	5,184	7,776		10,800	0.4972	5,370
總計	$92,224			$100,000		$73,943

* 代表 DDB 至 SL 折舊轉換年度。

解答

a. 式 [12.1] 求出年 SL 折舊，此值每年都相等。

$$D_t = \frac{100{,}000 - 0}{5} = \$20{,}000$$

b. 使用 DDB 至 SL 轉換步驟。

1. DDB 折舊是 $d = 2/5 = 0.40$。根據式 [12.15] 比較 D_t 與 D_{SL} 值。D_{SL} 值每一年都改變，因為 BV_{t-1} 不同。只有第 1 年的 D_{SL} 為 $20,000 與 (a) 所求的值相同。以第 2 年及第 4 年折舊為例，若使用 DDB 法，$t = 2$，$BV_1 = \$60{,}000$：

   則
   $$D_{SL} = \frac{60{,}000 - 0}{5 - 2 + 1} = \$15{,}000$$

   使用 DDB 法，若 $t = 4$，$BV_3 = \$21{,}600$：

   則
   $$D_{SL} = \frac{21{,}600 - 0}{5 - 4 + 1} = \$10{,}800$$

2. 「較大 D_t」欄指出第 4 年折舊轉換為 $D_4 = \$10{,}800$。轉換後的總折舊值是 $100,000，高於 DDB 折舊的值 $92,224。

c. 求式 [12.13] 求出折舊的現值。SL 的年折舊為 $20,000，用 P/F 替代 P/A 因子：

$$PW_D = 20{,}000(P/A, 15\%, 5) = 20{,}000(3.3522) = \$67{,}044$$

轉換後，$PW_D = \$73{,}943$，如表 12.5。此值比 SL 的 PW_D 多了 $6,899。

12.7 折耗法

討論至此，我們的折舊資產是可以被重置的。折耗法則是適用在自然資源的資本沖銷。自然資源不像機器、電腦或建築物，一旦耗盡，就無法重置或重購。折耗法適用於礦場、油井、礦石、地熱儲能、森林等。折耗法有兩種型式：**比率折耗 (percentage depletion)** 與**成本折耗 (cost depletion)**。(詳細資料可參考 IRS 出版品第 535 號，營業開銷。)

比率折耗是特別為自然資源考量的方法，每年的自然資源總所得可以固定的百分比折耗，假設它不超過企業應稅營收的 50%。(石油與天然氣則是應稅營收的 100%。) 年折耗的公式為：

$$\text{折耗的比率金額} = \text{比率} \times \text{總財產營收} \qquad [12.17]$$

使用比率折耗，若無其他限制，則總折耗費可能會超過第一筆成本。美國政府一般限制木材或石油或油井業者不得採用比率折耗 (小型獨立廠商除外)。對某些天然資源儲能的年折耗比率列舉如下：

儲能	百分比
硫磺、鈾、鉛、鎳、鋅及一些其他的礦石與礦物	22%
黃金、銀、銅、鐵礦石及一些油頁岩	15
石油與天然氣井（不定值）	15~22
煤、褐煤、氯化鈉	10
細礫、砂石、一些石料	5
其他礦物、金屬礦石	14

範例 12.5

某金礦以 $1,000 萬購得。預估第 1 年至第 5 年的總營收為 $800 萬，5 年後為 $500 萬，假設折耗費不超過應稅營收的 50%，試計算年折耗金額及其原始投資回收的年限。

解答

以 15% 折耗率計算：

第 1 年至第 5 年： 0.15(800 萬) = $120 萬

第 5 年後： 0.15(500 萬) = $75 萬

估計 5 年可沖銷共 $600 萬，剩餘的 $400 萬以每年 $75 萬沖銷。總回收年限為：

$$5 + \frac{\$500 \text{ 萬}}{\$75 \text{ 萬}} = 5 + 5.3 = 10.3 \text{ 年}$$

成本折耗也稱為因子折耗，是以作業為準或用量為基準，可用於大部分的天然資源。年成本折耗因子 p_t 代表第一筆成本與預估的可回收量之比率：

$$p_t = \frac{\text{第一筆成本}}{\text{資源產能}} \quad [12.18]$$

年折耗費為 p_t 乘以年用量的金額，總成本折耗不可以超過資源的第一筆成本。若預估未來產能有所變化，則根據未折耗金額決定新的 p_t。

範例 12.6

Temple-Inland 公司以 $700,000 的代價取得私有林地的砍伐權。預估收穫的面積是 350 百萬板英尺。試估計耗費面積 1,500 萬和 2,200 萬在前 2 年的折耗金額。

解答

由式 [12.18] 求出每百萬板英尺 p_t 的金額：

$$p_t = \frac{\$700,000}{350} = \$2,000 = 每百萬板英呎 \$2,000$$

以 p_t 乘以年收獲面積可得第 1 年折耗 $30,000 及第 2 年折耗 $44,000。依此 p_t 類推，直到總額 $700,000 沖銷至 0，或是當剩餘的木材需重新估計總收穫面積為止。

若法律允許，每年可選擇使用成本或比例折耗法。一般會選擇比例折耗因為可能沖銷比原始投資多的金額。然而，當任一年的比例折耗金額小於成本折耗金額時，則法律規定應使用成本折耗法。

12.8 使用試算表作折耗運算

試算表函數計算所討論的各項年折舊及餘額遞減與直線折舊的轉換。所有折舊法都有特定函數，但 MACRS 率 (包含初始年和額外年的折舊修正) 必須使用調整後的變數餘額遞減 (variable declining balance, VDB) 函數。範例 12.7 以函數計算各折舊模式，最後一個部分繪圖比較各模式的帳面價值。

範例 12.7

BA 航太購買新型航空引擎檢修設備，以提供法國的維護組織使用。若期初裝置成本為 $500,000，折舊年限 5 年，估計殘值為 $1%。試以試算表計算：

a. 直線 (SL) 折舊與帳面價值。
b. 倍數餘額遞減 (DDB) 折舊與帳面價值。
c. 150% 的 SL 餘額遞減 (DB) 率的折舊與帳面價值。
d. MACRS 折舊與帳面價值。

e. DDB 至 SL 轉換之折舊與帳面價值。

f. 對五種明細的帳面價值繪圖。

解答

　　假設所有方法都可以用來折舊設備。這五項明細和圖可以使用同一個工作表，然而在此使用多張工作表說明不同的方法。本題應用作為折舊函數包括 SLN、DDB 及 VDB。

a. 圖 12.4：SLN 函數，決定 SL 折舊，結果在第 B 欄，每年的值均等。折舊總額為 $B - S = \$495,000$。每年的帳面價值是 BV_{t-1} 減去折舊值 D_t。

b. 圖 12.5：DDB 函數 = DDB(500000,5000,5,t,2) 決定倍數餘額遞減折舊金額，列於第 B 欄。式中每一年度 t 值會調整。最後一項參數可以選擇，如果不填，則以 2 為預設值。計算結果是 $BV_5 = \$38,880$，顯示並未達到估計殘值 $5,000。

c. 圖 12.5：150% SL 率的餘額遞減折舊 (第 D 欄) 使用 DDB 函數，在最末數據列輸入 1.5。最末的帳面價值 (第 E 欄) 較高 $4,035，因為年折舊率是 $1.5/5 = 0.3$，比 DDB 率的 0.4 小。

d. 圖 12.6：第 B 欄為 MACRS 折舊。VDB 函數計算 DB 轉成 SL 的折舊值，但必須先嵌入 MAX 及 MIN 函數於 VDB 函數中，以確保第 1 年與額外第 $n+1$ 年僅計算二分之一的 DDB 折舊，各 t 年的 VDB 函數式如下：

圖 12.4 直線折舊與帳面價值，範例 12.7 (a)。

	A	B	C	D	E
1	基礎值	$500,000		回收	5 年
2	殘值	$5000		方法	SL
3					
4			直線法		
5	年(t)	D_t($)	BV_t($)		
6	0		500,000		
7	1	99,000	401,000		帳面價值 = C6-B7
8	2	99,000	302,000		
9	3	99,000	203,000		
10	4	99,000	104,000		
11	5	99,000	5000		
12	總計	495,000			
13					直線折舊函數
14		直線折舊法			= SLN(500000,5000,5)

Chapter 12 折舊法

	A	B	C	D	E
1	第一筆成本	$500,000	回收	5年	
2	殘值	$5000	方法	150% SL 的 DDB 與 DB	
3					
4		倍數餘額遞減		150% SL 的餘額遞減	
5		$D_t(\$)$	$BV_t(\$)$	$D_t(\$)$	$BV_t(\$)$
6	0		500,000		500,000
7	1	200,000	300,000	150,000	350,000
8	2	120,000	180,000	105,000	245,000
9	3	72,000	108,000	73,500	171,500
10	4	43,200	64,800	51,450	120,050
11	5	25,920	38,880	36,015	84,035
12		461,120		415,965	

DDB 函數，第 5 年
= DDB(500000,5000,5,5,2)

DB 函數，150% SL，第 5 年
= DDB(500000,5000,5,5,1.5)

餘額遞減法

🔖 圖 12.5　DDB 與 150% SL 率的 DB 折舊與帳面價值，範例 12.7 (b) 和 (c)。

	A	B	C	D	E
1	第一筆成本	$500,000	回收	5年	
2	殘值	$5000	方法	MACR年 與轉換	
3					
4		MACRS		DDB 至 SL 轉換	
5	年($)	$D_t(\$)$	$BV_t(\$)$	$D_t(\$)$	$BV_t(\$)$
6	0		500,000		500,000
7	1	100,000	400,000	200,000	300,000
8	2	160,000	240,000	120,000	180,000
9	3	96,000	144,000	72,000	108,000
10	4	57,600	86,400	51,500	56,500
11	5	57,600	28,800	51,500	5000
12	6	28,800	0		
13	總計	500,000		495,000	

VDB 函數轉換第 3 至 4 年
= VDB(500000,5000,5,A9,A10)

MACRS，使用 VDB 函數第 6 年
= VDB(500000,0,5,MAX(0,A12-1.5),MIN(5,A12-0.5),2)

MACRS 法和 DDB 至 SL 轉換

🔖 圖 12.6　MACRS 和 DDB 至 SL 轉換的折舊，以及帳面價值使用 VDB 函數，範例 12.7 (d) 和 (e)。

= VDB(成本, 0, 年限, MAX(0, $t - 1.5$), MIN(年限, $t - 0.5$), 因子)

MACRS 假設 $S = 0$，故殘值輸入 0。因子輸入為 DDB = 2(MACRS 年限

為 3、5、7 或 10) 或 1.5 (年限為 15 或 20)。以 $t = 6$ (第 12 列) 為例，函數 = VDB(500000,0,5,MAX(0,6−1.5),MIN(5,6−0.5),2)，如儲存格 B12 所示。

e. 圖 12.6：第 D 欄是使用 VDB 函數的正常格式，計算後的較大 DDB 或 SL 折舊。此處輸入估計殘值為 \$50,000。因子數 2 (最後數據列) 可以不填。第 4 年 SL 是 \$51,500 大於 DDB 金額 \$43,200 (見圖 12.5 的儲存格 B10)，此時應轉換折舊。

f. 圖 12.7：將先前的各折舊的帳面價值複製貼上後，可製成 x-y 散布圖。一些結論如下：與 SL 比較，DDB 和折舊轉換是最高速折舊 (帳面價值至第 4 年均相等)。第 4 年由 SL 轉換至 DDB 後，兩者的 BV 曲線即不同走向，DDB 與轉換並不與估計殘值接近，最後 MACRS 完全忽略殘值。

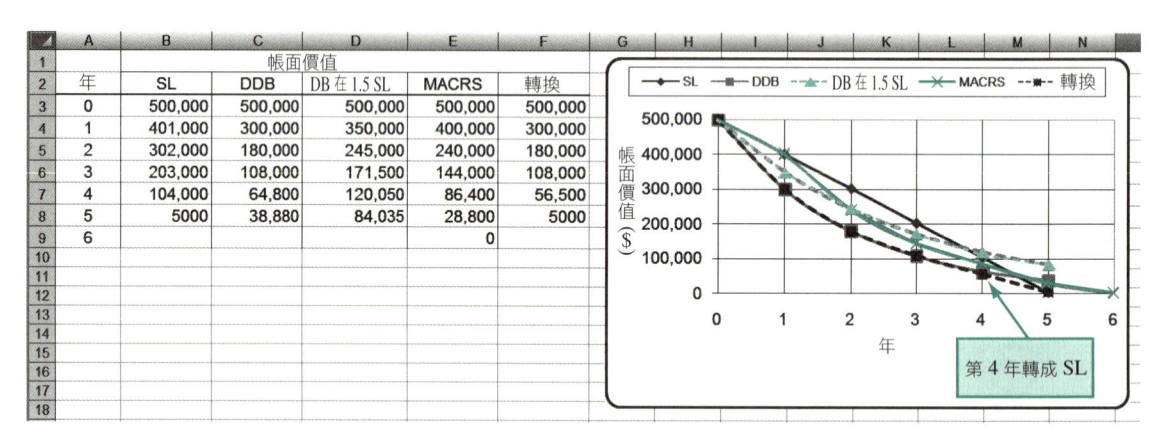

🔍 圖 12.7　將先前的各折舊的帳面價值複製貼上後，可製成 x-y 散布圖。

總結

本章介紹折舊與折耗。折舊不是真實的現金流，僅適用於沖銷資產的投資。若想減少所得稅金，則可使用 MACRS 法 (僅美國適用)。若是帳面折舊，則可使用傳統的直線法與餘額遞減法。

以下簡要說明各折舊法，公式總結於表 12.6。

表 12.6　折舊法關係總結

模式	MACRS	SL	DDB
固定折舊率 d	不定值	$\dfrac{1}{n}$	$\dfrac{2}{n}$
年折舊率 d_t	表 12.2	$\dfrac{1}{n}$	$d(1-d)^{t-1}$
年折舊 D_t	$d_t B$	$\dfrac{B-S}{n}$	$d(BV_{t-1})$
帳面價值 BV_t	$BV_{t-1} - D_t$	$B - tD_t$	$B(1-d)^t$

修正加速成本回收制 (MACRS)

- 美國唯一核准的稅金折舊制。
- DDB (或 DB) 至 SL 折舊率自動轉換。
- 永遠折舊至 0，即假設 $S = 0$。
- 回收期依財產等級而定。
- 受半年慣例影響，實際回收期延長 1 年。

直線法 (SL)

- n 年內以直線模式沖銷資本投資。
- 永遠考慮估計殘值。
- 這是傳統的非加速折舊模式。

餘額遞減 (DB)

- 折舊速度高於直線法。
- 每年帳面價值以固定比率減少。
- 最常用的是 2 倍的 SL 率，此稱為倍數餘額遞減 (DDB)。
- 有不同於估計殘值的可能殘值。
- 不可用於美國的稅金折舊，但常用於帳面折舊在世界許多國家。

折耗法用於自然資源的資本沖銷。比率折耗每年以固定比率扣抵總營收，其回收金額可能會大於期初的投資。另外，成本折耗是以資源耗量為基礎，期初的投資即為最大的回收值。

習題

折舊的名詞與計算

12.1 折舊如何影響所得稅？

12.2 包含在資產基礎值中的三個折舊成本為何？

12.3 帳面價值與市值有何不同？

直線折舊法

12.4 某公司使用直線折舊法計算帳面折舊，新購買的設備第一筆成本為 $170,000，使用年限 3 年，殘值 $20,000，試計算第 2 年的折舊費用和帳面價值。

12.5 Kobi 科技使用直線折舊法帳面折舊一個資產，每年 $27,500，年限共 4 年，若第 2 年的帳面價值是 $65,000，則 (a) 資產的殘值；(b) 資產的基礎值為多少？

12.6 Photon Environmental 的某項資產以直線折舊 5 年期間，第 2 年與第 3 年的帳面價值分別是 $296,000 與 $224,000，試計算：(a) 資產的殘值；(b) 資產的基礎值。

餘額遞減折舊

12.7 某用來製造溢油圍堵托盤的機器預計可使用 5 年，若第 3 年的帳面價值是 $25,000，試以倍數餘額遞減法求機器的原始基礎值。

12.8 若某資產預估使用年限 5 年，使用 DDB 法計算帳面折舊，則假設估計

殘值是第一筆成本的 25%，則需要多久才會達到殘值的水準？

12.9 若某資產的殘值為 0，使用倍數餘額遞減法折舊，則經 5 年使用期後，資產的首次成本會剩餘多少百分比？

MACRS 折舊

12.10 某一自動組裝機器人花費 $400,000，使用期預估 5 年，殘值 $100,000，若其 MACRS 折舊率第 1、2、3 年分別為 20.00%、32.00% 和 19.20%，則第 3 年底機器人的帳面價值為多少？

12.11 某經理想決定用 MACRS 或 DDB 折舊法，對某設備的第一筆成本為 $300,000，5 年使用期，殘值 $60,000，哪一個方法的沖銷較快速。試決定何種方法會產生較低的帳面價值，且帳面價值是多少。

12.12 Upper State Power 擁有某起重機價值 $320,000，殘值預估為 $75,000。(a) 試比較 7 年回收期的 MACRS 與傳統 SL 折舊的帳面價值；(b) 試解釋使用 MACRS 的估計殘值為多少。

方法間的轉換

12.13 若資產的第一筆成本為 $100,000，折舊回收期 5 年，殘值 $10,000，$d = 1/n$，試比較第 2 年使用 DDB 與直線折舊的不同，並決定其轉換是否較好。

折耗法

12.14 折舊與折耗有何不同？

12.15 一個相對較小的私人煤礦公司，其銷售狀況如下表所示。假設公司可課稅的所得為每年 $140,000，試計算煤礦每年折耗的百分比。

年	銷售（噸）	即期銷售價格（$/噸）
1	34,300	9.68
2	50,100	10.50
3	71,900	11.23

12.16 Chaparral Sand and Gravel 購買一個礦坑花費 $900,000，預期每年會生產 6,000 噸的碎石和 7,000 噸的砂，若碎石每噸可賣 $6，砂每噸可賣 $9，試利用比率折耗法計算每年的折耗金額。

額外問題與 FE 測驗複習題

12.17 下列哪項資產不能折舊：
  a. 堆土機
  b. 銅礦
  c. 機器人手術
  d. 輸送帶

12.18 一項 $100,000 資產的古典直線折舊產出超過 5 年回收期，若它的殘值是第一筆成本的 20%，則第 3 年的折舊費最接近：
  a. $16,000
  b. $20,000
  c. $24,000

d. $28,000

12.19 一項 MACRS 折舊資產，其 B 為 $100,000，$S$ 為 $400,000，以及一 10 年回收期。($d_t$ 值之 t 年為 1，2，3，4 與 5，分別為 10.00%，18.00%，14.40%，11.52% 與 9.22%。) 依據 MACRS 方法，其第 4 年的折舊費為：

a. $58,700
b. $62,400
c. $11,500
d. $46,100

Chapter 13

稅後經濟分析

本章介紹稅後經濟分析所應用的稅金名詞和相關的公式，企業和個人的所得稅計算會介紹。稅前現金流 (cash flow before taxes, CFBT) 需轉換為稅後現金流 (cash flow after taxes, CFAT)，藉以觀察稅金效果是否會改變最終決策，及估計稅金效果對現金流影響的程度。

互斥方案的比較使用稅後 PW、AW 及 ROR 法會在本章解釋，並考慮到主要的稅賦意義。此外，討論守舊者重置時的稅金影響。最後，會討論 MARR 設定的債務成本及權益資本。

更多有關美國聯邦稅金 (稅法和逐年更新的稅率)，可參考美國國稅局刊物，和 IRS 網站 www.irs.gov，出版品第 542 號──企業及第 544 號──資產銷售與其它處置，為特別適用的資源。

目的：考慮所得稅與稅制後的方案經濟評估。

學習成果

1. 正確使用企業與個人的基本稅金名詞和所得稅率。　　名詞與稅率
2. 計算稅後現金流及評估方案。　　CFAT 分析
3. 說明折舊回抵、加速折舊及短期回收期的稅金影響。　　稅金與折舊
4. 評估稅後重置研究的守舊者與挑戰者。　　稅後重置
5. 決定加權平均資金成本 (WACC) 及其與 MARR 的關聯性。　　資金成本
6. 使用試算表進行稅後 PW、AW 或 ROR 的分析。　　試算表
7. 利用稅後經濟增值分析評估方案。　　增值分析

13.1 所得稅名詞與關係式

稅金的基本名詞及其關係解釋如下：

毛收入 (gross income, GI)，又稱**營運收入** (operating revenue, R)，是企業所有產生收入資源所獲得的總收入，加上其它資源的收入包括資產銷售、專利和權利金等。

所得稅 (income tax) 為聯邦 (或較低層級) 政府針對收入或利潤所課徵的稅金，美國政府稅收來源主要是以企業或個人所得稅為主，稅金是真實的現金流。

淨營業所得 (Net Operating Income, NOI) 是毛收入與營業開銷的差額，即 NOI = GI − E。NOI 是代表在扣除利息與稅金前的營收；也可以用 *EBIT* 代表 NOI。

營業開銷 (operating expense, E) 包括從事商業交易所產生的成本，是用這些費用可以抵減稅金。

折舊並非營業開銷，在工程經濟方案中，AOC (年營運成本) 與 M&O (維護與營運成本) 是常見的成本開銷。

應稅所得 (taxable income, TI) 指所得稅課徵的基礎。對企業來說，折舊與營業開銷是可以扣抵稅金的。

$$\begin{aligned} \text{TI} &= 毛收入 - 開銷 - 折舊 \\ &= \text{GI} - E - D \end{aligned} \quad [13.1]$$

稅率 (tax rate, T) 指應稅所得的課稅百分比 (或以小數表示)；稅率是累進的，應稅所得越高者，稅率越高。

$$\begin{aligned} 稅金 &= (應稅所得) \times (適用稅率) \\ &= (\text{TI}) \times (T) \end{aligned} \quad [13.2]$$

實際稅率 (effective tax rate, T_e) 為一個單一值稅率，用來評估聯邦、州和地方稅的經濟影響，T_e 稅率通常課徵應稅所得的 25% 至 50%，已含的州稅稅金 (可能也包含地方稅) 可扣抵聯邦稅。

$$T_e = 州及地方稅率 + (1 - 州及地方稅率)(聯邦稅率) \quad [13.3]$$

$$稅金 = \text{TI}(T_e) \quad [13.4]$$

稅金來源最常見的是所得 (應稅所得)，其它包含總銷售額 (銷售稅)、財產估計值 (財產稅)、增值稅 (VAT)、淨資本投資 (資產稅)、博奕獎金 (部分的所得稅)，及進口貨品零售金額 (進口稅)。

表 13.1 美國企業聯邦所得稅稅率表 (2012 年樣本)

若應稅所得 ($) 是：			
超過	未超過	稅金	超過稅金
0	50,000	15%	0
50,000	75,000	7,500 + 25%	50,000
75,000	100,000	13,750 + 34%	75,000
100,000	335,000	22,250 + 39%	100,000
335,000	10,000,000	113,900 + 34%	335,000
10,000,000	15,000,000	3,400,000 + 35%	10,000,000
15,000,000	18,333,333	5,150,000 + 38%	15,000,000
18,333,333	—	35%	0

資料來源：美國國稅局，出版品第 542 號——企業，2012 年 3 月，頁 17。

美國聯邦稅率 T 對企業和個人是以**累進稅率**來計算，亦即應稅所得越高，則稅率越高。表 13.1 為企業近年稅率 T。調整後的 TI 值以**邊際稅率 (marginal tax rate)** 課徵。舉例來說，按照表 13.1，若企業的年度 TI 為 \$50,000，則邊際稅率為 15%，若企業的 TI = \$100,000，則徵收 \$50,000 的 15%、\$25,000 的 25%、與剩餘款項的 34%，即：

$$\text{稅金} = 0.15(50,000) + 0.25(75,000 - 50,000) + 0.34(100,000 - 75,000)$$
$$= \$22,250$$

為了簡化稅金的計算，可使用式 [13.3] 的平均聯邦稅率計算單一值實際稅率 T_e。

範例 13.1

Marvel Comics 公司的影視部門年毛收入為 \$2,750,000，開銷與折舊共 \$1,950,000，計算：(a) 公司應繳的聯邦所得稅；(b) 採用州稅率 8% 及聯邦平均稅率 34%，估計聯邦稅和州稅。

解答

a. 由式 [13.1] 計算 TI，並按表 13.1 稅率計算所得稅金：

$$TI = 2{,}750{,}000 - 1{,}950{,}000 = \$800{,}000$$

$$\begin{aligned}
稅金 =\ & 50{,}000(0.15) + 25{,}000(0.25) + 25{,}000(0.34) \\
& + 235{,}000(0.39) + (800{,}000 - 335{,}000)(0.34) \\
=\ & 7{,}500 + 6{,}250 + 8{,}500 + 91{,}650 + 158{,}100 \\
=\ & \$272{,}000
\end{aligned}$$

較快的方法是使用表 13.1 中的「稅金」欄，這個數字與總 TI 的值接近，再與下一級 TI 稅金合併後即可得到相同結果。

$$稅金 = 113{,}900 + (800{,}000 - 335{,}000)(0.34) = \$272{,}000$$

b. 由式 [13.3] 和式 [13.4] 決定實際稅金和稅率：

$$T_e = 0.08 + (1 - 0.08)(0.34) = 0.3928$$
$$稅金 = (800{,}000)(0.3928) = \$314{,}240$$

這兩項稅金不相同，因為 (a) 小題的稅金並未包含州稅稅金。

企業稅和個人稅金的計算如何比較？對個人稅戶而言，毛收入的來源多為總薪資所得，在決定個人應稅所得時，大部分的生活或工作開銷是無法扣抵，但是企業的營業開銷是可以扣抵的，對個別稅戶的稅金計算：

$$GI = 薪水+工資+利息和紅利+其它所得$$
$$TI = GI-個人免稅額-扣除額$$
$$稅金 = (應稅所得)(適用稅率) = (TI)(T)$$

在美國個別稅戶的稅率 T 與企業類似，是依 TI 的水準累進，每一個邊際稅率的 TI 水準，是依通貨膨脹和其它因素每年作調整，這個過程稱為**指數化 (indexing)**。最近數年邊際稅率範圍為 10% 至 35%，但邊際稅率的決定是依聯邦國會政黨勢力和美國及其它工業國家的經濟情況而定，因此個人稅戶的邊際稅率比企業稅率更容易波動。表 13.2 是「結婚合併申報」申報類別的例子，其它類別有單身、分居和戶長。目前稅率可參考 IRS 網址：www.irs.gov 在出版品第 17 號──你的聯邦所得稅 (個人)。

表 13.2　美國個人申報所得稅「結婚合併申報」的聯邦所得稅率

如果你的應稅所得是：			
超過	但未超過	稅是：	超過部分的金額
$0	$17,000	······ 10%	$0
17,000	69,000	$1,700.00 + 15%	17,000
69,000	139,350	9,500.00 + 25%	69,000
139,350	212,300	27,087.50 + 28%	139,350
212,300	379,150	47,513.50 + 33%	212,300
379,150	······	102,574.00 + 35%	379,150

資料來源：美國國稅局，出版品第 17 號——你的聯邦稅率 (個人) 應用在準備 2011 年的申報，2011 年，頁 274。

範例 13.2

喬許和愛莉森兩個顧問工程師提出所得稅合併申報，這一年兩人的薪資合併所得為 $168,000。這一年他們的第二個小孩出生，他們計畫使用標準扣除額 $9,500，紅利、利息和其它投資獲利總計 $8,400，個人免稅額為 $3,700，喬許欲估計：(a) 聯邦稅金；(b) 繳納的聯邦所得稅金占今年總收入的百分比。

解答

a. 首先，利用一筆標準扣除額及 4 筆個人免稅額計算 GI 和 TI：

GI = 168,000 + 8,400 = $176,400

TI = 176,400 − 4(3,700) − 9,500 = $152,100

喬許參考表 13.2 的結婚合併申報表，TI 是 $152,100，因此稅是 $27,087.5 加上超過 $139,350 金額的 28%。

稅金 = 27,087.50 + 0.28(152,100 − 139,350)
　　　 = $30,657.50

b. GI 的百分比為稅金 $30,657.50/176,400 = 0.174 或 17.4%。TI 的百分比為稅金 $30,657.50/152,100 = 0.202 或 20.2%，比 TI 類別的 28% 邊際稅率低。

13.2　稅前與稅後方案評估

稍早課文中提及，**淨現金流** (net cash flow, NCF) 是最佳實際現金流的估計值，NCF 是扣除現金流出後的年現金流，可用做經由計算 PW、

AW、ROR 和 B/C 法的評估方案。

在考慮稅金的影響下，此名詞將擴展其定義，NCF 改為**稅前現金流 (cash flow before taxes, CFBT) 和稅後現金流 (cash flow-after taxes, CFAT)**。兩者皆為真實的現金流，其關係式為：

$$\textbf{CFAT} = \textbf{CFBT} - 稅金 \qquad [13.5]$$

CFBT 應包含原始投資 P 和該年估計殘值 S。折舊 D 應包含在 TI，但不直接在 CFAT 的估計中，因為折舊並非實際的現金流。這是極重要的，因為工程經濟研究必須奠基於真實現金流與實際稅率，方程式如下：

$$\begin{aligned}\textbf{CFBT} &= 毛所得 - 開銷 - 原始投資 + 殘值 \\ &= \textbf{GT} - \textbf{E} - \textbf{P} + \textbf{S}\end{aligned} \qquad [13.6]$$

$$\begin{aligned}\textbf{CFAT} &= \textbf{CFBT} - \textbf{TI}(T_e) \\ &= \textbf{GI} - \textbf{E} - \textbf{P} + \textbf{S} - (\textbf{GI} - \textbf{E} - \textbf{D})(T_e)\end{aligned} \qquad [13.7]$$

表 13.3 列出 CFBT 和 CFAT 的計算項目，表中以欄位號碼表示各計算項的關係，所得稅使用實際稅率 T_e 計算，開銷 E 和初期投資 P 為負值。若折舊金額超過 (GI−E)，則 TI 也可能為負值，此負的所得稅金被視為當年度的節稅金額。負稅金可假設為企業的利益，會在同年度抵銷其它營收項目。

CFAT 序列建立後，可代入評估方法——PW、AW、ROR 或 B/C——並以第 4 章至第 7 章的準則評估單一方案，或選擇一個互斥方案。範例 13.3 說明 CFAT 的計算和稅後分析。

若必須估計稅後 ROR，但不考慮各計算項目，或數據過於複雜，則稅前 ROR 可根據 T_e 概估稅金的影響，及關係式如下：

$$稅後\ \textbf{ROR} = 稅前\ \textbf{ROR}(1 - T_e) \qquad [13.8]$$

根據相同邏輯，PW 或 AW 為基礎的研究中，可得稅後 MARR：

$$稅後\ \text{MARR} = 稅前\ \text{MARR}(1-T_e) \qquad [13.9]$$

若方案的 PW 或 AW 值超近於 0，則應更深入評估稅金的影響。

表 13.3　(a) CFBT；與 (b) CFAT 之計算項目表

(a) CFBT 計算項目

年	毛收入 GI (1)	營業開銷 E (2)	投資 P 與殘值 S (3)	CFBT (4)= (1)+(2)+(3)

(b) CFAT 計算項目

年	毛收入 GI (1)	營業開銷 E (2)	投資 P 與殘值 S (3)	折舊 D (4)	應收收入 TI (5)= (1)+(2)−(4)	稅金 (TI)(T_e) (6)	CFAT (7)= (1)+(2)+ (3)−(6)

範例 13.3

AMRO 工程公司評估一個在美國數個南方城市實施的大型防洪計畫，計畫為期 4 年，將使用特殊用途船用液壓堆高機搭建永久的風暴潮水防坡堤，以防範紐奧良出海岸的颱風侵襲，估計值為 $P = \$300{,}000$，$S = 0$，$n = 3$ 年，有 3 年回收期的 MACRS 折舊，4 年間每年的預估毛收入與開銷是 \$200,000 和 \$80,000。(a) 假設 AMRO 使用 $T_e = 35\%$，稅前 MARR 每年 15%，試做稅前和稅後 ROR 分析；(b) 利用式 [13.8] 概估稅後 ROR 值，並評估其準確性如何。

解答

a. 使用表 13.3 可決定 CFBT 和 CFAT 序列。

稅前：根據式 [13.6]，CFBT = 200,000−80,000 = 第 1 年至第 4 年每年 \$120,000。每年稅前 ROR，利用 PW 關係式估計為：

$$PW = -300{,}000 + 120{,}000(P/A,i^*,4)$$

使用一個或多個方法 (參閱因子表、計算機 i 函數，或是試算表 RATE 或 IRR 函數) 求得 $i^* = 21.86\%$。比較 i^* 與稅前 MARR = 15%，此方案為可行。

稅後：表 13.4 (下欄) 為 MRCRS 折舊 (折舊率參考表 12.2)，TI 使用式 [13.1]，CFAT 使用式 [13.7]。由於第 2 年折舊超過 (GI−E)，節省稅金 \$4,673 會提高稅後 ROR，PW 關係式與稅後 ROR 如下：

$$PW = -300{,}000 + 112{,}997(P/F,i^*,1) + \cdots + 85{,}781(P/F,i^*,4)$$
稅後 ROR $= i^* = 15.54\%$

表 13.4　利用 MACRS 和 T_e = 35% 計算 CFBT、CFAT 與 ROR，範例 13.3

		稅前 ROR 分析		
年	GI	E	P 和 S	CFBT
0			$-300,000	$-300,000
1	$200,000	$-80,000		120,000
2	200,000	-80,000		120,000
3	200,000	-80,000	0	120,000
4	200,000	-80,000		120,000

		稅後 ROR 分析					
年	GI	E	P 和 S	D	TI	稅金	CFAT
0			$-300,000				$-300,000
1	$200,000	$-80,000		$ 99,990	$ 20,010	$ 7,003	112,997
2	200,000	-80,000		133,350	-13,350	-4,673	124,673
3	200,000	-80,000	0	44,430	75,570	26,450	93,551
4	200,000	-80,000		22,230	97,770	34,220	85,781

根據式 [13.9]，稅後 MARR 為 15(1−0.35) = 9.75%，因為 i^* > 9.75%，因此方案為經濟上可行。

b. 由式 [13.8] 得：

　　稅後 ROR = 21.86(1 − 0.35) = 14.21%

此數值低於上一小題的 15.54%，部分原因是因為忽略第 2 年的節省稅金，此金額應於稅後分析時納入計算。

多方案的稅後分析可參考第 4 章至第 7 章的評估模式，以下兩點需注意：

PW：若方案年限不同，則必須使用相同的 LCM，以確保相同服務的比較。

ROR：必須使用 CFAT 的增額分析，因為總 i^* 值不一定能保證得到正確的評選結果 (參見第 6.5 節)。

與稅前分析類似，AW 法也是稅後分析的建議方式，因為不會出現複雜情況。此外，也可用試算表做稅後分析，第 13.6 節說明使用各種試算表函數的 PW、AW 及 ROR 稅後分析。

13.3 折舊對稅後研究的影響

稅金和 CFAT 的金額與時間可能會受某些因素顯著改變，例如折舊法、回收期、資產出售時間和相關稅法，某些稅金效果應在經濟評估時納入 (例如折舊回收)，其它例如資本利得或損失則可忽略，因為經常是在資產年限末期發生，所以其評估時不一定可靠，如下所述，若要估計潛在的稅金效果，則出售時售價 (殘值) 與帳面價值之關係為主要的關鍵。

折舊回抵 (depreciation recapture, DR) 又稱一般利得，發生於當折舊資產以高於現有帳面價值售出，如圖 13.1 (陰影部分)。

$$\text{折舊回抵} = \text{售價} - \text{帳面價值}$$
$$DR = SP - BV \qquad [13.10]$$

折舊回抵通常用於稅後研究。在美國，由於第 $n+1$ 年時，MACRS 必須折舊至 0，所以出清回收末期或在回收期後之資產時，估計的殘值金額就能用來推估 DR 值，這個 DR 值也被視為一般應稅所得，並以 T_e 稅率課稅。

當售價預期超過第一筆成本，則產生資本利得 (詳述於後)，此時的 TI 包括利得加上折舊回抵，如圖 13.1 中的售價 SP_1。在這種情況下，DR 是累計的總折舊金額。

圖 13.1 折舊回抵與資本利得 (損失) 的稅金計算。

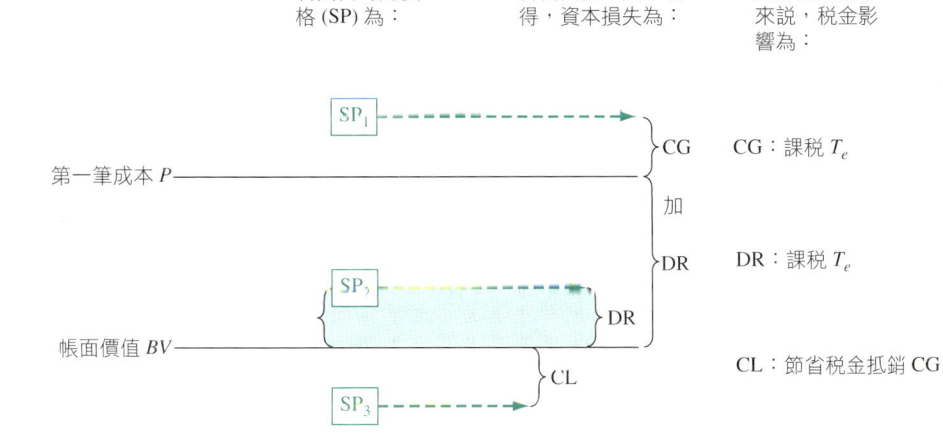

資本利得 (capital gain, CG) 是售價超過第一筆成本之金額，參見圖 13.1。當資產出售時：

$$資本利得 = 售價 - 第一筆成本$$
$$CG = SP - P \quad [13.11]$$

由於未來的資本利得不易估計，所以稅後研究較少討論這個部分，但若大樓或土地等歷史價值會增加的資產，則資本利得應納入應稅 TI 課稅。

資本損失 (capital loss, CL) 為折舊資產出售價值低於帳面價值的情況。

$$資本損失 = 帳面價值 - 售價$$
$$CL = BV - SP \quad [13.12]$$

資本損失也是難以估計，因此經濟分析一般也不納入考量，但在稅後重置研究中，若守舊者必須以「虧本」價格交易，則應列入評估各種資本損失，在稅金的考量下，CL 抵換了 CG 的其它活動。

政府可以為了刺激企業投資或國外投資，經由增加折舊金額及降低課稅，實施特定或有時效性的課稅條例，其中一個鼓勵資本投資的誘因是在第 12.1 節所討論的 179 節折抵。這些福利視當時「經濟的健康」情況，可以改變 CFAT 值。可參考網址：www.irs.gov，查詢 IRS 出版品第 946 號和第 544 號。

資產出售時納入其額外現金流，則式 [13.1] 的 TI 應擴增為：

$$TI = 毛收入 - 開銷 - 折舊 + 折舊回抵 + 資本利得 - 資本損失$$
$$= GI - E - D + DR + CG - CL \quad [13.13]$$

範例 13.4

Biotech 是一個醫學影像與模組公司，欲購買一套骨細胞分析系統供生物工程師和機械工程師團隊研究運動員的骨骼密度，該公司與 NBA 簽訂的 3 年契約可使他們每年獲得額外總營收 $100,000，實際稅率為 35%。

	分析器 1	分析器 2
第一筆成本 ($)	150,000	225,000
營業開銷 (每年 $)	30,000	10,000
MACRS 回收 (年)	5	5

a. Biotech 公司總裁非常關心稅金，想建立 3 年合約繳納總稅金最少的標準，請問他應該購買哪一個分析器？

b. 假設 3 年後會出售該選擇的分析器，利用同樣的總稅金標準，則哪一個分析器較有優勢？假設預估分析器 1 售價為 $130,000，分析器 2 售價為 $225,000。

解答

a. 表 13.5 詳列稅金計算結果，首先決定每年的 MACRS 折舊，以式 [13.1] 的 TI = GI − E − D 計算 TI，TI 乘以稅率 35%，可得稅金。3 年稅金加總：

　　分析器 1 總稅金：$36,120　　　　分析器 2 總稅金：$38,430。

兩個分析器結果非常相近，但分析器 1 在總稅金以省下 $2,310 較優。

b. 當分析器 3 年後出售時，會有折舊回抵 (DR) 必須除以 35% 的稅率，這個稅金必須再與表 13.5 的第 3 年稅金合計，使用式 [13.10] 求各分析器的 DR，再利用式 [13.13] 決定 TI，TI = GI − E − D + DR，算出 3 年總稅金並選出較少稅金者。

表 13.5 兩方案總稅金的比較，範例 13.4(a)

年	毛收入 GI	營業開銷 E	第一筆成本 P	MACRS 折舊 D	帳面價值 BV	應稅所得 TI	0.35TI 的稅金
分析器 1
0			$150,000		$150,000		
1	$100,000	$30,000		$30,000	120,000	$40,000	$14,000
2	100,000	30,000		48,000	72,000	22,000	7,700
3	100,000	30,000		28,800	43,200	41,200	14,420
							$36,120
分析器 2
0			$225,000		$225,000		
1	$100,000	$10,000		$45,000	180,000	$45,000	$15,750
2	100,000	10,000		72,000	108,000	18,000	6,300
3	100,000	10,000		43,200	64,800	46,800	16,380
							$38,430

分析器 1： DR = SP − BV$_3$ = 130,000 − 43,200 = $86,800

第 3 年 TI = 100,000 − 30,000 − 28,800 + 86,800 = $128,000

第 3 年稅金 = 128,000(0.35) = $44,800

總稅金 = 14,000 + 7,700 + 44,800 = $66,500

分析器 2： DR = 225,000 − 64,800 = $160,200

第 3 年 TI = 100,000 − 10,000 − 43,200 + 160,200 = $207,000

第 3 年稅金 = 207,000(0.35) = $72,450

總稅金 = 15,750 + 6,300 + 72,450 = $94,500

分析器 1 的總稅金較有利益。

我們應瞭解為何相較於直線折舊法，MACRS 和 DB 法的加速折舊率與縮短回收期能替企業更多的稅金利益，這是因為較早期的折舊率可以扣抵更多應稅營收，因而降低課稅金額，重點是在於選擇折舊率和 n 值，可得到最小稅金現值：

$$PW_{稅金} = \sum_{t=1}^{t=n} (第\ t\ 年稅金)(P/F,i,t) \qquad [13.14]$$

比較折舊法和回收期時，我們假設：(1) 固定單一稅率；(2) CFBT 大於年折舊金額；以及 (3) 各方法減少的帳面金額與殘值均等，則下列敘述為正確：

- 所有的折舊法或總回收期內繳納的總稅金相同。
- 同樣 n 值，以加速折舊法的 PW$_{稅金}$ 較小。
- 同樣折舊法，較小 n 的 PW$_{稅金}$ 較小。

MACRS 是美國的法定稅金折舊法，唯一的替代方法是展延回收期的 MACRS 直線折舊法，MACRS 所得到的 PW$_{稅金}$ 永遠小於其它較低速的折舊模式，如果 DDB 模式可使用，也無法像 MACRS 可將帳面價值減少至零一樣好。

範例 13.5

某價值 $50,000 的機器可用做光纖製品的生產線，目前需做稅後分析，該機器的 CFBT 為 $20,000，回收期為 5 年，有效稅率 35%，年報酬率 8%。試以現值稅金標準比較以下的模式：直線法、DDB 及 MACRS 折舊，MACRS 依半年慣例調整回收期為 6 年。

解答

表 13.6 列出各模式的折舊、應稅所得及稅金，直線折舊的年限 $n = 5$ 年，$D = \$10,000$，$D_6 = 0$ (第 3 欄)，第 6 年 CFBT 的 $20,000 課徵 35%。

5 年期的 DDB 比率為 $d = 2/n = 0.40$，可能殘值為 $50,000 − 46,112 = \$3,888$，所以並非 $50,000 都可全部扣抵，DDB 的稅金比 SL 高出 $3,888(0.35) − \$1,361$。使用表 12.2 的折舊率，MACRS 在 6 年內沖銷總額為 $50,000，其稅金為 $24,500，與 SL 折舊相同。

圖 13.2 為逐年累計的稅金 (第 5、8、11 欄)。注意：各曲線的模式，可看到第 1 年起 MACRS 的總稅金即低於 SL 模式，同時 SL 亦高於第 1 年至第 4 年的 DDB，較高的 SL 稅金使得 SL 的折舊現值 PW$_{稅金}$ 也較大，PW$_{稅金}$ 值列於表 13.6 的底部，MACRS PW$_{稅金}$ 的值是最小的為 $18,162。

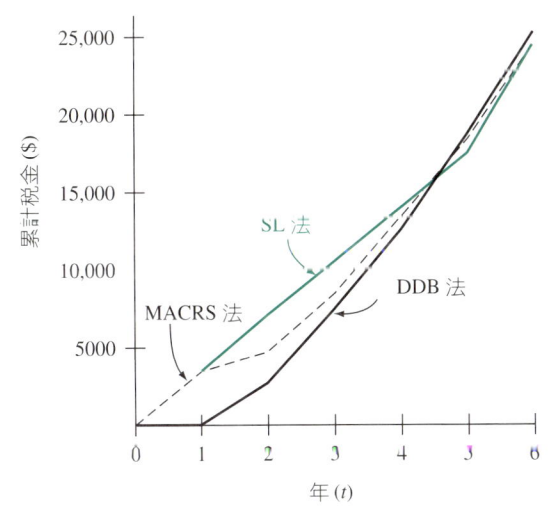

▲ 圖 13.2 不同折舊率的 6 年稅金累計，範例 13.5。

表 13.6 不同折舊法稅金與現值的比較

		直線法			倍數餘額遞減			MACRS		
(1) 年	(2) CFBT	(3) D	(4) TI	(5) 稅金	(6) D	(7) TI	(8) 稅金	(9) D	(10) TI	(11) 稅金
1	+20,000	$10,000	$10,000	$3,500	$20,000	$ 0	$ 0	$10,000	$10,000	$3,500
2	+20,000	10,000	10,000	3,500	12,000	8,000	2,800	16,000	4,000	1,400
3	+20,000	10,000	10,000	3,500	7,200	12,800	4,480	9,600	10,400	3,640
4	+20,000	10,000	10,000	3,500	4,320	15,680	5,488	5,760	14,240	4,984
5	+20,000	10,000	10,000	3,500	2,592	17,408	6,093	5,760	14,240	4,984
56	+20,000	0	20,000	3,500	0	20,000	7,000	2,880	17,120	5,992
總計		$50,000		$24,500	$46,112		$25,861*	$50,000		$24,500
PW稅金				$18,386			$18,549			$18,162

* 未包含尚未回收的可能殘值 $3,888，故金額較其它值高。

評論：相似案例中，若使用不同 n 值於單一折舊法，則最小的 n 值會獲得較低的 $PW_{稅金}$ 值。

13.4 稅後重置研究

當一個已裝置資產 (守舊者) 可能遭到重置時，稅金的效果也會對重置分析的決策產生影響，雖然最終的重置決策不一定會改變，但雙方稅前的 PW 或 AW 值可能會與稅後差值顯著不同，若預期守舊者的交易會產生虧本，可能的重置年度就需要考量**折舊回抵** (depreciation recapture) 或**資本利得** (capital gain)，或因資本損失的節省稅金。此外，稅後重置研究包含折舊和營業開銷的稅抵，但稅前分析則無，CFAT 估計也是採取與稅前重置研究相同的程序，建議讀者參考第 9.3 節及第 9.4 節。

範例 13.6

Savannah 電廠在 3 年前花 \$600,000 買鐵路運輸設備的煤料，電廠管理階層發現設備已不合最新科技的需求，因此考量買新設備。若現有設備抵購價為市場價值 \$400,000，試以 7% 的每年稅後 MARR 進行重置分析，假設實際稅率 34%，且兩個方案都採直線折舊，$S = 0$。

	守舊者	挑戰者
市場價值 (\$)	400,000	
第一筆成本 (\$)		1,000,000
年成本 (\$/年)	−100,000	−15,000
回收期 (年)	8 (原始年限)	5

解答

對守舊者稅後重置研究，只有所得稅的稅金影響，3 年前買的舊設備年 SL 折舊，折舊為 $600,000/8 = \$75,000$，現有的市場價值 $P_D = \$-400,000$。

表 13.7 包含 TI 及 34% 稅率的稅金，每年均等，每年稅金 \$59,500 是節稅金額，因為是負值，由於僅估算成本，年 CFAT 是負值，但需扣除 \$59,500 的節稅金額，故 CFAT 與年報酬 7% 的 AW 為：

$$\text{CFAT} = \text{CFBT} - 稅金 = -100,000 - (-59,500) = \$-40,500$$
$$AW_D = -400,000(A/P,7\%,5) - 40,500 = \$-138,056$$

表 13.7 稅後重置分析，範例 13.6

守舊者年限	年	稅前 開銷 E	P	CFBT	稅後 折舊 D	應稅所得 TI	0.34TI 的稅金*	CFAT
				守舊者				
3	0		$-400,000	$-400,000				$-400,000
4~8	1~5	$-100,000		-100,000	$75,000	$-175,000	$-59,500	-40,500
7% 的 AW								$-138,056
				挑戰者				
		$-15,000	$-1,000,000	$-1,000,000		$+25,000†	$ 8,500	$-1,008,500
	0			-15,000	$200,000	-215,000	-73,100	+58,100
7% 的 AW	1~5							$-187,863

* 負值代表該年的稅金節省。
† DR_3，守舊者折價時的折舊折抵。

從挑戰者看，由於折價金額 $400,000 大於現有帳面價值，故重置後應計算折舊回抵。由表 13.7 挑戰者第 0 年應繳稅金 $8,500，計算如下：

守舊者第 3 年帳面價值： $BV_3 = 600,000 - 3(75,000) = \$375,000$

折舊折抵： $DR_3 = TI = 400,000 - 375,000 = \$25,000$

第 0 年購入時的稅金： 稅金 $= 0.34(25,000) = \$8,500$

SL 折舊每年為 $1,000,000/5 = \$200,000$，此金額為節省稅金，故 CFAT 計算如下：

$$稅金 = (-15,000 - 200,000)(0.34) = \$-73,100$$
$$CFAT = CFBT - 稅金 = -15,000 - (-73,100) = \$+58,100$$

假設挑戰者第 5 年售價為 $0；沒有折舊折抵，因此 7% 稅後 MARR 挑戰者 AW 應為：

$$AW_C = -1,008,500(A/P,7\%,5) + 58,100 = \$-187,863$$

故守舊者為較佳的方案。

13.5　資本資金與資金成本

　　進行工程方案所需要的資金稱為**資本** (capital)，資金的應付利息稱為**資金成本** (cost of capital)，如第 1.3 節所述，經濟分析使用的 MARR 至少應該超過資金成本，為了瞭解 MARR 如何設定，應先瞭解以下兩

種資本形式：

債務資本 (debt capital)──是企業和持有人／股東的外部備貸資金，融資性的借貸包括貸款、本票、抵押及債券。債券須有特定的利率與償還期限，例如餘額遞減的 15 年期 10% 年單利本息，有關企業融資借貸情形，與參考資產負債表的債務項目。

權益資本 (equity capital)──是可供未來資本投資的企業保留盈餘，銷售股票獲利資金 (上市公司) 或個別持有人資金 (私有公司)，權益資金為資產負債表的淨值項目。

假設墨西哥市 Luzy Fuerza del Centro 想投資 $5,500 萬擴充電產能，融資來自於前 5 年的保留盈餘 $3,300 萬與地方公債 $2,200 萬，該計畫的**資本庫** (capital pool) 包括：

權益資本：$3,300 萬或 33/55 = 60% 權益資金

債務資本：$2,200 萬或 22/55 = 40% 債務資金

負債權益比 [debt-to-equity (D-E) mix] 是指企業或方案的債務與權益資本的比例。以這個例子，D-E 比為 40-60，其中 40% 債務來自於債券，60% 權益則為保留盈餘。

知道 D-E 比之後，就可以計算**加權平均資金成本** (weighted average cost of capital, WACC)，MARR 應設定為超過此標準以上的數值 (或若非營利方案，至少應該達到此標準)，WACC 是以所有融資資金的利率估計以用在融資方案上。其關係式為：

$$\text{WACC} = (權益比例)(權益資金成本) + (債務比例)(債務資金成本) \quad [13.15]$$

上式中的成本以百分比表示，是指各種資金的利率。例如，若保留盈餘每年可有 12.5% 的報酬，12.5% 即為權益資金的成本。若債務資金以每年 7% 的利率借貸，則式 [13.15] 中的債務資金成本為 7%，付在債務資金的利息金額稱為**債務服務** (debt service)。D-E 比和 WACC 以下一個範例說明。

圖 13.3 為資金成本曲線常見的型式。當 100% 的資本是來自於權益資本或債務資本時，WACC 即等於該資金的資金成本，任何一項資

◆ 圖 13.3 不同資金成本曲線的一般形狀。

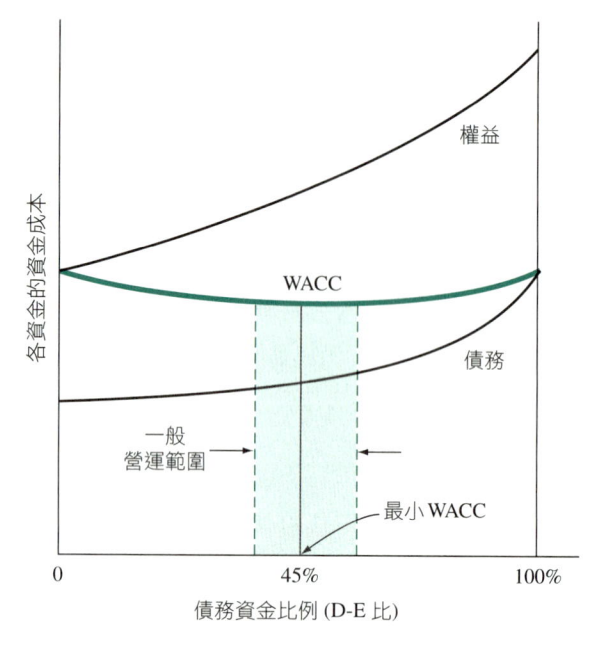

產化方案都會包括不同資金來源。以圖 13.3 為例，債務資本比為 45% 時，可得到最小的 WACC，大部分企業在一定範圍的 D-E 比進行不同的方案。

範例 13.7

Gentex 基因公司欲執行一個資本額 $10 百萬的基因工程新計畫，財務長估計每年資本額及年利率如下：

股價	$5 百萬，年利率 13.7%
保留盈餘	$2 百萬，年利率 8.9%
債券的債務融資	$3 百萬，年利率 7.5%

以往 Gentex 的集資方式是每年成本 7.5% 的 40% 債務資本與年成本 60% 有著每年 10% 報酬的權益資本 D-E 比。(a) 試比較歷史的 WACC 值與現行新方案；(b) 若 Gentex 要求每年 5% 報酬，試計算其 MARR。

解答

a. 式 [13.15] 估計歷史的 WACC。

$$\text{WACC} = 0.6(10) + 0.4(7.5) = 9.0\%$$

對現行新的方案，權益融資包含兩種權益資本——50% 的股價 ($10 百萬中占 $5 百萬)，及 20% 的保留盈餘，剩下的 30% 是來自於債務資本，代入式 [13.15] 可求出現行的 WACC：

WACC = 股價比例 + 保留盈餘比例 + 債務比例

= 0.5(13.7) + 0.2(8.9) + 0.3(7.5) = 10.88%

現行方案的 WACC 比歷史平均 9% 高。

b. 新方案應使用年 MARR 為 10.88 + 5.0 = 15.88%。

使用債務資本有一些實質利益，但高 D-E 比，例如 50-50，或更高，通常對企業不利。若增加債務資本的比重，企業必須承擔高槓桿的方案風險。當原本債務金額已經很高時，額外的債務 (或權益) 融資會更難以評估得失，導致企業本身資產越來越少，這是**高槓桿效應** (highly leveraged)，企業無法獲得營運和投資資本，將會增加公司與其方案運作的困難。因此債務與權益融資之間的合理平衡，對企業財務健全發展是重要的。

範例 13.8

某三家汽車製造分包商的權益資本、債務資本及 D-E 比如下表所示，假設所有權益資本都是來自股票。

公司	資本金額 債務 ($ 百萬)	資本金額 權益 ($ 百萬)	D-E 比 (% - %)
A	10	40	20 - 80
B	20	20	50 - 50
C	40	10	80 - 20

假設每一家公司的年收入都是 $1,500 萬，考慮債務後，淨營收分別是 $1,440 萬、$1,340 萬及 $1,000 萬。試計算每一家公司股價報酬，依 D-E 比評價該項報酬。

解答

淨營收除以權益資本可求出股價報酬，以 $ 百萬計價如下：

$$A：股價報酬 = \frac{14.4}{40} = 0.36 \quad (36\%)$$

$$B：股價報酬 = \frac{13.4}{20} = 0.67 \quad (67\%)$$

$$C：股價報酬 = \frac{10.0}{10} = 1.00 \quad (100\%)$$

如果預期高槓桿效應的 C 承包商可獲得最大的股價報酬，但公司實際僅持有 20% 的股份，雖然持股人的權益資本是高報酬，但風險卻高於 D-E 比只含 20% 債務的 A 承包商。

同樣的原則也可適用於政府與個人，當個人擁有信用卡、貸款、房貸等高額債務時，會承擔高槓桿效應。舉例來說，假設兩個工程師，在扣除所得稅、社會安全和保險費後，實領 $60,000，假設平均年繳 15% 債務利率，20 年期償還本金。若雪莉的總負債是 $25,000，卡洛斯是 $150,000，則兩人的年實領金額差異很大，如下表所示。雪莉可實領 $60,000 的 91.7%，即 $55,000，但卡洛斯則只領到年薪的 50%。

個人	總債務 ($)	以 15% 計息的年債務成本	年償還金額 ($)	$60,000 中剩餘金額 ($)
雪莉	25,000	3,750	1,250	55,000
卡洛斯	150,000	22,500	7,500	30,000

上述計算在稅前分析是正確的，若進行稅後分析，則應考慮債務資本的稅金利益，在美國與其他很多國家，各種債務資本 (貸款、債券和抵押) 所付的利息均視為企業的營業開銷，因此可以抵減稅金，權益資本則無這個好處，例如股票紅利是不能扣抵稅金的，最簡單經由式 [13.15] 推估稅後 WACC 的方法是使用實際稅率 T_e：

$$\text{稅後債務成本} = (\text{稅前成本})(1-T_e) \qquad [13.16]$$

納入稅金考量後，債務資金成本會降低，但權益成本仍與稅後 WACC 的計算維持一樣，依據求得的 WACC，即可設定稅後 MARR 的標準。(或者也可以依第 13.2 節的邏輯推估稅後 MARR。)

範例 13.9

承接範例 13.7，若 Gentex 的實際稅率是 38%，試決定應使用多少的稅後 MARR 作為評估方案的標準。

解答

依式 [13.16] 所得的稅後債務資金成本的稅金利益，稅後 WACC 會低於原先的 WACC = 10.88%。

税後債務成本＝(7.5%)(1 − 0.38) = 4.65%

稅後WACC = 0.5(13.7) + 0.2(8.9) + 0.3(4.65) = 10.03%

假設每年稅後的報酬為 5%，則稅後 MARR 每年為 15.03%。

13.6 使用試算表進行稅後分析

範例 13.10 說明使用試算表做多個稅後評估，包括 CFAT 計算 (依表 13.3 格式)、PW 與增額 ROR 評估及圖表式損益兩平 ROR 分析。

範例 13.10

有兩台性能相近的骨骼密度分析系統提供 10 支 NBA 球隊，為期 3 年的合約。(與範例 13.4 相同的情形。) 假設 5 年 MACRS 回收期，T_e = 35%，稅後年 MARR 為 10%，試分析 3 年合約：

a. 現值與年值。
b. 增額 ROR。
c. 繪製損益兩平 ROR，比較 MARR = 10%。

	分析器 1	分析器 2
第一筆成本 ($)	−150,000	−225,000
毛收入 ($ / 年)	100,000	100,000
AOC ($ / 年)	−30,000	−10,000
MACRS 回收 (年)	5	5
3 年後預估售價 ($)	130,000	225,000

解答

本題包含折舊、所得稅、折舊回抵及殘值 (售價) 等評估，結合式 [13.7] 和式 [13.13] 可得到 CFAT 關係式。(假設無資本利得或損失。)

$$\begin{aligned} CFAT &= CFBT − 稅金 \\ &= GI − E − P + S − (GI − E − D + DR)(T_e) \end{aligned}$$

CFAT 計算詳見圖 13.4 試算表和標籤儲存格。根據以上的關係式，分析器第 3 年的 CFAT 為 (以 $千為單位)：

分析器 1：$\text{CFAT}_3 = 100 - 30 + 130 - [100 - 30 - 28.8 + (130 - 43.2)](0.35)$
$= 200 - 128(0.35)$
$= \$155.20$

分析器 2：$\text{CFAT}_3 = 100 - 10 + 225 - [100 - 10 - 43.2 + (225 - 64.8)](0.35)$
$= 315 - 207(0.35)$
$= \$242.55$

實際上，只需採以下分析中任何一項即可，但是為了說明起見，所有都列入討論。

a. 圖 13.4：由於兩方案 3 年合約期都相同，可由 MARR = 10% 的 NPV 函數計算 CFAT 序列 (第 I 欄) 的 PW 值。同樣地，也代入 PMT 函數求 3 年間的 AW 值。(PMT 前加上負號，才能使 AW 和 PW 同為正。) 分析器 2 被選擇是因為有較大的 PW 與 AW 值。

由於方案的期限相同，AW 不需計算，因為結果一定會與 PW 相同，若兩方案期限不相等，LCM 的年數應代入 NPV 與 PMT 函數中，以確保相等期限的比較。

	A	B	C	D	E	F	G	H	I	J
1	年	GI	E	P 和 S	D	BV	TI	稅金	CFAT	
2					分析器 1					
3	0			-150,000		150,000			-150,000	
4	1	100,000	-30,000		30,000	120,000	40,000	14,000	56,000	
5	2	100,000	-30,000		48,000	72,000	22,000	7700	62,300	
6	3	100,000	-30,000	130,000	28,800	43,200	128,000	44,800	155,200	
7	PW 的 10%								69,001	
8	AW 的 10%								27,746	
9										
10										
11					分析器 2				ΔCFAT	
12	0			-225,000		225,000			-225,000	-75,000
13	1	100,000	-10,000		45,000	180,000	45,000	15,750	74,250	18,250
14	2	100,000	-10,000		72,000	108,000	18,000	6300	83,700	21,400
15	3	100,000	-10,000	225,000	43,200	64,800	207,000	72,450	242,550	87,350
16	PW 的 10%								93,905	23.6%
17	AW 的 10%								37,761	

註解：
- CFAT = GI − E − P + S − 稅金 = B4+C4+D4−H4
- 第 3 年 TI = GI − E − D + DR，B6+C6−E6+(D6−F6)
- = −PMT(10%,3,I7,0)
- Δi* 函數 = IRR(J12:J15)
- VDB 函數求 MACRS 折舊 = VDB(225000,0,5,MAX(0,3-1.5),MIN(5,3-0.5),2)

圖 13.4　包含折舊回抵之稅後 PW、AW 和增額 ROR 分析，範例 13.10 (a) 和 (b)。

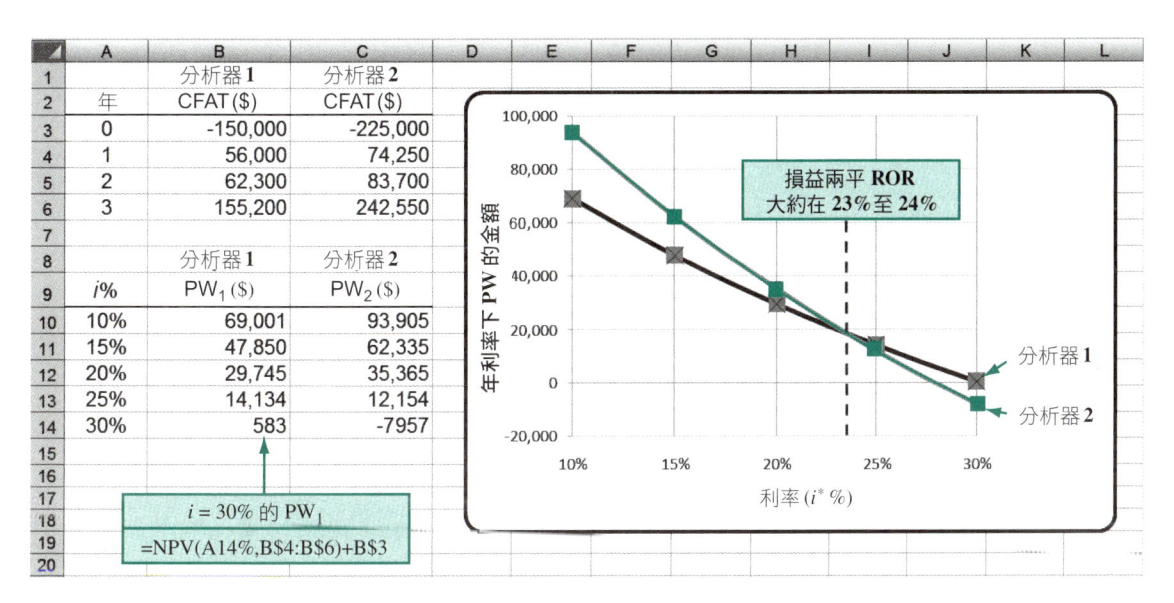

	A	B	C
1		分析器 1	分析器 2
2	年	CFAT($)	CFAT($)
3	0	-150,000	-225,000
4	1	56,000	74,250
5	2	62,300	83,700
6	3	155,200	242,550
7			
8		分析器 1	分析器 2
9	i%	PW$_1$($)	PW$_2$($)
10	10%	69,001	93,905
11	15%	47,850	62,335
12	20%	29,745	35,365
13	25%	14,134	12,154
14	30%	583	-7957

$i = 30\%$ 的 PW$_1$
=NPV(A14%,B$4:B$6)+B$3

損益兩平 ROR 大約在 23% 至 24%

分析器 1
分析器 2

圖 13.5 不同報酬率計算 PW 的損益兩平 ROR 分析圖，範例 13.10 (c)。

b. 圖 13.4：第 J 欄呈現較大金額投資分析器 2 扣除分析器 1 的增額 CFAT，由 IRR 函數可求出增額 $i^* = 23.6\%$ (儲存格 J16) 顯示分析器 2 的報酬率超過 10% 的稅後 MARR。

c. 圖 13.5：表上半部複製兩個 CFAT 序列，下半部是不同的 i 值計算 NPV 函數後求得的 PW 值，由 x-y 散布圖顯示兩個方案的 PW 曲線相交於每年 23% 至 24% 的報酬率範圍。(確實的數值是前面已求出的 23.6%。) 由於損益兩平值超過 10%，較大投資額分析器 2 為最佳方案。

13.7 稅後增值分析

增值 (value added) 是指產品或服務由持有人、投資者或消費者的觀點所擁有的**經濟附加價值 (added economic worth)**，產品的加工過程中可能會產生高的附加價值。例如，洋蔥在農田裡每磅以美分計價，在店裡購買是每磅 $1 至 $2，若洋蔥切好再以特別的奶油油炸，則每磅可以賣至數美元。由消費者願意支付的價格觀點看，加工的過程價值大幅增加。

一個方案的增值分析與 CFAT 的分析有些許不同，但由於經濟附加

價值與 CFAT 的 AW 相同，因此決策結果也會相同。

增值分析由稅後淨利 (net operating profit after taxes, NOPAT) 開始，此為每年應稅營收扣除所得稅後的餘額：

$$\text{NOPAT} = 應稅營收 - 稅金 = \text{TI} - (\text{TI})(T_e)$$
$$= \text{TI}(1 - T_e) \qquad [13.17]$$

NOPAT 需計算 TI，所以包含累計折舊在內，這與 CFAT 僅計算折舊以外的*實質*現金流是不同的。

年 EVA 是 NOPAT 扣除該年的投資*成本*後的金額，亦即*稅後方案的淨值*。投資成本是同年資產的帳面價值與稅後 MARR 的乘積，這是現有的資本投資的利息，結合式 [13.17] 可計算 EVA 如下：

$$\text{EVA} = \text{NOPAT} - 投資成本$$
$$= \text{NOPAT} - (稅後利率)(第\ t-1\ 年帳面價值)$$
$$= \text{TI}(1-T_e) - (i)(\text{BV}_{t-1}) \qquad [13.18]$$

由於 TI 和 BV 都考慮折舊，EVA 為包括真實現金流與非現金流的金融評估值，此值用於上市企業的資產價值之一些對外文件 (如資產負債表、損益表或股價報告等)。由於公司想以最大可能的價值呈現給股東，因此 EVA 法會比 AW 法更具吸引力。

使用 EVA 法的結果，會得到一系列的年 EVA 值，計算其 AW，並選擇較大 AW 值。若只評估單一方案，AW > 0 代表其報酬超過稅後 MARR，因此方案可獲得附加價值。由於 EVA 與 CFAT 會得到相同的 AW，任一個方法都可使用。年 EVA 的估計方案為表現出企業是否產生附加價值，而 CFAT 估計則反映現金流的變化。範例 13.11 比較兩者的差異。

範例 13.11

First Hope 健康中心欲投資新醫療設備，提供癌症病患醫療服務，電子工程師及醫師預評估該投資是否能增加盈餘，其估計值如下表。(a) 利用傳統直線折舊法，稅後 MARR = 12% 及實際稅率 40% 分析 EVA 與 CFAT 的稅後年值；(b) 試說明這兩項分析結果的基本差異。

期初投資	$-500,000
毛收入-開銷	每年 $170,000
估計使用年限	4 年
殘值	無

解答

a. EVA 評估：所有 EVA 評估的必要數值列於圖 13.6 的第 B 欄至第 G 欄，式 [13.17] 可求出 NOPAT (第 H 欄)，利用式 [13.18]，即 $i(BV_{t-1})$，$i = 12\%$，求出帳面價值 (第 E 欄)，可得第 I 欄的投資成本。這項數值是現有投資的利息金額，第 H 欄和第 I 欄的總和可得年 EVA。注意：第 0 年無 EVA 的估計值，因為 NOPAT 與投資成本僅包含第 1 年至第 n 年，利用 PMT 函數決定，EVA 的 AW 值 (儲存格 J9)，其值為負，代表此計畫 A 無法達到 12% 的報酬率標準。

CFAT 評估：CFAT (第 K 欄) 是以 GI－E－P－稅金計算，CFAT 的 AW 值也再次說明計畫 A 並不能達到 12% 的報酬率。

b. 由於 AW 值相等，第 J 欄與第 K 欄的現金流序列應為等值，要說明兩者的差異，先注意每年 CFAT 都是同樣固定 $152,000，利用 A/P 因子，期初資本 $500,000 用利率 12% 分配至第 1 年至第 4 年，可得 $500,000 ($A/P$,12%,4) = $164,617，這個金額會在第 1 年至第 4 年每年「索取」，扣抵後可得年 CFAT 值如下：

$$\text{CFAT} - (\text{期初資本})(A/P,12\%,4) = \$152{,}000 - 500{,}000\,(A/P,12\%,4)$$
$$= 152{,}000 - 164{,}617 = \$-12{,}617$$

	A	B	C	D	E	F	G	H	I	J	K
1										EVA 分析	CFAT 分析
3	年	GI - E	P	D	BV	TI	稅金	NOPAT	投資資本成本	EVA	CFAT
4	0		-500,000		500,000						-500,000
5	1	170,000		125,000	375,000	45,000	18,000	27,000	-60,000	-33,000	152,000
6	2	170,000		125,000	250,000	45,000	18,000	27,000	-45,000	-18,000	152,000
7	3	170,000		125,000	125,000	45,000	18,000	27,000	-30,000	-3000	152,000
8	4	170,000		125,000	0	45,000	18,000	27,000	-15,000	12,000	152,000
9	利用 PMT 函數求 EVA 和 CFAT 分析的 AW 值									-12,617	-12,017

NOPAT = TI － 稅金 = F8 － G8

投資資本的成本 = MARR × BV_{t-1} = －0.12*E7

第 1 年至第 4 年的 EVA = 第 H 欄 + 第 I 欄

CFAT = GI－E－P－稅金 = B8 + C8 － G8

圖 13.6 利用 EVA 和 CFAT 法來評估方案，範例 13.11。

此為兩序列的 AW 值，代表兩個方法為經濟等值。EVA 法評估方案每年對企業價值的貢獻，前 3 年是負值，CFAT 法則估計企業第 0 年至第 4 年的真實現金流。

總結

稅後經濟通常不會改變方案的選擇，然而可以更清楚稅金的影響程度，進行稅後 PW、AW 或 ROR 評估時，應使用前幾章的相同程序估計 CFAT 系列。

美國的所得稅率是採分級制的──應稅所得越高者，課越高的所得稅率。實際稅率 T_e 是單一值稅率，常被應用在稅後經濟分析。稅金會減少因為包含可抵稅項目，例如折舊及營業開銷。

若要評估方案能為企業提供多少企業的金融價值，則應以經濟增值分析 (EVA) 與 CFAT。兩者不同的是，EVA 包括折舊的影響，CFAT 與 EVA 都可求出相同的 AW 值，它們代表不同形式的資本投資成本的意義。

習題

稅金名詞與計算

13.1 一個企業有應稅營收 $250,000，試決定：(a) 邊際稅率；(b) 總稅金；(c) 平均稅率。

13.2 若 Borsberry 營造公司第 1 年的總稅金為 $72,000，則公司的應稅營收為多少？

13.3 去年某資產投資者的總營收為 $160,000，共花費如下：維修 $22,000、保險 $5,000、管理 $10,000、水電 $16,000 與利息支出 $19,000、所得稅金共 $8,000，則該年淨營運所得是多少？

稅前與稅後評估

13.4 假設某公司 $T_e = 37\%$，使用 5 年的 MACRS 折舊，若稅前 ROR 為 28%，試估計專案的稅後 ROR。

13.5 假設某方案的 NOI 是 $260,000，實際稅率是 37%，第一筆成本 $750,000，3 年後殘值是第一筆成本的 25%，試估計專案的稅前 ROR。

13.6 假設某公司的實際稅率是 35%，若某方案的第一筆成本是 $500,000，5 年後殘值是第一筆成本的 20%，此 CFBT 為 $230,000，試求專案的稅後 ROR。

13.7 若某公司的應稅營收是 $120,000，折舊為 $133,350，實際稅率是 35%，試求其 CFAT。

13.8 若 Bling 企業的 CFAT 為 $250 萬，開

銷 $900,000，折舊 $900,000，實際稅率為 26.4%，則總營收是多少？

折舊對稅的影響

13.9 某資產第一筆成本 $80,000，含 5 年回收期的 MACRS 方法折舊，該資產在第 4 年末被更好的系統取代，並以 $15,000 售出。試計算是否有折舊回抵或資本損失？若有發生該情況，則金額是多少？

13.10 某一自動組裝機器人花費 $300,000，回收年限為 5 年，殘值為 $50,000。若 MACRS 折舊率第 1、2、3 年分別為 20.0%、32.0% 和 19.2%，3 年後機器人以 $80,000 售出，則折舊回抵、資本損失或資本利得是多少？

稅後重置分析

13.11 守舊者有著多功能太陽能之製造工廠，其市場價值為 $130,000，預期營運成本 $70,000，3 年後的殘值為 0，接下來 3 年的折舊是 $69,960、$49,960 與 $35,720，假設公司的實際稅率是 35%，稅後 MARR 是 12%。試決定第 2 年 PW 關係式中的稅後現金流。

資本與 WACC

13.12 Nucor 公司完成擴廠計畫投資，其負債權益比是 40-60，若 $1,500 萬是來自抵押與債券銷售，則總融資金額是多少？

13.13 Nano-Technologies 用融資買下 RT-Micro 如下：$1,600 萬來自於抵押，$400 萬來自保留盈餘，$1,200 萬來自手邊的現金，$3,000 萬來自債券。試計算負債權益比。

13.14 Alpha 工程投資一個 $3,000 萬的專案，其負債權益比為 65-35，若公司收入為 $600 萬，淨營收為 $400 萬。試決定公司權益資本的報酬。

經濟增值分析

13.15 雖然工程經理可能比較喜歡用 CFAT 分析評估方案的 AW，但是財務經理可能會選 EVA 估計值的 AW，為何會有不同的偏好？

額外問題與 FE 測驗複習題

13.16 若現金流序列之稅後報酬率為 13.3%，公司的有效稅率為 39%，則稅後報酬率最接近：
a. 6.8%
b. 15.4%
c. 18.4%
d. 21.8%

13.17 若州稅率為 8%，而聯邦稅率為 34%，則有效稅率最接近：
a. 41.7%
b. 39.3%
c. 36.4%
d. 31.8%

13.18 一小型製造公司有毛收入 $360,000，有下列費用支出：M&O $76,000，保險 $7,000，勞工 $110,000，工具 $29,000。若償債為 $37,000 與租稅為 $9,000，則淨營業收入最接近：
a. $92,000
b. $101,000
c. $138,000
d. $174,000

13.19 一承包商之有效稅率為 35%，其報稅年間有下列收支：毛收入 $155,000，其他收入 $4,000，支出 $45,000 及 $12,000 的其他扣抵與豁免。其所得稅最接近：
a. $35,700
b. $42,700
c. $51,750
d. $55,750

Chapter 14

考量多重屬性與風險的方案評估

本章討論運用技術來擴展評量方案的能力,包括估計變異、考量風險與其它非金錢因素下之決策。首先,檢驗非經濟屬性可能會改變經濟的決策;其次,考慮參數值變異後的簡易機率與統計計算。這些方法可以使風險納入最佳方案決策的評估,而使用模擬方法考慮估計的變異和風險也會在本章中介紹。

目的:包含非經濟屬性、風險與變異元素於工程經濟評估中。

學習成果

1. 利用多重屬性與應用加權屬性法來發展出權重。 　　多重屬性
2. 瞭解風險與機率相對於確定與隨機抽樣。　　風險、機率與抽樣
3. 利用蒙地卡羅抽樣與模擬進行另一種評估。　　模擬

14.1 多重屬性分析

至目前為止,我們使用單一屬性——即經濟屬性——評估 PW、AW、ROR 或 B/C 最大值之最適方案。然而,非經濟因素在大部分的方案是考量的重點,這些因素大部分不具備實體性,經常很難用經濟角度衡量。

公共部門的方案是多重屬性分析最好的例子,例如,建造一座水壩可包含多項目的:防洪、工業用途、商業發展、飲用水、休憩與自然保育等,考量不同方式與不同的利害關係人的非經濟屬性,使得選擇建造水壩最佳方案更為複雜。

主要的非經濟屬性可以用多種技術衡量,在工程領域最常用的技術是**加權屬性法** (weighted attribute method)。

一旦決定使用多重屬性分析評估,下列幾點必須完成:

1. 認定主要屬性。
2. 決定各屬性的重要性與權重。
3. 依屬性評價方案。
4. 計算評估價值,再選擇最佳方案。

■ 14.1.1 認定主要屬性

屬性可以依不同情況用幾種方法來認定。諮詢他人的意見是重要的,因為主要的屬性往往決定於有經驗或使用者的建議。部分的認定方法如下:

- 比較含多重屬性的同類型研究。
- 參考有相關經驗的專家意見。
- 利益方的問卷調查 (客戶、員工、管理者)。
- 小型團體討論 (腦力激盪或焦點團體)。
- 德爾菲法 (Delphi method),由各方觀點達成共識的過程。

舉例如何認定主要屬性:克里一家 4 人與大學生克萊兒想買新車,經濟因素是兩方的主要屬性,但其它屬性可能不同,例如:

克里家庭

經濟——第一筆成本和營運成本 (里程數和維護)。

安全——安全氣囊；翻覆和碰撞因素；防滑系統。

內部設計——座位空間、車廂空間等。

可靠度——保固範圍、故障紀錄。

克萊兒

經濟——第一筆成本和里程數成本。

品味——外部設計、顏色、流行外觀。

內部設計——車廂空間、座椅。

可依賴度——馬力與速度、維修服務。

■ 14.1.2　屬性的重要性與權重

重要性分數取決於個人或群體對方案屬性的經驗，若由群體決定，則各屬性應有單一分數；此單一分數可用來決定各屬性 i 之權重 W_i：

$$W_i = \frac{\text{重要性分數 } i}{\text{分數總計}} = \frac{\text{重要性分數 } i}{S} \qquad [14.1]$$

權重值予以常態化，故所有權重的總和為 1.0，屬性有 $i = 1, 2, ..., m$。表 14.1 是執行加權屬性方法的格式，包括屬性、權重和方案。式 [14.1] 所得到的屬性和權重列於左邊欄位，各方案評價值則於下一步討論。

權重分配的方法有**均等** (equal)、**排序** (rank order) 與**加權排序** (weighted rank order) 三種。均等權重表示所有屬性都是相同重要，沒有標準可以區分不同處，因此所有的重要性分數都是 1，權重值均為 $1/m$。排序權重屬性則採重要性遞增，最不重要的是 1，最重要的屬性是 m，這表示兩相同重要屬性的差異值是均等的。式 [14.1] 表示權重值為 $1/s, 2/s, ..., m/S$。

表 14.1　多重屬性方案評估之屬性與方案格式列表

屬性	權重	1	2	3	...	n
1	W_1					
2	W_2					
3	W_3			評價值		
⋮	⋮					
m	W_m					

方案

另一種更合乎實際適用範圍與更廣使用的方法是應用加權排序法來指定重要性。首先，將屬性依重要性遞減排列，100 分代表最重要的屬性，其餘依相對最重要的屬性給 100 至 0 的分數，若 s_i 代表每一個屬性的分數，則式 [14.1] 改寫為決定屬性權重，其權重加總值為 1.0：

$$W_i = \frac{s_i}{S} \qquad [14.2]$$

此法較常被使用，因為重要的屬性可以有較重的加權，其它較次要屬性也可包含在分析中。舉前述克里家庭購車例子，假設四個主要屬性，依序為安全、經濟、內部設計與可靠度，若經濟屬性的重要性是安全屬性的一半，其餘兩者為經濟屬性重要性的一半，則屬性重要分數與權重表示如下：

屬性 (i)	分數 (s_i)	權重 (W_i)
安全	100	100/200 = 0.50
經濟	50	50/200 = 0.25
內部設計	25	25/200 = 0.125
可靠度	25	25/200 = 0.125
總計	200	1.000

尚有其它加權方法經常用於團體有不同意見時，例如效用函數、成偶比較、層級分析法，這些技術較前述方法更好，它們保證排序、分數與個別分數的一致性。

■ 14.1.3 方案評估的價值等級

方案決策者依不同方案 (j) 的屬性 (i) 決定其價值評比 (V_{ij})，即表 14.1 右側欄位的數值。這些值使用不同數值範圍，如 0 至 100、1 至 10、−1 至 +1，或 −3 至 +3。數值越大者代表評價等級越高，最後兩個範圍允許個人對方案給予負面評價。李克特 (Likert) 量表是常用的方法，用數值範圍劃分不同等級，例如，0 至 10 的量表可以表示如下：

若你的方案的評價為	在數值範圍中給予一個評價值
非常不好	0~2
不好	3~5
好	6~8
非常好	9~10

表 14.2　對 4 個屬性 3 個方案價值評等的多屬性分析

屬性	權重	方案 1	方案 2	方案 3
安全	0.50	6	4	8
經濟	0.25	9	3	1
內部設計	0.125	5	6	6
可靠度	0.125	5	9	7

每位評價者依此量表給不同方案的各項屬性評比後，可得 V_{ij} 值，李克特量表通常會使用偶數選項 (例如 4 個)，以避免中央的「普通」評價不會太過於高估。

再討論克里家庭購車的例子，假設父親以 0 至 10 的等級評價 3 輛車的 4 個主要屬性，可能的結果如表 14.2 所有 V_{ij} 值，克里的太太凱莉和小孩可能會有不同的 V_{ij} 評價值。

14.1.4　方案的評選方法

評選方案可使用加權屬性法導出各方案的 R_j 值，其為各個屬性權重的加總與對應方案評價值的乘積。

$$R_j = 各方案的 (權重 \times 評價值) 加總$$
$$= \sum_{i=1}^{m} W_i \times V_{ij} \quad\quad [14.3]$$

評選準則是：

　　選擇 R_j 值最大的方案。

當方案包含多位決策人員時，可能會有不同的 R_j 值，此時應決定是否存在一個最佳方案。另外方法則是先尋求一組各方都同意的 V_{ij} 值，再以此值決定單一的 R_j。不論何種方式，分數權重與評價等級的敏感分析都是有用的，可以對不同的個人和團體的敏感度提供解釋。

最後，要注意的是衡量值 R_j 是一個單一面向的評估數值，能有效結合屬性、重要性分數及評價者的價值評等。這種整合衡量值的方式，通常稱為排序評價法 (rank-and-rate method)，可以排除不同屬性間權衡的複雜性，但也可能因此排除屬性排序和方案評價的完整訊息。

範例 14.1

兩家供應商提供 1 噸汽缸數的氯氣調節系統來應用在工業用水冷卻系統。Hartmix 公司的工程師對兩項方案做 5 年期的現值分析，結果 $PW_A = \$-432,500$，$PW_B = \$-378,750$，所以建議採用供應商 B。這個結果與非經濟因素由分區經理賀伯與分區總監夏洛特評量，他們各自定義兩方案的屬性，並評比重要性分數 (0 至 100) 及評價值 (1 至 10)，分數與值高者較佳。試以表 14.3 的各項主要屬性決定供應商 B 是否為較好的方案。

解答

在加權屬性法的 4 項步驟中，步驟 1 (屬性定義) 和步驟 3 (價值評等) 已經完成。以下使用兩個評估者的分數及評價值完成其它兩個步驟，並比較供應商 B 是否為賀伯、夏洛特及工程師都會選擇為最佳方案。

表 14.3　賀伯與夏洛特決定的重要性分數及評價值，範例 14.1

屬性	重要性分數 賀伯	重要性分數 夏洛特	賀伯的評價值 供應商 A	賀伯的評價值 供應商 B	夏洛特的評價值 供應商 A	夏洛特的評價值 供應商 B
安全性	100	80	10	9	7	9
經濟性	35	100	3	10	5	5
適用性	20	10	10	9	5	8
可維持性	20	50	2	10	8	4
總計	175	240				

式 [14.2] 計算兩評估者對各項屬性的權重，賀伯的總分數 $S = 175$，夏洛特的總分數 $S = -40$。

表 14.4　多重屬性方案評估測量，範例 14.1

屬性	賀伯的評價值 權重	賀伯的評價值 A	賀伯的評價值 B	夏洛特的評價值 權重	夏洛特的評價值 A	夏洛特的評價值 B
安全性	0.5714	10	9	0.3333	7	9
經濟性	0.2000	3	10	0.4167	5	5
適用性	0.1143	10	9	0.0417	5	8
可維持性	0.1143	2	10	0.2083	8	4
總計與 R 值	1.0000	7.69	9.31	1.0000	6.29	6.25

賀伯

安全性： 100/175 = 0.5714　　經濟性： 35/175 = 0.20

適用性： 20/175 = 0.1143　　可維持性： 20/175 = 0.1143

夏洛特

安全性： 80/240 = 0.3333　　經濟性： 100/240 = 0.4167

可維持性： 10/240 = 0.0417　　適用性： 50/240 = 0.2083

表 14.4 列出權重、評價值及 R_A 與 R_B 值 (最後一列)，以夏洛特的 B 方案為例，由式 [14.3]：

夏洛特 R_B = 0.3333(9) + 0.4167(5) + 0.0417(8) + 0.2083(4) = 6.25

賀伯選擇供應商 B，但夏洛特以些微差距選擇 A，由於工程師由經濟觀點選擇 B，因此有協商的必要。然而，B 是相對有可能較好的選擇。

14.2　考量風險的經濟分析

世界所有的事情都會隨時間而改變情勢或環境。強調於未來每年的工程經濟學也必然會面對各種變異。至目前為止，所有的估計值 (例如 AOC = 每年 $-45,000) 和計算 (PW、ROR，及其它測量)，都是確定，沒有變異。我們可以觀察並推估結果達到高穩定性，但這些尚須依估計技術和工具的精確程度而定。

估計過程加入變異因素，即稱為風險 (risk)。若參數有兩種以上的可觀察值，其值有可能變動，則風險應該納入考量以進行決策。例如，機率各為 50-50 的估計現金流 $10,000 或 $5,000。實際上，幾乎所有的決策都包含風險，但風險並不一定會明顯納入考量。本節介紹風險下的決策分析。

確定性的決策——已決定的估計值納入 PW、AW、FW、ROR 或 B/C 進行工程經濟運算，估計值是最有可能值 (most likely value)，或稱單一估計值 (single-value estimates)，適用於本書所有範例和習題。敏感度分析是確定性決策的一種，只是其計算過程重複使用不同值，但各估計值是確定的。

風險性的決策──風險因素會考慮在內，但由於估計值變異，因此難得到明確的決策結果。單一方案中可能會有一個或多個參數會變異（P、A、S、AOC、i、n 等），可使用期望值分析和模擬分析進行考慮風險的經濟評估。

- **期望值分析** (expected value analysis) 使用可能的估計值和發生的機率計算簡單的統計值。例如期望值和某估計值或方案 PW (或其它衡量法) 的標準差，最佳的「統計值」者代表是最佳方案。

- **模擬分析** (simulation analysis) 是經由隨機抽樣，以機率和參數估計值反覆計算其 PW (或其它衡量法)。當樣本數夠大，則最佳方案可得合理的信心水準，試算表或其它軟體可產生抽樣和繪圖以達到統計的結論。

以下篇幅將探討用期望值分析法在風險下做決策，應用於前述章節的各種工程經濟學評估法。但首先，必須先瞭解如何使用幾個機率和統計的基本概念。

隨機變數 (random variable)：一個隨機變數可以是任一數值，可分為離散或連續隨機變數，並以字母代表。離散變數有數個獨立數值，但連續變數則假設是介於兩個限制範圍內的任何值。一個方案年限 n 假設估計有 4、6 或 10 年，則是一個離散變數，並寫成 $n = 4$、6、10。方案報酬 i 是一個連續變數，分布介於 -100% 至 ∞，即 $-100\% \leq i < \infty$。

機率 (probability)：一個機率是 0 至 1.0 間的數值，以小數表示變數可能的任何值。簡單說，是某特定事物會發生的機會，除以 100。例如變數 X 的機率，可寫成 $P(X = 6)$，亦即 X 等於 6 時的機率，若有 25% 的機會，則 $X = 6$ 的機率寫成為 $P(X = 6) = 0.25$。不論任何機率的運算，所有可能 X 的合計 $P(X)$ 值必須等於 1.0。

機率分配 (probability distribution)：這是以圖形代表變數所有可能的機率分布情況。圖 14.1(a) 是估計某資產年限 n 的**離散變數** (discrete variable)，可能值為 4、6 或 10 年，每一個出現均等機率為 1/3。**連續變數** (continuous variable) 的機率分布為變數範圍內的連續曲線，圖 14.1(b) 為每年 $400 至 $500 不等的等額毛收入 GI，每一個值出現的機率均等 $= 0.01$，這稱為**均勻分布** (uniform distributions)。

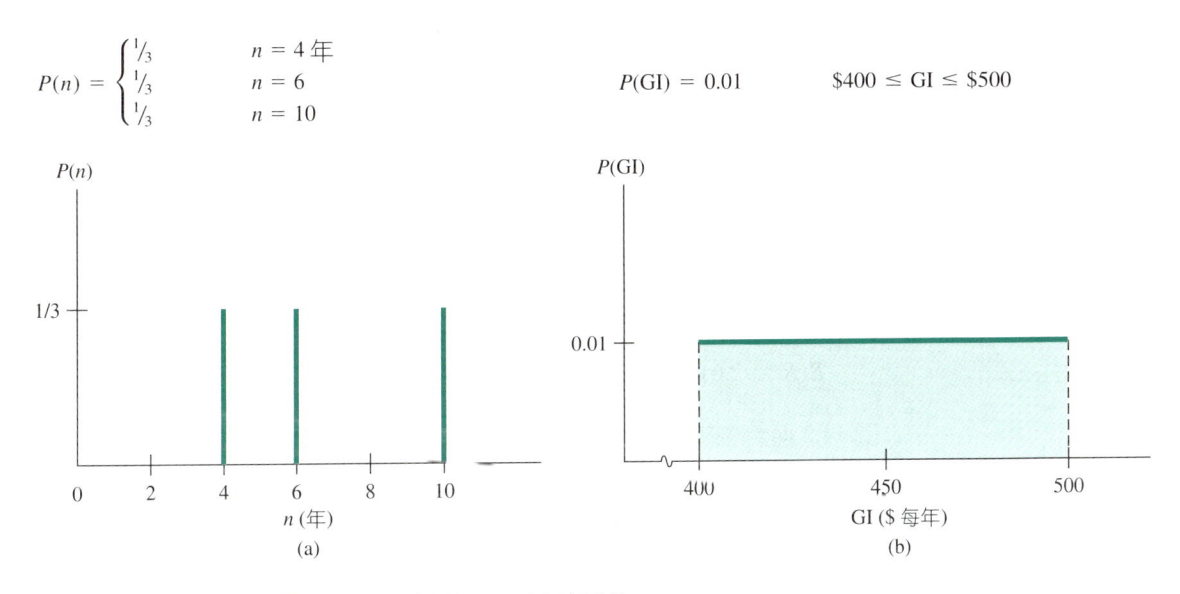

$$P(n) = \begin{cases} 1/3 & n = 4 \text{ 年} \\ 1/3 & n = 6 \\ 1/3 & n = 10 \end{cases} \qquad P(GI) = 0.01 \qquad \$400 \leq GI \leq \$500$$

圖 14.1 機率分布圖：(a) 離散變數；(b) 連續變數。

隨機樣本 (random sample)：利用變數的機率分配下，由所有可能值隨機選取的 N 個值的集合。假設數 $N = 10$ 中選取，某殘值變數 S 可能為 \$500 或 \$800，兩者機率均為 0.5 隨機樣本。若銅板正面表示 \$500，反面表示 \$800，可能的抽樣結果為「正正反正反反反正反反」，其中 \$500 出現 4 次，\$800 出現 6 次。當樣本抽樣數增加時，S 變數的各種值出現的機率會相同。樣本結果也能用來「估計」變數母體的特性。如下所述，這些估計值用於工程經濟計算式，可得到最佳方案。若資料是假設平均分布於兩個數值間，則用試算表的 RAND 或 RANDBETWEEN 函數能產生隨機抽樣的隨機數值 (RN)，這些函數討論於範例 14.6。

範例 14.2

卡洛斯是 Deblack 化學公司的成本估計師，針對一項應用在收成柑橘的新型抗菌噴霧劑，估計其年度淨收入 R，他估計未來 5 年，每年的淨收入為 \$3.1 百萬，主要是依每年自估收入為 $R =$ \$2.6、\$2.8、\$3.0、\$3.2、\$3.4 或 \$3.6 百萬，各估計值機率相等。試回答以下問題：

a. 判定變數 R 為離散或連續變數，以工程經濟名詞表示之。
b. 計算各估計變數的機率。

c. 繪出變數 R 的機率分布圖。

d. 在 R 的機率分布下任取 4 個樣本，得值為 2.6、3.0、3.2、3.0 (以 $ 百萬表示)。若年利率 12%，試用樣本值計算 R 之 PW 在風險考慮下之經濟評估。

解答

a. R 是離散變數，因為卡洛斯得到 6 個特定值，以工程經濟名詞來說，R 是等額系列，即 A 值。

b. 6 項估計值機率同為 1/6：

$$P(R = 2.6) = P(R = 2.8) = \cdots = P(R = 3.6) = 1/6 \text{ 或 } 0.16667$$

c. 圖 14.2 顯示機率變數 R 為均勻分布模式。

d. 設 $PW(R_i)$ 代表第 i 個樣本的現值，由於 R (以 $ 百萬表示) 是一個均等序列，P/A 因子代入。

$$PW(R_1) = R_1(P/A, 12\%, 5) = 2.6(3.6048) = \$9{,}372{,}480$$
$$PW(R_2) = 3.0(P/A, 12\%, 5) = \$10{,}814{,}400$$
$$PW(R_3) = 3.2(P/A, 12\%, 5) = \$11{,}535{,}360$$
$$PW(R_4) = 3.0(P/A, 12\%, 5) = \$10{,}814{,}400$$

🔍 圖 14.2　估計的年收入機率分布圖，範例 14.2。

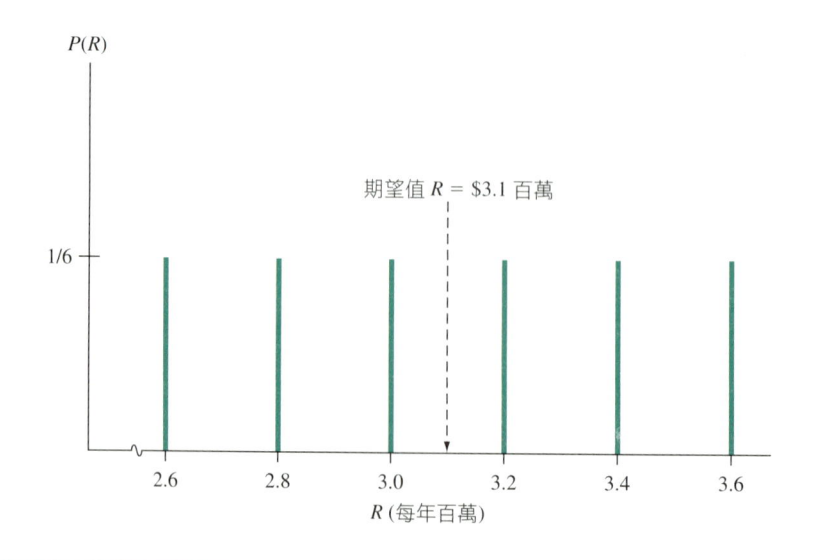

計算以下所討論變數的特性，離散變數需使用合計法，連續變數則使用積分法。以下僅介紹離散變數。

若變數抽樣多次後，則變數 X 的期望值是一個長期平均數。以一個方案來說，若重複多次進行，則 PW (或任一測量法) 的期望值，即為

長期 PW 的平均數。變數 X 的期望值以 $E(X)$ 表示，**樣本平均數** (sample average) $\overline{X}$ 是所有樣本值加總後除以樣本大小 N 所得的期望值。

$$E(X) \text{ 估計值：} \overline{X} = \sum_{i=1}^{N} X_i/N \qquad [14.4]$$

範例 14.2 中變數 PW、$E(PW)$ 是由式 [14.4] 求出 $\overline{PW}$ 後所得。

$$\overline{PW} = (9{,}372{,}480 + \cdots + 10{,}814{,}400)/4 = \$10{,}634{,}160$$

試算表函數 = AVERAGE() 可得到與式 [14.4] 相同的樣本平均數，使用函數內部照試算表的一系列儲存格，或輸入最多 30 筆數值。

若機率分布已知，則期望值計算如下：

$$E(X) = \sum_{\text{所有}i} X_i P(X_i) \qquad [14.5]$$

期望值可被用做兩種工程經濟分析之一：第一種是計算可於變數的 E(參數估計值)，例如 $E(P)$ 或 $E(AOC)$。若對象是整個方案，求出 $E()$ 後，按前幾章的各項程序進行評估；第二種方式是計算個別方案的 E(衡量)，例如 $E(PW)$ 或 $E(ROR)$。選擇 E(衡量法) 值較佳者，以下範例說明這兩種方法。

範例 14.3

Plumb 電力公司正面臨取得天然氣不足的問題，現在改用天然氣以外的燃料，其額外的成本轉嫁給消費者，每個月平均燃料費是 \$7,750,000。此公營事業的某工程師評估，過去 24 個月使用三種不同燃料比例天然氣——其它燃料低於 30%，其它燃料等於或高於 30% 的平均盈餘如表 14.5 所示。試問若繼續維持相同燃料比例，該公司未來是否能達到每個月的燃料支出費的水準？

表 14.5　不同燃料比例與盈餘，範例 14.3

燃料比例	占過去 24 個月的月數	每個月平均盈餘 ($)
天然氣	12	5,270,000
其它燃料 < 30%	6	7,850,000
其它燃料 ≥ 30%	6	12,130,000

解答

使用 24 個月的資料，估計各燃料比例的機率：

燃料比例	發生機率
天然氣	12/24 = 0.50
其它燃料 < 30%	6/24 = 0.25
其它燃料 ≥ 30%	6/24 = 0.25

令 R 為每月平均收入，代入式 [14.5] 求出每月期望收入。

$$E(R) = 5,270,000(0.50) + 7,850,000(0.25) + 12,130,000(0.25)$$
$$= \$7,630,000$$

由於每個月平均支出為 $7,750,000，收入不足額是 $120,000。若要收支平衡，必須開發其它財源，或由顧客吸收額外的成本。

範例 14.4

Lite-Weight 輪椅公司投資管狀鋼製造設備，新設備成本 $5,000，為期 3 年，現金流如表 14.6，分衰退、穩定及擴張三種經濟情況。經機率估計，各種經濟情況都有可能在 3 年間發生。若年 MARR 為 15%，試以期望值 PW 分析評估是否應購買這項設備。

表 14.6　設備的現金流與發生機率，範例 14.4

年	經濟情況		
	衰退 (機率 = 0.2)	穩定 (機率 = 0.6)	擴張 (機率 = 0.2)
	年現金流 (每年 $)		
0	$-5,000	$-5,000	$-5,000
1	+2,500	+2,000	+2,000
2	+2,000	+2,000	+3,000
3	+1,000	+2,000	+3,500

解答

首先計算表 14.6 各種經濟情況現金流的 PW，再利用公式 [14.5] 計算 E (PW)，下標 R 代表經濟衰退，S 代表穩定，E 代表擴張，三種情況的 PW 值如下：

$$PW_R = -5,000 + 2,500(P/F,15\%,1) + 2,000(P/F,15\%,2) + 1,000(P/F,15\%,3)$$
$$= -5,000 + 4,344 = \$-656$$
$$PW_S = -5,000 + 4,566 = \$-434$$
$$PW_E = -5,000 + 6,309 = \$+1,309$$

只有經濟擴張時可獲得 15% 的報酬,適於投資各經濟情況之預估機率代入公式後,可得期望現值為:

$$E(PW) = \sum_{j=R,S,E} PW_j[P(j)]$$
$$= -656(0.2) - 434(0.6) + 1,309(0.2)$$
$$= \$-130$$

在 15% 下,$E(PW) < 0$,使用期望值分析顯示購買設備不能有經濟利益。

平均數是資料中間趨向的衡量數。**標準差** (standard deviation) 以小寫 s 代表,是資料偏離平均數的衡量數。根據定義,s 代表期望值 $E(X)$ 或樣本平均數 $\bar{X}$ 外圍分散之偏離量。標準差的計算,是將數值 X 減掉樣本平均數 $\bar{X}$,再取平方,依此法累積加總所有數值,再除以 $N-1$,之後開平方根,可求得結果。

$$s = \left[\frac{\sum_{i=1}^{N}(X_i - \bar{X})^2}{N-1}\right]^{1/2} \quad [14.6]$$

另一個較簡單的計算 s 的方法如下:

$$s = \left[\frac{\sum_{i=1}^{N} X_i^2}{N-1} - \frac{N}{N-1}\bar{X}^2\right]^{1/2} \quad [14.7]$$

結合隨機樣本與中間趨勢,得到衡量數 $\bar{X}$ 與分散值 s 後,可在 ±1、±2 與 ±3 個標準差內,求出平均數周遭的散布部分或百分比。

$$\bar{X} \pm ts \quad t = 1, 2, 3 \quad [14.8]$$

以機率表示如下:

$$P(\bar{X} - ts \leq X \leq \bar{X} + ts) \quad [14.9]$$

這是一個資料集中分析的好測量,當數據越接近期望值時,決策者對方案評選可以有更多的信心。範例 14.5 考量風險,可說明這個邏輯。

運用函數 = STDEV(),可得到式 [14.6] 的標準差。

範例 14.5

傑瑞是 TGS 國營事業的電力工程師,目前正分析亞特蘭大和芝加哥所有單房公寓的電費帳單。這兩個城市中,複合公寓每個月付 $125 單一費率,此帳單與房租一起付,這種作法可以節省逐戶計電和寄送帳單的成本。為了比較「合併」計費與「單獨」計費,傑瑞由兩個城市的帳單中隨機抽樣,進行風險評估。試利用抽樣資料幫傑瑞回答以下問題。

a. 估計兩城市每月平均電費,它們大約相同或有顯著不同?

b. 估計標準差,並比較兩城市散布於平均的情形。

c. 以標準差範圍 $\bar{X} \pm 1s$ 計算兩城市的抽樣電費,並依此結課,評估未來每個月應採取單一費率 $125 或個別計費。

樣本點	1	2	3	4	5	6	7
亞特蘭大樣本 A ($)	65	66	73	92	117	159	225
芝加哥樣本 C ($)	84	90	104	140	157		

解答

以下為手算方式,試算表結果在最後面說明。

a. 式 [14.4] 估算期望值,兩個結果十分接近。

亞特蘭大:$N = 7$　　$\bar{X}_A = 797/7 =$ 每月 $113.86

芝加哥:$N = 5$　　$\bar{X}_C = 575/5 =$ 每月 $115.00

b. 僅做為說明的目的,應用亞特蘭大式 [14.6] 與芝加哥式 [14.7] 兩種格式來計算標準差。由表 14.7 和表 14.8 可得其結果,$s_A = \$59.48$ 及 $s_C = \$32.00$。若與樣本平均數相比,兩城市的標準差變異程度極大。

亞特蘭大 = s_A 為平均數 $\bar{X}_A = \$113.86$ 的 52%

芝加哥 = s_C 為平均數 $\bar{X}_C = \$115.00$ 的 28%

芝加哥的樣本數群較集中於平均數附近。

表 14.7　用式 [14.6] 計算亞特蘭大樣本標準差，範例 14.5

X	$(X - \overline{X})$	$(X - \overline{X})^2$
65	−48.86	2,387.30
66	−47.86	2,290.58
73	−40.86	1,669.54
92	−21.86	477.86
117	3.14	9.86
159	45.14	2,037.62
225	111.14	12,352.10
總計		21,224.86

$$\overline{X}_A = 113.86$$
$$s_A = [(21{,}224.86)/(7-1)]^{1/2} = 59.48$$

表 14.8　用式 [14.7] 計算芝加哥樣本標準差，範例 14.5

X	X^2
84	7,056
90	8,100
104	10,816
140	19,600
157	24,649
總計	70,221

$$\overline{X}_C = 115$$
$$s_C = [70{,}221/4 - 5/4(115)^2]^{1/2} = 32$$

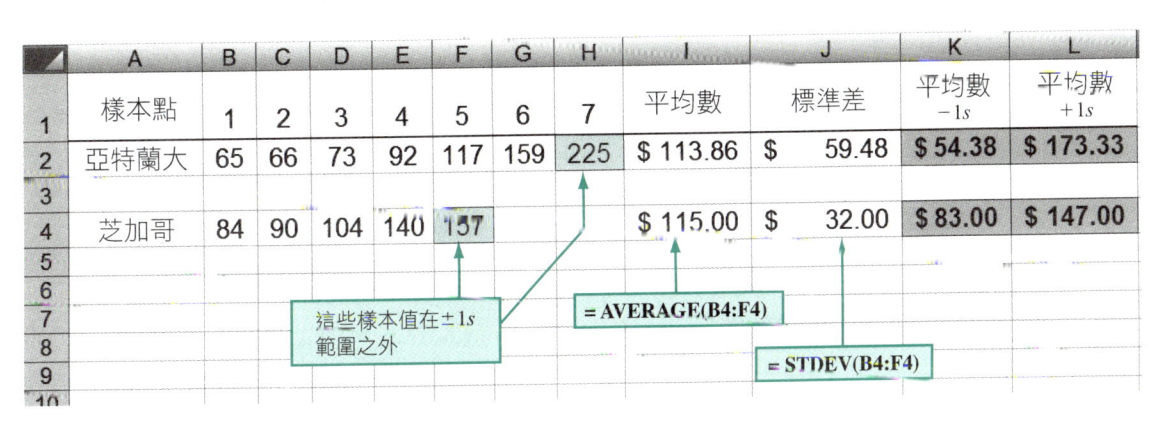

	A	B	C	D	E	F	G	H	I	J	K	L
1	樣本點	1	2	3	4	5	6	7	平均數	標準差	平均數 −1s	平均數 +1s
2	亞特蘭大	65	66	73	92	117	159	225	$ 113.86	$ 59.48	$54.38	$173.33
3												
4	芝加哥	84	90	104	140	157			$ 115.00	$ 32.00	$83.00	$147.00

這些樣本值在 ±1s 範圍之外

= AVERAGE(B4:F4)

= STDEV(B4:F4)

圖 14.3　樣本平均數、標準差與 ±1s 範圍的試算表函數計算，範例 14.5。

c. 式 [14.8] 用 $t = 1$ 代入，故 ± 1 個標準差範圍的電費為：

亞特蘭大： $113.86 ± 59.48 的範圍是 $54.38 與 $173.34。有一個樣本點超出此範圍。

芝加哥： $115.00 ± 32.00 的範圍是 $83.00 與 $147.00。有一個樣本點超出此範圍。

依小樣本計算，芝加哥的數群較接近期望值。但在 $\pm 1s$ 的範圍中，兩者的收費模式沒有很大的差別。因此每月平均 $125 的費率較適合攤抵預期成本。然而，若樣本數擴大，則可能會得到相反的結論。

使用 Excel 的結果呈現在圖 14.3，AVERAGE 與 STDEV 函數可求出 $\overline{X}$ 和 s，結果與手算方式相同。

14.3 使用抽樣與模擬進行評估

變異與誤差經常會在估計和經濟評估時出現，這些會在做方案原始選擇與選擇方案期限時產生風險，除了前一節所介紹的期望值分析，其它方法考慮風險，然而這些方法都需要時間和資源才能正確評估。本節中介紹利用參數考量風險下做經濟決策。

利用蒙地卡羅抽樣的隨機抽樣法是考慮變異一個常用的方法。這個方法首先必須先對風險分析選取的參數決定其機率分配，一個重要的假設是*所有參數彼此互相獨立*，亦即每一個參數是一個隨機變數，不會被方案中的其它變數影響。

抽樣與模擬方法有以下基本步驟：

1. **建立方案**。建立方案和相關的參數，選擇價值測量 (PW、AW、ROR、B/C 等)，並發展與經濟評估的關係。
2. **選取參數**。選擇對經濟決策會變異並重要的參數。
3. **決定機率分配**。決定每一參數的分配，並使用標準、簡單獨立或連續分配使抽樣與模擬的結果更快能獲得與容易解釋。
4. **隨機抽樣**。使用手算或試算表的技巧對每個會變動的參數選 N 個樣本。(一般使用蒙地卡羅抽樣 $N = 50$、100、500、1,000，說明如範例 14.6。)

5. **計算價值的衡量**。用確定的和變動的參數值計算選定的衡量的 N 個值,每一個隨機樣本都有一個衡量值。
6. **描述價值的衡量**。為了更瞭解模擬結果,決定價值衡量的平均值,標準差和機率分配。
7. **結論**。對方案的經濟可行性做決定或選擇最佳相互獨立的方案。

若結論不明顯,可使用更多樣本或對有問題的參數增加資訊可能是必要的。以下利用試算表說明抽樣和模擬,其它功能,如 RAND、RANDBETWEEN、VLOOKOP 與 COUNTIF 也介紹,這些使機率分配與抽樣簡化。

範例 14.6

孟菲斯的 JAGBA 玻璃公司過去購買幾種版本的玻璃自動切割機器,它們生產年限是 5 年到 9 年,依機器本身品質和孟菲斯的經濟情況,機器的年限毛收入可能顯著變化。支出是依每年的經驗,對目前機器的估計如下:

第一筆成本,$P = \$-50,000$

開銷,$E = $ 每年 $\$-10,000$

殘值,$S = \$10,000$ 當它被賣出或交易

年限,$n = 5$ 年至 9 年,每年平均機會

GI $= \$$ 每年 $\$10,000$ 至 $\$40,000$,對界限中所有值同樣機會

MARR $=$ 每年 10%

公司老闆依 n 與 GI 的極值做評估,經由結果,他決定這些並不足以作為可信賴的經濟決策。他計算 AW 關係方法如下:

$$AW = P(A/P,MARR,n) + GI - E + S(A/F,MARR,n)$$

低:$n = 5$,GI $= \$10,000$

$$AW = -50,000(A/P,10\%,5) + 10,000 - 10,000 + 10,000(A/F,10\%,5)$$
$$= \$-11,552$$

高:$n = 9$,GI $= \$40,000$

$$AW = -50,000(A/P,10\%,9) + 40,000 - 10,000 + 10,000(A/F,10\%,9)$$
$$= \$22,054$$

	A	B	C	D	E	F	G	H	I	J	K	L	M
1	年限抽樣							毛收入		評鑑			
2	抽樣順序	隨機號碼	樣本 n 值		分配			抽樣順序	抽樣 GI 值	AW 值 ($)		AW 統計值	
3													
4	1	0.3525	6		低臨界值	n (年)		1	20,298	114		平均數	$ 5211
5	2	0.2037	6		0.0	5		2	19,841	-343		標準差	$ 9161
6	3	0.6085	8		0.2	6		3	23,327	4829		AW > 0	31
7	4	0.0376	5		0.4	7		4	32,785	11,233		AW < 0	19
8	5	0.0248	5		0.6	8		5	30,662	9,110			
9	6	0.8518	9		0.8	9		6	10,395	-7,551			
10	7	0.3586	6					7	13,648	-6,536			
11	8	0.8864	9					8	39,356	21,410			
12	9	0.6651	8					9	33,524	15,026			
13	10	0.9197	9					10	33,981	16,035			

🔍 圖 14.4　當年限與毛收入變異時 AW 分析的抽樣與模擬結果，範例 14.6。

利用 AW 值，對 n 和 GI 做單一離散和連續機率分配，隨機抽樣樣本數 $n = 50$ 估計以下值，並做出給 JAGBA 的老闆有關購買新機器的建議。

平均 AW 值，$\overline{AW}$

AW 的標準差，S_{AW}

$P(AW \geq 0)$

解答

使用年限估計有均等機率分配使用整數值 5 至 9，每個機率都是 0.20。毛收入估計依均等分配也有變異，從 $10,000 至 $40,000，這個兩變數的機率分配與圖 14.1(a) 和 (b) 相似，差別在於座標軸尺度必須與本估計值配合。

圖 14.4 顯示 50 個中抽樣 10 個樣本 n 與 GI 值 (第 C 欄與第 I 欄)，每一個抽樣的 AW 值列於第 J 欄，第 M 欄列出平均數、標準差、AW 值正值與負值個數。隨機抽樣的樣本函數與 AW 結果如下。

結果	欄	樣本函數
n 的 RN 介於 0 與 1	B	= RAND()
n 的隨機值 (順序 1)	C	= VLOOKUP(B4,E$5:F$9,2)
GI 的隨機值	I	= RANDBETWEEN(10000,40000)
AW 計算 (順序 1)	J	=−PMT(10%,C4,−50000,10000) +I4−10,000
50 AW 值的平均	M	= AVERAGE(J4:J53)
50 AW 值的標準差	M	= STDEV(J4:J53)
AW 值 ≥ 0 的數目	M	= COUNTIF(J4:J53,"> = 0")
AW 值 < 0 的數目	M	= COUNTIF(J4:J53,"< 0")

對於年限值，RAND() 產生一個隨機號碼 (RN) 介於 0 與 1 之間於第 B 欄，然後 VLOOKUP 函數 (第 C 欄) 使用這個 RN 在第 E 欄和第 F 欄中的 lookup 表獲得相對應 5 年至 9 年的 n 值，對於 GI，RANDBETWEEN 函數產生一個 GI 估計值，一旦這個兩值可供使用，PMT 函數計算 AW 值 (第 J 欄)。最後，被要求的 50 次樣本抽樣值對這次的模擬列於第 M 欄。

$$\overline{AW} = \$5211$$
$$s_{AW} = \$9,161$$
$$P(AW \geq 0) = 31/50 = 0.62$$

好消息是平均 AW 是正的有超過 60% 的次數，代表機器應該購買。然而，標準差相較於平均值非常大——$9,161 相較於 $5,211，若這個比較與其它和大樣本的結果類似，則代表雖然 AW 一般預期是正的，但一個標準差負的變異低於平均值會使 AW 變成負的，即 5,211 − 9,161 = −3,950。

評論：重要的是，記得這只是一個 50 小樣本抽樣，大的抽樣可能改變統計結果。此外，RAND() 和其它 RN 產生器，每次 Excel 使用，則 RN 值就會改變。因此，使每次的模擬結果稍為不同，Excel 的協助系統有一個基本但十分好的有關使用蒙地卡羅抽樣做模擬的介紹，這對工程經濟和其它應用是一個有力的工具。

總結

當多重屬性牽涉在決策時，非經濟和經濟因素包含在其中。加權屬性法是一個直接了當的方法考量數個因素。對於以數個人決策之決定型，特別是有多位決策者有不同意見和顯著不同價值系統者特別有用。

在風險下做決策表示有一些方案的參數是隨機變數，其機率分配必須建立。在衡量諸如期望值、標準差和機率對參數的變異行為和加入風險的考量是有幫助的。

蒙地卡羅抽樣是結合錢的時間價值測量，例如 PW、AW 與 ROR 進行風險分析的一個模擬方法。這個抽樣和模擬的結果可與確定下所獲得的分析比較，因此改善經濟決策。

習題

多重屬性分析

14.1 有三個方案依 6 個不同屬性被評估，每一個都同樣重要，試決定每一個屬性的權重。

14.2 某一顧問被要求，對 5 個會被列入方案評估的屬性給予 0 至 100 的分數，試利用重要性分數給予各項屬性權重。

屬性	重要分數
1. 重要性	40
2. 成本	60
3. 衝擊	70
4. 環境	30
5. 可近性	50

14.3 10 個屬性依重要性排序為 A、B、C ……及 J，試決定：(a) 屬性 D；和 (b) 屬性 J 的權重。

機率與抽樣

14.4 說明為何所有工程經濟的決策都會將風險納入考量。

14.5 投資油井的開採收入決定於石油的價格，由歷史資料可以建立一個機率─採礦的關係，試計算：(a) 每年開採的預期價值；(b) 每年開採收入至少會有 $12,600 的機率。

每年開採收入，R($/年)	6,200	8,500	9,600	10,300	12,600	15,500
機率，$P(R)$	0.10	0.21	0.32	0.24	0.09	0.04

14.6 Car Buyer 指南雜誌對 1,000 家戶調查其擁有車子的數目。試利用下表決定家戶擁有的百分比：(a) 1 或更少車輛數目；(b) 1 至 2 輛車；(c) 多於 3 輛。

車輛數 (N)	家戶數
0	120
1	560
2	260
3	32
4	22
5 或更多	6

14.7 一個工程師被要求決定在一個摻雜化學揮發物的房間的平均空氣品質是否符合 OSHA 的規範，以下是所得到的品質數值：81、86、80、91、83、83、96、85、89。

a. 試決定其算術平均值。

b. 計算其標準差。

c. 計算所得數值落入離平均 ±1 個標準差的百分比。

d. 用試算表函數驗證你的答案。

14.8 凱倫蒐集精密磨光部門 3 年來每個月營運支出的資料。(a) 她想知道 1 個月支出超出 $50,000 的機率；(b) 試使用每個月的資料和每個支出範圍的機率，提供凱倫期望值，用每個支出範圍的中點值計算答案。

支出範圍單位 ($1,000)	中點值 ($1,000)	月數
1~10	5	2
10~20	15	5
20~30	25	8
30~40	35	7
40~50	45	6
50~60	55	5
60~70	65	3

14.9 有 100 個軍用自動機器的月維修成本被蒐集，成本依中點範圍由 $600 至 $2,000，每 $200 為一個級距，每個級距出現的次數與機率如下表所示。(a) 試求出支出的期望值作為 PW 分析使用；(b) 試將月維修成本做出離散機率分布圖 [如圖 14.1(a) 所示]，並將期望值標示在圖上。

級距中點	次數	機率
600	6	0.06
800	10	0.10
1,000	9	0.09
1,200	15	0.15
1,400	28	0.28
1,600	15	0.15
1,800	7	0.07
2,000	10	0.10

14.10 一個報攤經理計算每個月當新版雜誌上架後所剩下的週刊數目 Y。資料蒐集 30 週，並以離散機率分配總結，其期望值與標準差是 $E(Y) = 7.08$ 和 $s_Y = 3.23$。試畫出分配圖並將期望值與一個標準差標記上。

份數 (Y)	3	7	10	12
$P(Y)$	1/3	1/4	1/3	1/12

抽樣與模擬

14.11 當利用蒙地卡羅抽樣，由變動參數的機率分配求得隨機數目時，基本的假設是什麼？

14.12 使用 RAND()*100 試算表函數產生範圍 0 至 100 均等分配 100 個值，再使用另一個函數計算：(a) 平均值在與 50 比較；(b) 標準差並與 28.87 比較，這兩個值是 0 至 100 連續均等分配的正確值。

14.13 (a) 解釋樣本標準差的意義；(b) 利用 Excel 協助功能決定利用 STDEV 函數的公式。

14.14 利用 Excel 協助功能，檢視以下函數的功能：(a) VLOOKUP；和 (b) RANDBETWEEN。

14.15 卡爾是一個在歐洲工作與你在同一公司的同事，他估計一個方案年稅後現金流如下：

年	CFAT ($)
0	$-35,000$
1~10	5,500

依目前 MARR 的 8% 每年的 PW 值是：

PW = $-35,000 + 5,500(P/A,8\%,10) = \$1,905$

由於經濟情況的改變，卡爾相信 MARR 會在相對較小範圍變動，如同 CFAT，他願意接受其它較確定的估計值，試利用下列的機率分配假設對 MARR 與 CFAT 做模擬，樣本至少 30 或更多，該方案經濟上是否可行，若使用決策是在確定的情況？在有風險的情況又是如何？

MARR　離散均勻分配，範圍 7% 至 10%

CFAT　連續均勻分配，每年範圍 $4,000 至 $7,000

額外問題與 FE 測驗複習題

14.16 下列都是好的屬性識別法，除了：
 a. 採用小組討論
 b. 利用競爭性實體使用的相同屬性
 c. 從專家有相關的經驗中獲得投入
 d. 調查利益相關者

14.17 如果第一筆成本、安全與環境問題的屬性，其數值分別是 100、75 與 50。環境問題的權數最接近：
 a. 0.44
 b. 0.33
 c. 0.22
 d. 0.11

14.18 你被告知你部門中的工程師其最高薪資為每年 $78,000，而且認為這是高於平均值兩個標準差。若你發現其標準差是 $3,000，則平均薪資最接近：
 a. $66,000
 b. $72,000
 c. $75,000
 d. $81,000

14.19 Bullnose 製鞋公司總裁估計該年度不同收入水準的機率如下表所示：

收入	機率
$260,000	1/10
$400,000	6/10
$800,000	3/10

收入的期望值最接近：
 a. $506,000
 b. $493,000
 c. $461,000
 d. $402,000

0.25%　　表1　間斷現金流：複利利率因子　　0.25%

	一次支付金額		等額序列償付				等差遞增	
n	F/P 複利金額	P/F 現值	A/F 償債基金	F/A 複利金額	A/P 資本回收	P/A 現值	P/G 遞增現值	A/G 遞增等額序列
1	1.0025	0.9975	1.00000	1.0000	1.00250	0.9975		
2	1.0050	0.9950	0.49938	2.0025	0.50188	1.9925	0.9950	0.4994
3	1.0075	0.9925	0.33250	3.0075	0.33500	2.9851	2.9801	0.9983
4	1.0100	0.9901	0.24906	4.0150	0.25156	3.9751	5.9503	1.4969
5	1.0126	0.9876	0.19900	5.0251	0.20150	4.9627	9.9007	1.9950
6	1.0151	0.9851	0.16563	6.0376	0.16813	5.9478	14.8263	2.4927
7	1.0176	0.9827	0.14179	7.0527	0.14429	6.9305	20.7223	2.9900
8	1.0202	0.9802	0.12391	8.0704	0.12641	7.9107	27.5839	3.4869
9	1.0227	0.9778	0.11000	9.0905	0.11250	8.8885	35.4061	3.9834
10	1.0253	0.9753	0.09888	10.1133	0.10138	9.8639	44.1842	4.4794
11	1.0278	0.9729	0.08978	11.1385	0.09228	10.8368	53.9133	4.9750
12	1.0304	0.9705	0.08219	12.1664	0.08469	11.8073	64.5886	5.4702
13	1.0330	0.9681	0.07578	13.1968	0.07828	12.7753	76.2053	5.9650
14	1.0356	0.9656	0.07028	14.2298	0.07278	13.7410	88.7587	6.4594
15	1.0382	0.9632	0.06551	15.2654	0.06801	14.7042	102.2441	6.9534
16	1.0408	0.9608	0.06134	16.3035	0.06384	15.6650	116.6567	7.4469
17	1.0434	0.9584	0.05766	17.3443	0.06016	16.6235	131.9917	7.9401
18	1.0460	0.9561	0.05438	18.3876	0.05688	17.5795	148.2446	8.4328
19	1.0486	0.9537	0.05146	19.4336	0.05396	18.5332	165.4106	8.9251
20	1.0512	0.9513	0.04882	20.4822	0.05132	19.4845	183.4851	9.4170
21	1.0538	0.9489	0.04644	21.5334	0.04894	20.4334	202.4634	9.9085
22	1.0565	0.9466	0.04427	22.5872	0.04677	21.3800	222.3410	10.3995
23	1.0591	0.9442	0.04229	23.6437	0.04479	22.3241	243.1131	10.8901
24	1.0618	0.9418	0.04048	24.7028	0.04298	23.2660	264.7753	11.3804
25	1.0644	0.9395	0.03881	25.7646	0.04131	24.2055	287.3230	11.8702
26	1.0671	0.9371	0.03727	26.8290	0.03977	25.1426	310.7516	12.3596
27	1.0697	0.9348	0.03585	27.8961	0.03835	26.0774	335.0566	12.8485
28	1.0724	0.9325	0.03452	28.9658	0.03702	27.0099	360.2334	13.3371
29	1.0751	0.9301	0.03329	30.0382	0.03579	27.9400	386.2776	13.8252
30	1.0778	0.9278	0.03214	31.1133	0.03464	28.8679	413.1847	14.3130
36	1.0941	0.9140	0.02658	37.6206	0.02908	34.3865	592.4988	17.2306
40	1.1050	0.9050	0.02380	42.0132	0.02630	38.0199	728.7399	19.1673
48	1.1273	0.8871	0.01963	50.9312	0.02213	45.1787	1040.06	23.0209
50	1.1330	0.8826	0.01880	53.1887	0.02130	46.9462	1125.78	23.9802
52	1.1386	0.8782	0.01803	55.4575	0.02053	48.7048	1214.59	24.9377
55	1.1472	0.8717	0.01698	58.8819	0.01948	51.3264	1353.53	26.3710
60	1.1616	0.8609	0.01547	64.6467	0.01797	55.6524	1600.08	28.7514
72	1.1969	0.8355	0.01269	78.7794	0.01519	65.8169	2265.56	34.4221
75	1.2059	0.8292	0.01214	82.3792	0.01464	68.3108	2447.61	35.8305
84	1.2334	0.8108	0.01071	93.3419	0.01321	75.6813	3029.76	40.0331
90	1.2520	0.7987	0.00992	100.7885	0.01242	80.5038	3446.87	42.8162
96	1.2709	0.7869	0.00923	108.3474	0.01173	85.2546	3886.28	45.5844
100	1.2836	0.7790	0.00881	113.4500	0.01131	88.3825	4191.24	47.4216
108	1.3095	0.7636	0.00808	123.8093	0.01058	94.5453	4829.01	51.0762
120	1.3494	0.7411	0.00716	139.7414	0.00966	103.5618	5852.11	56.5084
132	1.3904	0.7192	0.00640	156.1582	0.00890	112.3121	6950.01	61.8813
144	1.4327	0.6980	0.00578	173.0743	0.00828	120.8041	8117.41	67.1949
240	1.8208	0.5492	0.00305	328.3020	0.00555	180.3109	19399	107.5863
360	2.4568	0.4070	0.00172	582.7369	0.00422	237.1894	36264	152.8902
480	3.3151	0.3016	0.00108	926.0595	0.00358	279.3418	53821	192.6699

0.5%　　　表 2　間斷現金流：複利利率因子　　　0.5%

	一次支付金額		等額序列償付				等差遞增	
n	F/P 複利金額	P/F 現值	A/F 償債基金	F/A 複利金額	A/P 資本回收	P/A 現值	P/G 遞增現值	A/G 遞增等額序列
1	1.0050	0.9950	1.00000	1.0000	1.00500	0.9950		
2	1.0100	0.9901	0.49875	2.0050	0.50375	1.9851	0.9901	0.4988
3	1.0151	0.9851	0.33167	3.0150	0.33667	2.9702	2.9604	0.9967
4	1.0202	0.9802	0.24813	4.0301	0.25313	3.9505	5.9011	1.4938
5	1.0253	0.9754	0.19801	5.0503	0.20301	4.9259	9.8026	1.9900
6	1.0304	0.9705	0.16460	6.0755	0.16960	5.8964	14.6552	2.4855
7	1.0355	0.9657	0.14073	7.1059	0.14573	6.8621	20.4493	2.9801
8	1.0407	0.9609	0.12283	8.1414	0.12783	7.8230	27.1755	3.4738
9	1.0459	0.9561	0.10891	9.1821	0.11391	8.7791	34.8244	3.9668
10	1.0511	0.9513	0.09777	10.2280	0.10277	9.7304	43.3865	4.4589
11	1.0564	0.9466	0.08866	11.2792	0.09366	10.6770	52.8526	4.9501
12	1.0617	0.9419	0.08107	12.3356	0.08607	11.6189	63.2136	5.4406
13	1.0670	0.9372	0.07464	13.3972	0.07964	12.5562	74.4602	5.9302
14	1.0723	0.9326	0.06914	14.4642	0.07414	13.4887	86.5835	6.4190
15	1.0777	0.9279	0.06436	15.5365	0.06936	14.4166	99.5743	6.9069
16	1.0831	0.9233	0.06019	16.6142	0.06519	15.3399	113.4238	7.3940
17	1.0885	0.9187	0.05651	17.6973	0.06151	16.2586	128.1231	7.8803
18	1.0939	0.9141	0.05323	18.7858	0.05823	17.1728	143.6634	8.3658
19	1.0994	0.9096	0.05030	19.8797	0.05530	18.0824	160.0360	8.8504
20	1.1049	0.9051	0.04767	20.9791	0.05267	18.9874	177.2322	9.3342
21	1.1104	0.9006	0.04528	22.0840	0.05028	19.8880	195.2434	9.8172
22	1.1160	0.8961	0.04311	23.1944	0.04811	20.7841	214.0611	10.2993
23	1.1216	0.8916	0.04113	24.3104	0.04613	21.6757	233.6768	10.7806
24	1.1272	0.8872	0.03932	25.4320	0.04432	22.5629	254.0820	11.2611
25	1.1328	0.8828	0.03765	26.5591	0.04265	23.4456	275.2686	11.7407
26	1.1385	0.8784	0.03611	27.6919	0.04111	24.3240	297.2281	12.2195
27	1.1442	0.8740	0.03469	28.8304	0.03969	25.1980	319.9523	12.6975
28	1.1499	0.8697	0.03336	29.9745	0.03836	26.0677	343.4332	13.1747
29	1.1556	0.8653	0.03213	31.1244	0.03713	26.9330	367.6625	13.6510
30	1.1614	0.8610	0.03098	32.2800	0.03598	27.7941	392.6324	14.1265
36	1.1967	0.8356	0.02542	39.3361	0.03042	32.8710	557.5598	16.9621
40	1.2208	0.8191	0.02265	44.1588	0.02765	36.1722	681.3347	18.8359
48	1.2705	0.7871	0.01849	54.0978	0.02349	42.5803	959.9188	22.5437
50	1.2832	0.7793	0.01765	56.6452	0.02265	44.1428	1035.70	23.4624
52	1.2961	0.7716	0.01689	59.2180	0.02189	45.6897	1113.82	24.3778
55	1.3156	0.7601	0.01584	63.1258	0.02084	47.9814	1235.27	25.7447
60	1.3489	0.7414	0.01433	69.7700	0.01933	51.7256	1448.65	28.0064
72	1.4320	0.6983	0.01157	86.4089	0.01657	60.3395	2012.35	33.3504
75	1.4536	0.6879	0.01102	90.7265	0.01602	62.4136	2163.75	34.6679
84	1.5204	0.6577	0.00961	104.0739	0.01461	68.4530	2640.66	38.5763
90	1.5666	0.6383	0.00883	113.3109	0.01383	72.3313	2976.08	41.1451
96	1.6141	0.6195	0.00814	122.8285	0.01314	76.0952	3324.18	43.6845
100	1.6467	0.6073	0.00773	129.3337	0.01273	78.5426	3562.79	45.3613
108	1.7137	0.5835	0.00701	142.7399	0.01201	83.2934	4054.37	48.6758
120	1.8194	0.5496	0.00610	163.8793	0.01110	90.0735	4823.51	53.5508
132	1.9316	0.5177	0.00537	186.3226	0.01037	96.4596	5624.59	58.3103
144	2.0508	0.4876	0.00476	210.1502	0.00976	102.4747	6451.31	62.9551
240	3.3102	0.3021	0.00216	462.0409	0.00716	139.5808	13416	96.1131
360	6.0226	0.1660	0.00100	1004.52	0.00600	166.7916	21403	128.3236
480	10.9575	0.0913	0.00050	1991.49	0.00550	181.7476	27588	151.7949

0.75%　　　表 3　間斷現金流：複利利率因子　　　0.75%

	一次支付金額		等額序列償付				等差遞增	
n	F/P 複利金額	P/F 現值	A/F 償債基金	F/A 複利金額	A/P 資本回收	P/A 現值	P/G 遞增現值	A/G 遞增等額序列
1	1.0075	0.9926	1.00000	1.0000	1.00750	0.9926		
2	1.0151	0.9852	0.49813	2.0075	0.50563	1.9777	0.9852	0.4981
3	1.0227	0.9778	0.33085	3.0226	0.33835	2.9556	2.9408	0.9950
4	1.0303	0.9706	0.24721	4.0452	0.25471	3.9261	5.8525	1.4907
5	1.0381	0.9633	0.19702	5.0756	0.20452	4.8894	9.7058	1.9851
6	1.0459	0.9562	0.16357	6.1136	0.17107	5.8456	14.4866	2.4782
7	1.0537	0.9490	0.13967	7.1595	0.14717	6.7946	20.1808	2.9701
8	1.0616	0.9420	0.12176	8.2132	0.12926	7.7366	26.7747	3.4608
9	1.0696	0.9350	0.10782	9.2748	0.11532	8.6716	34.2544	3.9502
10	1.0776	0.9280	0.09667	10.3443	0.10417	9.5996	42.6064	4.4384
11	1.0857	0.9211	0.08755	11.4219	0.09505	10.5207	51.8174	4.9253
12	1.0938	0.9142	0.07995	12.5076	0.08745	11.4349	61.8740	5.4110
13	1.1020	0.9074	0.07352	13.6014	0.08102	12.3423	72.7632	5.8954
14	1.1103	0.9007	0.06801	14.7034	0.07551	13.2430	84.4720	6.3786
15	1.1186	0.8940	0.06324	15.8137	0.07074	14.1370	96.9876	6.8606
16	1.1270	0.8873	0.05906	16.9323	0.06656	15.0243	110.2973	7.3413
17	1.1354	0.8807	0.05537	18.0593	0.06287	15.9050	124.3887	7.8207
18	1.1440	0.8742	0.05210	19.1947	0.05960	16.7792	139.2494	8.2989
19	1.1525	0.8676	0.04917	20.3387	0.05667	17.6468	154.8671	8.7759
20	1.1612	0.8612	0.04653	21.4912	0.05403	18.5080	171.2297	9.2516
21	1.1699	0.8548	0.04415	22.6524	0.05165	19.3628	188.3253	9.7261
22	1.1787	0.8484	0.04198	23.8223	0.04948	20.2112	206.1420	10.1994
23	1.1875	0.8421	0.04000	25.0010	0.04750	21.0533	224.6682	10.6714
24	1.1964	0.8358	0.03818	26.1885	0.04568	21.8891	243.8923	11.1422
25	1.2054	0.8296	0.03652	27.3849	0.04402	22.7188	263.8029	11.6117
26	1.2144	0.8234	0.03498	28.5903	0.04248	23.5422	284.3888	12.0800
27	1.2235	0.8173	0.03355	29.8047	0.04105	24.3595	305.6387	12.5470
28	1.2327	0.8112	0.03223	31.0282	0.03973	25.1707	327.5416	13.0128
29	1.2420	0.8052	0.03100	32.2609	0.03850	25.9759	350.0867	13.4774
30	1.2513	0.7992	0.02985	33.5029	0.03735	26.7751	373.2631	13.9407
36	1.3086	0.7641	0.02430	41.1527	0.03180	31.4468	524.9924	16.6946
40	1.3483	0.7416	0.02153	46.4465	0.02903	34.4469	637.4693	18.5058
48	1.4314	0.6986	0.01739	57.5207	0.02489	40.1848	886.8404	22.0691
50	1.4530	0.6883	0.01656	60.3943	0.02406	41.5664	953.8486	22.9476
52	1.4748	0.6780	0.01580	63.3111	0.02330	42.9276	1022.59	23.8211
55	1.5083	0.6630	0.01476	67.7688	0.02226	44.9316	1128.79	25.1223
60	1.5657	0.6387	0.01326	75.4241	0.02076	48.1734	1313.52	27.2665
72	1.7126	0.5839	0.01053	95.0070	0.01803	55.4768	1791.25	32.2882
75	1.7514	0.5710	0.00998	100.1833	0.01748	57.2027	1917.22	33.5163
84	1.8732	0.5338	0.00859	116.4269	0.01609	62.1540	2308.13	37.1357
90	1.9591	0.5104	0.00782	127.8790	0.01532	65.2746	2578.00	39.4946
96	2.0489	0.4881	0.00715	139.8562	0.01465	68.2584	2853.94	41.8107
100	2.1111	0.4737	0.00675	148.1445	0.01425	70.1746	3040.75	43.3311
108	2.2411	0.4462	0.00604	165.4832	0.01354	73.8394	3419.90	46.3154
120	2.4514	0.4079	0.00517	193.5143	0.01267	78.9417	3998.56	50.6521
132	2.6813	0.3730	0.00446	224.1748	0.01196	83.6064	4583.57	54.8232
144	2.9328	0.3410	0.00388	257.7116	0.01138	87.8711	5169.58	58.8314
240	6.0092	0.1664	0.00150	667.8869	0.00900	111.1450	9494.12	85.4210
360	14.7306	0.0679	0.00055	1830.74	0.00805	124.2819	13312	107.1145
480	36.1099	0.0277	0.00021	4681.32	0.00771	129.6409	15513	119.6620

表 4　間斷現金流：複利利率因子　1%

n	F/P 複利金額	P/F 現值	A/F 償債基金	F/A 複利金額	A/P 資本回收	P/A 現值	P/G 遞增現值	A/G 遞增等額序列
1	1.0100	0.9901	1.00000	1.0000	1.01000	0.9901		
2	1.0201	0.9803	0.49751	2.0100	0.50751	1.9704	0.9803	0.4975
3	1.0303	0.9706	0.33002	3.0301	0.34002	2.9410	2.9215	0.9934
4	1.0406	0.9610	0.24628	4.0604	0.25628	3.9020	5.8044	1.4876
5	1.0510	0.9515	0.19604	5.1010	0.20604	4.8534	9.6103	1.9801
6	1.0615	0.9420	0.16255	6.1520	0.17255	5.7955	14.3205	2.4710
7	1.0721	0.9327	0.13863	7.2135	0.14863	6.7282	19.9168	2.9602
8	1.0829	0.9235	0.12069	8.2857	0.13069	7.6517	26.3812	3.4478
9	1.0937	0.9143	0.10674	9.3685	0.11674	8.5660	33.6959	3.9337
10	1.1046	0.9053	0.09558	10.4622	0.10558	9.4713	41.8435	4.4179
11	1.1157	0.8963	0.08645	11.5668	0.09645	10.3676	50.8067	4.9005
12	1.1268	0.8874	0.07885	12.6825	0.08885	11.2551	60.5687	5.3815
13	1.1381	0.8787	0.07241	13.8093	0.08241	12.1337	71.1126	5.8607
14	1.1495	0.8700	0.06690	14.9474	0.07690	13.0037	82.4221	6.3384
15	1.1610	0.8613	0.06212	16.0969	0.07212	13.8651	94.4810	6.8143
16	1.1726	0.8528	0.05794	17.2579	0.06794	14.7179	107.2734	7.2886
17	1.1843	0.8444	0.05426	18.4304	0.06426	15.5623	120.7834	7.7613
18	1.1961	0.8360	0.05098	19.6147	0.06098	16.3983	134.9957	8.2323
19	1.2081	0.8277	0.04805	20.8109	0.05805	17.2260	149.8950	8.7017
20	1.2202	0.8195	0.04542	22.0190	0.05542	18.0456	165.4664	9.1694
21	1.2324	0.8114	0.04303	23.2392	0.05303	18.8570	181.6950	9.6354
22	1.2447	0.8034	0.04086	24.4716	0.05086	19.6604	198.5663	10.0998
23	1.2572	0.7954	0.03889	25.7163	0.04889	20.4558	216.0660	10.5626
24	1.2697	0.7876	0.03707	26.9735	0.04707	21.2434	234.1800	11.0237
25	1.2824	0.7798	0.03541	28.2432	0.04541	22.0232	252.8945	11.4831
26	1.2953	0.7720	0.03387	29.5256	0.04387	22.7952	272.1957	11.9409
27	1.3082	0.7644	0.03245	30.8209	0.04245	23.5596	292.0702	12.3971
28	1.3213	0.7568	0.03112	32.1291	0.04112	24.3164	312.5047	12.8516
29	1.3345	0.7493	0.02990	33.4504	0.03990	25.0658	333.4863	13.3044
30	1.3478	0.7419	0.02875	34.7849	0.03875	25.8077	355.0021	13.7557
36	1.4308	0.6989	0.02321	43.0769	0.03321	30.1075	494.6207	16.4285
40	1.4889	0.6717	0.02046	48.8864	0.03046	32.8347	596.8561	18.1776
48	1.6122	0.6203	0.01633	61.2226	0.02633	37.9740	820.1460	21.5976
50	1.6446	0.6080	0.01551	64.4632	0.02551	39.1961	879.4176	22.4363
52	1.6777	0.5961	0.01476	67.7689	0.02476	40.3942	939.9175	23.2686
55	1.7285	0.5785	0.01373	72.8525	0.02373	42.1472	1032.81	24.5049
60	1.8167	0.5504	0.01224	81.6697	0.02224	44.9550	1192.81	26.5333
72	2.0471	0.4885	0.00955	104.7099	0.01955	51.1504	1597.87	31.2386
75	2.1091	0.4741	0.00902	110.9128	0.01902	52.5871	1702.73	32.3793
84	2.3067	0.4335	0.00765	130.6723	0.01765	56.6485	2023.32	35.7170
90	2.4486	0.4084	0.00690	144.8633	0.01690	59.1609	2240.57	37.8724
96	2.5993	0.3847	0.00625	159.9273	0.01625	61.5277	2459.43	39.9727
100	2.7048	0.3697	0.00587	170.4814	0.01587	63.0289	2605.78	41.3426
108	2.9289	0.3414	0.00518	192.8926	0.01518	65.8578	2898.42	44.0103
120	3.3004	0.3030	0.00435	230.0387	0.01435	69.7005	3334.11	47.8349
132	3.7190	0.2689	0.00368	271.8959	0.01368	73.1108	3761.69	51.4520
144	4.1906	0.2386	0.00313	319.0616	0.01313	76.1372	4177.47	54.8676
240	10.8926	0.0918	0.00101	989.2554	0.01101	90.8194	6878.60	75.7393
360	35.9496	0.0278	0.00029	3494.96	0.01029	97.2183	8720.43	89.6995
480	118.6477	0.0084	0.00008	11765	0.01008	99.1572	9511.16	95.9200

1.25%　　　表 5　間斷現金流：複利利率因子　　　1.25%

	一次支付金額		等額序列償付				等差遞增	
n	F/P 複利金額	P/F 現值	A/F 償債基金	F/A 複利金額	A/P 資本回收	P/A 現值	P/G 遞增現值	A/G 遞增等額序列
1	1.0125	0.9877	1.00000	1.0000	1.01250	0.9877		
2	1.0252	0.9755	0.49680	2.0125	0.50939	1.9631	0.9755	0.4969
3	1.0380	0.9634	0.32920	3.0377	0.34170	2.9265	2.9023	0.9917
4	1.0509	0.9515	0.24536	4.0756	0.25786	3.8781	5.7569	1.4845
5	1.0641	0.9398	0.19506	5.1266	0.20756	4.8178	9.5160	1.9752
6	1.0774	0.9282	0.16153	6.1907	0.17403	5.7460	14.1569	2.4638
7	1.0909	0.9167	0.13759	7.2680	0.15009	6.6627	19.6571	2.9503
8	1.1045	0.9054	0.11963	8.3589	0.13213	7.5681	25.9949	3.4348
9	1.1183	0.8942	0.10567	9.4634	0.11817	8.4623	33.1487	3.9172
10	1.1323	0.8832	0.09450	10.5817	0.10700	9.3455	41.0973	4.3975
11	1.1464	0.8723	0.08537	11.7139	0.09787	10.2178	49.8201	4.8758
12	1.1608	0.8615	0.07776	12.8604	0.09026	11.0793	59.2967	5.3520
13	1.1753	0.8509	0.07132	14.0211	0.08382	11.9302	69.5072	5.8262
14	1.1900	0.8404	0.06581	15.1964	0.07831	12.7706	80.4320	6.2982
15	1.2048	0.8300	0.06103	16.3863	0.07353	13.6005	92.0519	6.7682
16	1.2199	0.8197	0.05685	17.5912	0.06935	14.4203	104.3481	7.2362
17	1.2351	0.8096	0.05316	18.8111	0.06566	15.2299	117.3021	7.7021
18	1.2506	0.7996	0.04988	20.0462	0.06238	16.0295	130.8958	8.1659
19	1.2662	0.7898	0.04696	21.2968	0.05946	16.8193	145.1115	8.6277
20	1.2820	0.7800	0.04432	22.5630	0.05682	17.5993	159.9316	9.0874
21	1.2981	0.7704	0.04194	23.8450	0.05444	18.3697	175.3392	9.5450
22	1.3143	0.7609	0.03977	25.1431	0.05227	19.1306	191.3174	10.0006
23	1.3307	0.7515	0.03780	26.4574	0.05030	19.8820	207.8499	10.4542
24	1.3474	0.7422	0.03599	27.7881	0.04849	20.6242	224.9204	10.9056
25	1.3642	0.7330	0.03432	29.1354	0.04682	21.3573	242.5132	11.3551
26	1.3812	0.7240	0.03279	30.4996	0.04529	22.0813	260.6128	11.8024
27	1.3985	0.7150	0.03137	31.8809	0.04387	22.7963	279.2040	12.2478
28	1.4160	0.7062	0.03005	33.2794	0.04255	23.5025	298.2719	12.6911
29	1.4337	0.6975	0.02882	34.6954	0.04132	24.2000	317.8019	13.1323
30	1.4516	0.6889	0.02768	36.1291	0.04018	24.8889	337.7797	13.5715
36	1.5639	0.6394	0.02217	45.1155	0.03467	28.8473	466.2830	16.1639
40	1.6436	0.6084	0.01942	51.4896	0.03192	31.3269	559.2320	17.8515
48	1.8154	0.5509	0.01533	65.2284	0.02783	35.9315	759.2296	21.1299
50	1.8610	0.5373	0.01452	68.8818	0.02702	37.0129	811.6738	21.9295
52	1.9078	0.5242	0.01377	72.6271	0.02627	38.0677	864.9409	22.7211
55	1.9803	0.5050	0.01275	78.4225	0.02525	39.6017	946.2277	23.8936
60	2.1072	0.4746	0.01129	88.5745	0.02379	42.0346	1084.84	25.8083
72	2.4459	0.4088	0.00865	115.6736	0.02115	47.2925	1428.46	30.2047
75	2.5388	0.3939	0.00812	123.1035	0.02062	48.4890	1515.79	31.2605
84	2.8391	0.3522	0.00680	147.1290	0.01930	51.8222	1778.84	34.3258
90	3.0588	0.3269	0.00607	164.7050	0.01857	53.8461	1953.83	36.2855
96	3.2955	0.3034	0.00545	183.6411	0.01795	55.7246	2127.52	38.1793
100	3.4634	0.2887	0.00507	197.0723	0.01757	56.9013	2242.24	39.4058
108	3.8253	0.2614	0.00442	226.0226	0.01692	59.0865	2468.26	41.7737
120	4.4402	0.2252	0.00363	275.2171	0.01613	61.9828	2796.57	45.1184
132	5.1540	0.1940	0.00301	332.3198	0.01551	64.4781	3109.35	48.2234
144	5.9825	0.1672	0.00251	398.6021	0.01501	66.6277	3404.61	51.0990
240	19.7155	0.0507	0.00067	1497.24	0.01317	75.9423	5101.53	67.1764
360	87.5410	0.0114	0.00014	6923.28	0.01264	79.0861	5997.90	75.8401
480	388.7007	0.0026	0.00003	31016	0.01253	79.7942	6284.74	78.7619

1.5%　　　表 6　間斷現金流：複利利率因子　　　1.5%

	一次支付金額		等額序列償付				等差遞增	
n	F/P 複利金額	P/F 現值	A/F 償債基金	F/A 複利金額	A/P 資本回收	P/A 現值	P/G 遞增現值	A/G 遞增等額序列
1	1.0150	0.9852	1.00000	1.0000	1.01500	0.9852		
2	1.0302	0.9707	0.49628	2.0150	0.51128	1.9559	0.9707	0.4963
3	1.0457	0.9563	0.32838	3.0452	0.34338	2.9122	2.8833	0.9901
4	1.0614	0.9422	0.24444	4.0909	0.25944	3.8544	5.7098	1.4814
5	1.0773	0.9283	0.19409	5.1523	0.20909	4.7826	9.4229	1.9702
6	1.0934	0.9145	0.16053	6.2296	0.17553	5.6972	13.9956	2.4566
7	1.1098	0.9010	0.13656	7.3230	0.15156	6.5982	19.4018	2.9405
8	1.1265	0.8877	0.11858	8.4328	0.13358	7.4859	25.6157	3.4219
9	1.1434	0.8746	0.10461	9.5593	0.11961	8.3605	32.6125	3.9008
10	1.1605	0.8617	0.09343	10.7027	0.10843	9.2222	40.3675	4.3772
11	1.1779	0.8489	0.08429	11.8633	0.09929	10.0711	48.8568	4.8512
12	1.1956	0.8364	0.07668	13.0412	0.09168	10.9075	58.0571	5.3227
13	1.2136	0.8240	0.07024	14.2368	0.08524	11.7315	67.9454	5.7917
14	1.2318	0.8118	0.06472	15.4504	0.07972	12.5434	78.4994	6.2582
15	1.2502	0.7999	0.05994	16.6821	0.07494	13.3432	89.6974	6.7223
16	1.2690	0.7880	0.05577	17.9324	0.07077	14.1313	101.5178	7.1839
17	1.2880	0.7764	0.05208	19.2014	0.06708	14.9076	113.9400	7.6431
18	1.3073	0.7649	0.04881	20.4894	0.06381	15.6726	126.9435	8.0997
19	1.3270	0.7536	0.04588	21.7967	0.06088	16.4262	140.5084	8.5539
20	1.3469	0.7425	0.04325	23.1237	0.05825	17.1686	154.6154	9.0057
21	1.3671	0.7315	0.04087	24.4705	0.05587	17.9001	169.2453	9.4550
22	1.3876	0.7207	0.03870	25.8376	0.05370	18.6208	184.3798	9.9018
23	1.4084	0.7100	0.03673	27.2251	0.05173	19.3309	200.0006	10.3462
24	1.4295	0.6995	0.03492	28.6335	0.04992	20.0304	216.0901	10.7881
25	1.4509	0.6892	0.03326	30.0630	0.04826	20.7196	232.6310	11.2276
26	1.4727	0.6790	0.03173	31.5140	0.04673	21.3986	249.6065	11.6646
27	1.4948	0.6690	0.03032	32.9867	0.04532	22.0676	267.0002	12.0992
28	1.5172	0.6591	0.02900	34.4815	0.04400	22.7267	284.7958	12.5313
29	1.5400	0.6494	0.02778	35.9987	0.04278	23.3761	302.9779	12.9610
30	1.5631	0.6398	0.02664	37.5387	0.04164	24.0158	321.5310	13.3883
36	1.7091	0.5851	0.02115	47.2760	0.03615	27.6607	439.8303	15.9009
40	1.8140	0.5513	0.01843	54.2679	0.03343	29.9158	524.3568	17.5277
48	2.0435	0.4894	0.01437	69.5652	0.02937	34.0426	703.5462	20.6667
50	2.1052	0.4750	0.01357	73.6828	0.02857	34.9997	749.9636	21.4277
52	2.1689	0.4611	0.01283	77.9249	0.02783	35.9287	796.8774	22.1794
55	2.2679	0.4409	0.01183	84.5296	0.02683	37.2715	868.0285	23.2894
60	2.4432	0.4093	0.01039	96.2147	0.02539	39.3803	988.1674	25.0930
72	2.9212	0.3423	0.00781	128.0772	0.02281	43.8447	1279.79	29.1893
75	3.0546	0.3274	0.00730	136.9728	0.02230	44.8416	1352.56	30.1631
84	3.4926	0.2863	0.00602	166.1726	0.02102	47.5786	1568.51	32.9668
90	3.8189	0.2619	0.00532	187.9299	0.02032	49.2099	1709.54	34.7399
96	4.1758	0.2395	0.00472	211.7202	0.01972	50.7017	1847.47	36.4381
100	4.4320	0.2256	0.00437	228.8030	0.01937	51.6247	1937.45	37.5295
108	4.9927	0.2003	0.00376	266.1778	0.01876	53.3137	2112.13	39.6171
120	5.9693	0.1675	0.00302	331.2882	0.01802	55.4985	2359.71	42.5185
132	7.1370	0.1401	0.00244	409.1354	0.01744	57.3257	2588.71	45.1579
144	8.5332	0.1172	0.00199	502.2109	0.01699	58.8540	2798.58	47.5512
240	35.6328	0.0281	0.00043	2308.85	0.01543	64.7957	3870.69	59.7368
360	212.7038	0.0047	0.00007	14114	0.01507	66.3532	4310.72	64.9662
480	1269.70	0.0008	0.00001	84580	0.01501	66.6142	4415.74	66.2883

表 7　間斷現金流：複利利率因子　2%

	一次支付金額		等額序列償付				等差遞增	
n	F/P 複利金額	P/F 現值	A/F 償債基金	F/A 複利金額	A/P 資本回收	P/A 現值	P/G 遞增現值	A/G 遞增等額序列
1	1.0200	0.9804	1.00000	1.0000	1.02000	0.9804		
2	1.0404	0.9612	0.49505	2.0200	0.51505	1.9416	0.9612	0.4950
3	1.0612	0.9423	0.32675	3.0604	0.34675	2.8839	2.8458	0.9868
4	1.0824	0.9238	0.24262	4.1216	0.26262	3.8077	5.6173	1.4752
5	1.1041	0.9057	0.19216	5.2040	0.21216	4.7135	9.2403	1.9604
6	1.1262	0.8880	0.15853	6.3081	0.17853	5.6014	13.6801	2.4423
7	1.1487	0.8706	0.13451	7.4343	0.15451	6.4720	18.9035	2.9208
8	1.1717	0.8535	0.11651	8.5830	0.13651	7.3255	24.8779	3.3961
9	1.1951	0.8368	0.10252	9.7546	0.12252	8.1622	31.5720	3.8681
10	1.2190	0.8203	0.09133	10.9497	0.11133	8.9826	38.9551	4.3367
11	1.2434	0.8043	0.08218	12.1687	0.10218	9.7868	46.9977	4.8021
12	1.2682	0.7885	0.07456	13.4121	0.09456	10.5753	55.6712	5.2642
13	1.2936	0.7730	0.06812	14.6803	0.08812	11.3484	64.9475	5.7231
14	1.3195	0.7579	0.06260	15.9739	0.08260	12.1062	74.7999	6.1786
15	1.3459	0.7430	0.05783	17.2934	0.07783	12.8493	85.2021	6.6309
16	1.3728	0.7284	0.05365	18.6393	0.07365	13.5777	96.1288	7.0799
17	1.4002	0.7142	0.04997	20.0121	0.06997	14.2919	107.5554	7.5256
18	1.4282	0.7002	0.04670	21.4123	0.06670	14.9920	119.4581	7.9681
19	1.4568	0.6864	0.04378	22.8406	0.06378	15.6785	131.8139	8.4073
20	1.4859	0.6730	0.04116	24.2974	0.06116	16.3514	144.6003	8.8433
21	1.5157	0.6598	0.03878	25.7833	0.05878	17.0112	157.7959	9.2760
22	1.5460	0.6468	0.03663	27.2990	0.05663	17.6580	171.3795	9.7055
23	1.5769	0.6342	0.03467	28.8450	0.05467	18.2922	185.3309	10.1317
24	1.6084	0.6217	0.03287	30.4219	0.05287	18.9139	199.6305	10.5547
25	1.6406	0.6095	0.03122	32.0303	0.05122	19.5235	214.2592	10.9745
26	1.6734	0.5976	0.02970	33.6709	0.04970	20.1210	229.1987	11.3910
27	1.7069	0.5859	0.02829	35.3443	0.04829	20.7069	244.4311	11.8043
28	1.7410	0.5744	0.02699	37.0512	0.04699	21.2813	259.9392	12.2145
29	1.7758	0.5631	0.02578	38.7922	0.04578	21.8444	275.7064	12.6214
30	1.8114	0.5521	0.02465	40.5681	0.04465	22.3965	291.7164	13.0251
36	2.0399	0.4902	0.01923	51.9944	0.03923	25.4888	392.0405	15.3809
40	2.2080	0.4529	0.01656	60.4020	0.03656	27.3555	461.9931	16.8885
48	2.5871	0.3865	0.01260	79.3535	0.03260	30.6731	605.9657	19.7556
50	2.6916	0.3715	0.01182	84.5794	0.03182	31.4236	642.3606	20.4420
52	2.8003	0.3571	0.01111	90.0164	0.03111	32.1449	678.7849	21.1164
55	2.9717	0.3365	0.01014	98.5865	0.03014	33.1748	733.3527	22.1057
60	3.2810	0.3048	0.00877	114.0515	0.02877	34.7609	823.6975	23.6961
72	4.1611	0.2403	0.00633	158.0570	0.02633	37.9841	1034.06	27.2234
75	4.4158	0.2265	0.00586	170.7918	0.02586	38.6771	1084.64	28.0434
84	5.2773	0.1895	0.00468	213.8666	0.02468	40.5255	1230.42	30.3616
90	5.9431	0.1683	0.00405	247.1567	0.02405	41.5869	1322.17	31.7929
96	6.6929	0.1494	0.00351	284.6467	0.02351	42.5294	1409.30	33.1370
100	7.2446	0.1380	0.00320	312.2323	0.02320	43.0984	1464.75	33.9863
108	8.4883	0.1178	0.00267	374.4129	0.02267	44.1095	1569.30	35.5774
120	10.7652	0.0929	0.00205	488.2582	0.02205	45.3554	1710.42	37.7114
132	13.6528	0.0732	0.00158	632.6415	0.02158	46.3378	1833.47	39.5676
144	17.3151	0.0578	0.00123	815.7545	0.02123	47.1123	1939.79	41.1738
240	115.8887	0.0086	0.00017	5744.44	0.02017	49.5686	2374.88	47.9110
360	1247.56	0.0008	0.00002	62328	0.02002	49.9599	2482.57	49.7112
480	13430	0.0001			0.02000	49.9963	2498.03	49.9643

表 8 間斷現金流：複利利率因子 3%

n	F/P 複利金額	P/F 現值	A/F 償債基金	F/A 複利金額	A/P 資本回收	P/A 現值	P/G 遞增現值	A/G 遞增等額序列
1	1.0300	0.9709	1.00000	1.0000	1.03000	0.9709		
2	1.0609	0.9426	0.49261	2.0300	0.52261	1.9135	0.9426	0.4926
3	1.0927	0.9151	0.32353	3.0909	0.35353	2.8286	2.7729	0.9803
4	1.1255	0.8885	0.23903	4.1836	0.26903	3.7171	5.4383	1.4631
5	1.1593	0.8626	0.18835	5.3091	0.21835	4.5797	8.8888	1.9409
6	1.1941	0.8375	0.15460	6.4684	0.18460	5.4172	13.0762	2.4138
7	1.2299	0.8131	0.13051	7.6625	0.16051	6.2303	17.9547	2.8819
8	1.2668	0.7894	0.11246	8.8923	0.14246	7.0197	23.4806	3.3450
9	1.3048	0.7664	0.09843	10.1591	0.12843	7.7861	29.6119	3.8032
10	1.3439	0.7441	0.08723	11.4639	0.11723	8.5302	36.3088	4.2565
11	1.3842	0.7224	0.07808	12.8078	0.10808	9.2526	43.5330	4.7049
12	1.4258	0.7014	0.07046	14.1920	0.10046	9.9540	51.2482	5.1485
13	1.4685	0.6810	0.06403	15.6178	0.09403	10.6350	59.4196	5.5872
14	1.5126	0.6611	0.05853	17.0863	0.08853	11.2961	68.0141	6.0210
15	1.5580	0.6419	0.05377	18.5989	0.08377	11.9379	77.0002	6.4500
16	1.6047	0.6232	0.04961	20.1569	0.07961	12.5611	86.3477	6.8742
17	1.6528	0.6050	0.04595	21.7616	0.07595	13.1661	96.0280	7.2936
18	1.7024	0.5874	0.04271	23.4144	0.07271	13.7535	106.0137	7.7081
19	1.7535	0.5703	0.03981	25.1169	0.06981	14.3238	116.2788	8.1179
20	1.8061	0.5537	0.03722	26.8704	0.06722	14.8775	126.7987	8.5229
21	1.8603	0.5375	0.03487	28.6765	0.06487	15.4150	137.5496	8.9231
22	1.9161	0.5219	0.03275	30.5368	0.06275	15.9369	148.5094	9.3186
23	1.9736	0.5067	0.03081	32.4529	0.06081	16.4436	159.6566	9.7093
24	2.0328	0.4919	0.02905	34.4265	0.05905	16.9355	170.9711	10.0954
25	2.0938	0.4776	0.02743	36.4593	0.05743	17.4131	182.4336	10.4768
26	2.1566	0.4637	0.02594	38.5530	0.05594	17.8768	194.0260	10.8535
27	2.2213	0.4502	0.02456	40.7096	0.05456	18.3270	205.7309	11.2255
28	2.2879	0.4371	0.02329	42.9309	0.05329	18.7641	217.5320	11.5930
29	2.3566	0.4243	0.02211	45.2189	0.05211	19.1885	229.4137	11.9558
30	2.4273	0.4120	0.02102	47.5754	0.05102	19.6004	241.3613	12.3141
31	2.5001	0.4000	0.02000	50.0027	0.05000	20.0004	253.3609	12.6678
32	2.5751	0.3883	0.01905	52.5028	0.04905	20.3888	265.3993	13.0169
33	2.6523	0.3770	0.01816	55.0778	0.04816	20.7658	277.4642	13.3616
34	2.7319	0.3660	0.01732	57.7302	0.04732	21.1318	289.5437	13.7018
35	2.8139	0.3554	0.01654	60.4621	0.04654	21.4872	301.6267	14.0375
40	3.2620	0.3066	0.01326	75.4013	0.04326	23.1148	361.7499	15.6502
45	3.7816	0.2644	0.01079	92.7199	0.04079	24.5187	420.6325	17.1556
50	4.3839	0.2281	0.00887	112.7969	0.03887	25.7298	477.4803	18.5575
55	5.0821	0.1968	0.00735	136.0716	0.03735	26.7744	531.7411	19.8600
60	5.8916	0.1697	0.00613	163.0534	0.03613	27.6756	583.0526	21.0674
65	6.8300	0.1464	0.00515	194.3328	0.03515	28.4529	631.2010	22.1841
70	7.9178	0.1263	0.00434	230.5941	0.03434	29.1234	676.0869	23.2145
75	9.1789	0.1089	0.00367	272.6309	0.03367	29.7018	717.6978	24.1634
80	10.6409	0.0940	0.00311	321.3630	0.03311	30.2008	756.0865	25.0353
84	11.9764	0.0835	0.00273	365.8805	0.03273	30.5501	784.5434	25.6806
85	12.3357	0.0811	0.00265	377.8570	0.03265	30.6312	791.3529	25.8349
90	14.3005	0.0699	0.00226	443.3489	0.03226	31.0024	823.6302	26.5667
96	17.0755	0.0586	0.00187	535.8502	0.03187	31.3812	858.6377	27.3615
108	24.3456	0.0411	0.00129	778.1863	0.03129	31.9642	917.6013	28.7072
120	34.7110	0.0288	0.00089	1123.70	0.03089	32.3730	963.8635	29.7737

表 9　間斷現金流：複利利率因子　（4%）

	一次支付金額		等額序列償付				等差遞增	
n	F/P 複利金額	P/F 現值	A/F 償債基金	F/A 複利金額	A/P 資本回收	P/A 現值	P/G 遞增現值	A/G 遞增等額序列
1	1.0400	0.9615	1.00000	1.0000	1.04000	0.9615		
2	1.0816	0.9246	0.49020	2.0400	0.53020	1.8861	0.9246	0.4902
3	1.1249	0.8890	0.32035	3.1216	0.36035	2.7751	2.7025	0.9739
4	1.1699	0.8548	0.23549	4.2465	0.27549	3.6299	5.2670	1.4510
5	1.2167	0.8219	0.18463	5.4163	0.22463	4.4518	8.5547	1.9216
6	1.2653	0.7903	0.15076	6.6330	0.19076	5.2421	12.5062	2.3857
7	1.3159	0.7599	0.12661	7.8983	0.16661	6.0021	17.0657	2.8433
8	1.3686	0.7307	0.10853	9.2142	0.14853	6.7327	22.1806	3.2944
9	1.4233	0.7026	0.09449	10.5828	0.13449	7.4353	27.8013	3.7391
10	1.4802	0.6756	0.08329	12.0061	0.12329	8.1109	33.8814	4.1773
11	1.5395	0.6496	0.07415	13.4864	0.11415	8.7605	40.3772	4.6090
12	1.6010	0.6246	0.06655	15.0258	0.10655	9.3851	47.2477	5.0343
13	1.6651	0.6006	0.06014	16.6268	0.10014	9.9856	54.4546	5.4533
14	1.7317	0.5775	0.05467	18.2919	0.09467	10.5631	61.9618	5.8659
15	1.8009	0.5553	0.04994	20.0236	0.08994	11.1184	69.7355	6.2721
16	1.8730	0.5339	0.04582	21.8245	0.08582	11.6523	77.7441	6.6720
17	1.9479	0.5134	0.04220	23.6975	0.08220	12.1657	85.9581	7.0656
18	2.0258	0.4936	0.03899	25.6454	0.07899	12.6593	94.3498	7.4530
19	2.1068	0.4746	0.03614	27.6712	0.07614	13.1339	102.8933	7.8342
20	2.1911	0.4564	0.03358	29.7781	0.07358	13.5903	111.5647	8.2091
21	2.2788	0.4388	0.03128	31.9692	0.07128	14.0292	120.3414	8.5779
22	2.3699	0.4220	0.02920	34.2480	0.06920	14.4511	129.2024	8.9407
23	2.4647	0.4057	0.02731	36.6179	0.06731	14.8568	138.1284	9.2973
24	2.5633	0.3901	0.02559	39.0826	0.06559	15.2470	147.1012	9.6479
25	2.6658	0.3751	0.02401	41.6459	0.06401	15.6221	156.1040	9.9925
26	2.7725	0.3607	0.02257	44.3117	0.06257	15.9828	165.1212	10.3312
27	2.8834	0.3468	0.02124	47.0842	0.06124	16.3296	174.1385	10.6640
28	2.9987	0.3335	0.02001	49.9676	0.06001	16.6631	183.1424	10.9909
29	3.1187	0.3207	0.01888	52.9663	0.05888	16.9837	192.1206	11.3120
30	3.2434	0.3083	0.01783	56.0849	0.05783	17.2920	201.0618	11.6274
31	3.3731	0.2965	0.01686	59.3283	0.05686	17.5885	209.9556	11.9371
32	3.5081	0.2851	0.01595	62.7015	0.05595	17.8736	218.7924	12.2411
33	3.6484	0.2741	0.01510	66.2095	0.05510	18.1476	227.5634	12.5396
34	3.7943	0.2636	0.01431	69.8579	0.05431	18.4112	236.2607	12.8324
35	3.9461	0.2534	0.01358	73.6522	0.05358	18.6646	244.8768	13.1198
40	4.8010	0.2083	0.01052	95.0255	0.05052	19.7928	286.5303	14.4765
45	5.8412	0.1712	0.00826	121.0294	0.04826	20.7200	325.4028	15.7047
50	7.1067	0.1407	0.00655	152.6671	0.04655	21.4822	361.1638	16.8122
55	8.6464	0.1157	0.00523	191.1592	0.04523	22.1086	393.6890	17.8070
60	10.5196	0.0951	0.00420	237.9907	0.04420	22.6235	422.9966	18.6972
65	12.7987	0.0781	0.00339	294.0684	0.04339	23.0467	449.2014	19.4909
70	15.5716	0.0642	0.00275	364.2905	0.04275	23.3945	472.4789	20.1961
75	18.9453	0.0528	0.00223	448.6314	0.04223	23.6804	493.0408	20.8206
80	23.0498	0.0434	0.00181	551.2450	0.04181	23.9154	511.1161	21.3718
85	28.0436	0.0357	0.00148	676.0901	0.04148	24.1085	526.9384	21.8569
90	34.1193	0.0293	0.00121	827.9833	0.04121	24.2673	540.7369	22.2826
96	43.1718	0.0232	0.00095	1054.30	0.04095	24.4209	554.9312	22.7236
108	69.1195	0.0145	0.00059	1702.99	0.04059	24.6383	576.8949	23.4146
120	110.6626	0.0090	0.00036	2741.56	0.04036	24.7741	592.2428	23.9057
144	283.6618	0.0035	0.00014	7066.55	0.04014	24.9119	610.1055	24.4906

表 10　間斷現金流：複利利率因子　5%

	一次支付金額		等額序列償付				等差遞增	
n	F/P 複利金額	P/F 現值	A/F 償債基金	F/A 複利金額	A/P 資本回收	P/A 現值	P/G 遞增現值	A/G 遞增等額序列
1	1.0500	0.9524	1.00000	1.0000	1.05000	0.9524		
2	1.1025	0.9070	0.48780	2.0500	0.53780	1.8594	0.9070	0.4878
3	1.1576	0.8638	0.31721	3.1525	0.36721	2.7232	2.6347	0.9675
4	1.2155	0.8227	0.23201	4.3101	0.28201	3.5460	5.1028	1.4391
5	1.2763	0.7835	0.18097	5.5256	0.23097	4.3295	8.2369	1.9025
6	1.3401	0.7462	0.14702	6.8019	0.19702	5.0757	11.9680	2.3579
7	1.4071	0.7107	0.12282	8.1420	0.17282	5.7864	16.2321	2.8052
8	1.4775	0.6768	0.10472	9.5491	0.15472	6.4632	20.9700	3.2445
9	1.5513	0.6446	0.09069	11.0266	0.14069	7.1078	26.1268	3.6758
10	1.6289	0.6139	0.07950	12.5779	0.12950	7.7217	31.6520	4.0991
11	1.7103	0.5847	0.07039	14.2068	0.12039	8.3064	37.4988	4.5144
12	1.7959	0.5568	0.06283	15.9171	0.11283	8.8633	43.6241	4.9219
13	1.8856	0.5303	0.05646	17.7130	0.10646	9.3936	49.9879	5.3215
14	1.9799	0.5051	0.05102	19.5986	0.10102	9.8986	56.5538	5.7133
15	2.0789	0.4810	0.04634	21.5786	0.09634	10.3797	63.2880	6.0973
16	2.1829	0.4581	0.04227	23.6575	0.09227	10.8378	70.1597	6.4736
17	2.2920	0.4363	0.03870	25.8404	0.08870	11.2741	77.1405	6.8423
18	2.4066	0.4155	0.03555	28.1324	0.08555	11.6896	84.2043	7.2034
19	2.5270	0.3957	0.03275	30.5390	0.08275	12.0853	91.3275	7.5569
20	2.6533	0.3769	0.03024	33.0660	0.08024	12.4622	98.4884	7.9030
21	2.7860	0.3589	0.02800	35.7193	0.07800	12.8212	105.6673	8.2416
22	2.9253	0.3418	0.02597	38.5052	0.07597	13.1630	112.8461	8.5730
23	3.0715	0.3256	0.02414	41.4305	0.07414	13.4886	120.0087	8.8971
24	3.2251	0.3101	0.02247	44.5020	0.07247	13.7986	127.1402	9.2140
25	3.3864	0.2953	0.02095	47.7271	0.07095	14.0939	134.2275	9.5238
26	3.5557	0.2812	0.01956	51.1135	0.06956	14.3752	141.2585	9.8266
27	3.7335	0.2678	0.01829	54.6691	0.06829	14.6430	148.2226	10.1224
28	3.9201	0.2551	0.01712	58.4026	0.06712	14.8981	155.1101	10.4114
29	4.1161	0.2429	0.01605	62.3227	0.06605	15.1411	161.9126	10.6936
30	4.3219	0.2314	0.01505	66.4388	0.06505	15.3725	168.6226	10.9691
31	4.5380	0.2204	0.01413	70.7608	0.06413	15.5928	175.2333	11.2381
32	4.7649	0.2099	0.01328	75.2988	0.06328	15.8027	181.7392	11.5005
33	5.0032	0.1999	0.01249	80.0638	0.06249	16.0025	188.1351	11.7566
34	5.2533	0.1904	0.01176	85.0670	0.06176	16.1929	194.4168	12.0063
35	5.5160	0.1813	0.01107	90.3203	0.06107	16.3742	200.5807	12.2498
40	7.0400	0.1420	0.00828	120.7998	0.05828	17.1591	229.5452	13.3775
45	8.9850	0.1113	0.00626	159.7002	0.05626	17.7741	255.3145	14.3644
50	11.4674	0.0872	0.00478	209.3480	0.05478	18.2559	277.9148	15.2233
55	14.6356	0.0683	0.00367	272.7126	0.05367	18.6335	297.5104	15.9664
60	18.6792	0.0535	0.00283	353.5837	0.05283	18.9293	314.3432	16.6062
65	23.8399	0.0419	0.00219	456.7980	0.05219	19.1611	328.6910	17.1541
70	30.4264	0.0329	0.00170	588.5285	0.05170	19.3427	340.8409	17.6212
75	38.8327	0.0258	0.00132	756.6537	0.05132	19.4850	351.0721	18.0176
80	49.5614	0.0202	0.00103	971.2288	0.05103	19.5965	359.6460	18.3526
85	63.2544	0.0158	0.00080	1245.09	0.05080	19.6838	366.8007	18.6346
90	80.7304	0.0124	0.00063	1594.61	0.05063	19.7523	372.7488	18.8712
95	103.0347	0.0097	0.00049	2040.69	0.05049	19.8059	377.6774	19.0689
96	108.1864	0.0092	0.00047	2143.73	0.05047	19.8151	378.5555	19.1044
98	119.2755	0.0084	0.00042	2365.51	0.05042	19.8323	380.2139	19.1714
100	131.5013	0.0076	0.00038	2610.03	0.05038	19.8479	381.7492	19.2337

表 11　間斷現金流：複利利率因子　6%

	一次支付金額		等額序列償付				等差遞增	
	F/P	P/F	A/F	F/A	A/P	P/A	P/G	A/G
n	複利金額	現值	償債基金	複利金額	資本回收	現值	遞增現值	遞增等額序列
1	1.0600	0.9434	1.00000	1.0000	1.06000	0.9434		
2	1.1236	0.8900	0.48544	2.0600	0.54544	1.8334	0.8900	0.4854
3	1.1910	0.8396	0.31411	3.1836	0.37411	2.6730	2.5692	0.9612
4	1.2625	0.7921	0.22859	4.3746	0.28859	3.4651	4.9455	1.4272
5	1.3382	0.7473	0.17740	5.6371	0.23740	4.2124	7.9345	1.8836
6	1.4185	0.7050	0.14336	6.9753	0.20336	4.9173	11.4594	2.3304
7	1.5036	0.6651	0.11914	8.3938	0.17914	5.5824	15.4497	2.7676
8	1.5938	0.6274	0.10104	9.8975	0.16104	6.2098	19.8416	3.1952
9	1.6895	0.5919	0.08702	11.4913	0.14702	6.8017	24.5768	3.6133
10	1.7908	0.5584	0.07587	13.1808	0.13587	7.3601	29.6023	4.0220
11	1.8983	0.5268	0.06679	14.9716	0.12679	7.8869	34.8702	4.4213
12	2.0122	0.4970	0.05928	16.8699	0.11928	8.3838	40.3369	4.8113
13	2.1329	0.4688	0.05296	18.8821	0.11296	8.8527	45.9629	5.1920
14	2.2609	0.4423	0.04758	21.0151	0.10758	9.2950	51.7128	5.5635
15	2.3966	0.4173	0.04296	23.2760	0.10296	9.7122	57.5546	5.9260
16	2.5404	0.3936	0.03895	25.6725	0.09895	10.1059	63.4592	6.2794
17	2.6928	0.3714	0.03544	28.2129	0.09544	10.4773	69.4011	6.6240
18	2.8543	0.3503	0.03236	30.9057	0.09236	10.8276	75.3569	6.9597
19	3.0256	0.3305	0.02962	33.7600	0.08962	11.1581	81.3062	7.2867
20	3.2071	0.3118	0.02718	36.7856	0.08718	11.4699	87.2304	7.6051
21	3.3996	0.2942	0.02500	39.9927	0.08500	11.7641	93.1136	7.9151
22	3.6035	0.2775	0.02305	43.3923	0.08305	12.0416	98.9412	8.2166
23	3.8197	0.2618	0.02128	46.9958	0.08128	12.3034	104.7007	8.5099
24	4.0489	0.2470	0.01968	50.8156	0.07968	12.5504	110.3812	8.7951
25	4.2919	0.2330	0.01823	54.8645	0.07823	12.7834	115.9732	9.0722
26	4.5494	0.2198	0.01690	59.1564	0.07690	13.0032	121.4684	9.3414
27	4.8223	0.2074	0.01570	63.7058	0.07570	13.2105	126.8600	9.6029
28	5.1117	0.1956	0.01459	68.5281	0.07459	13.4062	132.1420	9.8568
29	5.4184	0.1846	0.01358	73.6398	0.07358	13.5907	137.3096	10.1032
30	5.7435	0.1741	0.01265	79.0582	0.07265	13.7648	142.3588	10.3422
31	6.0881	0.1643	0.01179	84.8017	0.07179	13.9291	147.2864	10.5740
32	6.4534	0.1550	0.01100	90.8898	0.07100	14.0840	152.0901	10.7988
33	6.8406	0.1462	0.01027	97.3432	0.07027	14.2302	156.7681	11.0166
34	7.2510	0.1379	0.00960	104.1838	0.06960	14.3681	161.3192	11.2276
35	7.6861	0.1301	0.00897	111.4348	0.06897	14.4982	165.7427	11.4319
40	10.2857	0.0972	0.00646	154.7620	0.06646	15.0463	185.9568	12.3590
45	13.7646	0.0727	0.00470	212.7435	0.06470	15.4558	203.1096	13.1413
50	18.4202	0.0543	0.00344	290.3359	0.06344	15.7619	217.4574	13.7964
55	24.6503	0.0406	0.00254	394.1720	0.06254	15.9905	229.3222	14.3411
60	32.9877	0.0303	0.00188	533.1282	0.06188	16.1614	239.0428	14.7909
65	44.1450	0.0227	0.00139	719.0829	0.06139	16.2891	246.9450	15.1601
70	59.0759	0.0169	0.00103	967.9322	0.06103	16.3845	253.3271	15.4613
75	79.0569	0.0126	0.00077	1300.95	0.06077	16.4558	258.4527	15.7058
80	105.7960	0.0095	0.00057	1746.60	0.06057	16.5091	262.5493	15.9033
85	141.5789	0.0071	0.00043	2342.98	0.06043	16.5489	265.8096	16.0620
90	189.4645	0.0053	0.00032	3141.08	0.06032	16.5787	268.3946	16.1891
95	253.5463	0.0039	0.00024	4209.10	0.06024	16.6009	270.4375	16.2905
96	268.7590	0.0037	0.00022	4462.65	0.06022	16.6047	270.7909	16.3081
98	301.9776	0.0033	0.00020	5016.29	0.06020	16.6115	271.4491	16.3411
100	339.3021	0.0029	0.00018	5638.37	0.06018	16.6175	272.0471	16.3711

表 12　間斷現金流：複利利率因子　7%

	一次支付金額		等額序列償付				等差遞增	
n	F/P 複利金額	P/F 現值	A/F 償債基金	F/A 複利金額	A/P 資本回收	P/A 現值	P/G 遞增現值	A/G 遞增等額序列
1	1.0700	0.9346	1.00000	1.0000	1.07000	0.9346		
2	1.1449	0.8734	0.48309	2.0700	0.55309	1.8080	0.8734	0.4831
3	1.2250	0.8163	0.31105	3.2149	0.38105	2.6243	2.5060	0.9549
4	1.3108	0.7629	0.22523	4.4399	0.29523	3.3872	4.7947	1.4155
5	1.4026	0.7130	0.17389	5.7507	0.24389	4.1002	7.6467	1.8650
6	1.5007	0.6663	0.13980	7.1533	0.20980	4.7665	10.9784	2.3032
7	1.6058	0.6227	0.11555	8.6540	0.18555	5.3893	14.7149	2.7304
8	1.7182	0.5820	0.09747	10.2598	0.16747	5.9713	18.7889	3.1465
9	1.8385	0.5439	0.08349	11.9780	0.15349	6.5152	23.1404	3.5517
10	1.9672	0.5083	0.07238	13.8164	0.14238	7.0236	27.7156	3.9461
11	2.1049	0.4751	0.06336	15.7836	0.13336	7.4987	32.4665	4.3296
12	2.2522	0.4440	0.05590	17.8885	0.12590	7.9427	37.3506	4.7025
13	2.4098	0.4150	0.04965	20.1406	0.11965	8.3577	42.3302	5.0648
14	2.5785	0.3878	0.04434	22.5505	0.11434	8.7455	47.3718	5.4167
15	2.7590	0.3624	0.03979	25.1290	0.10979	9.1079	52.4461	5.7583
16	2.9522	0.3387	0.03586	27.8881	0.10586	9.4466	57.5271	6.0897
17	3.1588	0.3166	0.03243	30.8402	0.10243	9.7632	62.5923	6.4110
18	3.3799	0.2959	0.02941	33.9990	0.09941	10.0591	67.6219	6.7225
19	3.6165	0.2765	0.02675	37.3790	0.09675	10.3356	72.5991	7.0242
20	3.8697	0.2584	0.02439	40.9955	0.09439	10.5940	77.5091	7.3163
21	4.1406	0.2415	0.02229	44.8652	0.09229	10.8355	82.3393	7.5990
22	4.4304	0.2257	0.02041	49.0057	0.09041	11.0612	87.0793	7.8725
23	4.7405	0.2109	0.01871	53.4361	0.08871	11.2722	91.7201	8.1369
24	5.0724	0.1971	0.01719	58.1767	0.08719	11.4693	96.2545	8.3923
25	5.4274	0.1842	0.01581	63.2490	0.08581	11.6536	100.6765	8.6391
26	5.8074	0.1722	0.01456	68.6765	0.08456	11.8258	104.9814	8.8773
27	6.2139	0.1609	0.01343	74.4838	0.08343	11.9867	109.1656	9.1072
28	6.6488	0.1504	0.01239	80.6977	0.08239	12.1371	113.2264	9.3289
29	7.1143	0.1406	0.01145	87.3465	0.08145	12.2777	117.1622	9.5427
30	7.6123	0.1314	0.01059	94.4608	0.08059	12.4090	120.9718	9.7487
31	8.1451	0.1228	0.00980	102.0730	0.07980	12.5318	124.6550	9.9471
32	8.7153	0.1147	0.00907	110.2182	0.07907	12.6466	128.2120	10.1381
33	9.3253	0.1072	0.00841	118.9334	0.07841	12.7538	131.6435	10.3219
34	9.9781	0.1002	0.00780	128.2588	0.07780	12.8540	134.9507	10.4987
35	10.6766	0.0937	0.00723	138.2369	0.07723	12.9477	138.1353	10.6687
40	14.9745	0.0668	0.00501	199.6351	0.07501	13.3317	152.2928	11.4233
45	21.0025	0.0476	0.00350	285.7493	0.07350	13.6055	163.7559	12.0360
50	29.4570	0.0339	0.00246	406.5289	0.07246	13.8007	172.9051	12.5287
55	41.3150	0.0242	0.00174	575.9286	0.07174	13.9399	180.1243	12.9215
60	57.9464	0.0173	0.00123	813.5204	0.07123	14.0392	185.7677	13.2321
65	81.2729	0.0123	0.00087	1146.76	0.07087	14.1099	190.1452	13.4760
70	113.9894	0.0088	0.00062	1614.13	0.07062	14.1604	193.5185	13.6662
75	159.8760	0.0063	0.00044	2269.66	0.07044	14.1964	196.1035	13.8136
80	224.2344	0.0045	0.00031	3189.06	0.07031	14.2220	198.0748	13.9273
85	314.5003	0.0032	0.00022	4478.58	0.07022	14.2403	199.5717	14.0146
90	441.1030	0.0023	0.00016	6287.19	0.07016	14.2533	200.7042	14.0812
95	618.6697	0.0016	0.00011	8823.85	0.07011	14.2626	201.5581	14.1319
96	661.9766	0.0015	0.00011	9442.52	0.07011	14.2641	201.7016	14.1405
98	757.8970	0.0013	0.00009	10813	0.07009	14.2669	201.9651	14.1562
100	867.7163	0.0012	0.00008	12382	0.07008	14.2693	202.2001	14.1703

表 13　間斷現金流：複利利率因子　8%

	一次支付金額		等額序列償付				等差遞增	
n	F/P 複利金額	P/F 現值	A/F 償債基金	F/A 複利金額	A/P 資本回收	P/A 現值	P/G 遞增現值	A/G 遞增等額序列
1	1.0800	0.9259	1.00000	1.0000	1.08000	0.9259		
2	1.1664	0.8573	0.48077	2.0800	0.56077	1.7833	0.8573	0.4808
3	1.2597	0.7938	0.30803	3.2464	0.38803	2.5771	2.4450	0.9487
4	1.3605	0.7350	0.22192	4.5061	0.30192	3.3121	4.6501	1.4040
5	1.4693	0.6806	0.17046	5.8666	0.25046	3.9927	7.3724	1.8465
6	1.5869	0.6302	0.13632	7.3359	0.21632	4.6229	10.5233	2.2763
7	1.7138	0.5835	0.11207	8.9228	0.19207	5.2064	14.0242	2.6937
8	1.8509	0.5403	0.09401	10.6366	0.17401	5.7466	17.8061	3.0985
9	1.9990	0.5002	0.08008	12.4876	0.16008	6.2469	21.8081	3.4910
10	2.1589	0.4632	0.06903	14.4866	0.14903	6.7101	25.9768	3.8713
11	2.3316	0.4289	0.06008	16.6455	0.14008	7.1390	30.2657	4.2395
12	2.5182	0.3971	0.05270	18.9771	0.13270	7.5361	34.6339	4.5957
13	2.7196	0.3677	0.04652	21.4953	0.12652	7.9038	39.0463	4.9402
14	2.9372	0.3405	0.04130	24.2149	0.12130	8.2442	43.4723	5.2731
15	3.1722	0.3152	0.03683	27.1521	0.11683	8.5595	47.8857	5.5945
16	3.4259	0.2919	0.03298	30.3243	0.11298	8.8514	52.2640	5.9046
17	3.7000	0.2703	0.02963	33.7502	0.10963	9.1216	56.5883	6.2037
18	3.9960	0.2502	0.02670	37.4502	0.10670	9.3719	60.8426	6.4920
19	4.3157	0.2317	0.02413	41.4463	0.10413	9.6036	65.0134	6.7697
20	4.6610	0.2145	0.02185	45.7620	0.10185	9.8181	69.0898	7.0369
21	5.0338	0.1987	0.01983	50.4229	0.09983	10.0168	73.0629	7.2940
22	5.4365	0.1839	0.01803	55.4568	0.09803	10.2007	76.9257	7.5412
23	5.8715	0.1703	0.01642	60.8933	0.09642	10.3711	80.6726	7.7786
24	6.3412	0.1577	0.01498	66.7648	0.09498	10.5288	84.2997	8.0066
25	6.8485	0.1460	0.01368	73.1059	0.09368	10.6748	87.8041	8.2254
26	7.3964	0.1352	0.01251	79.9544	0.09251	10.8100	91.1842	8.4352
27	7.9881	0.1252	0.01145	87.3508	0.09145	10.9352	94.4390	8.6363
28	8.6271	0.1159	0.01049	95.3388	0.09049	11.0511	97.5687	8.8289
29	9.3173	0.1073	0.00962	103.9659	0.08962	11.1584	100.5738	9.0133
30	10.0627	0.0994	0.00883	113.2832	0.08883	11.2578	103.4558	9.1897
31	10.8677	0.0920	0.00811	123.3459	0.08811	11.3498	106.2163	9.3584
32	11.7371	0.0852	0.00745	134.2135	0.08745	11.4350	108.8575	9.5197
33	12.6760	0.0789	0.00685	145.9506	0.08685	11.5139	111.3819	9.6737
34	13.6901	0.0730	0.00630	158.6267	0.08630	11.5869	113.7924	9.8208
35	14.7853	0.0676	0.00580	172.3168	0.08580	11.6546	116.0920	9.9611
40	21.7245	0.0460	0.00386	259.0565	0.08386	11.9246	126.0122	10.5699
45	31.9204	0.0313	0.00259	386.5056	0.08259	12.1084	133.7331	11.0447
50	46.9016	0.0213	0.00174	573.7702	0.08174	12.2335	139.5928	11.4107
55	68.9139	0.0145	0.00118	848.9232	0.08118	12.3186	144.0065	11.6902
60	101.2571	0.0099	0.00080	1253.21	0.08080	12.3766	147.3000	11.9015
65	148.7798	0.0067	0.00054	1847.25	0.08054	12.4160	149.7387	12.0602
70	218.6064	0.0046	0.00037	2720.08	0.08037	12.4428	151.5326	12.1783
75	321.2045	0.0031	0.00025	4002.56	0.08025	12.4611	152.8448	12.2658
80	471.9548	0.0021	0.00017	5886.94	0.08017	12.4735	153.8001	12.3301
85	693.4565	0.0014	0.00012	8655.71	0.08012	12.4820	154.4925	12.3772
90	1018.92	0.0010	0.00008	12724	0.08008	12.4877	154.9925	12.4116
95	1497.12	0.0007	0.00005	18702	0.08005	12.4917	155.3524	12.4365
96	1616.89	0.0006	0.00005	20199	0.08005	12.4923	155.4112	12.4406
98	1885.94	0.0005	0.00004	23562	0.08004	12.4934	155.5176	12.4480
100	2199.76	0.0005	0.00004	27485	0.08004	12.4943	155.6107	12.4545

9% 表 14　間斷現金流：複利利率因子　**9%**

	一次支付金額		等額序列償付				等差遞增	
n	F/P 複利金額	P/F 現值	A/F 償債基金	F/A 複利金額	A/P 資本回收	P/A 現值	P/G 遞增現值	A/G 遞增等額序列
1	1.0900	0.9174	1.00000	1.0000	1.09000	0.9174		
2	1.1881	0.8417	0.47847	2.0900	0.56847	1.7591	0.8417	0.4785
3	1.2950	0.7722	0.30505	3.2781	0.39505	2.5313	2.3860	0.9426
4	1.4116	0.7084	0.21867	4.5731	0.30867	3.2397	4.5113	1.3925
5	1.5386	0.6499	0.16709	5.9847	0.25709	3.8897	7.1110	1.8282
6	1.6771	0.5963	0.13292	7.5233	0.22292	4.4859	10.0924	2.2498
7	1.8280	0.5470	0.10869	9.2004	0.19869	5.0330	13.3746	2.6574
8	1.9926	0.5019	0.09067	11.0285	0.18067	5.5348	16.8877	3.0512
9	2.1719	0.4604	0.07680	13.0210	0.16680	5.9952	20.5711	3.4312
10	2.3674	0.4224	0.06582	15.1929	0.15582	6.4177	24.3728	3.7978
11	2.5804	0.3875	0.05695	17.5603	0.14695	6.8052	28.2481	4.1510
12	2.8127	0.3555	0.04965	20.1407	0.13965	7.1607	32.1590	4.4910
13	3.0658	0.3262	0.04357	22.9534	0.13357	7.4869	36.0731	4.8182
14	3.3417	0.2992	0.03843	26.0192	0.12843	7.7862	39.9633	5.1326
15	3.6425	0.2745	0.03406	29.3609	0.12406	8.0607	43.8069	5.4346
16	3.9703	0.2519	0.03030	33.0034	0.12030	8.3126	47.5849	5.7245
17	4.3276	0.2311	0.02705	36.9737	0.11705	8.5436	51.2821	6.0024
18	4.7171	0.2120	0.02421	41.3013	0.11421	8.7556	54.8860	6.2687
19	5.1417	0.1945	0.02173	46.0185	0.11173	8.9501	58.3868	6.5236
20	5.6044	0.1784	0.01955	51.1601	0.10955	9.1285	61.7770	6.7674
21	6.1088	0.1637	0.01762	56.7645	0.10762	9.2922	65.0509	7.0006
22	6.6586	0.1502	0.01590	62.8733	0.10590	9.4424	68.2048	7.2232
23	7.2579	0.1378	0.01438	69.5319	0.10438	9.5802	71.2359	7.4357
24	7.9111	0.1264	0.01302	76.7898	0.10302	9.7066	74.1433	7.6384
25	8.6231	0.1160	0.01181	84.7009	0.10181	9.8226	76.9265	7.8316
26	9.3992	0.1064	0.01072	93.3240	0.10072	9.9290	79.5863	8.0156
27	10.2451	0.0976	0.00973	102.7231	0.09973	10.0266	82.1241	8.1906
28	11.1671	0.0895	0.00885	112.9682	0.09885	10.1161	84.5419	8.3571
29	12.1722	0.0822	0.00806	124.1354	0.09806	10.1983	86.8422	8.5154
30	13.2677	0.0754	0.00734	136.3075	0.09734	10.2737	89.0280	8.6657
31	14.4618	0.0691	0.00669	149.5752	0.09669	10.3428	91.1024	8.8083
32	15.7633	0.0634	0.00610	164.0370	0.09610	10.4062	93.0690	8.9436
33	17.1820	0.0582	0.00556	179.8003	0.09556	10.4644	94.9314	9.0718
34	18.7284	0.0534	0.00508	196.9823	0.09508	10.5178	96.6935	9.1933
35	20.4140	0.0490	0.00464	215.7108	0.09464	10.5668	98.3590	9.3083
40	31.4094	0.0318	0.00296	337.8824	0.09296	10.7574	105.3762	9.7957
45	48.3273	0.0207	0.00190	525.8587	0.09190	10.8812	110.5561	10.1603
50	74.3575	0.0134	0.00123	815.0836	0.09123	10.9617	114.3251	10.4295
55	114.4083	0.0087	0.00079	1260.09	0.09079	11.0140	117.0362	10.6261
60	176.0313	0.0057	0.00051	1944.79	0.09051	11.0480	118.9683	10.7683
65	270.8460	0.0037	0.00033	2998.29	0.09033	11.0701	120.3344	10.8702
70	416.7301	0.0024	0.00022	4619.22	0.09022	11.0844	121.2942	10.9427
75	641.1909	0.0016	0.00014	7113.23	0.09014	11.0938	121.9646	10.9940
80	986.5517	0.0010	0.00009	10951	0.09009	11.0998	122.4306	11.0299
85	1517.93	0.0007	0.00006	16855	0.09006	11.1038	122.7533	11.0551
90	2335.53	0.0004	0.00004	25939	0.09004	11.1064	122.9758	11.0726
95	3593.50	0.0003	0.00003	39917	0.09003	11.1080	123.1287	11.0847
96	3916.91	0.0003	0.00002	43510	0.09002	11.1083	123.1529	11.0866
98	4653.68	0.0002	0.00002	51696	0.09002	11.1087	123.1963	11.0900
100	5529.04	0.0002	0.00002	61423	0.09002	11.1091	123.2335	11.0930

表 15　間斷現金流：複利利率因子　10%

	一次支付金額		等額序列償付				等差遞增	
n	F/P 複利金額	P/F 現值	A/F 償債基金	F/A 複利金額	A/P 資本回收	P/A 現值	P/G 遞增現值	A/G 遞增等額序列
1	1.1000	0.9091	1.00000	1.0000	1.10000	0.9091		
2	1.2100	0.8264	0.47619	2.1000	0.57619	1.7355	0.8264	0.4762
3	1.3310	0.7513	0.30211	3.3100	0.40211	2.4869	2.3291	0.9366
4	1.4641	0.6830	0.21547	4.6410	0.31547	3.1699	4.3781	1.3812
5	1.6105	0.6209	0.16380	6.1051	0.26380	3.7908	6.8618	1.8101
6	1.7716	0.5645	0.12961	7.7156	0.22961	4.3553	9.6842	2.2236
7	1.9487	0.5132	0.10541	9.4872	0.20541	4.8684	12.7631	2.6216
8	2.1436	0.4665	0.08744	11.4359	0.18744	5.3349	16.0287	3.0045
9	2.3579	0.4241	0.07364	13.5795	0.17364	5.7590	19.4215	3.3724
10	2.5937	0.3855	0.06275	15.9374	0.16275	6.1446	22.8913	3.7255
11	2.8531	0.3505	0.05396	18.5312	0.15396	6.4951	26.3963	4.0641
12	3.1384	0.3186	0.04676	21.3843	0.14676	6.8137	29.9012	4.3884
13	3.4523	0.2897	0.04078	24.5227	0.14078	7.1034	33.3772	4.6988
14	3.7975	0.2633	0.03575	27.9750	0.13575	7.3667	36.8005	4.9955
15	4.1772	0.2394	0.03147	31.7725	0.13147	7.6061	40.1520	5.2789
16	4.5950	0.2176	0.02782	35.9497	0.12782	7.8237	43.4164	5.5493
17	5.0545	0.1978	0.02466	40.5447	0.12466	8.0216	46.5819	5.8071
18	5.5599	0.1799	0.02193	45.5992	0.12193	8.2014	49.6395	6.0526
19	6.1159	0.1635	0.01955	51.1591	0.11955	8.3649	52.5827	6.2861
20	6.7275	0.1486	0.01746	57.2750	0.11746	8.5136	55.4069	6.5081
21	7.4002	0.1351	0.01562	64.0025	0.11562	8.6487	58.1095	6.7189
22	8.1403	0.1228	0.01401	71.4027	0.11401	8.7715	60.6893	6.9189
23	8.9543	0.1117	0.01257	79.5430	0.11257	8.8832	63.1462	7.1085
24	9.8497	0.1015	0.01130	88.4973	0.11130	8.9847	65.4813	7.2881
25	10.8347	0.0923	0.01017	98.3471	0.11017	9.0770	67.6964	7.4580
26	11.9182	0.0839	0.00916	109.1818	0.10916	9.1609	69.7940	7.6186
27	13.1100	0.0763	0.00826	121.0999	0.10826	9.2372	71.7773	7.7704
28	14.4210	0.0693	0.00745	134.2099	0.10745	9.3066	73.6495	7.9137
29	15.8631	0.0630	0.00673	148.6309	0.10673	9.3696	75.4146	8.0489
30	17.4494	0.0573	0.00608	164.4940	0.10608	9.4269	77.0766	8.1762
31	19.1943	0.0521	0.00550	181.9434	0.10550	9.4790	78.6395	8.2962
32	21.1138	0.0474	0.00497	201.1378	0.10497	9.5264	80.1078	8.4091
33	23.2252	0.0431	0.00450	222.2515	0.10450	9.5694	81.4856	8.5152
34	25.5477	0.0391	0.00407	245.4767	0.10407	9.6086	82.7773	8.6149
35	28.1024	0.0356	0.00369	271.0244	0.10369	9.6442	83.9872	8.7086
40	45.2593	0.0221	0.00226	442.5926	0.10226	9.7791	88.9525	9.0962
45	72.8905	0.0137	0.00139	718.9048	0.10139	9.8628	92.4544	9.3740
50	117.3909	0.0085	0.00086	1163.91	0.10086	9.9148	94.8889	9.5704
55	189.0591	0.0053	0.00053	1880.59	0.10053	9.9471	96.5619	9.7075
60	304.4816	0.0033	0.00033	3034.82	0.10033	9.9672	97.7010	9.8023
65	490.3707	0.0020	0.00020	4893.71	0.10020	9.9796	98.4705	9.8672
70	789.7470	0.0013	0.00013	7887.47	0.10013	9.9873	98.9870	9.9113
75	1271.90	0.0008	0.00008	12709	0.10008	9.9921	99.3317	9.9410
80	2048.40	0.0005	0.00005	20474	0.10005	9.9951	99.5606	9.9609
85	3298.97	0.0003	0.00003	32980	0.10003	9.9970	99.7120	9.9742
90	5313.02	0.0002	0.00002	53120	0.10002	9.9981	99.8118	9.9831
95	8556.68	0.0001	0.00001	85557	0.10001	9.9988	99.8773	9.9889
96	9412.34	0.0001	0.00001	94113	0.10001	9.9989	99.8874	9.9898
98	11389	0.0001	0.00001		0.10001	9.9991	99.9052	9.9914
100	13781	0.0001	0.00001		0.10001	9.9993	99.9202	9.9927

表 16　間斷現金流：複利利率因子　11%

n	F/P 複利金額	P/F 現值	A/F 償債基金	F/A 複利金額	A/P 資本回收	P/A 現值	P/G 遞增現值	A/G 遞增等額序列
1	1.1100	0.9009	1.00000	1.0000	1.11000	0.9009		
2	1.2321	0.8116	0.47393	2.1100	0.58393	1.7125	0.8116	0.4739
3	1.3676	0.7312	0.29921	3.3421	0.40921	2.4437	2.2740	0.9306
4	1.5181	0.6587	0.21233	4.7097	0.32233	3.1024	4.2502	1.3700
5	1.6851	0.5935	0.16057	6.2278	0.27057	3.6959	6.6240	1.7923
6	1.8704	0.5346	0.12638	7.9129	0.23638	4.2305	9.2972	2.1976
7	2.0762	0.4817	0.10222	9.7833	0.21222	4.7122	12.1872	2.5863
8	2.3045	0.4339	0.08432	11.8594	0.19432	5.1461	15.2246	2.9585
9	2.5580	0.3909	0.07060	14.1640	0.18060	5.5370	18.3520	3.3144
10	2.8394	0.3522	0.05980	16.7220	0.16980	5.8892	21.5217	3.6544
11	3.1518	0.3173	0.05112	19.5614	0.16112	6.2065	24.6945	3.9788
12	3.4985	0.2858	0.04403	22.7132	0.15403	6.4924	27.8388	4.2879
13	3.8833	0.2575	0.03815	26.2116	0.14815	6.7499	30.9290	4.5822
14	4.3104	0.2320	0.03323	30.0949	0.14323	6.9819	33.9449	4.8619
15	4.7846	0.2090	0.02907	34.4054	0.13907	7.1909	36.8709	5.1275
16	5.3109	0.1883	0.02552	39.1899	0.13552	7.3792	39.6953	5.3794
17	5.8951	0.1696	0.02247	44.5008	0.13247	7.5488	42.4095	5.6180
18	6.5436	0.1528	0.01984	50.3959	0.12984	7.7016	45.0074	5.8439
19	7.2633	0.1377	0.01756	56.9395	0.12756	7.8393	47.4856	6.0574
20	8.0623	0.1240	0.01558	64.2028	0.12558	7.9633	49.8423	6.2590
21	8.9492	0.1117	0.01384	72.2651	0.12384	8.0751	52.0771	6.4491
22	9.9336	0.1007	0.01231	81.2143	0.12231	8.1757	54.1912	6.6283
23	11.0263	0.0907	0.01097	91.1479	0.12097	8.2664	56.1864	6.7969
24	12.2392	0.0817	0.00979	102.1742	0.11979	8.3481	58.0656	6.9555
25	13.5855	0.0736	0.00874	114.4133	0.11874	8.4217	59.8322	7.1045
26	15.0799	0.0663	0.00781	127.9988	0.11781	8.4881	61.4900	7.2443
27	16.7386	0.0597	0.00699	143.0786	0.11699	8.5478	63.0433	7.3754
28	18.5799	0.0538	0.00626	159.8173	0.11626	8.6016	64.4965	7.4982
29	20.6237	0.0485	0.00561	178.3972	0.11561	8.6501	65.8542	7.6131
30	22.8923	0.0437	0.00502	199.0209	0.11502	8.6938	67.1210	7.7206
31	25.4104	0.0394	0.00451	221.9132	0.11451	8.7331	68.3016	7.8210
32	28.2056	0.0355	0.00404	247.3236	0.11404	8.7686	69.4007	7.9147
33	31.3082	0.0319	0.00363	275.5292	0.11363	8.8005	70.4228	8.0021
34	34.7521	0.0288	0.00326	306.8374	0.11326	8.8293	71.3724	8.0836
35	38.5749	0.0259	0.00293	341.5896	0.11293	8.8552	72.2538	8.1594
40	65.0009	0.0154	0.00172	581.8261	0.11172	8.9511	75.7789	8.4659
45	109.5302	0.0091	0.00101	986.6386	0.11101	9.0079	78.1551	8.6763
50	184.5648	0.0054	0.00060	1668.77	0.11060	9.0417	79.7341	8.8185
55	311.0025	0.0032	0.00035	2818.20	0.11035	9.0617	80.7712	8.9135
60	524.0572	0.0019	0.00021	4755.07	0.11021	9.0736	81.4461	8.9762
65	883.0669	0.0011	0.00012	8018.79	0.11012	9.0806	81.8819	9.0172
70	1488.02	0.0007	0.00007	13518	0.11007	9.0848	82.1614	9.0438
75	2507.40	0.0004	0.00004	22785	0.11004	9.0873	82.3397	9.0610
80	4225.11	0.0002	0.00003	38401	0.11003	9.0888	82.4529	9.0720
85	7119.56	0.0001	0.00002	64714	0.11002	9.0896	82.5245	9.0790

表 17　間斷現金流：複利利率因子　12%

n	F/P 複利金額	P/F 現值	A/F 償債基金	F/A 複利金額	A/P 資本回收	P/A 現值	P/G 遞增現值	A/G 遞增等額序列
1	1.1200	0.8929	1.00000	1.0000	1.12000	0.8929		
2	1.2544	0.7972	0.47170	2.1200	0.59170	1.6901	0.7972	0.4717
3	1.4049	0.7118	0.29635	3.3744	0.41635	2.4018	2.2208	0.9246
4	1.5735	0.6355	0.20923	4.7793	0.32923	3.0373	4.1273	1.3589
5	1.7623	0.5674	0.15741	6.3528	0.27741	3.6048	6.3970	1.7746
6	1.9738	0.5066	0.12323	8.1152	0.24323	4.1114	8.9302	2.1720
7	2.2107	0.4523	0.09912	10.0890	0.21912	4.5638	11.6443	2.5512
8	2.4760	0.4039	0.08130	12.2997	0.20130	4.9676	14.4714	2.9131
9	2.7731	0.3606	0.06768	14.7757	0.18768	5.3282	17.3563	3.2574
10	3.1058	0.3220	0.05698	17.5487	0.17698	5.6502	20.2541	3.5847
11	3.4785	0.2875	0.04842	20.6546	0.16842	5.9377	23.1288	3.8953
12	3.8960	0.2567	0.04144	24.1331	0.16144	6.1944	25.9523	4.1897
13	4.3635	0.2292	0.03568	28.0291	0.15568	6.4235	28.7024	4.4683
14	4.8871	0.2046	0.03087	32.3926	0.15087	6.6282	31.3624	4.7317
15	5.4736	0.1827	0.02682	37.2797	0.14682	6.8109	33.9202	4.9803
16	6.1304	0.1631	0.02339	42.7533	0.14339	6.9740	36.3670	5.2147
17	6.8660	0.1456	0.02046	48.8837	0.14046	7.1196	38.6973	5.4353
18	7.6900	0.1300	0.01794	55.7497	0.13794	7.2497	40.9080	5.6427
19	8.6128	0.1161	0.01576	63.4397	0.13576	7.3658	42.9979	5.8375
20	9.6463	0.1037	0.01388	72.0524	0.13388	7.4694	44.9676	6.0202
21	10.8038	0.0926	0.01224	81.6987	0.13224	7.5620	46.8188	6.1913
22	12.1003	0.0826	0.01081	92.5026	0.13081	7.6446	48.5543	6.3514
23	13.5523	0.0738	0.00956	104.6029	0.12956	7.7184	50.1776	6.5010
24	15.1786	0.0659	0.00846	118.1552	0.12846	7.7843	51.6929	6.6406
25	17.0001	0.0588	0.00750	133.3339	0.12750	7.8431	53.1046	6.7708
26	19.0401	0.0525	0.00665	150.3339	0.12665	7.8957	54.4177	6.8921
27	21.3249	0.0469	0.00590	169.3740	0.12590	7.9426	55.6369	7.0049
28	23.8839	0.0419	0.00524	190.6989	0.12524	7.9844	56.7674	7.1098
29	26.7499	0.0374	0.00466	214.5828	0.12466	8.0218	57.8141	7.2071
30	29.9599	0.0334	0.00414	241.3327	0.12414	8.0552	58.7821	7.2974
31	33.5551	0.0298	0.00369	271.2926	0.12369	8.0850	59.6761	7.3811
32	37.5817	0.0266	0.00328	304.8477	0.12328	8.1116	60.5010	7.4586
33	42.0915	0.0238	0.00292	342.4294	0.12292	8.1354	61.2612	7.5302
34	47.1425	0.0212	0.00260	384.5210	0.12260	8.1566	61.9612	7.5965
35	52.7996	0.0189	0.00232	431.6635	0.12232	8.1755	62.6052	7.6577
40	93.0510	0.0107	0.00130	767.0914	0.12130	8.2438	65.1159	7.8988
45	163.9876	0.0061	0.0074	1358.23	0.12074	8.2825	66.7342	8.0572
50	289.0022	0.0035	0.00042	2400.02	0.12042	8.3045	67.7624	8.1597
55	509.3206	0.0020	0.00024	4236.01	0.12024	8.3170	68.4082	8.2251
60	897.5969	0.0011	0.00013	7471.64	0.12013	8.3240	68.8100	8.2664
65	1581.87	0.0006	0.00008	13174	0.12008	8.3281	69.0581	8.2922
70	2787.80	0.0004	0.00004	23223	0.12004	8.3303	69.2103	8.3082
75	4913.06	0.0002	0.00002	40934	0.12002	8.3316	69.3031	8.3181
80	8658.48	0.0001	0.00001	72146	0.12001	8.3324	69.3594	8.3241
85	15259	0.0001	0.00001		0.12001	8.3328	69.3935	8.3278

表 18　間斷現金流：複利利率因子　14%

	一次支付金額		等額序列償付				等差遞增	
	F/P	P/F	A/F	F/A	A/P	P/A	P/G	A/G
n	複利金額	現值	償債基金	複利金額	資本回收	現值	遞增現值	遞增等額序列
1	1.1400	0.8772	1.00000	1.0000	1.14000	0.8772		
2	1.2996	0.7695	0.46729	2.1400	0.60729	1.6467	0.7695	0.4673
3	1.4815	0.6750	0.29073	3.4396	0.43073	2.3216	2.1194	0.9129
4	1.6890	0.5921	0.20320	4.9211	0.34320	2.9137	3.8957	1.3370
5	1.9254	0.5194	0.15128	6.6101	0.29128	3.4331	5.9731	1.7399
6	2.1950	0.4556	0.11716	8.5355	0.25716	3.8887	8.2511	2.1218
7	2.5023	0.3996	0.09319	10.7305	0.23319	4.2883	10.6489	2.4832
8	2.8526	0.3506	0.07557	13.2328	0.21557	4.6389	13.1028	2.8246
9	3.2519	0.3075	0.06217	16.0853	0.20217	4.9464	15.5629	3.1463
10	3.7072	0.2697	0.05171	19.3373	0.19171	5.2161	17.9906	3.4490
11	4.2262	0.2366	0.04339	23.0445	0.18339	5.4527	20.3567	3.7333
12	4.8179	0.2076	0.03667	27.2707	0.17667	5.6603	22.6399	3.9998
13	5.4924	0.1821	0.03116	32.0887	0.17116	5.8424	24.8247	4.2491
14	6.2613	0.1597	0.02661	37.5811	0.16661	6.0021	26.9009	4.4819
15	7.1379	0.1401	0.02281	43.8424	0.16281	6.1422	28.8623	4.6990
16	8.1372	0.1229	0.01962	50.9804	0.15962	6.2651	30.7057	4.9011
17	9.2765	0.1078	0.01692	59.1176	0.15692	6.3729	32.4305	5.0888
18	10.5752	0.0946	0.01462	68.3941	0.15462	6.4674	34.0380	5.2630
19	12.0557	0.0829	0.01266	78.9692	0.15266	6.5504	35.5311	5.4243
20	13.7435	0.0728	0.01099	91.0249	0.15099	6.6231	36.9135	5.5734
21	15.6676	0.0638	0.00954	104.7684	0.14954	6.6870	38.1901	5.7111
22	17.8610	0.0560	0.00830	120.4360	0.14830	6.7429	39.3658	5.8381
23	20.3616	0.0491	0.00723	138.2970	0.14723	6.7921	40.4463	5.9549
24	23.2122	0.0431	0.00630	158.6586	0.14630	6.8351	41.4371	6.0624
25	26.4619	0.0378	0.00550	181.8708	0.14550	6.8729	42.3441	6.1610
26	30.1666	0.0331	0.00480	208.3327	0.14480	6.9061	43.1728	6.2514
27	34.3899	0.0291	0.00419	238.4993	0.14419	6.9352	43.9289	6.3342
28	39.2045	0.0255	0.00366	272.8892	0.14366	6.9607	44.6176	6.4100
29	44.6931	0.0224	0.00320	312.0937	0.14320	6.9830	45.2441	6.4791
30	50.9502	0.0196	0.00280	356.7868	0.14280	7.0027	45.8132	6.5423
31	58.0832	0.0172	0.00245	407.7370	0.14245	7.0199	46.3297	6.5998
32	66.2148	0.0151	0.00215	465.8202	0.14215	7.0350	46.7979	6.6522
33	75.4849	0.0132	0.00188	532.0350	0.14188	7.0482	47.2218	6.6998
34	86.0528	0.0116	0.00165	607.5199	0.14165	7.0599	47.6053	6.7431
35	98.1002	0.0102	0.00144	693.5727	0.14144	7.0700	47.9519	6.7824
40	188.8835	0.0053	0.00075	1342.03	0.14075	7.1050	49.2376	6.9300
45	363.6791	0.0027	0.00039	2590.56	0.14039	7.1232	49.9963	7.0188
50	700.2330	0.0014	0.00020	4994.52	0.14020	7.1327	50.4375	7.0714
55	1348.24	0.0007	0.00010	9623.13	0.14010	7.1376	50.6912	7.1020
60	2595.92	0.0004	0.00005	18535	0.14005	7.1401	50.8357	7.1197
65	4998.22	0.0002	0.00003	35694	0.14003	7.1414	50.9173	7.1298
70	9623.64	0.0001	0.00001	68733	0.14001	7.1421	50.9632	7.1356
75	18530	0.0001	0.00001		0.14001	7.1425	50.9887	7.1388
80	35677				0.14000	7.1427	51.0030	7.1406
85	68693				0.14000	7.1428	51.0108	7.1416

表 19 間斷現金流：複利利率因子 15%

	一次支付金額		等額序列償付				等差遞增	
n	F/P 複利金額	P/F 現值	A/F 償債基金	F/A 複利金額	A/P 資本回收	P/A 現值	P/G 遞增現值	A/G 遞增等額序列
1	1.1500	0.8696	1.00000	1.0000	1.15000	0.8696		
2	1.3225	0.7561	0.46512	2.1500	0.61512	1.6257	0.7561	0.4651
3	1.5209	0.6575	0.28798	3.4725	0.43798	2.2832	2.0712	0.9071
4	1.7490	0.5718	0.20027	4.9934	0.35027	2.8550	3.7864	1.3263
5	2.0114	0.4972	0.14832	6.7424	0.29832	3.3522	5.7751	1.7228
6	2.3131	0.4323	0.11424	8.7537	0.26424	3.7845	7.9368	2.0972
7	2.6600	0.3759	0.09036	11.0668	0.24036	4.1604	10.1924	2.4498
8	3.0590	0.3269	0.07285	13.7268	0.22285	4.4873	12.4807	2.7813
9	3.5179	0.2843	0.05957	16.7858	0.20957	4.7716	14.7548	3.0922
10	4.0156	0.2472	0.04925	20.3037	0.19925	5.0188	16.9795	3.3832
11	4.6524	0.2149	0.04107	24.3493	0.19107	5.2337	19.1289	3.6549
12	5.3503	0.1869	0.03448	29.0017	0.18448	5.4206	21.1849	3.9082
13	6.1528	0.1625	0.02911	34.3519	0.17911	5.5831	23.1352	4.1438
14	7.0757	0.1413	0.02469	40.5047	0.17469	5.7245	24.9725	4.3624
15	8.1371	0.1229	0.02102	47.5804	0.17102	5.8474	26.6930	4.5650
16	9.3576	0.1069	0.01795	55.7175	0.16795	5.9542	28.2960	4.7522
17	10.7613	0.0929	0.01537	65.0751	0.16537	6.0472	29.7828	4.9251
18	12.3755	0.0808	0.01319	75.8364	0.16319	6.1280	31.1565	5.0843
19	14.2318	0.0703	0.01134	88.2118	0.16134	6.1982	32.4213	5.2307
20	16.3665	0.0611	0.00976	102.4436	0.15976	6.2593	33.5822	5.3651
21	18.8215	0.0531	0.00842	118.8101	0.15842	6.3125	34.6448	5.4883
22	21.6447	0.0462	0.00727	137.6316	0.15727	6.3587	35.6150	5.6010
23	24.8915	0.0402	0.00628	159.2764	0.15628	6.3988	36.4988	5.7040
24	28.6252	0.0349	0.00543	184.1678	0.15543	6.4338	37.3023	5.7979
25	32.9190	0.0304	0.00470	212.7930	0.15470	6.4641	38.0314	5.8834
26	37.8568	0.0264	0.00407	245.7120	0.15407	6.4906	38.6918	5.9612
27	43.5353	0.0230	0.00353	283.5688	0.15353	6.5135	39.2890	6.0319
28	50.0656	0.0200	0.00306	327.1041	0.15306	6.5335	39.8283	6.0960
29	57.5755	0.0174	0.00265	377.1697	0.15265	6.5509	40.3146	6.1541
30	66.2118	0.0151	0.00230	434.7451	0.15230	6.5660	40.7526	6.2066
31	76.1435	0.0131	0.00200	500.9569	0.15200	6.5791	41.1466	6.2541
32	87.5651	0.0114	0.00173	577.1005	0.15173	6.5905	41.5006	6.2970
33	100.6998	0.0099	0.00150	664.6655	0.15150	6.6005	41.8184	6.3357
34	115.8048	0.0086	0.00131	765.3654	0.15131	6.6091	42.1033	6.3705
35	133.1755	0.0075	0.00113	881.1702	0.15113	6.6166	42.3586	6.4019
40	267.8635	0.0037	0.00056	1779.09	0.15056	6.6418	43.2830	6.5168
45	538.7693	0.0019	0.00028	3585.13	0.15028	6.6543	43.8051	6.5830
50	1083.66	0.0009	0.00014	7217.72	0.15014	6.6605	44.0958	6.6205
55	2179.62	0.0005	0.00007	14524	0.15007	6.6636	44.2558	6.6414
60	4384.00	0.0002	0.00003	29220	0.15003	6.6651	44.3431	6.6530
65	8817.79	0.0001	0.00002	58779	0.15002	6.6659	44.3903	6.6593
70	17736	0.0001	0.00001		0.15001	6.6663	44.4156	6.6627
75	35673				0.15000	6.6665	44.4292	6.6646
80	71751				0.15000	6.6666	44.4364	6.6656
85					0.15000	6.6666	44.4402	6.6661

16% 表 20　間斷現金流：複利利率因子　**16%**

	一次支付金額		等額序列償付				等差遞增	
n	F/P 複利金額	P/F 現值	A/F 償債基金	F/A 複利金額	A/P 資本回收	P/A 現值	P/G 遞增現值	A/G 遞增等額序列
1	1.1600	0.8621	1.00000	1.0000	1.16000	0.8621		
2	1.3456	0.7432	0.46296	2.1600	0.62296	1.6052	0.7432	0.4630
3	1.5609	0.6407	0.28526	3.5056	0.44526	2.2459	2.0245	0.9014
4	1.8106	0.5523	0.19738	5.0665	0.35738	2.7982	3.6814	1.3156
5	2.1003	0.4761	0.14541	6.8771	0.30541	3.2743	5.5858	1.7060
6	2.4364	0.4104	0.11139	8.9775	0.27139	3.6847	7.6380	2.0729
7	2.8262	0.3538	0.08761	11.4139	0.24761	4.0386	9.7610	2.4169
8	3.2784	0.3050	0.07022	14.2401	0.23022	4.3436	11.8962	2.7388
9	3.8030	0.2630	0.05708	17.5185	0.21708	4.6065	13.9998	3.0391
10	4.4114	0.2267	0.04690	21.3215	0.20690	4.8332	16.0399	3.3187
11	5.1173	0.1954	0.03886	25.7329	0.19886	5.0286	17.9941	3.5783
12	5.9360	0.1685	0.03241	30.8502	0.19241	5.1971	19.8472	3.8189
13	6.8858	0.1452	0.02718	36.7862	0.18718	5.3423	21.5899	4.0413
14	7.9875	0.1252	0.02290	43.6720	0.18290	5.4675	23.2175	4.2464
15	9.2655	0.1079	0.01936	51.6595	0.17936	5.5755	24.7284	4.4352
16	10.7480	0.0930	0.01641	60.9250	0.17641	5.6685	26.1241	4.6086
17	12.4677	0.0802	0.01395	71.6730	0.17395	5.7487	27.4074	4.7676
18	14.4625	0.0691	0.01188	84.1407	0.17188	5.8178	28.5828	4.9130
19	16.7765	0.0596	0.01014	98.6032	0.17014	5.8775	29.6557	5.0457
20	19.4608	0.0514	0.00867	115.3797	0.16867	5.9288	30.6321	5.1666
22	26.1864	0.0382	0.00635	157.4150	0.16635	6.0113	32.3200	5.3765
24	35.2364	0.0284	0.00467	213.9776	0.16467	6.0726	33.6970	5.5490
26	47.4141	0.0211	0.00345	290.0883	0.16345	6.1182	34.8114	5.6898
28	63.8004	0.0157	0.00255	392.5028	0.16255	6.1520	35.7073	5.8041
30	85.8499	0.0116	0.00189	530.3117	0.16189	6.1772	36.4234	5.8964
32	115.5196	0.0087	0.00140	715.7475	0.16140	6.1959	36.9930	5.9706
34	155.4432	0.0064	0.00104	965.2698	0.16104	6.2098	37.4441	6.0299
35	180.3141	0.0055	0.00089	1120.71	0.16089	6.2153	37.6327	6.0548
36	209.1643	0.0048	0.00077	1301.03	0.16077	6.2201	37.8000	6.0771
38	281.4515	0.0036	0.00057	1752.82	0.16057	6.2278	38.0799	6.1145
40	378.7212	0.0026	0.00042	2360.76	0.16042	6.2335	38.2992	6.1441
45	795.4438	0.0013	0.00020	4965.27	0.16020	6.2421	38.6598	6.1934
50	1670.70	0.0006	0.00010	10436	0.16010	6.2463	38.8521	6.2201
55	3509.05	0.0003	0.00005	21925	0.16005	6.2482	38.9534	6.2343
60	7370.20	0.0001	0.00002	46058	0.16002	6.2492	39.0063	6.2419

表 21　間斷現金流：複利利率因子　18%

n	F/P 複利金額	P/F 現值	A/F 償債基金	F/A 複利金額	A/P 資本回收	P/A 現值	P/G 遞增現值	A/G 遞增等額序列
1	1.1800	0.8475	1.00000	1.0000	1.18000	0.8475		
2	1.3924	0.7182	0.45872	2.1800	0.63872	1.5656	0.7182	0.4587
3	1.6430	0.6086	0.27992	3.5724	0.45992	2.1743	1.9354	0.8902
4	1.9388	0.5158	0.19174	5.2154	0.37174	2.6901	3.4828	1.2947
5	2.2878	0.4371	0.13978	7.1542	0.31978	3.1272	5.2312	1.6728
6	2.6996	0.3704	0.10591	9.4420	0.28591	3.4976	7.0834	2.0252
7	3.1855	0.3139	0.08236	12.1415	0.26236	3.8115	8.9670	2.3526
8	3.7589	0.2660	0.06524	15.3270	0.24524	4.0776	10.8292	2.6558
9	4.4355	0.2255	0.05239	19.0859	0.23239	4.3030	12.6329	2.9358
10	5.2338	0.1911	0.04251	23.5213	0.22251	4.4941	14.3525	3.1936
11	6.1759	0.1619	0.03478	28.7551	0.21478	4.6560	15.9716	3.4303
12	7.2876	0.1372	0.02863	34.9311	0.20863	4.7932	17.4811	3.6470
13	8.5994	0.1163	0.02369	42.2187	0.20369	4.9095	18.8765	3.8449
14	10.1472	0.0985	0.01968	50.8180	0.19968	5.0081	20.1576	4.0250
15	11.9737	0.0835	0.01640	60.9653	0.19640	5.0916	21.3269	4.1887
16	14.1290	0.0708	0.01371	72.9390	0.19371	5.1624	22.3885	4.3369
17	16.6722	0.0600	0.01149	87.0680	0.19149	5.2223	23.3482	4.4708
18	19.6733	0.0508	0.00964	103.7403	0.18964	5.2732	24.2123	4.5916
19	23.2144	0.0431	0.00810	123.4135	0.18810	5.3162	24.9877	4.7003
20	27.3930	0.0365	0.00682	146.6280	0.18682	5.3527	25.6813	4.7978
22	38.1421	0.0262	0.00485	206.3448	0.18485	5.4099	26.8506	4.9632
24	53.1090	0.0188	0.00345	289.4945	0.18345	5.4509	27.7725	5.0950
26	73.9490	0.0135	0.00247	405.2721	0.18247	5.4804	28.4935	5.1991
28	102.9666	0.0097	0.00177	566.4809	0.18177	5.5016	29.0537	5.2810
30	143.3706	0.0070	0.00126	790.9480	0.18126	5.5168	29.4864	5.3448
32	199.6293	0.0050	0.00091	1103.50	0.18091	5.5277	29.8191	5.3945
34	277.9638	0.0036	0.00065	1538.69	0.18065	5.5356	30.0736	5.4328
35	327.9973	0.0030	0.00055	1816.65	0.18055	5.5386	30.1773	5.4485
36	387.0368	0.0026	0.00047	2144.65	0.18047	5.5412	30.2677	5.4623
38	538.9100	0.0019	0.00033	2988.39	0.18033	5.5452	30.4152	5.4849
40	750.3783	0.0013	0.00024	4163.21	0.18024	5.5482	30.5269	5.5022
45	1716.68	0.0006	0.00010	9531.58	0.18010	5.5523	30.7006	5.5293
50	3927.36	0.0003	0.00005	21813	0.18005	5.5541	30.7856	5.5428
55	8984.84	0.0001	0.00002	49910	0.18002	5.5549	30.8268	5.5494
60	20555			114190	0.18001	5.5553	30.8465	5.5526

20% 表 22　間斷現金流：複利利率因子　**20%**

	一次支付金額		等額序列償付				等差遞增	
n	F/P 複利金額	P/F 現值	A/F 償債基金	F/A 複利金額	A/P 資本回收	P/A 現值	P/G 遞增現值	A/G 遞增等額序列
1	1.2000	0.8333	1.00000	1.0000	1.20000	0.8333		
2	1.4400	0.6944	0.45455	2.2000	0.65455	1.5278	0.6944	0.4545
3	1.7280	0.5787	0.27473	3.6400	0.47473	2.1065	1.8519	0.8791
4	2.0736	0.4823	0.18629	5.3680	0.38629	2.5887	3.2986	1.2742
5	2.4883	0.4019	0.13438	7.4416	0.33438	2.9906	4.9061	1.6405
6	2.9860	0.3349	0.10071	9.9299	0.30071	3.3255	6.5806	1.9788
7	3.5832	0.2791	0.07742	12.9159	0.27742	3.6046	8.2551	2.2902
8	4.2998	0.2326	0.06061	16.4991	0.26061	3.8372	9.8831	2.5756
9	5.1598	0.1938	0.04808	20.7989	0.24808	4.0310	11.4335	2.8364
10	6.1917	0.1615	0.03852	25.9587	0.23852	4.1925	12.8871	3.0739
11	7.4301	0.1346	0.03110	32.1504	0.23110	4.3271	14.2330	3.2893
12	8.9161	0.1122	0.02526	39.5805	0.22526	4.4392	15.4667	3.4841
13	10.6993	0.0935	0.02062	48.4966	0.22062	4.5327	16.5883	3.6597
14	12.8392	0.0779	0.01689	59.1959	0.21689	4.6106	17.6008	3.8175
15	15.4070	0.0649	0.01388	72.0351	0.21388	4.6755	18.5095	3.9588
16	18.4884	0.0541	0.01144	87.4421	0.21144	4.7296	19.3208	4.0851
17	22.1861	0.0451	0.00944	105.9306	0.20944	4.7746	20.0419	4.1976
18	26.6233	0.0376	0.00781	128.1167	0.20781	4.8122	20.6805	4.2975
19	31.9480	0.0313	0.00646	154.7400	0.20646	4.8435	21.2439	4.3861
20	38.3376	0.0261	0.00536	186.6880	0.20536	4.8696	21.7395	4.4643
22	55.2061	0.0181	0.00369	271.0307	0.20369	4.9094	22.5546	4.5941
24	79.4968	0.0126	0.00255	392.4842	0.20255	4.9371	23.1760	4.6943
26	114.4755	0.0087	0.00176	567.3773	0.20176	4.9563	23.6460	4.7709
28	164.8447	0.0061	0.00122	819.2233	0.20122	4.9697	23.9991	4.8291
30	237.3763	0.0042	0.00085	1181.88	0.20085	4.9789	24.2628	4.8731
32	341.8219	0.0029	0.00059	1704.11	0.20059	4.9854	24.4588	4.9061
34	492.2235	0.0020	0.00041	2456.12	0.20041	4.9898	24.6038	4.9308
35	590.6682	0.0017	0.00034	2948.34	0.20034	4.9915	24.6614	4.9406
36	708.8019	0.0014	0.00028	3539.01	0.20028	4.9929	24.7108	4.9491
38	1020.67	0.0010	0.00020	5098.37	0.20020	4.9951	24.7894	4.9627
40	1469.77	0.0007	0.00014	7343.86	0.20014	4.9966	24.8469	4.9728
45	3657.26	0.0003	0.00005	18281	0.20005	4.9986	24.9316	4.9877
50	9100.44	0.0001	0.00002	45497	0.20002	4.9995	24.9698	4.9945
55	22645		0.00001		0.20001	4.9998	24.9868	4.9976

22% 表 23 間斷現金流：複利利率因子 **22%**

	一次支付金額		等額序列償付				等差遞增	
n	F/P 複利金額	P/F 現值	A/F 償債基金	F/A 複利金額	A/P 資本回收	P/A 現值	P/G 遞增現值	A/G 遞增等額序列
1	1.2200	0.8197	1.00000	1.0000	1.22000	0.8197		
2	1.4884	0.6719	0.45045	2.2200	0.67045	1.4915	0.6719	0.4505
3	1.8158	0.5507	0.26966	3.7084	0.48966	2.0422	1.7733	0.8683
4	2.2153	0.4514	0.18102	5.5242	0.40102	2.4936	3.1275	1.2542
5	2.7027	0.3700	0.12921	7.7396	0.34921	2.8636	4.6075	1.6090
6	3.2973	0.3033	0.09576	10.4423	0.31576	3.1669	6.1239	1.9337
7	4.0227	0.2486	0.07278	13.7396	0.29278	3.4155	7.6154	2.2297
8	4.9077	0.2038	0.05630	17.7623	0.27630	3.6193	9.0417	2.4982
9	5.9874	0.1670	0.04411	22.6700	0.26411	3.7863	10.3779	2.7409
10	7.3046	0.1369	0.03489	28.6574	0.25489	3.9232	11.6100	2.9593
11	8.9117	0.1122	0.02781	35.9620	0.24781	4.0354	12.7321	3.1551
12	10.8722	0.0920	0.02228	44.8737	0.24228	4.1274	13.7438	3.3299
13	13.2641	0.0754	0.01794	55.7459	0.23794	4.2028	14.6485	3.4855
14	16.1822	0.0618	0.01449	69.0100	0.23449	4.2646	15.4519	3.6233
15	19.7423	0.0507	0.01174	85.1922	0.23174	4.3152	16.1610	3.7451
16	24.0856	0.0415	0.00953	104.9345	0.22953	4.3567	16.7838	3.8524
17	29.3844	0.0340	0.00775	129.0201	0.22775	4.3908	17.3283	3.9465
18	35.8490	0.0279	0.00631	158.4045	0.22631	4.4187	17.8025	4.0289
19	43.7358	0.0229	0.00515	194.2535	0.22515	4.4415	18.2141	4.1009
20	53.3576	0.0187	0.00420	237.9893	0.22420	4.4603	18.5702	4.1635
22	79.4175	0.0126	0.00281	356.4432	0.22281	4.4882	19.1418	4.2649
24	118.2050	0.0085	0.00188	532.7501	0.22188	4.5070	19.5635	4.3407
26	175.9364	0.0057	0.00126	795.1653	0.22126	4.5196	19.8720	4.3968
28	261.8637	0.0038	0.00084	1185.74	0.22084	4.5281	20.0962	4.4381
30	389.7579	0.0026	0.00057	1767.08	0.22057	4.5338	20.2583	4.4683
32	580.1156	0.0017	0.00038	2632.34	0.22038	4.5376	20.3748	4.4902
34	863.4441	0.0012	0.00026	3920.20	0.22026	4.5402	20.4582	4.5060
35	1053.40	0.0009	0.00021	4783.64	0.22021	4.5411	20.4905	4.5122
36	1285.15	0.0008	0.00017	5837.05	0.22017	4.5419	20.5178	4.5174
38	1912.82	0.0005	0.00012	8690.08	0.22012	4.5431	20.5601	4.5256
40	2847.04	0.0004	0.00008	12937	0.22008	4.5439	20.5900	4.5314
45	7694.71	0.0001	0.00003	34971	0.22003	4.5449	20.6319	4.5396
50	20797		0.00001	94525	0.22001	4.5452	20.6492	4.5431
55	56207				0.22000	4.5454	20.6563	4.5445

24% 表 24 間斷現金流：複利利率因子 **24%**

	一次支付金額		等額序列償付				等差遞增	
n	F/P 複利金額	P/F 現值	A/F 償債基金	F/A 複利金額	A/P 資本回收	P/A 現值	P/G 遞增現值	A/G 遞增等額序列
1	1.2400	0.8065	1.00000	1.0000	1.24000	0.8065		
2	1.5376	0.6504	0.44643	2.2400	0.68643	1.4568	0.6504	0.4464
3	1.9066	0.5245	0.26472	3.7776	0.50472	1.9813	1.6993	0.8577
4	2.3642	0.4230	0.17593	5.6842	0.41593	2.4043	2.9683	1.2346
5	2.9316	0.3411	0.12425	8.0484	0.36425	2.7454	4.3327	1.5782
6	3.6352	0.2751	0.09107	10.9801	0.33107	3.0205	5.7081	1.8898
7	4.5077	0.2218	0.06842	14.6153	0.30842	3.2423	7.0392	2.1710
8	5.5895	0.1789	0.05229	19.1229	0.29229	3.4212	8.2915	2.4236
9	6.9310	0.1443	0.04047	24.7125	0.28047	3.5655	9.4458	2.6492
10	8.5944	0.1164	0.03160	31.6434	0.27160	3.6819	10.4930	2.8499
11	10.6571	0.0938	0.02485	40.2379	0.26485	3.7757	11.4313	3.0276
12	13.2148	0.0757	0.01965	50.8950	0.25965	3.8514	12.2637	3.1843
13	16.3863	0.0610	0.01560	64.1097	0.25560	3.9124	12.9960	3.3218
14	20.3191	0.0492	0.01242	80.4961	0.25242	3.9616	13.6358	3.4420
15	25.1956	0.0397	0.00992	100.8151	0.24992	4.0013	14.1915	3.5467
16	31.2426	0.0320	0.00794	126.0108	0.24794	4.0333	14.6716	3.6376
17	38.7408	0.0258	0.00636	157.2534	0.24636	4.0591	15.0846	3.7162
18	48.0386	0.0208	0.00510	195.9942	0.24510	4.0799	15.4385	3.7840
19	59.5679	0.0168	0.00410	244.0328	0.24410	4.0967	15.7406	3.8423
20	73.8641	0.0135	0.00329	303.6006	0.24329	4.1103	15.9979	3.8922
22	113.5735	0.0088	0.00213	469.0563	0.24213	4.1300	16.4011	3.9712
24	174.6306	0.0057	0.00138	723.4610	0.24138	4.1428	16.6891	4.0284
26	268.5121	0.0037	0.00090	1114.63	0.24090	4.1511	16.8930	4.0695
28	412.8642	0.0024	0.00058	1716.10	0.24058	4.1566	17.0365	4.0987
30	634.8199	0.0016	0.00038	2640.92	0.24038	4.1601	17.1369	4.1193
32	976.0991	0.0010	0.00025	4062.91	0.24025	4.1624	17.2067	4.1338
34	1500.85	0.0007	0.00016	6249.38	0.24016	4.1639	17.2552	4.1440
35	1861.05	0.0005	0.00013	7750.23	0.24013	4.1664	17.2734	4.1479
36	2307.71	0.0004	0.00010	9611.28	0.24010	4.1649	17.2886	4.1511
38	3548.33	0.0003	0.00007	14781	0.24007	4.1655	17.3116	4.1560
40	5455.91	0.0002	0.00004	22729	0.24004	4.1659	17.3274	4.1593
45	15995	0.0001	0.00002	66640	0.24002	4.1664	17.3483	4.1639
50	46890		0.00001		0.24001	4.1666	17.3563	4.1653
55					0.24000	4.1666	17.3593	4.1663

25%　　表 25　間斷現金流：複利利率因子　　25%

	一次支付金額		等額序列償付				等差遞增	
n	F/P 複利金額	P/F 現值	A/F 償債基金	F/A 複利金額	A/P 資本回收	P/A 現值	P/G 遞增現值	A/G 遞增等額序列
1	1.2500	0.8000	1.00000	1.0000	1.25000	0.8000		
2	1.5625	0.6400	0.44444	2.2500	0.69444	1.4400	0.6400	0.4444
3	1.9531	0.5120	0.26230	3.8125	0.51230	1.9520	1.6640	0.8525
4	2.4414	0.4096	0.17344	5.7656	0.42344	2.3616	2.8928	1.2249
5	3.0518	0.3277	0.12185	8.2070	0.37185	2.6893	4.2035	1.5631
6	3.8147	0.2621	0.08882	11.2588	0.33882	2.9514	5.5142	1.8683
7	4.7684	0.2097	0.06634	15.0735	0.31634	3.1611	6.7725	2.1424
8	5.9605	0.1678	0.05040	19.8419	0.30040	3.3289	7.9469	2.3872
9	7.4506	0.1342	0.03876	25.8023	0.28876	3.4631	9.0207	2.6048
10	9.3132	0.1074	0.03007	33.2529	0.28007	3.5705	9.9870	2.7971
11	11.6415	0.0859	0.02349	42.5661	0.27349	3.6564	10.8460	2.9663
12	14.5519	0.0687	0.01845	54.2077	0.26845	3.7251	11.6020	3.1145
13	18.1899	0.0550	0.01454	68.7596	0.26454	3.7801	12.2617	3.2437
14	22.7374	0.0440	0.01150	86.9495	0.26150	3.8241	12.8334	3.3559
15	28.4217	0.0352	0.00912	109.6868	0.25912	3.8593	13.3260	3.4530
16	35.5271	0.0281	0.00724	138.1085	0.25724	3.8874	13.7482	3.5366
17	44.4089	0.0225	0.00576	173.6357	0.25576	3.9099	14.1085	3.6084
18	55.5112	0.0180	0.00459	218.0446	0.25459	3.9279	14.4147	3.6698
19	69.3889	0.0144	0.00366	273.5558	0.25366	3.9424	14.6741	3.7222
20	86.7362	0.0115	0.00292	342.9447	0.25292	3.9539	14.8932	3.7667
22	135.5253	0.0074	0.00186	538.1011	0.25186	3.9705	15.2326	3.8365
24	211.7582	0.0047	0.00119	843.0329	0.25119	3.9811	15.4711	3.8861
26	330.8722	0.0030	0.00076	1319.49	0.25076	3.9879	15.6373	3.9212
28	516.9879	0.0019	0.00048	2063.95	0.25048	3.9923	15.7524	3.9457
30	807.7936	0.0012	0.00031	3227.17	0.25031	3.9950	15.8316	3.9628
32	1262.18	0.0008	0.00020	5044.71	0.25020	3.9968	15.8859	3.9746
34	1972.15	0.0005	0.00013	7884.61	0.25013	3.9980	15.9229	3.9828
35	2465.19	0.0004	0.00010	9856.76	.025010	3.9984	15.9367	3.9858
36	3081.49	0.0003	0.00008	12322	0.25008	3.9987	15.9481	3.9883
38	4814.82	0.0002	0.00005	19255	0.25005	3.9992	15.9651	3.9921
40	7523.16	0.0001	0.00003	30089	0.25003	3.9995	15.9766	3.9947
45	22959		0.00001	91831	0.25001	3.9998	15.9915	3.9980
50	70065				0.25000	3.9999	15.9969	3.9993
55					0.25000	4.0000	15.9989	3.9997

表 26　間斷現金流：複利利率因子　30%

n	F/P 複利金額	P/F 現值	A/F 償債基金	F/A 複利金額	A/P 資本回收	P/A 現值	P/G 遞增現值	A/G 遞增等額序列
1	1.3000	0.7692	1.00000	1.0000	1.30000	0.7692		
2	1.6900	0.5917	0.43478	2.3000	0.73478	1.3609	0.5917	0.4348
3	2.1970	0.4552	0.25063	3.9900	0.55063	1.8161	1.5020	0.8271
4	2.8561	0.3501	0.16163	6.1870	0.46163	2.1662	2.5524	1.1783
5	3.7129	0.2693	0.11058	9.0431	0.41058	2.4356	3.6297	1.4903
6	4.8268	0.2072	0.07839	12.7560	0.37839	2.6427	4.6656	1.7654
7	6.2749	0.1594	0.05687	17.5828	0.35687	2.8021	5.6218	2.0063
8	8.1573	0.1226	0.04192	23.8577	0.34192	2.9247	6.4800	2.2156
9	10.6045	0.0943	0.03124	32.0150	0.33124	3.0190	7.2343	2.3963
10	13.7858	0.0725	0.02346	42.6195	0.32346	3.0915	7.8872	2.5512
11	17.9216	0.0558	0.01773	56.4053	0.31773	3.1473	8.4452	2.6833
12	23.2981	0.0429	0.01345	74.3270	0.31345	3.1903	8.9173	2.7952
13	30.2875	0.0330	0.01024	97.6250	0.31024	3.2233	9.3135	2.8895
14	39.3738	0.0254	0.00782	127.9125	0.30782	3.2487	9.6437	2.9685
15	51.1859	0.0195	0.00598	167.2863	0.30598	3.2682	9.9172	3.0344
16	66.5417	0.0150	0.00458	218.4722	0.30458	3.2832	10.1426	3.0892
17	86.5042	0.0116	0.00351	285.0139	0.30351	3.2948	10.3276	3.1345
18	112.4554	0.0089	0.00269	371.5180	0.30269	3.3037	10.4788	3.1718
19	146.1920	0.0068	0.00207	483.9734	0.30207	3.3105	10.6019	3.2025
20	190.0496	0.0053	0.00159	630.1655	0.30159	3.3158	10.7019	3.2275
22	321.1839	0.0031	0.00094	1067.28	0.30094	3.3230	10.8482	3.2646
24	542.8008	0.0018	0.00055	1806.00	0.30055	3.3272	10.9433	3.2890
25	705.6410	0.0014	0.00043	2348.80	0.30043	3.3286	10.9773	3.2979
26	917.3333	0.0011	0.00033	3054.44	0.30033	3.3297	11.0045	3.3050
28	1550.29	0.0006	0.00019	5164.31	0.30019	3.3312	11.0437	3.3153
30	2620.00	0.0004	0.00011	8729.99	0.30011	3.3321	11.0687	3.3219
32	4427.79	0.0002	0.00007	14756	0.30007	3.3326	11.0845	3.3261
34	7482.97	0.0001	0.00004	24940	0.30004	3.3329	11.0945	3.3288
35	9727.86	0.0001	0.00003	32423	0.30003	3.3330	11.0980	3.3297

Index 索引

一畫
一般折舊系統 (general depreciation system, GDS) 279

三畫
工程經濟 (engineering economy) 2
工廠成本 (factory cost) 261

四畫
不同價值 (different-value) 222
不動產 (real property) 271
什麼都不做 (do-nothing, DN) 3
今日幣值 (today's dollars) 222
內部報酬率 (internal rate of return, IRR) 136
支付利息 (interest payments) 81
支付期間 (payment period, PP) 64
比率折耗 (percentage depletion) 283
毛收入 (gross income, GI) 294

五畫
加權平均資金成本 (weighted average cost of capital, WACC) 309
加權排序 (weighted rank order) 323
加權屬性法 (weighted attribute method) 322
半年慣例 (half-year convention) 271
外部報酬率 (external rate of return, EROR) 136
市場利率 (market interest rate) 224
市場價值 (market value, MV) 271

六畫
名目利率 (nominal rate) 60
回收率 (recovery rate, dt) 271
回收期 (recovery period, n) 271
因子法 (factor method) 255
守舊者 (defender) 202
年百分比利率 (Annual Percentage Rate, APR) 60
年百分比報酬 (Annual Percentage Yield, APY) 60
成本元素 (cost elements) 244
成本加成 (cost plus) 156
成本估計 (cost estimation) 243
成本折耗 (cost depletion) 283
成本指數 (cost indexes) 249
成本產能公式 (cost-capacity equation) 253
有效利率 (effective rate) 60
自製或外包 (inhouse-outsource) 173
自製或外購決策 (make-or-buy decision) 173

七畫
作業成本 (Activity-Based Costing, ABC) 263
利率 (interest rate) 4, 118
利率期間 (interest period) 4
均勻分布 (uniform distributions) 328
均等 (equal) 323
投資利率 (investment rate) 137
投資報酬率 (return on investment, ROI) 4
折耗法 (depletion) 269
折現率 (discount rate) 77, 154
折現現金流 (discounted cash flows, DCF) 77
折價還本 (discounted payback) 189
折舊 (depreciation) 269, 270
折舊回抵 (depreciation recapture, DR) 301, 307
折舊率 (depreciation rate) 271
沉沒成本 (sunk cost) 202

八畫

固定成本 (FC) 175
固定價值 (constant-value, CV) 222
固定價格 (fixed price) 156
所得稅 (income tax) 294
直接成本 (direct costs) 244

九畫

指數化 (indexing) 296
挑戰者 (challenger) 202
負債權益比 [debt-to-equity (D-E) mix] 309
重置研究 (replacement study) 202
重置價值 (replacement value, RV) 209
面額 (face value) 81
風險 (risk) 327

十畫

個人財產 (personal property) 271
倍數餘額遞減 (double declining balance, DDB) 274
消費者物價指數 (Consumer Price Index, CPI) 223
高槓桿效應 (highly leveraged) 311

十一畫

基準收益率 (minimum attractive rate of return, MARR) 6
基準期 (base period) 252
基礎值 (basis, B) 271
帳面折舊 (book depreciation) 270
帳面價值 (book value, BV) 271
排序 (rank order) 323

排序評價法 (rank-and-rate method) 325
敏感度分析 (sensitivity analysis) 173
淨投資程序 (net-investment procedure) 138
淨現金流 (net cash flow, NCF) 297
淨營業所得 (Net Operating Income, NOI) 294
現狀條款 (as-is 或 status quo) 3
現金流入 (cash inflow) 16
現金流出 (cash outflow) 16
現金流的符號規則 (cash flow rule of signs) 132
現金流量圖形 (cash flow diagram) 17
票面利率 (bond coupon rate) 81
移位序列 (shifted series) 43
移位遞增 (減) 序列 (shifted gradient) 45
第一筆成本 (first cost, P) 271
累進現金流檢測 (cumulative cash flow test) 133
貨幣的時間價值 (time value of money) 4
通貨緊縮 (deflation) 224
通貨膨脹 (inflation) 7
通貨膨脹調整後之利率 (inflation-adjusted interest rate, i_f) 227
通膨幣值 (inflated / then-current dollars) 222
連續變數 (continuous variable) 328

十二畫

單一支付金額現值因子 (single-payment present worth factor, SPPWF) 30
單一支付金額複利因子 (single-payment compound amount factor, SPCAF) 30
單一估計值 (single-value estimates) 327
單一金額支付 (single payments) 31
單位法 (unit method) 248
單利 (simple interest) 9

報酬率 (rate of return, ROR) 4, 118
惡性通貨膨脹 (hyperinflation) 234
替代式折舊系統 (alternative depreciation system) 279
最有可能值 (most likely value) 327
最低回報率 (hurdle rate) 6
期望值分析 (expected value analysis) 328
殘值 (salvage value, S) 271
無報酬還本 (no-return payback) 189
稅金折舊 (tax depreciation) 270
稅前現金流 (cash flow before taxes, CFBT) 298
稅後現金流 (cash flow-after taxes, CFAT) 298
稅率 (tax rate, T) 294
等比序列 (geometric gradients) 41
等差序列 (arithmetic gradient) 39
等額序列 (uniform series) 35
間接成本 (indirect costs) 244
間接成本率 (indirect cost rate) 260

十三畫

傳統等差 (conventional gradient) 40
債務服務 (debt service) 309
債務資本 (debt capital) 309
傾銷 (dumping) 224
損益兩平分析 (breakeven analysis) 173
經濟服務年限 (economic service life, ESL) 201
經濟附加價值 (added economic worth) 315
經濟等值 (economic equivalence) 7
資本 (capital) 308
資本化成本 (capitalized cost, CC) 86
資本回收 (capital recovery, CR) 103, 269
資本利得 (capital gain, CG) 302, 307
資本庫 (capital pool) 309
資本損失 (capital loss, CL) 302
資金成本 (cost of capital) 6, 308
跨期間存款 (interperiod deposits) 69

十四畫

實際稅率 (effective tax rate, T_e) 294
遞增 (減) (gradients) 39

十五畫

價值工程學 (value engineering) 246
價值衡量 (measure of worth) 4
增值 (value added) 315
增量分析 (incremental analysis) 124
標準差 (standard deviation) 333
模擬分析 (simulation analysis) 328
樣本平均數 (sample average) 331
複利 (compound interest) 9
複利期間 (compounding period, CP) 60
複利頻率 (compounding frequency) 62
銷貨成本 (cost of goods sold) 261

十六畫

學習曲線 (learning curve) 257
機率 (probability) 328
機率分配 (probability distribution) 328
隨機樣本 (random sample) 324
隨機變數 (random variable) 328

十七畫

應稅所得 (taxable income, TI) 294
營業開銷 (operating expense, E) 294

營運收入 (operating revenue, R) 294

總括率 (blanket rate) 261

還本分析 (payback analysis) 189

還本期 (payback period) 173

十八畫

離散變數 (discrete variable) 328

十九畫

邊際稅率 (marginal tax rate) 295

二十二畫

攤還 (amortizing) 269

權益資本 (equity capital) 309

二十三畫

變動成本 (VC) 175